우리는 우리 뇌다

Wij Zijn Ons Brein

우리는 우리 뇌다

생각하고 괴로워하고 사랑하는 뇌

디크 스왑 지음 | 신순림 옮김

N ederlands
l etterenfonds
dutch foundation
for literature

The publishers gratefully acknowledge the support of the Dutch Foundation for Literature.
이 책은 네덜란드 문학 재단으로부터 번역 지원금을 받아 출간되었습니다.

WIJ ZIJN ONS BREIN. VAN BAARMOEDER TOT ALZHEIMER
by Dick Swaab

이 책은 실로 꿰매어 제본하는 정통적인 사철 방식으로 만들어졌습니다.
사철 방식으로 제본된 책은 오랫동안 보관해도 손상되지 않습니다.

나의 뇌를 그토록 강렬하게 자극한 모든 학자들,
그리고 가정에서 내게 풍성한 환경을 제공한
파티, 미르터, 로데리크, 도린에게 이 책을 바친다.

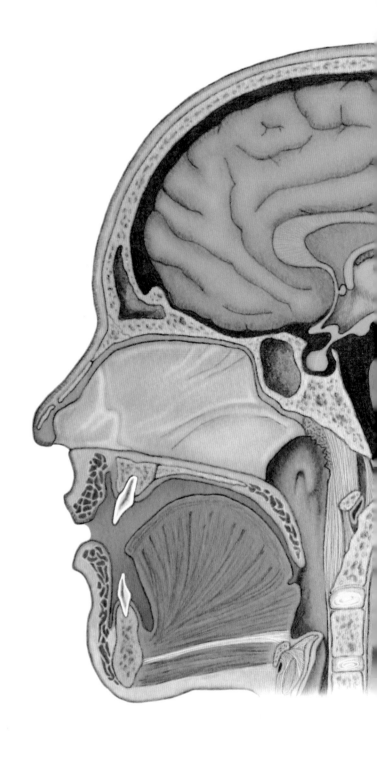

내가 상정한 견해들 가운데 많은 것들이 아주 사변적이고, 그중 몇몇은 의심의 여지없이 잘못된 것으로 증명될 것이다. 그러나 나는 그 견해가 다른 견해보다 더 타당한 근거들을 일일이 제시했다. (……) 그릇된 사실은 학문의 발전에 지극히 해롭다. 그런 것들은 보통 지나치게 오랫동안 지속되기 때문이다. 그에 비해서 그릇된 이론이라 하더라도 증명을 통해 어느 정도 뒷받침된 것은 거의 해를 끼치지 않는다. 그 이론의 오류를 증명하기 위해 너도나도 칭송받아 마땅할 만큼의 열의를 쏟기 때문이다.

— 찰스 다윈, 『인간의 유래』

차례

21장 결론 530

혹시 전문가일지도 모를 사람에게
던지는 뇌에 관한 물음들

독자들이 이 모든 것에 대해 알고 싶어하는 욕망이 그리 크지 않다는 것을 매우 잘 알고 있지만, 이 모든 것을 그들에게 이야기하고 싶은 내 욕망은 아주 크다.

— 장자크 루소

금세기, 적어도 두 개의 학문적 물음이 초미의 관심을 끌고 있다. 〈우주는 어떻게 생성되었는가?〉 그리고 〈우리의 뇌는 어떻게 기능하는가?〉라는 물음이 바로 그것이다. 나는 가정 환경과 우연에 힘입어 두 번째 물음에 빠져들었다.

나는 의학의 모든 면에 대한 흥미진진한 대화를 들을 수 있는 가정에서 자랐고 의학으로부터 벗어난다는 것은 불가능하게 되었다. 아버지는 부인과 의사였고, 남성 불임이나 인공 수정, 피임약처럼 당시에는 많은 논란을 불러일으켰던 생식 분야에 빠져 계셨다. 나중에 가서야 알게 된 사실이지만 그 당시 우리 집을 자주 방문했던 아버지의 친구분들은 모두 각자의 분야에서 선구자였다. 덕분에 당시 아직 어렸던 나는 훗날 로테르담 의과 대학을 창설한 드리스 쿼리도 교수에게서 생애 최초의 내분비학 수업을 들을 수 있었다. 우리가 함께 데리고 산책하는 개가 한쪽 다리를 들고 오줌을 누는 것이 성호르몬이 뇌에 미치는 영향 때문이라는 것도 퀘리도 교수를 통해 알게 되었다. 네덜란드 최초의 성(性) 연구 분야 교수였던 쿤 판 엠더 보아스 교수도 저녁에 우리 부모님과 술을 한잔 할 목적으로 부부 동반으로 찾아오곤 했다. 보아스 교수가 들려주는 이야기는 특히 우리 같은 어린아이들에게 숨을 멎게 할 정도로 재미있었다. 한번은 그가 어떤 환자와 대화를 나누는데 환자가 자꾸만 우물쭈물 말을 꺼내지 못하더니 마침내 왜 자신이 그렇게 당황해하는지 털어놓았다고 했다. 판 엠더 보아스가 동성애자라는 말을 들었다는 것이었다! 그러자 보아스 교수는 한 팔로 환자의 어깨를 감싸 안으며 이렇게 말했다고 했다. 「어머, 이봐요. 설마 그 말을 곧이듣는 것은 아니겠죠?」 그때 그 환자의 표정이 어땠는지를 듣고 우리 모두는 배꼽을 쥐고 웃었다.

우리 집에는 내가 물어보면 안 되는 것이 없었다. 주말에는 아버지의 의학 관련 서적을 꺼내 보거나, 도랑물 샘플을 채취해서 아버지의 현미경으로 단세포 생물이나 식물 세포를 관찰할 수 있었다.

중고등학교 시절엔 순회 강연을 하는 아버지를 따라 네덜란드 각지를 방문했다. 네덜란드 최초로 테스트를 준비 중인 피임약에 대한 강연회에서 아버지가 교회 단체들로부터 어떻게 공격을 받았고 심지어 어떤 욕설을 들어야 했는지 나는 결코 잊지 못할 것이다. 긴장해서 진땀을 뻘뻘 흘리는 나와는 대조적으로 아버지는 적어도 겉으로는 아무런 동요 없이 계속해서 당신의 논제를 펼쳤다. 지금 되돌아보면 그것은 나중에 나의 연구들이 야기한 격렬한 감정적인 반응에 대비한 유익한 훈련이었다. 미국에서 피임약을 개발한 그레고리 핀커스도 그 무렵 이따금 우리 집을 찾아왔다. 핀커스를 따라 피임약을 생산하는 제약 회사 〈오르가논〉에 갔을 때 그곳에서 나는 처음으로 실험실을 구경했다.

이런 환경에서 자랐으니 내가 의학을 전공하는 것은 너무나 자명한 일이었다. 식탁에 앉아 나는 아버지와 함께 의학과 관련한 다양한 주제에 대해 구체적이고 상세하게 그리고 열정적으로 의견을 나누었다. 그러면 어머니는 수술실과 1939년 러시아-핀란드 전선을 경험한 전직 간호사답게 그런 것들에 어느 정도 익숙해져 있었음에도 불구하고 결국 큰소리를 냈다. 「이제 그만 좀 하라고!」 의학 공부를 계속해 나가면서 나는 내가 더 이상 질문만 쏟아 낼 것이 아니라 질문에 대한 대답도 내놓아야 한다는 걸 깨달았다. 주변 사람들은 나를 온갖 질병의 전문가로 여기게 되었고 무료로 상담받기를 원했다. 언젠가 가족들끼리 모인 생일 파티에서 내게 만성 통증을 호소하는 어느 친척에게 진절머리가 나서 〈그것 참 흥미롭군요, 요피 고모님. 어디 한번 보게 옷을 벗어 보시겠어요?〉라고 큰소리를 질러 파티에 참석한 손님들을 일제히 침묵시킨 일이 있었다. 뛰어난 효과가 있었다. 고모는 두 번 다시 아프다는 푸념으로 나를 괴롭히지 않았으니 말이다. 하지만 다른 친척들의 계속되는 질문 공세는 여간 떨치기 힘든 것이 아니었다.

의대 재학 시절, 나는 의학적 지식의 토대를 이루는 실험 연구에 대해 더 많이 알고 싶었다. 게다가 부모님의 바람과는 반대로 경제적으로 독립하고 싶기도 했다. 그 당시 암스테르담에는 의대의 예과 시험을 통과한 후 파트타임 연구원으로서 연구에 참여할 수 있는 곳이 두 군데 있었다. 약리학과와 네덜란드 뇌연구소가 그것이었다. 뇌연구소에 먼저 자리가 하나 비었고, 그것은 곧 내 〈앞날에 대한 계획〉으로 이어졌다. 나의 배경을 생각하면 어떤 연구 분야를 선택할 것인지는 명백했다. 신경 내분비학의 새로운 분야, 즉 뇌세포의 호르몬 생산 및 호르몬에 대한 뇌의 반응을 연구하는 분야가 내 관심을 끌었다. 연구소 소장이었던 한스 아리얀스 카퍼스와 면접을 보던 도중 내가 신경 내분비학에 관심을 드러내자 그는 연구소 내에서 그 분야의 전문가였던 한스 용킨드를 불러 그 자리에 합석하게 했다. 한스는 나에게 질문들을 쏟아 냈고, 덕분에 그 분야에 대해 내가 얼마나 무지한지 분명히 드러났다. 그런데도 카퍼스 교수는 이렇게 말했다. 「자네에게 한번 기회를 줘보지」 그러고는 나를 채용했다. 박사 학위 논문과 관련해 나는 호르몬을 생산하는 신경 세포의 기능을 연구했다. 의대 학업을 병행하며 저녁이나 주말, 방학이면 전적으로 연구에 몰두했다. 부레마 교수의 외과 병동 실습생으로 일하던 1970년 나는 오후 반나절을 가까스로 휴가 내어 박사 논문 발표를 마치고 박사 학위를 받았다. 일반 의사 자격을 획득한 1972년에 나는 뇌 연구 분야에 남기로 결정했다. 1975년에는 네덜란드 뇌연구소의 부소장이 되었고(15.7 참조), 1978년에는 마침내 연구소장으로 취임했다. 1979년에는 암스테르담 대학의 의대 신경 생물학과에 교수로 부임했다. 30년 동안 이렇게 행정직을 수행하면서도 내 주 관심사는 연구를 직접 수행하는 것에 있었다. 결국은 그것이 내가 이 길을 선택한 이유였기 때문이다. 나는 우리 연구팀을 이루고 있는 20여 나라에서 온 탁월하고 비판적이며 재능 있는 수많은 대학생들, 대학원생들, 박사후 연구원들, 그리고 선임 연구원들에게서 무척 많은 도움을 받았다. 지금도 전 세계의 뇌연구소와 대학 병원에서 그들을 만나고 있고 지금까지도 그들을 통해 계속 배우고 있다. 결국, 나의 모든 연구가 가능할 수 있었던 것은 새로운 연구 기술을 개발하고 완벽하게 구현해 냈던 기술자들이 있었기 때문이기도 하다.

이 분야에서 일하면서 나는 내 전문 연구 영역 밖에 있는 주제들에 대한 질문들을 많이 받게 되었다. 의사라고 하면, 진료 활동을 하지 않고 연구에만 전념하는 의사라고 해도, 사람들은 으레 어려운 질문을 던지곤 한다. 뇌 질환은 한 인간을 모든 면에 걸쳐 무너뜨린다. 그래서 사람들은 매우 암담한 문제에 직면해 내게 조언을 구했다. 이를테면, 어느 일요일 아침에 한 지인의 아들이 스캔 사진 몇 장을 들고 찾아와 이렇게 물었다. 「제가 앞으로 3개월밖에 살지 못한다는 얘기를 막 들었는데, 이게 무슨 말이에요?」 스캔 사진을 보니, 그 아이가 나를 찾아와 이렇게 질문을 할 수 있다는 것 자체가 믿기 어려울 정도였다. 그 아이의 뇌 앞부분은 그야말로 하나의 커다란 종양 덩어리였다. 그 아이는 실제로 살날이 얼마 남아 있지 않았다. 그런 순간에는 환자의 말을 귀 기울여 듣고 병의 상태와 진찰 결과에 대해 설명하고 절망한 사람에게 의학의 정글을 지나는 길을 알려 주는 것 말고는 달리 할 수 있는 일이 없다. 의사로서의 내 능력을 제대로 평가할 줄 아는 사람은 내 아이들뿐이었다. 내가 고열에 시달리는 아이들의 침대 옆에 청진기를 들고 초조하게 앉아 있으면 아이들은 언제나 〈진짜〉 의사를 원하곤 했다. 내가 1985년 네덜란드 뇌은행을 세워(19.4 참조) 죽은 사람들의 뇌를 연구한다는 사실이 알려졌을 때 나는 또다시 많은 사람들에게 삶의 마지막 단계와 관련된 온갖 질문을 받는 자신을 발견하고 놀랐다. 사람들은 내게 안락사에서부터 스스로 목숨을 끊을 수 있는 방법, 뇌를 기증하거나 학문 연구를 위해 몸을 제공할 수 있는 가능성에 대한 물음들에 이르기까지, 간단히 말해서 삶과 죽음에 관련된 모든 주제에 대해 물었다(19.3 참조). 나의 연구는 내 분야와 관련된 개인적, 사회적 이슈들과 얽히게 되었다. 한번은 정신 분열증에 걸린 자식을 자살로 잃어버린 어머니들과 대화를 나눴고, 그 결과로 그들에 의해 정신 분열증 연구 후원 단체가 결성되었다. 또 프래더윌리 증후군Prader-Willi syndrom[1]에 대한 국제 학회에서는 환자 의 가족들이 우리 연구자들보다 병의 증상에 대해 훨씬 많이 알고 있 다는 사실도 깨달았다. 세계 각국의 부모들이 극도로 비만한 자녀들 을 그 학회에 데려와서 우리 연구원들에게 병의 증상에 대해 많은 것 을 알려 주었으며, 〈왜 아이들은 문자 그대로 생명에 위협이 될 정도 로 과식을 하는가?〉를 이해하려고 하는 우리 연구원들을 고무시켰 다. 그들은 다른 환자 단체들도 이렇게 연구원들과 직접적으로 만나 서 대화하는 것을 시도해 볼 것을 적극 권장한다. 우리 연구팀은 알 츠하이머병이 전염병처럼 창궐하는 사태가 아직 예측에 불과하던 시 절에 네덜란드 최초의 알츠하이머병 연구 계획에도 참여했다. 우리는 일부 뇌세포들은 노화 과정과 알츠하이머병을 잘 이겨 낼 수 있는 반 면에 다른 뇌세포들은 그것을 이겨 내지 못하고 파괴된다는 사실을 관찰할 수 있었고, 이런 관찰 결과는 알츠하이머병의 치료책을 찾는 데 도움을 주었다(18.3 참조). 사회가 점점 고령화되면서 오늘날에는 누구나 주변에서 치매에 걸려 정신적으로 무너져 인생의 마지막 단 계를 보내는 사람을 보게 된다. 우리들 대부분은 이 정신 질환이 환 자와 가족, 간병인들의 삶에 지우는 엄청난 부담에 대해서도 잘 알고

1 대뇌 시상 하부의 기능 장애나 염색체 이상으로 발생하는 희귀병으로, 아직 정확한 원인과 치료법이 알려지지 않았다. 이 병은 주로 비만과 저신장 증세를 보인다.

있다. 뇌를 연구하는 사람으로서 이 질병과 관련해 받는 질문들은 너무 절박해서 도저히 모른 척할 수가 없다.

일반 대중은 우리가 연구 과정에서 날마다 기술적인 문제와 씨름해야 한다는 사실에는 전혀 관심이 없다. 그들은 우리가 뇌에 대해 모든 것을 알고 있을 거라 생각한다. 인간은 〈뇌〉라는 주제와 관련한 모든 커다란 물음들, 즉 기억, 의식, 학습과 감정, 자유 의지와 임사 체험에 대해서 알고 싶어 한다. 연구자로서 우리도 의식적으로 저항하지 않으면 조만간 이와 같은 질문들에 사로잡히게 되고 결국 거기서 빠져나올 수 없는 자신을 발견하게 된다. 뇌에 대해서 토론을 하다 보면 일반 대중들이 나로서는 도저히 그 출처를 알 길이 없는 〈사실〉에 대해 확신을 가지고 있다는 것을 알게 된다. 이를테면 우리가 우리 뇌의 불과 10퍼센트만을 활용한다는 근거 없는 믿음이 그렇다. 간혹 이런 인상을 주는 사람들이 보이긴 하지만, 그럼에도 나는 이런 허튼 소리가 도대체 어디에 근거를 두고 있는지 알 수 없다. 우리가 늙어 가면서 날마다 수백만 개의 뇌세포가 죽는다는 황당무계한 이야기 또한 마찬가지 경우다. 전문적이지 않아서 신선한 느낌을 줄 때도 있다. 강연을 하다 보면 간혹 청중들로부터 매우 흥미로운 질문을 받을 때가 있다. 가끔은 어린이들이 매우 대답하기 어려운 주제를 들고 나오기도 한다. 예를 들어 부모가 각각 일본과 네덜란드 출신인 어느 고등학교 상급반 여학생은 유럽인의 뇌와 아시아인의 뇌 사이에는 어떤 차이가 있는지에 대한 리포트를 쓰고 싶어 했다. 그런 차이는 실제로 존재할 것이다. 하지만 거의 알려진 것이 없다. 그 밖에 인간의 뇌에 대한 나 자신의 연구 결과는 공공연하게 격렬한 반응과 질문의 홍수를 야기하곤 했고, 남성과 여성 뇌의 차이, 성적 취향, 성전환, 뇌의 발달, 우울증이나 식장애 같은 뇌 질환에 대한 설명과 공적인 토론을 요구했다(1~3장 및 5장 참조).

내가 이 분야에서 활동한 45년 동안, 뇌 연구는 산발적으로 고립된 아웃사이더들의 연구 영역에서 다양한 분야를 대표하는 수만 명에 이르는 학자들의 노력 및 수준 높은 기술 발전에 힘입어 눈부시게 빠른 속도로 수많은 새로운 발견과 이해를 이끌어 내는, 세계적으로 보편적인 연구 분야가 되었다. 또한 예전에 일반 대중 사이에 만연하던 뇌에 대한 공포증은, 오늘날 뛰어난 과학 저널리즘 덕분에 뇌와 관련된 모든 것에 대한 지대한 관심으로 급변했다. 나는 일반 대중이 던지는 질문들로부터 도망치는 대신, 내 본래의 연구에서 한발 물러서서 우리 뇌의 모든 양태에 대해 끊임없이 생각하고 또 그 모든 것을 어떻게 일반 대중들에게 전달할 수 있는지를 생각했다. 그렇게 해서 뇌와 인류의 발생에 대한 몇 가지 양상, 우리가 발달하고 노화하는 방식, 뇌 질환의 배경, 우리의 삶과 죽음에 관련한 나 자신만의 견해를 발전시켰다. 이러는 과정에서 뇌에 관련된 질문에 대한 나 자신만의 답이 점차 형성되었고, 내 개인적인 성찰의 결과를 지금 이 책에 소개하게 되었다.

나는 뇌가 어떻게 기능하는지 한번 간략하게 설명해 줄 수 있겠느냐는 부탁을 단연코 제일 많이 받았다. 이건 아직도 풀리지 않은 수수께끼이고, 이 책은 다음과 같이 부분적인 질문들에 대해서만 답변할 수 있을 것이다. 우리의 뇌는 어떻게 남성과 여성의 뇌로 분화되는가? 청소년의 머릿속에서는 무슨 일이 벌어지는가? 뇌는 어떻게 개체와 종을 유지하는가? 우리는 어떻게 노화하고 치매에 걸리고 죽는가? 뇌는 어떻게 계속 진화하는가? 우리는 어떻게 기억하고, 도덕적인 감정은 어떻게 형성되는가? 또한 나는 이 책에서 의식 장애, (가령 복싱에 의한) 뇌 손상, 중독증, 자폐증, 정신 분열증 같은 질환들을 통해서 어떻게 뇌에 문제가 생기는지를 보여 줄 뿐 아니라, 최신 의학 발전과 회복 가능성에 대해서도 언급할 것이다. 그리고 끝으로 종교, 영혼, 정신, 자유 의지와 뇌의 관계에 대해서도 설명할 것이다.

이 책은 각 장(章)을 따로 떼어 읽을 수 있다. 하지만 이렇듯 다양한 주제들을 제한된 지면에서 다루는 관계로 깊이 있는 과학적인 결론을 이끌어 내기는 어렵다. 이 책의 목적은 왜 우리는 현재 우리의 상태로 존재하는가, 우리의 뇌는 어떻게 발달하고 기능하는가, 그리고 어떻게 뇌가 잘못될 수 있는가와 같은 주제에 대한 토론을 유발하는 데에 있다. 나는 이 책이 많은 일반 독자들에게 우리의 뇌에 대해 자주 제기되는 일련의 문제들에 대한 답변을 제시하고, 대학생들과 젊은 뇌 연구가들에게는 보다 폭넓은 신경 문화neuroculture의 토대를 제공해서 각자 고유한 연구 영역을 넘어 일반 대중들과 대화를 시작하는 계기가 되기를 바라 마지않는다. 이러한 대화의 중요성은 두말할 나위가 없다. 이는 뇌 연구가 가질 사회적인 영향 때문만이 아니라, 사회로부터 뇌 연구를 위한 후원을 요청할 수 있는 기회가 되기도 하기 때문이다.

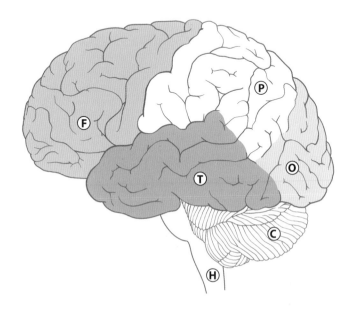

그림 1 뇌의 측면도. 왼쪽이 앞부분이다. 대뇌 피질은 여러 부위로 나뉜다. 전두엽(**F**)은 계획과 실행, 말하기 및 운동 기능을 담당하며 이 부위에 일차 운동 피질이 위치한다(그림 22 참조). 두정엽(**P**)에는 일차 감각 피질이 위치한다(그림 22 참조). 시각 정보, 촉각 정보, 사물의 움직임 등이 두정엽에서 통합된다. 이 부위는 추리와 수리 능력을 담당하고, 수의 의미에 대한 정보와 신체상(身體像)이 여기에 저장된다. 후두엽(**O**)은 시각 정보를 처리하는 시각 피질이다. 측두엽(**T**)은 기억, 청각, 언어를 담당한다(그림 20 참조). 그 밖에 소뇌(**C**)는 자동화된 운동과 조화로운 움직임의 조정을 담당하고 뇌간(**H**)은 호흡과 심장 박동, 체온, 수면을 조절한다.

들어가는 말

우리는 우리 뇌다

뇌가 슬픔, 아픔, 고뇌뿐만 아니라 쾌감, 기쁨, 웃음의 근원이라는 것은 잘 알려진 사실이다. 특히 뇌는 우리가 생각하고 배우고 보고 듣고, 추한 것과 아름다운 것을, 선한 것과 악한 것을, 그리고 유쾌한 것과 불쾌한 것을 구별할 때 사용하는 우리 신체의 일부분이다. 바로 이 신체 기관은 주로 밤에 우리를 공격하는 불안감이나 두려움, 광기나 정신착란, 불면증, 몽유, 환각, 망각 등이 자리하는 곳이기도 하다.

— 히포크라테스

우리가 생각하고 행동하고 행동을 자제하는 모든 것은 뇌를 통해 결정된다. 이 환상적인 기관의 구조가 우리의 잠재력과 한계, 성격을 결정짓는다. 우리는 우리 뇌다. 이제 뇌 연구는 오로지 뇌 질환의 원인을 규명하는 데에 국한되지 않고, 우리가 왜 현재의 우리로 존재하는가와 같은 물음에 대한 답변을 찾는 데 활용되기도 한다. 이것은 곧 우리 자신에 대한 탐색이기도 하다.

　뇌는 뉴런이라고 불리는 신경 세포로 구성되어 있다. 뇌는 무게가 1.5킬로그램이며 1,000억(이는 지구 전체 인구의 열다섯 배에 이르는 숫자다) 개의 신경 세포을 포함하고 있다. 게다가 우리의 뇌 속에는 신경 세포보다 열 배나 많은 아교 세포glia cell가 있다. 과거에는 아교 세포들이 단지 신경 세포들을 결합시키는 역할을 할 뿐이라고 추정했다(그리스어로 glia는 〈아교〉라는 뜻이다). 하지만 새로운 연구 결과들에 의하면 인간이 그 어떤 생명체보다도 많이 소유하고 있는 아교 세포들은 화학 신호 전달에 결정적인 역할을 하고 따라서 장기 기억을 형성하는 등의 모든 뇌 활동 과정에 필수적이다. 아인슈타인의 뇌가 보통 사람의 뇌보다 훨씬 더 많은 수의 아교 세포를 가지고 있었다는 흥미로운 결과도 있다.

　우리의 〈정신〉은 수십억 개의 신경 세포들이 빚어내는 상호 작용의 산물이다. 야코프 몰레쇼트[1]의 독창적이고 명료한 표현을 빌리자면, 콩팥이 소변을 생산하듯 뇌는 정신을 생산한다. 오늘날 우리는 이 과정이 실제로 전기 활동, 화학 전달 물질의 분비, 세포 간 연결 상태의 변화, 신경 세포 활동의 변화를 의미한다는 것을 알고 있다(14.1 참조). 뇌 영상을 통해 우리는 뇌 질환을 발견할 수 있을 뿐만 아니라, 우리가 글을 읽고 생각하고 계산하고 음악을 듣고 종교적인 경험을 하고 사랑에 빠지고 성적으로 흥분하는 등의 행동을 할 때 뇌의 어떤 부분이 활성화되는지도 볼 수 있다. 또한 자신의 뇌가 활동하는 추이를 지켜보면서 뇌 기능을 훈련할 수도 있다. 그래서 만성 통증에 시달

---

1 Jacob Moleschott(1822~1893). 네덜란드의 의사, 생리학자.

리는 환자들은 fMRI(기능성 자기 공명 단층 촬영)를 이용해 뇌 앞부분의 활동을 조절함으로써 통증 지각을 줄일 수 있다.

이 효율적인 정보 처리 기관에서 발생하는 장애는 정신 질환이나 신경 질환을 유발한다. 역설적으로 이런 장애들을 통해 우리는 뇌의 정상적 기능 방식에 대해 많은 것을 알게 되었다. 그뿐만 아니라 몇몇 정신 질환 및 신경 질환에 대한 치료법도 개발할 수 있었다. 파킨슨병은 이미 오래전부터 엘 도파[2]를 이용해 치료되고 있으며, 에이즈를 치료하기 위한 병용 요법을 통해 치매의 속도를 늦추기도 한다. 정신 분열증의 유전 및 환경적 위험 인자들은 이제 그 실체가 빠른 속도로 밝혀지고 있다. 정신 분열증 환자의 뇌 발달은 이미 모태 안에서 비정상적이라는 것을 현미경을 통해 확인할 수 있다. 현재 정신 분열증은 의약품을 이용해 치료될 수 있다. 우리 연구소에서 몇 년 동안 사서로 일했던 계관 시인 케이스 윈클러는 이런 시를 썼다. 〈약을 복용하지 않으면 나는 정신적이라기보다는 분열적이다.〉

얼마 전까지만 해도 신경과 전문의들은 뇌의 결함이 어디에 있는지 확인하는 것 말고는 환자를 위해 해줄 수 있는 일이 없었다. 하지만 오늘날 의사들은 환자를 위해 뇌졸중을 야기할 수 있는 혈전을 녹이고 출혈을 막고 막힌 뇌혈관에 스텐트[3]를 주입한다. 이미 3,000명 이상의 사람들이 사후에 자신의 뇌를 네덜란드 뇌은행Nederlands Brain Bank(www.brainbank.nl)의 연구 목적을 위해 기증했다. 그 덕분에 알츠하이머병이나 정신 분열증, 파킨슨병, 다발성 경화증, 우울증 같은 질병들을 야기하는 분자 과정에 대한 새로운 인식이 가능해졌으며, 새

2 도파민의 전구물질로서 파킨슨병의 치료제로 사용된다.
3 혈관 폐색 등을 막기 위해 혈관에 주입되는 시술 기구.

로운 의약품의 개발이 줄기차게 시도되고 있다. 물론 이런 종류의 연구는 의학적으로 다음 세대 환자들에게나 도움이 될 것이다.

그러나 뇌 속에 정확하게 삽입된 자극 전극은 오늘날 이미 효과를 보이고 있다. 자극 전극은 맨 먼저 파킨슨병 환자들에게 투입되었다(그림 23). 환자가 자극기의 스위치를 누르는 즉시 심각한 떨림 증상[4]이 순식간에 사라지는 걸 보는 것은 무척 감동적이다. 심부 전극은 이미 군발성 두통[5]이나 근육 경련, 강박증 치료에 사용되고 있다. 하루에 수백 번씩 손을 씻는 환자들이 그 전극 덕분에 다시 정상적인 생활로 돌아갈 수 있다. 심지어 심부 전극을 이용해 6년 동안이나 최소 의식 상태에 있었던 환자를 다시 깨어나게 하는 데 성공한 적도 있다. 또한 비만과 중독증의 치료에도 심부 전극의 활용을 시도하는 중이다. 새로운 치료법의 효과뿐 아니라 부작용까지 이해하는 데에는 항상 어느 정도의 시간이 필요했던 것처럼, 뇌 심부 자극이 현재 그 과정 속에 있다(11장 참조).

전전두 피질(그림 15)의 자기 자극은 우울증을 치료하는 데 매우 효과적이고, 청각 피질의 자극은 내이(內耳) 장애 환자들의 신경을 거슬리게 하는 즉흥적 멜로디를 사라지게 할 수 있다. 또한 정신 분열증 환자들의 환각에도 경두개 자기 자극이 효과적이다(10.4 참조).

신경 보정술은 점점 더 효율적으로 우리의 감각 기관을 대체하고 있다. 현재 십만 명 이상의 환자들이 인공 와우[6]를 달고 있는데, 이를 통해 그들은 놀랍도록 잘 들을 수 있다. 시각 장애 환자들을 대상으

---

4 신체의 일부분이 자신의 의지와는 상관없이 규칙적으로 움직이는 증상.
5 몇 주일 또는 몇 개월에 걸쳐서 밤마다 주기적으로 나타나는 극심한 두통.
6 청신경에 전기 자극을 주어 청각을 제공하는 인공 전자 장치.

로는 전자 카메라의 정보를 시각 피질에 전달하는 실험을 하고 있다 (그림 22). 목덜미를 칼에 찔려서 몸을 전혀 움직일 수 없었던 25세 남자의 대뇌 피질에 아흔여섯 개의 전극이 들어간 4×4밀리미터 크기의 전극판이 이식되었다. 그는 머릿속으로 동작을 상상함으로써 컴퓨터 마우스를 이용하고 이메일을 읽고 컴퓨터 게임을 할 수 있었다. 심지어 정신적인 힘만으로 의수를 조종할 수도 있었다(11.5 참조).

파킨슨병과 헌팅턴병[7] 환자들의 경우에는 태아 뇌 조직의 작은 조각을 이식해서 뇌의 결함을 복구하려는 시도가 진행 중이다. 유전자 치료는 이미 알츠하이머병 환자들에게서 시험적으로 쓰이고 있다. 줄기세포의 투입은 뇌 조직의 회복에 아주 유용한 듯 보이나, 종양 발생의 가능성과 같은 몇몇 커다란 문제점들은 앞으로 해결해야 할 과제로 남아 있다(11.6, 11.7 참조).

뇌 질환의 치료는 여전히 어렵다. 그러나 이런 비관적인 상황은 새로운 인식에 대한 열망 및 가까운 미래에 새로운 치료법이 개발될 수 있다는 낙관적인 희망에 밀려날 것이다.

뇌에 대한 은유들

수 세기 동안 사람들은 각 시대의 가장 진보된 기술에 빗대어 뇌 기능을 묘사하곤 했다. 예를 들어 유럽에서 인쇄술이 발달된 15세기 르네상스 시대에 사람들은 뇌를 〈모든 것을 포괄하는 책〉으로, 그리고

---

7 얼굴이나 손발 등이 뜻대로 조절되지 않고 제멋대로 심하게 움직이는 무도병의 일종. 헌팅턴 무도병이라고도 한다.

언어는 〈살아 있는 알파벳〉으로 묘사했다. 그리고 16세기에는 〈머릿속의 극장〉이라는 말로 뇌 기능을 표현했다. 아울러 그 시대에는 온갖 가능한 것을 보관하고 관람할 수 있는 박물관을 뇌와 비교해 그 유사점을 끌어내기도 했다. 철학자 데카르트는 신체와 뇌를 기계라고 보았다. 뇌를 교회의 파이프 오르간에 견준 데카르트의 비유는 익히 알려져 있다. 데카르트의 생각에 의하면 파이프 오르간에 공기를 불어넣는 것과 마찬가지로 혈액 속에 존재하는 가장 섬세하고 활동적인 입자인 〈동물의 영혼〉이 혈관(현재 맥락총으로 알려져 있다)을 통해 뇌 공간 속으로 들어가는 것이었다. 그러면 속 빈 신경들이 그 활기를 근육으로 운반한다는 것이다.

송과체[8]는 오르간의 건반에 해당했다. 오르간 연주자가 특정한 건반을 눌러서 공기를 오르간의 특정한 음관으로 유도하듯, 송과체가 뇌 안의 특정한 공간으로 〈동물의 영혼〉을 유도할 수 있다는 것이다. 이 때문에 데카르트는 신체와 정신에 대한 담론에서 데카르트의 라틴식 이름을 본떠 카르테시우스[9] 철학으로 자리 잡은 이원론의 창시자로 간주된다. 하지만 이는 잘못된 견해다. 이미 고대 그리스인들이 신체와 정신을 구분 지었고, 따라서 그들이 이런 견해의 진정한 창시자이기 때문이다.

뇌를 합리적이고 생물학적인 정보 처리 기관으로 보면, 오늘날 뇌를 컴퓨터에 견주는 비유는 상당히 그럴싸하다. 엄청나게 많은 구성 성분들과 연결 방식을 고려하면 이러한 비유는 피할 수가 없다. 신경 세

---

8 셋째 뇌실의 뒷부분에 위치하는 솔방울 모양의 내분비 기관. 수면 호르몬 멜라토닌을 생산, 분비하며 솔방울샘이라고도 불린다.
9 데카르트의 라틴식 이름.

포들이 서로 접촉하거나 또는 ─ 노벨상 수상자 산티아고 라몬 이 카할[10]의 표현을 빌면 ─ 시냅스[11]라고 불리는 연결 고리를 통해 〈손을 맞잡는 곳〉이 1,000×1,000억 군데에 이른다. 신경 세포들은 10만 킬로미터가 넘는 신경 섬유에 의해 서로 연결되어 있다. 이처럼 아찔할 정도로 많은 세포들(들어가는 말 참조)과 그 연접부들은 아주 효율적으로 작동해서, 우리 뇌의 에너지 사용량은 겨우 15와트 전구의 에너지 사용량에 불과하다. 네덜란드의 신경 과학자 미셸 호프먼이 계산한 바에 따르면, 한 사람의 뇌가 여든 평생 사용하는 에너지 비용은 현재의 물가를 기준으로 1,200유로를 넘지 않는다. 이 돈으로는 비교적 오래 쓸 수 있는 괜찮은 컴퓨터 한 대도 구하기 어렵다. 뇌는 단 1,200유로로 수십억 개의 뉴런에 평생 에너지를 공급할 수 있는 것이다! 이렇게 영상 처리와 연상을 어떤 컴퓨터보다 더 잘할 수 있는, 병렬 회로를 갖춘, 믿기지 않을 만큼 효율적인 기계가 우리 머릿속에 있는 것이다. 시신을 부검해서 누군가의 뇌를 손에 들 때면 항상 경외심을 느끼게 된다. 나는 그 순간에 누군가의 일생을 손에 들고 있다는 것을 깨닫는 동시에, 우리 뇌의 〈하드웨어〉가 얼마나 〈소프트〉한지 느낄 수 있다. 그 사람이 생각하고 체험한 모든 것이 그 젤라틴 같은 덩어리 속에서 시냅스의 형태나 분자 구조의 변화로 부호화되어 있는 것이다.

런던의 심장부에 위치한 지하 벙커 시설을 보면 더 적절한 비유가 떠오른다. 그 지하 벙커에서 윈스턴 처칠은 전시 내각 및 참모진들과 함께 1940년부터 밤낮으로 아돌프 히틀러에 대항하는 전쟁을 이끌

---

10 Santiago Ramón y Cajal(1852~1934). 스페인의 신경학자로 1906년 노벨 생리의학상을 수상했다.
11 신경 세포의 연결 부위.

었다. 집무실에는 다양한 방식으로 암호화되거나 혹은 암호화되지 않은 온갖 정보들이 적힌 지도들로 벽이 꽉 차 있다. 현 시점에서 가장 중요한 정보에 주의가 집중되고 그 정보의 내용이 확인되고 평가되고 처리되고 저장된다. 공조 관계에 있는 많은 부서들이 그 일에 매진한다. 엄선된 정보들을 이용하여(엄선 작업은 뇌의 앞 부위, 즉 전전두피질에 의해 이루어진다. 그림 15) 동원 가능한 모든 자료를 바탕으로 기획안이 수립되고 정교하게 수정되며 시험된다. 내부와 외부의 많은 전문가들뿐만 아니라 필요한 경우에는 미국으로 직통 전화를 걸어 기획안에 대한 논의를 계속한다. 모든 의견과 정보를 신중히 고려한 결과를 토대로 최종 계획안을 실행에 옮길지 작전을 포기할지 결정한다. 그런 계획은 육군(운동 기능)이나 해군(호르몬) 또는 후방에서 비밀리에 작전을 펼치는 부대(자율 신경계)에 의해 실행에 옮겨지거나 아니면 공군(교묘하게 특정 뇌 구조를 겨냥하는 신경 전달 물질)에 의한 폭격으로 끝난다. 물론 모든 병력의 공조 활동이 가장 효율적이다. 그렇다. 우리의 뇌는 최신식 기술 장비를 갖춘 지휘 본부처럼 일한다. 전화 교환실이나 단순히 일대일로 연결되는 컴퓨터와는 다르다. 지휘 본부는 평생 동안 전투에 임한다. 처음에는 세상에 태어나기 위해서, 그다음에는 시험에 합격하고 생계를 해결할 수 있는 일자리를 구하고 경쟁에 이기고 때로는 적대적인 환경에서 살아남기 위해서, 그러다 결국 자의로 세상을 떠나기 위해서 말이다. 지휘 본부가 직접적인 폭탄 공격을 견뎌 낼 수 있도록 지어진 처칠의 은신처처럼 보호받지는 못하지만, 어쨌든 어느 정도 타격을 막아 낼 수 있는 두개골에 의해 보호된다. 말이 나온 김에 덧붙이자면, 처칠은 그 지하 벙커를 증오했으며 공습 시에는 전황을 지켜보기 위해 지붕 위에 서 있곤 했다.

그는 많은 뇌들이 선천적으로 타고나는 특성, 즉 모험을 사랑했다.

또한 커다란 공항의 항공 교통관제 시스템 같은 평화적인 표현도 생각해 볼 수 있다. 그러나 지난 몇 세기 동안의 이런 모든 표현들을 찬찬히 살펴보면, 결국 우리의 뇌가 없었다면 이룩해 내지 못했을 최신 기술에 빗대어 뇌를 표현할 수밖에 없음을 알게된다. 확실히 이 환상적인 기계보다 더 복잡한 것은 실제 존재하지 않는 것 같다.

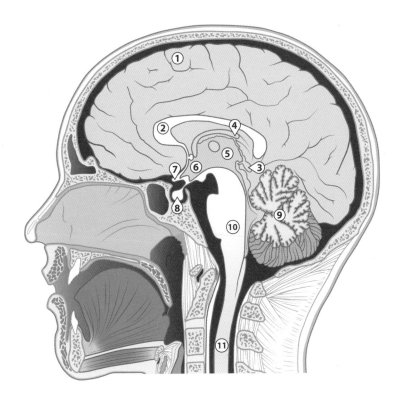

그림 2 뇌의 횡단 모식도. ① 대뇌와 복잡한 대뇌 피질. ② 뇌량. 좌뇌와 우뇌 사이의 연결 부위. ③ 송과체(송과선). 밤에 수면 호르몬인 멜라토닌을 생산한다. 멜라토닌은 어린이들의 사춘기 시작을 저지하는 역할도 한다. ④ 뇌궁. 기억된 정보를 해마로부터 시상 하부의 뒷부분에 위치한 유두체로 운반한다(그림 25). 그런 다음 기억된 정보들은 시상과 피질로 계속 전달된다. ⑤ 시상. 감각 기관과 기억에서 오는 정보들이 여기에 이른다. ⑥ 시상 하부. 개체와 종의 생존에 근본적으로 중요하다. ⑦ 시신경 교차. ⑧ 뇌하수체. ⑨ 소뇌. ⑩ 뇌간. ⑪ 척수.

1장
발달, 출생, 부모의 돌봄

1.1 출생 시 어머니와 아이의 미묘한 상호 작용

출산은 어머니 혼자에게만 맡겨 둘 수 없는 매우 중대한 일이다.

고통 속에서 저를 낳으신 이날 어머니께 축하의 말씀을 드리면서, 저를 낳아 주신 것에 감사드려요.

— 어느 중국 여인이 자신의 생일날 어머니에게 보낸 문자 메시지

언젠가 내가 뇌를 연구하게 된 이유를 나의 아버지가 부인과 의사이기 때문이라고 말하던 사람이 있었다. 아버지의 전문 분야로부터 가능한 한 멀리 떨어진 신체 기관을 선택하지 않았느냐는 것이다. 하지만 이런 정신 분석학적 해석은 암스테르담 대학 병원 의학연구센터에서 케이스 부어를 비롯한 부인과 의사들과 공동 연구를 한, 출산 과정에서 어머니와 아이의 뇌 기능에 대한 내 연구 결과를 설명하지 못한다. 케이스 부어가 제출한 박사 학위 논문의 핵심 논제에 따르

면, 분만이 순조롭게 진행되기 위해서는 반드시 산모의 뇌와 태아의 뇌 사이에서 원활한 상호 작용이 필요하다.

산모의 뇌뿐만 아니라 태아의 뇌도 옥시토신[1]을 혈액 순환계에 분비하여 자궁 수축을 유발함으로써 출산 과정을 가속시킨다. 산모의 생체 시계는 출산 과정에 밤낮의 리듬을 적용시킨다. 그래서 대부분의 분만은 야간이나 이른 새벽, 즉 휴식기 동안에 이루어진다. 이는 출산이 가장 빨리 진행되고 조산원의 개입이 가장 필요하지 않은 시간이다.

출산은 태아의 혈당치가 떨어지면서 시작된다. 혈당치 감소는 어머니가 자라나는 태아에게 더 이상 충분한 영양분을 공급할 수 없음을 뜻한다. 미셸 호프먼은 태아가 어머니 신진대사의 약 15퍼센트가량을 소모하게 되면 진통이 시작된다고 계산했다. 쌍둥이, 세쌍둥이 등 태아가 여럿인 경우에는 이 시점이 앞당겨진다. 쌍둥이들이 일찍 태어나는 이유도 여기에 있다. 자궁 안에서 태아의 시상 하부 뇌세포들은 감소된 포도당 농도에 반응한다. 이것은 훗날 성인이 되어서 영양분의 결핍에 반응하는 것과 같다. 태아의 스트레스 축이 자극을 받게 되고, 이는 일련의 호르몬 변화를 야기해 자궁 수축이 시작된다(그림 3). 옥시토신에 의해 야기된 진통은 태아의 머리가 자궁 입구를 압박하도록 만든다. 이것은 다시 어머니의 척수를 통해 뇌로 전달되어 더 많은 옥시토신을 분비하게 만드는 반사 작용을 야기한다. 이때 태아의 머리는 더욱더 강하게 압박을 함으로써, 이 반사 작용을 자극한다. 아이는 오로지 출생을 통해서만 이 순환 작용에서 벗어날 수가

---

1 자궁 수축 호르몬. 분만 시에 자궁을 수축시켜 진통을 유발하고 젖의 분비를 촉진시키는 호르몬이다.

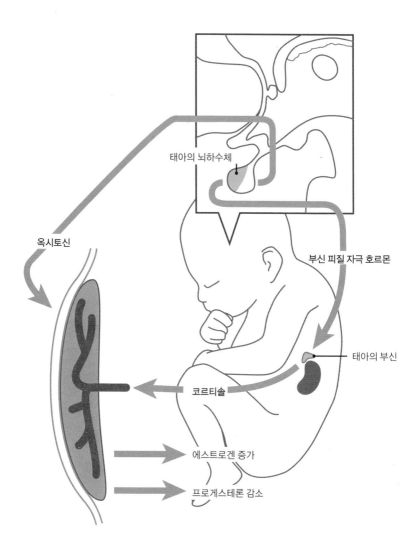

태아의 뇌하수체

옥시토신

부신 피질 자극 호르몬

태아의 부신

코르티솔

에스트로겐 증가

프로게스테론 감소

그림 3 자궁 안에서 자라는 태아가 빠르게 증가하는 양분의 소비량을 산모가 더 이상 충족시킬 수 없다는 사실을 인지하면, 태아의 뇌하수체 안에 있는 스트레스 축이 활성화된다. 부신은 부신 피질 자극 호르몬ACTH에 의해 코르티솔을 생산하라는 자극을 받는다. 그러면 태반의 프로게스테론 작용이 감소하고 에스트로겐 생산이 증가한다. 결과적으로 자궁이 진통을 자극하는 옥시토신에 더 민감하게 반응하게 되면서, 출산이 시작된다.

있다.

다수의 정신 질환은 난산과 관련되어 있다. 정신 분열증 환자들의 상당수가 겸자 분만, 흡입 분만기에 의한 진공 적출 분만이나, 출생 시의 지나친 저체중, 조산, 지나치게 이른 파수, 인큐베이터에서의 보육과 같은 출생 시의 문제가 있었다는 것은 이미 오래전부터 알려져 있다. 과거에는 난산이 뇌를 손상시키는 결과를 낳아서 그 여파로 정신 분열증이 발병한다고 추정했다. 오늘날 우리는 주로 유전적인 이유로 임신 초기에 발생하는 뇌 발달 장애가 정신 분열증과 관계있다는 것을 알고 있다(10.3 참조). 그러므로 난산은 산모의 뇌와 태아의 뇌 사이에서 실패한 상호 작용이며, 따라서 정신 분열증이 사춘기에 비로소 처음 발병하더라도 여전히 이 난산이 정신 분열증의 최초 증후라고 할 수 있다. 뇌의 또 다른 초기 발달 장애인 자폐증도 마찬가지다(9.2 참조). 식욕 부진증이나 거식증 같은 섭식 장애로 고생하는 소녀들의 경우에 출생 과정에서 저체중과 같은 문제에 노출된 경우가 많았다는 사실이 최근 증명되었다. 출생 과정에서 어려움이 많을수록 식장애는 젊은 여성들에게서 일찍 나타났다. 포도당 농도의 감소가 출산 과정의 출발 신호라는 사실을 감안하면 그때 이미 시상 하부의 포도당 농도에 문제가 있지 않았을까 하는 물음을 제기할 수 있다. 그러므로 여기에서 난산을 나중에 식장애로 표출되는 시상 하부 장애의 첫 번째 증후로 간주할 수 있다.

태아가 출생 과정에 적극적으로 참여한다는 암시는 문학에서도 찾아볼 수 있다. 조지 잭슨은 『솔레다드 형제Soledad Brother』에서 이렇게 쓰고 있다. 〈1941년 12월 23일, 나는 우리 어머니의 의사와는 상관없이 어머니의 자궁을 밀고 나왔다. 나는 자유롭다고 느꼈다.〉 귄터 그라스가 쓴 소설『양철북』의 주인공 오스카는 출생 직후 외부 세계에 별로 열광하지 못했다. 그래서 가능하다면 다시 자궁 안으로 돌아가고 싶어 했지만, 애석하게도 산파가 이미 탯줄을 자른 뒤였다.

출산이 순조롭게 진행되기 위해서는 산모와 태아 사이에 매우 섬세한 상호 작용이 필요하다. 뇌 발달 장애아는 출산 과정에서 이와 같은 역할을 수행할 수 없다. 아이들이 이미 출생 시에 응분의 참여를 한다는 생각에 우리는 좋든 싫든 익숙해져야 한다.

1.2 난산: 뇌 발달 장애의 첫 번째 증후

알 속의 양분이 소진되어 더 이상 먹고살 수 없으면 새끼는 알 속에서 격렬하게 움직인다. 새끼는 더 많은 영양분을 찾아 알의 껍질을 깨기도 한다. 태아의 경우도 비슷하다. 태아가 너무 자라서 어머니가 더 이상 충분한 영양분을 공급할 수 없게 되면 현재보다 더 많은 영양분을 찾아 태아는 버둥거리며 껍질을 찢는 동시에 구속에서 벗어나 바깥세상을 향해 출발한다.

— 히포크라테스

아이가 성장하며 겪는 뇌 기능 장애의 3분의 1은 난산에 그 원인이 있다는 말은 잘못 알려진 것이다. 오히려 뇌 손상 및 정신적 장애와 뇌성 마비는 흔히 출생 이전에 이미 자궁 안에서 결정된다.

1862년 런던의 윌리엄 존 리틀은 뇌성 마비를 앓고 있는 어린이 47명에 대해 최초로 서술했다. 뇌성 마비가 출생 트라우마에 의해 야기된다는 리틀의 확신은 오늘날에도 많은 공감을 얻고 있다. 이에 반

대뇌는 지그문트 프로이트의 견해는 기이하게도 그렇지 못하다. 프로이트는 1897년 주도면밀한 연구 끝에 뇌성 마비의 원인이 난산에 있지 않다는 결론에 이르렀다. 오히려 신경병과 난산은 자궁 안에서 발생한 태아의 뇌 발달 장애의 결과로 보아야 한다는 것이었다. 난산은 주로 아이들의 지적 장애의 원인으로 인식된다. 프래더윌리 증후군은 유전자 이상이 그 원인이고 시간이 흐르면서 뚜렷한 비만 증세를 드러낸다(5.4 참조). 이 증상을 보이는 많은 어린이들이 난산으로 태어나고 나중에 정신적인 결함을 보인다. 하지만 그 원인은 난산이 아니라 이미 수정 과정에서 일어나는 유전자 이상에 있다.

뇌성 마비 증상을 보이는 성숙아들의 6퍼센트와 정신적 결함을 드러내는 아이들의 1퍼센트에서만 출생 시의 산소 결핍이 뇌 질환의 원인으로 여겨진다. 대부분의 장애아들은 자궁 안에서의 성장 지체와 활동 부족 등 출생하기 오래전부터 문제를 경험한다. 뇌성 마비는 유전자 이상과 자궁 안에서의 감염에서부터 요오드 결핍, 화학 약품의 영향, 자궁 안에서의 장기간 산소 결핍 같은 아주 다양한 원인으로부터 비롯될 수 있다. 그에 비해 지그문트 프로이트가 이미 확정 지은 바와 같이, 정상적인 태아가 분만 과정에서 갑자기 산소 결핍을 겪는 경우에는 심각한 뇌 손상이 거의 나타나지 않는다는 사실이 주목을 끈다. 출산 과정에서 태아가 능동적인 역할을 한다는 점을 고려하면 프로이트의 말이 왜 옳은지 이해할 수 있다. 아이의 뇌는 출산이 시작되는 시점뿐만 아니라 출산이 진행되는 동안에도 결정적인 역할을 한다. 그러므로 많은 경우에 난산과 뇌 기능 장애 사이의 관계는 대부분 추측하는 것과는 정반대다. 난산이나 조산, 과숙아 분만은 자궁 안에서의 태아 뇌 발달에 문제가 발생한 결과인 경우가 많다. 그리고 이러한 뇌 발달 장애는 유전자 결함, 자궁 안에서의 산소 결핍과 감염, 임산부가 섭취하는 모르핀이나 코카인 같은 중독성 물질이나 약품의 영향, 흡연에 그 원인이 있을 수 있다. 그러므로 조산이나 난산의 정확한 원인을 찾으려면 반드시 아이의 뇌를 진찰해야 한다.

태아의 뇌가 출생 시에 아주 능동적인 역할을 수행한다는 것은 35년 전 부인과 의사 W. J. 호네비어와의 공동 연구를 통해 발견한 사실이다. 그 연구 프로젝트를 위해서 우리는 무뇌증 아이(그림 4) 150명의 출생 과정을 연구했다. 이 아이들은 대부분 지나치게 일찍 태어나거나 지나치게 늦게 태어나고 실제 출산 과정도 정상적인 아이들보다 훨씬 느리게 진행된다. 분만이 일반적인 경우보다 두 배 더 오래 걸리고 태반의 분리도 세 배 더 오래 지연되는 것은 태아의 뇌에서 옥시토신이 분비되지 않기 때문이다. 무뇌증 아이들의 절반이 출산 과정에서 살아남지 못한다는 사실에 주목하면, 분만하는 동안 아이의 뇌가 원활하게 기능하는 것이 얼마나 중요한지 알 수 있다. 태아의 뇌에서 분비되는 또 다른 호르몬인 바소프레신[2]은 출생하는 동안 혈액이 심장, 부신, 뇌하수체, 뇌처럼 생명에 무엇보다도 중요한 역할을 하는 기관에 주로 이르도록 한다. 동시에 내장과 같이 덜 중요한 신체 부위로 순환되는 혈액양은 감소시킨다. 출생 과정에 필요한 많은 복잡한 화학 과정들이 동물 실험을 통해서 밝혀졌다. 그러나 이 모든 것의 시작은, 그리스의 사제이자 의사이며 철학자인 히포크라테스가 2,000년도 더 전에 말한 것처럼, 태아의 뇌가 급격하게 증가하는 양분 소비량을 산모가 더 이상 공급할 수 없다는 것을 인지하

---

2 뇌하수체 후엽 호르몬의 하나로, 항이뇨 작용과 혈압 상승 작용을 촉진한다.

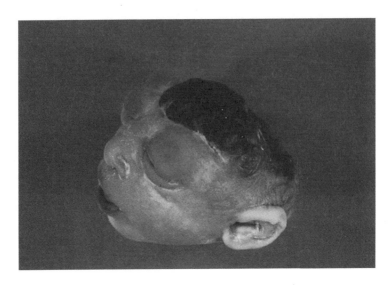

그림 4 무뇌증 아이. 출산을 개시하는 것이 어머니의 뇌인가 아니면 태아의 뇌인가 하는 물음에 답하기 위해 우리는 무뇌증 아이 150명의 출생 과정을 연구했다. 그 아이들은 대부분 지나치게 일찍 태어나거나 지나치게 늦게 태어났다. 흔히 임신 40주째 무렵의 아주 정확한 출산 예정일이 그 아이들의 경우에는 전혀 지켜지지 않았다. 분만은 일반적인 경우보다 두 배 더 오래 걸렸고 태반의 분리도 세 배 더 오래 지연되었다. 정상적인 환경에서는, 아이의 뇌가 출생 시점을 결정하고 출산 과정을 촉진시킨다.

고 즉시 출산을 시작하라는 태아의 첫 신호로부터 출발한다.

1.3 모성 행동

여기 크기와 생김새가 똑같은 말 두 마리가 있다. 어떻게 어미와 새끼를 구분할 수 있을까? 말들에게 여물을 줘보라. 어미 말이 새끼 쪽으로 여물을 밀어줄 것이다.

— 『부처의 가르침』

여성의 뇌는 임신과 함께 모성 행동을 취하게 되어 있다. 호르몬이 뇌의 변화를 야기하고 이 변화는 출산 후 아기와 접촉하면서 더욱 강화된다. 산모의 뇌 속에서 일어나는 변화는 오랫동안 유지되고 어쩌면 영원히 지속될 수도 있다. 벌써 오래전에 장성한 자식들이 이따금 어머니와 탯줄이 끊어지지 않은 것 같다고 한탄할 때가 있다. 그리고 어머니들은 장성한 자식들에 대한 근심 걱정을 도무지 떨쳐 낼 수가 없다. 자식에게 무슨 일이 일어난 경우, 하루 전에 이미 이를 감지했다는 어머니들도 더러 있다. 이러한 증언은 사실 맞는 말이다. 그들이 자식 걱정을 하지 않는 날은 하루도 없기 때문이다.

임신 기간 동안 프로락틴[3]은 모성 본능을 촉진시킨다. 그래서 산모는 집을 청소하거나 아이 방을 새로 도배하고픈 욕구를 느끼게 된다. 내가 박사 과정 학생이었을 때 일이다. 실험실 쥐를 살피러 갔다가 누군가가 내 수컷 쥐들이 들어 있는 우리와 새끼 밴 암컷 쥐들이 들어 있는 우리를 바꿔 놓은 것을 발견했다. 쥐들이 우리 안에 톱밥으로 지은 커다란 둥지를 보고 이를 알 수 있었다. 그러나 사실 그 우리 안의 쥐들은 내 수컷 쥐들이 맞았다. 수컷 쥐들이 둥지를 튼 것이다. 이는 내가 그 전날 쥐의 뇌하수체에 임신 호르몬인 프로락틴을 주입한 탓이었다.

예전에 암스테르담에 있는 빌헬미나 가스트하우스 병원에서 뇌하수체 종양 때문에 프로락틴을 생산하는 남성 환자가 있었다. 그 환자에게는 수납장을 비누로 씻는 병실 간병인들을 도와주는 일이 가장 행복한 일이었다.

---

3 뇌하수체 전엽에서 분비되는 호르몬으로 유즙의 생산과 황체 호르몬의 분비를 촉진한다.

임신 마지막 단계에 이르면 산모의 뇌세포만이 아니라 태아의 뇌세포도 옥시토신을 생산해서 혈류로 내보낸다. 이 호르몬은 많은 기능을 한다. 옥시토신은 출산을 유도하는 물질로 알려져 있다. 그리고 출산 후 젖 분비를 촉진하기 위해 옥시토신을 함유한 코 스프레이를 처방받는 산모들도 있다. 옥시토신은 임신 말기에 진통을 일으키고 출산을 가속화한다. 산모의 뇌는 자궁이 이 호르몬에 가장 민감하게 반응하는 밤에 더 많은 옥시토신을 분비함으로써 몸이 휴식 상태에 있는 동안 출산이 시작되도록 유도한다. 출산하는 동안 태아의 머리가 자궁 입구를 압박하면 그 신호는 척수를 통해서 산모의 뇌로 전달되고 즉시 다량의 옥시토신이 분비되면서 분만이 촉진된다. 그러나 산모가 진통에 대비해 요추 천자[4]를 하게 되면, 그 정보는 더 이상 산모의 뇌에 이르지 못하기 때문에 산모의 뇌하수체가 옥시토신을 거의 분비하지 않는다. 그러므로 다시 강한 자궁 수축을 유발하기 위해서는 옥시토신을 주입받아야 한다.

출산 후 산모의 옥시토신은 수유를 위해 충분한 젖 분비를 촉진한다. 아기가 젖꼭지를 빨면 그 신호가 산모의 뇌를 자극해서 옥시토신이 분비되고 이 옥시토신이 유선으로부터 젖이 나오게 한다. 얼마 후에는 아이의 울음만으로도 이 반사 작용이 일어나게 되는데, 이때 분비되는 옥시토신은 가슴에서 젖을 뿜어내기 때문에 사람들이 많은 자리에서는 꽤 당황스러운 일일 수 있다. 이런 반사 작용은 시골에서는 이미 몇백 년 전부터 알고 있던 것이다. 농부가 달그락거리며 외양간으로 우유통을 들고 들어서기 무섭게 젖소들이 젖꼭지에서 우유를

---

4 진단과 치료 목적으로 척수액을 뽑거나 척수강에 약을 투여하는 처치법.

뿜어내는 것이다.

옥시토신이 많은 사회적인 상호 작용에서도 중요한 역할을 하고 있음이 최근에 점점 분명하게 드러나고 있다. 이 호르몬은 어머니와 아기 사이의 유대감을 구축하기 때문에 〈유대 호르몬〉이라는 별칭으로 불리기도 한다. 임신 후반기에 옥시토신 농도의 증가는 출산 시에 최고점에 이른다. 자연 분만의 경우와는 달리 제왕 절개 수술을 하게 되면 옥시토신이 추가로 분비되지 않는다. 이것은 수술 후 어머니의 뇌가 아이의 울음에 강하게 반응하지 않고 모성적인 행동이 더디게 발달하는 이유를 설명해 준다. 젖을 먹이거나 아이와 함께 노는 동안 옥시토신은 어머니의 뇌에 영향을 미쳐서 진정 효과를 발휘하고, 이것은 애정 어린 상호 작용과 아이와의 친밀한 유대를 강화시킨다. 아이와 친밀한 유대를 맺지 못하는 어머니들은 아이와 함께 놀아도 옥시토신이 증가하지 않는다. 고아원에서 자란 아이들의 혈중 옥시토신 농도는 가족에 둘러싸여 자란 아이들보다 낮다. 아이들이 발달 초기에 제대로 보살핌을 받지 못하면 나중에 입양되어 보호자와 진심 어린 신체 접촉을 하더라도 3년이 지날 때까지 혈중 옥시토신 농도는 정상치에 이르지 못한다. 다시 말해서 이런 아이들과 보호자와의 유대 결핍은 장기적인 현상으로, 심지어 평생 지속되기도 한다. 어린 나이에 감정적으로 보살핌을 받지 못하거나 학대 또는 성폭행을 당한 여성들에 대한 최근의 연구는 그런 성인 여성들의 경우에는 뇌척수액의 옥시토신 농도가 심하게 감소되어 있어서 이런 문제들이 어쩌면 다음 세대까지 이어지지 않을까 우려된다고 보고한다. 옥시토신은 스트레스 축도 억제한다. 7~12세의 여자아이들이 낯선 사람들 앞에서 발표를 해야 하는 스트레스에 시달리게 될 때, 어머니의 진정시켜 주는 말들이 옥시토신 분비를 촉진시킨다. 아이가 어머니의 품에 실제로 안기는지, 아니면 단순히 전화를 통해서 위로받는지는 여기서 중요하지 않다.

이런 관찰들로 미루어 볼 때, 벌써 오래전에 장성한 자식들을 종종 부담스럽게 감싸고 도는 어머니의 행동을 억제할 수도 있다고 추론할 수 있다. 동물 실험에서 뇌의 옥시토신 작용을 저지하는 물질을 이용해 원숭이 어미의 모성 행동을 중단시킬 수 있었다. 그러므로 이 물질은 장성한 자식들이 독립적으로 잘 살 수 있다는 것을 받아들일 수 없는 어머니들에게 아주 적절한 치료제인 듯 보인다. 다만 유감스럽게도 이 물질은 원숭이들에게서 새끼들에 대한 관심뿐만 아니라 성에 대한 관심도 감소시킨다.

30년 전 우리 연구팀은 옥시토신이 뇌와 행동에 어떤 영향을 미치는지에 대해 연구했다. 우리는 옥시토신에 대한 항체를 개발해 뇌를 염색해서 옥시토신이 생산되고 분비되는 곳을 추적했다. 그리고 옥시토신을 함유한 뇌세포와 뇌세포 돌기로 이루어진 대규모 네트워크를 몇몇 뇌 구조에서 발견했다(그림 5). 이 신경 섬유들은 다른 뇌세포들과 접촉해서 옥시토신을 화학 전달 물질로서 분비했다. 우리는 전자 현미경을 이용해 그 분비 장소들이 이미 다른 화학 전달 물질들을 통해 알고 있는 신경 세포들의 연접 부위(시냅스)와 똑같아 보인다는 사실을 발견했다(그림 6). 이 분비 장소들은 옥시토신이 우리의 행동에 미치는 영향의 토대를 이룬다.

옥시토신은 각기 다른 사회적인 관계에 따라 뇌의 상이한 지점에서 분비되고 또 상이한 행동 방식에 관여한다. 현재 옥시토신은 애정, 관용, 평온, 신뢰, 애착의 전달 물질로 알려져 있다. 또한 옥시토신이 뇌의 두려움 및 공격 중추인 편도체에 영향을 미쳐서 두려움을 억제한다는 사실도 발견되었다. 예를 들어 다정하게 애무하는 등의 친밀한 사회적 상호 작용의 경우에는 혈중 옥시토신 농도가 증가할 뿐만 아니라 뇌에서도 더 많은 옥시토신이 분비된다. 게다가 옥시토신은 음식을 충분히 섭취한 사실을 뇌에 중개하는 전달 물질이기도 하다. 옥시토신은 모성 행동에 영향을 미칠 뿐만 아니라 사회적인 스트레스에 대한 반응과 성관계에도 관여한다. 그래서 옥시토신은 〈사랑 호르몬〉이라고 불리기도 한다. 농부들이 이 호르몬에 대한 이야기를 들었을 리 없는데도 수백 년 전부터 이미 그 작용에 대해 알고 있었다. 그들은 어미 잃은 새끼 양이 유모 역할을 하는 양과 함께 있게 되면 옥시토신이 분비되도록 유모 양의 질과 자궁을 자극한다. 이는 유모 양이 낯선 새끼 양을 친어미처럼 돌보도록 유도하기 위해서다.

뇌는 옥시토신과 아주 유사한 물질인 바소프레신도 생산한다. 바소프레신은 아이를 지키기 위해 나타나는 공격성을 야기하는 등, 옥시토신처럼 어머니의 모성 행동에 결정적인 영향을 미친다. 이 물질은 짝짓기 같은 다른 측면의 사회적 행동에도 영향을 미친다. 남성은 바소프레신 수용체(뇌에서 바소프레신의 전달 신호를 받아들이는 단백질)의 DNA 구성 성분에 아주 작은 변화만 있어도 결혼 생활의 문제나 이혼을 두 배나 많이 겪고 외도도 두 배나 많이 한다. 또한 바소프레신을 주입받은 후 낯선 남자의 사진을 보게 되면 그 얼굴 표정을 더 불친절하다고 느끼는 등, 더 많은 적대감을 갖게 된다. 하지만 여성에게는 정반대의 일이 벌어진다. 여성들에게 바소프레신은 상대방의 얼굴에서 호의적인 부분을 더 잘 알아보게 하기 때문에 여성들은 낯선 이들에게 다가가는 것을 주저하지 않는다. 남자들에게 약간의 옥시토신을, 여자들에게 약간의 바소프레신을 사용함으로써 사회가 얼마나 많이 개선될 수 있을지 상상해 보는 것은 매우 즐거운 일이다.

자폐증의 경우 최근에 바소프레신과 옥시토신 체계에서 자주 장애가 발생하는 것으로 입증되었다. 자폐증 환자들에게는 보통 다른 사람들의 표정을 보고 의도나 감정을 추론하거나 감정 이입 능력을 발휘하는 일이 쉽지가 않다. 이를테면 많은 자폐증 환자들은 어린아이의 울음이 무엇을 뜻하는지 이해하지 못하거나 또는 목소리를 듣고서 상대방의 감정을 알아채지 못한다. 미국의 수의과 교수이며 자폐증 환자인 템플 그랜딘[5]은 자신의 감정적인 순환의 고리가 그야말로 끊겨 있다고 말한다. 예상할 수 있듯이, 자폐증 환자들에게서 바소프레신과 옥시토신의 비정상적인 혈중 농도가 발견되었다. 바소프레신과 옥시토신의 메시지를 받아들이는 뇌의 단백질에서도 경미한 유전자 변화가 발견되었다. 반대로, 옥시토신을 주입하면 〈생각을 읽어내는 능력〉이 개선된다. 그러면 상대방이 무슨 생각을 하고 무슨 의도를 품고 있는지를 얼굴 표정이나 억양을 통해 한결 쉽게 알아낸다. 이 결과들은 옥신토신과 바소프레신이 자폐증 증상에 영향을 미칠 수 있다는 것을 보여 준다. 그러나 이 두 가지 화학 전달 물질을 〈사회적인 뇌〉라고 여기는 것은 지나친 단순화다. 사회적 행동은 다른 많은 전달 물질들과 뇌 구조들의 영향도 받기 때문이다.

이런 물질들의 효과에 대한 우리의 지식을 응용할 수 있는 가능성은 넓게 열려 있다고 생각된다. 돈으로 물건을 사고 파는 게임을 통한 심리학 실험에서 높은 혈중 옥시토신 농도와 다른 사람들, 심지어

---

5 Mary Temple Grandin. 미국 보스턴 출신의 동물학자로서, 자폐증을 극복하고 성공한 입지전적 인물로 알려져 있다.

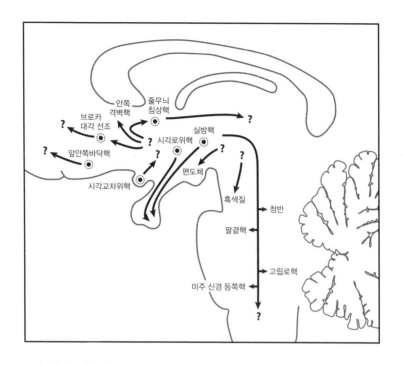

그림 5 옥시토신과 바소프레신은 시상 하부(실방핵, 시각로위핵)에서 생산되어 뇌하수체 후두엽의 신경 호르몬으로서 혈관에 분비된다. 옥시토신은 수유 시에는 유선 수축, 분만 시에는 자궁 수축을 야기한다. 바소프레신은 항이뇨 호르몬으로서 신장에 영향을 미친다. 또한 옥시토신과 바소프레신은 이미 알려졌거나 또는 아직 알려지지 않은(그림에서 〈?〉로 표시되어 있다) 많은 뇌 부위로 운반되어 시냅스에서 신경 전달 물질(화학 전달 물질)로서 분비된다.

는 낯선 사람들에 대한 신뢰 사이에 상관관계가 있다는 것이 밝혀졌다. 여러 차례 속아 넘어가도 그 신뢰는 계속된다. 이것은 상품을 판매하는 사람들에게 이렇게 신뢰를 지속하는 사람들은 좋은 먹잇감이다. 실제로 현재 파트너나 고객, 직장 동료, 상사의 신뢰를 일깨우기 위해서 옷에 뿌리는 옥시토신 스프레이 〈리퀴드 트러스트Liquid Trust〉가 인터넷에서 판매되고 있다. 물론 스프레이 방식으로는 아주 미미한 양의 옥시토신만이 상대방에게 전달되기 때문에 이런 상품은 사기에 가깝거나, 좋게 표현을 하더라도 위약[6]이라고 말할 수 있다.

그 밖에 코 스프레이를 이용해 옥시토신을 직접 흡입하는 경우에 정상적인 뇌 과정이 실제로 그대로 모방되는지에 대해서는 논란의 여지가 있다. 어쨌든 뇌에서는 일정한 조건하에 아주 일정한 부위에서 매우 정밀한 양의 옥시토신이 매우 정확하게 분비된다. 코 스프레이로 투입된 옥시토신은 오히려 완전히 다른 효과를 유발할 수 있다. 그리고 이와 같은 문제는 실제로 뇌 질환을 치료하는 과정에서 나타나는 일반적인 문제점이기도 하다. 계산기가 만들어 내는 숫자들이 계산기를 대신할 수 없듯이, 전달 물질의 투여를 통해서는 뇌세포 체계의 극히 세분화된 기능들을 대신할 수 없다.

1.4 부성 행동

백 년 동안 오른쪽 어깨에는 아버지를, 왼쪽 어깨에는 어머니를 태우고 다닌다 할지라도, 아들이 부모의 은혜에 보답할 길은 없다.

— 『부처의 가르침』

우리 모두는 탯줄을 잘라 내지 못한 어머니들이 있다는 것을 잘 알고 있다. 오래전에 장성한 자식들이 어디에 있든, 그런 어머니들은 지금 자식들이 무엇을 하고 있는지 알아야만 직성이 풀리고 밤이나 낮이나 자식들 걱정에서 벗어나지 못한다. 그리고 자식들에게도 언제나 어

---

6 외관은 진짜 약제처럼 보이지만 사실은 효과가 없는 가짜 약.

머니와의 결합은 특별한 것이다. 국적에 상관없이 군인들은 전쟁터에서 부상을 입었을 때 아버지가 아닌 어머니를 찾는다.

침팬지들은 암컷이 문화적 기술을 가르치는 임무를 맡는다. 그래서 나는 아주 오랫동안 아버지의 역할이 수정의 순간, 절반도 안 되는 DNA를 아이에게 기부하는 순간, 즉 몇 분 만에 끝나는 것이라고 생각했다. 그러고 나서 우리 아버지들은 신문 뒤로 몸을 숨기고 나머지 걱정과 교육은 어머니들에게 맡기면 되는 것이라고 여겼다. 하지만 사실 아버지들은 양육의 책임에서 그렇게 쉽게 벗어나지 못한다. 동물계 전반에서 두드러진 부성 행동을 관찰할 수 있는데, 이런 행동은 모성 행동과 모든 면에서 겹친다. 심지어 일부 박쥐들의 경우에는 수컷들이 젖을 물리는 일도 있다.

동물의 세계에서 인간은 가족에 중점을 둔다는 면에서 특별한 위치에 있다. 우리 사회는 가족이 그 기본을 이루지만, 침팬지나 보노보같은 유인원은 그렇지 않다. 짝을 지어 사는 것은 특별한 일이 아니다. 긴팔원숭이와 새, 대초원들쥐도 짝을 이루고 산다. 그러나 이러한 종들의 경우에는 가족들이 제각기 고립되어 자신만의 영토에서 지낸다. 인간을 다른 종들과 구분 짓는 것은 가족들의 공동생활이다. 이미 200만 년 전부터 인간(또는 인간의 조상)은 침팬지 새끼보다 두 배나 더 무거운 아기를 낳았다. 그 무겁고 무력한 갓난아기를 데리고 다니기에 쉽지 않았기 때문에 어머니와 아이를 위해 충분한 식량을 확보하기 위해서는 공동육아가 필수적이었다. 남자가 가족에서 우월한 위치를 차지하는 가부장 제도는 아마 우리의 선조들이 원시림의 안전한 삶 대신 사바나의 위험한 삶을 선택해야 했던 시대에 만들어졌을 것이다. 사방이 탁 트인 지형에서 살아남기 위해서는 남자들이 여자와 후손을 보호해야 했다. 너클 보행[7]으로 이동하고 과일을 먹고 사냥을 하고 도구를 갖추었던 인류의 선조들이 원시림을 떠났다는 주장이 자주 제기되는데, 그렇지 않다. 그보다는 우리의 선조들을 둘러싸고 있던 원시림이 극심한 기후 변동으로 사라졌을 확률이 더 높다. 기후 변동은 드넓은 원시림을 차츰 건조한 사바나 지역으로 변화시켰다. 남자가 여자와 아이를 보호하게 되면 2, 3년마다 아이를 낳을 수 있는 진화론적인 이점이 뒤따른다. 반면 새끼를 혼자 키우는 탓에 더 오랫동안 먹이를 주고 돌봐야 하는 침팬지 암컷은 6년이 지나야 비로소 다시 새끼를 낳는다.

수컷의 이런 보호자 역할은 영장류만이 아니라 동물계 전반에서 관찰할 수 있다. 물닭 한 쌍이 또다시 우리 집 앞의 도랑 한가운데에 커다란 둥지를 틀었다. 암컷이 둥지에 앉는 즉시 수컷은 주변의 다른 새들을 향해 격렬하게 깃털을 곤두세웠다. 암컷이 알을 낳으려면 아직 오래 기다려야 했는데도 큰 소리를 내고 날갯짓을 하며 자신보다 훨씬 더 큰 까마귀와 오리들을 쫓아냈다.

여성이 임신 중일 때는 남성도 이미 아버지로서의 역할을 준비한다. 뇌에 영향을 미치는 호르몬의 변화 탓에 예비 아버지는 평소와 다르게 행동하고 다르게 느낀다. 아이가 태어나기 전에 벌써 예비 아버지의 프로락틴 농도가 상승한다. 이 호르몬은 어머니의 젖 분비에 중요한 역할을 하지만, 남녀 모두에게서 보호 행동을 일깨우기도 한다. 그와 동시에 예비 아버지에게서 남성 호르몬 테스토스테론의 혈중 농도가 낮아지는데 이것은 아이에 대한 공격성을 누그러뜨리고 생식

---

7 주먹 쥔 손을 땅에 대고 이동하는 방식으로, 고릴라와 침팬지에게서 흔히 볼 수 있다.

충동을 저하시킨다. 이는 뉴욕에서 베이징까지 모든 예비 아버지에게 나타나는 보편적인 현상이다. 결과적으로 이 호르몬이 뇌에 미치는 영향을 통해서 많은 남자들은 이미 아이가 출생하기 전부터 자신에게 특별한 일이 일어나고 있음을 감지한다. 예비 아버지들에게서 어떻게 이런 태도의 변화가 야기되는지는 명확하게 밝혀지지 않았지만 임산부들의 독특한 냄새가 모종의 역할을 할 것이라고 추정된다. 아이의 출생 후 프로락틴과 옥시토신은 아버지의 행동 및 아버지와 아이의 유대에 영향을 미친다. 어린아이와 친밀한 관계를 유지하는 아버지들의 경우에만 아이와 함께 노는 동안 유대 호르몬인 옥시토신의 농도가 증가한다.

아버지들이 극단적인 역할을 떠맡는 몇몇 동물종들이 있다. 타조과에 속하는 새인 아메리카 레아는 수컷이 직접 둥지를 파고서 알을 품는다. 해마의 수컷은 수정된 알을 자신의 주머니 속에서 부화시킨다. 이렇듯 몇몇 동물종의 수컷은 인간의 행동 방식에 견줄 만한 부성 행동 방식을 보인다. 그래서 우리는 이들의 뇌를 연구함으로써 뇌가 어떻게 부성적인 행동을 유도하는지를 이해할 수 있다. 비단원숭이과에 속하는 마모셋 수컷들은 새끼들을 업고 다니고 보호하고 음식을 먹여 주는 등 새끼들을 돌본다. 아버지가 되면 뇌의 앞 부위, 즉 전전두 피질에서 변화가 일어난다. 그곳에서 신경 세포들의 연접 부위가 증가하는데, 이것으로 미루어 그곳의 네트워크가 새롭게 정비되었다고 추정할 수 있다. 그 밖에도 뇌 피질 부위에서 사회적 행동을 자극하고 새로운 역할에 임하는 아버지들을 도와주는 화학 전달 물질인 바소프레신에 대한 반응력이 상승한다.

아이들이 자라면서 아버지들은 아이들을 격려하고 삶의 방향을 제시한다. 이는 아주 다양한 방법으로 일어날 수 있다. 나의 할아버지는 의사였으며 그의 아들에게 이 전문 분야에 대한 관심을 전수했다. 나의 아버지는 부인과 의사가 되었고 나는 여섯 살에 장차 의학을 공부하겠다는 꿈을 품었다. 내 아들은 장차 자신이 무엇을 전공할지 정하지 못하고 있었지만 의학이나 생물학을 공부하지 않을 것만은 일찍부터 분명히 했다. 나와는 달랐지만 그 아이 나름의 방식으로 자기 아버지에게 반응한 것이다. 나중에 우리 부자는 성별에 따른 행동의 차이에 대해 공통적인 관심을 가지고 있다는 걸 알게 되었고 공동으로 이 주제에 대한 연구 결과를 발표하기도 했다(21.1 참조).

아버지의 몫은 유감스럽게도 배려, 보호, 격려 같은 고매한 행동에만 제한되지 않는다. 동물 세계와 인간 세계의 많은 사례들은 남자들이 아버지 신분을 내세워 얼마나 잔인한 공격 행동을 감행할 수 있는지 보여 준다. 영장류의 수컷들은 지금까지 한 집단을 이끌어 온 리더를 내쫓으면서 그 집단의 암컷을 전부 넘겨받을 수 있다. 그 후 일반적으로 새끼들을 모두 죽인다. 수사자도 무리를 넘겨받으면 암컷들이 아무리 기를 쓰고 막아도 결국 새끼들을 전부 죽인다. 그러면 암사자들의 젖샘이 마르면서 더 빨리 새끼를 밸 수 있게 된다. 그럼으로써 모든 새끼들이 새로운 리더의 혈통임이 보장된다. 성경에 쓰여 있듯이, 인류의 역사도 다르지 않았다. 〈그러나 모세는 전쟁에서 돌아오는 군대 지휘관들, 천인대장, 백인대장 들을 보고 화가 나서 야단쳤다. (……) 아이들 가운데서도 사내 녀석들은 당장 죽여라. 남자를 안 일이 있는 여자도 다 죽여라. 다만 남자를 안 일이 없는 처녀들은 너희를 위하여 살려 두어라(민수기 31장 14~18절).〉

우리는 오늘날까지도 이 잔인한 생물학적 기제에서 벗어나지 못하

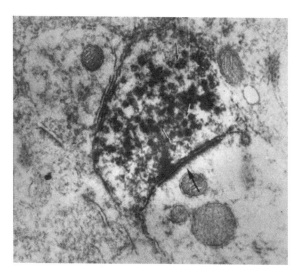

그림 6 전자 현미경으로 보면, 옥시토신과 바소프레신은 신경 말단(시냅스)의 검은 알갱이처럼 보인다. 이 물질들이 뇌에서 분비되면 사회적인 상호 작용 같은 행동에 영향을 미친다.

고 있다. 아동 살해와 아동 학대는 지금도 생물학적인 아버지들보다 계부들에 의해 더 자주 발생한다. 그리고 전쟁 포로로 붙잡힌 여자들이 낳은 아이들은 여전히 강제로 폭력적인 죽음을 맞이한다. 침팬지 암컷들은 새끼를 낳고 몇 년 동안 같은 무리의 침팬지들을 멀리한다. 수컷이 자신의 후손이 아니라고 의심해서 새끼를 죽이는 일이 없도록 미리 방패막이를 하는 것이다. 보노보 암컷이 새끼의 죽음을 예방하는 〈전술〉은 독특하다. 보노보 암컷들은 모든 수컷과 짝짓기를 한다. 그래서 수컷이 어떤 새끼 보노보가 자신의 후손인지 확신할 수 없도록 한다. 인간의 경우 어머니들은 항상 정신을 바짝 차리고 자신의 아이을 위협하는 위험 요소들을 경계해야 하고, 이런 상태는 평생 계속된다.

1.5 초기의 뇌 발달에서 자극적인 주변 환경이 가지는 중요성

좋은 환경은 사치가 아니라 반드시 필요한 것이다.

— 리처드 월하임[8]

모든 인간은 유전적 소인과 자궁 안에서의 발달을 토대로 유일무이한 뇌를 가지고 태어난다. 그 뇌로 인해서 성격, 재능, 한계가 대부분 결정된다(3.1~3.4, 8.1 참조). 출생 후 뇌가 최적의 상태로 발달하기 위해서는 안전하면서 아이에게 너무 부담이 되지 않을 정도의 자극적인 환경이 필요하다. 이미 1871년에 다윈은 텅 비어 있는 우리에서 자란 토끼들의 뇌가 자연에서 자란 토끼들의 뇌보다 15~30퍼센트 더 작다는 사실을 지적했다. 그와 반대로 동물들이 〈풍성한 환경〉, 즉 가지고 놀 수 있는 물건들이 날마다 바뀌고 친구들과 서로 뛰어놀 수 있는 널찍한 우리에서 사는 경우에는 뇌가 더 잘 자라고 뇌세포들 사이에 새로운 결합이 만들어진다. 발달 초기에 별로 보살핌을 받지 못한 아이들의 뇌는 더 작고(그림 7), 특히 지능, 언어 능력, 그리고 정밀하게 근육을 조절하는 면에서 평생 제약이 따른다. 그런 아이들은 충동적이고 과잉 행동을 보인다. 이런 아이들의 경우 전전두 피질의 성장이 심하게 제약을 받을 수 있다. 연구 결과에 따르면, 2세 이전에 입양된 아이들은 나중에 정상적인 아이큐(평균 100)에 이르는 반면에, 2~6세에 입양된 아이들은 아이큐가 평균 80에 머문다.

미국의 아동 심리학자 브루스 페리는 아무런 보살핌을 받지 못한

---

8 Richard Wollheim(1923~2003). 영국의 철학자.

여섯 살 소년 저스틴의 사례에 대해 묘사했다. 저스틴은 아기였을 때 어머니와 할머니를 잃어버리고 개 사육사에게 다른 개들처럼 개 우리에서 길러졌다. 사육사는 저스틴을 먹여 주고 기저귀는 갈아 줬지만, 저스틴과 대화를 한다거나 다정히 어루만지고 놀아 주지 않았다. 저스틴이 나중에 병원에 입원했을 때 그는 말을 할 수도 걸을 수도 없었다. 심지어 병원 직원들에게 자신의 배설물을 내던지기도 했다. 단층 사진에 찍힌 저스틴의 뇌는 알츠하이머병 환자의 뇌만큼이나 작았다. 입양 가족의 고무적인 환경 속에서 저스틴은 발달하기 시작했고 여덟 살의 나이에 예비 학교를 다닐 수 있었다. 저스틴의 치유되지 않은 손상이 어느 정도인지는 물론 알려지지 않았다. 18세기 프랑스의 계몽주의 철학자 장자크 루소는 1778년 출간한 『에밀』에서 그의 〈고결한 야만인〉 이론을 전개했다. 아이들이 교육을 받기 전에는 천성적으로 선하지만, 나중에 사회에서의 경험을 통해 타락한다는 것이었다. 하지만 저스틴의 경우처럼 정상적인 뇌 발달을 위해서는 주변 환경과의 상호 작용이 꼭 필요하다. 이는 아베롱의 야생 소년 이야기에도 잘 나타나 있다. 1797년 남프랑스 랑그도크의 숲에서 한 아이가 세상의 주목을 받았다. 아이는 숲에서 지낸 지 3년 만에 비로소 사냥꾼들에게 붙잡혀 작은 마을로 옮겨졌다. 그 당시 소년은 열 살 정도였으며, 정확한 시기를 알 수 없는 과거에 버려져 열매와 작은 동물들로 연명한 듯했다. 젊은 의사 장 마르크 가스파르 이타르는 그 소년에게 〈빅토르〉라고 이름을 지어 주었다. 파리 내무성의 위임을 받아서 빅토르의 교육을 담당했고 나중에 그에 대한 자세한 보고서를 제출했다. 의사 이타르가 다방면으로 애썼지만 빅토르는 결국 다른 소년들처럼 발달하지 못했다. 빅토르가 배운 유일한 낱말은 우유라는 뜻의 〈레lait〉였다. 이 이야기는 로물루스와 레무스[9]가 이룩한 것들이 어떻게 가능했을지 의문을 품게 한다.

모국어 습득은 특정 뇌 체계가 출생 후에 환경에 의해서 지속적으로 프로그램되는 과정을 잘 보여 준다. 아이의 모국어는 유전자에 의해서 좌우되는 것이 아니라 전적으로 언어를 습득하는 결정적인 시기에 아이의 주변 환경에 의해 좌우된다. 모국어를 습득하는 것은 뇌의 발달에 결정적인 영향을 미칠 뿐만 아니라 유아기 발달의 다른 많은 측면에도 아주 중요하다.

1211년, 독일과 이탈리아, 부르고뉴, 시칠리아의 황제였던 프리드리히 2세는 〈신의 언어〉를 찾아내려는 시도를 했다. 그는 어머니가 말하는 것을 한 번도 듣지 못한 아이들에게서 〈신의 언어〉가 자연 발생적으로 나타날 것이라고 생각했다. 그래서 수십 명의 아이들을 처음부터 완벽한 정적 속에서 키우라는 명령을 내렸다. 하지만 그는 실망감을 맛봐야 했다. 아이들은 아무것도 말하지 못했으며 모두 어린 나이에 세상을 떠났다.

제2차 세계 대전 동안 거의 보살펴 주는 손길 없이 고아원에서 자란 아이들의 30퍼센트가 사망했다. 그 당시 고아원에서는 신체적인 접촉을 하고 정신적인 자극을 줄 만한 여유가 없었다. 그리고 그런 환경에서 살아남은 사람들은 정신적인 장애에 시달렸다. 주변 환경과의 적절한 상호 작용은 정상적인 뇌 발달에 필요한 단순한 전제 조건이 아니라 생명을 유지하기 위해서 필수 불가결한 것이다.

생후 처음 몇 년 동안 우리의 주변 환경은 뇌의 언어 영역 체계를

---

9 로물루스는 로마의 건립자로 알려진 전설의 인물이다. 로물루스와 레무스는 쌍둥이 형제였으며 어렸을 때 늑대의 젖을 먹고 자랐다고 전해진다.

구성하는 데 결정적인 역할을 한다. 이 결정적인 기간이 지나면 뇌의 언어 영역은 고정되어 버린다. 그래서 언어 체계가 완전히 정립된 후에 또 다른 언어를 습득하려는 경우 우리는 말하자면 루마니아어, 우즈베키스탄어, 네덜란드어, 이탈리아어로 형성된 뇌를 사용해야 하고, 따라서 언제나 여기에 따른 악센트를 갖게 된다. 9~11세 아동기에는 낱말과 시각적인 정보를 처리하는 뇌 부위들이 서로 겹친다. 두 부위는 나중에야 비로소 전문화되기 시작하여 성인들의 경우에 두 개의 독립적인 정보가 서로 다른 뇌 부위에서 처리된다. 언어적인 환경은 뇌 구조와 뇌 기능의 영속적인 차이를 만들어 낸다. 모국어가 일본어인가 아니면 서구어인가에 따라서 — 유전적인 혈통과는 상관없다 — 모음과 동물의 소리를 처리하는 영역이 좌피질이 될지 우피질이 될지 결정된다. 전두 피질에서 언어에 결정적인 역할을 하는 곳은 브로카 영역이다(그림 8). 성인이 되어 외국어를 습득할 때 이 영역 고유의 하위 영역이 사용된다. 그와 반대로 어린 시절에 이미 두 개의 언어를 말하면 이 두 언어는 동일한 전두 부위를 사용한다. 이런 경우에는 좌측 미상핵(그림 27)이 어떤 언어 체계를 이용할 것인지 정한다.

언어와 문화적 환경은 어떤 뇌 체계가 언어 처리를 떠맡을 것인지에 대해서뿐만 아니라 표정을 어떻게 해석하고 주변의 외형을 어떻게 훑어볼지에 대해서도 결정한다. 예를 들어 일본인들과 뉴기니인들은 겁에 질린 표정과 깜짝 놀란 표정을 잘 구분하지 못한다. 그리고 미국인들과는 달리 중국인들은 주변을 인지할 때 가장 중요한 대상에 집중해서 보지 않고 그 대상을 주위 환경과 연관해서 본다. 또 암산을 할 때 중국인들은 영어를 사용하는 서구인들과는 다른 뇌 영역을

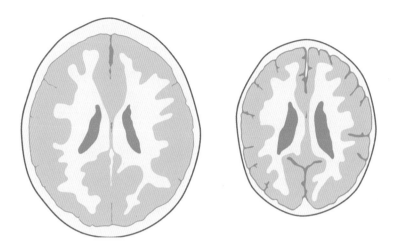

그림 7 오른쪽 그림은 별로 보살핌을 받지 못한 3세 아이의 뇌를 스캔한 것이고, 그에 비해 왼쪽 그림은 동갑내기 아이의 정상적으로 발달한 뇌를 스캔한 것이다. 보살핌을 받지 못한 아이는 정상적인 환경에서 자란 동갑내기 아이보다 뇌가 훨씬 더 작고 뇌실(색이 짙은 부분)은 더 크다. 게다가 뇌 피질이 수축한 탓에 뇌회 사이의 홈이 더 크게 팬 것을 알 수 있다(브루스 페리, 2002).

사용한다. 양측 모두 아라비아 숫자를 활용하고 두정 피질의 하부(그림 1)를 사용하지만 영어권 사람들은 수를 처리하는 과정에서 언어 체계를 동원하는 반면 중국인들은 시각 운동계를 사용한다. 이것은 중국인들이 어린 나이에 문자를 배우기 때문이라고 설명할 수 있다. (반면 중국식 주판은 현대 중국에서는 더 이상 커다란 역할을 하지 못한다.)

이렇게 주변 환경이 뇌의 발달을 자극한다는 것은 일찍이 마리아 몬테소리[10]에 의해 제기되었다. 그녀는 사회·경제적인 환경과 뇌 발달의 연관 관계를 발견했고, 그 결과를 그녀의 저서 『몬테소리 박사의 안내서 *Dr. Montessori's Own Handbook*』(1913)에 묘사했다. 또한 사회·경제적인

---

10 Maria Montessori(1870~1952). 이탈리아의 의사, 심리학자, 아동 교육자.

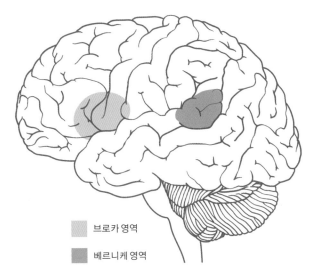

브로카 영역

베르니케 영역

그림 8 브로카 영역(전두. 말하기에 관여한다)과 베르니케 영역(측두. 언어의 이해에 관여한다).
이 중추들은 음악과 노래를 처리하는 데에도 밀접하게 관여한다. 음악과 언어는 매우 밀접한 관
계에 있다.

상황은 발달 장애를 겪는 아동들, 예를 들어 체중 미달로 태어나는 아
동들의 지적 발달을 위해서도 중요한 요인이다. 많은 자극을 주는 〈풍
요로운〉 환경은 뇌 발달 장애를 극복할 수 있도록 돕는다. 연구 결과
에 따르면 영양 부족이나 애정 결핍으로 초기 발달 과정에서 문제가
생긴 아이들을 조기에 자극적인 환경에 둠으로써 많은 진전을 이루었
다. 다운 증후군 아이들의 경우에도 주변 환경을 통해 집중적인 자극
을 가할 경우 좋은 반응을 보였다. 정신적인 결함이 있는 아이들을 보
호 시설이나 자극이 별로 없는 환경에 보내서는 안 된다. 오히려 그 반
대의 조치를 취해야 한다. 정신적 결함을 가진 아이들에게는 특별히
많은 자극이 필요하고, 그렇게 함으로써 아이들의 남은 인생에 긍정적
인 영향을 끼칠 수 있을 것이다.

1.6 자궁 안에서 보낸 시간에 대한 기억

엘리사벳이 마리아의 문안을 받았을 때에 그의 뱃속에 든 아기가 뛰놀았다.

— 루가의 복음서 1장 41절

우리의 기억에 꼭 필요한 뇌 회로는 생후 1년이 되어서야 제대로 기능한다. 의식적인 기억은 대부분의 경우 생후 두 살에 시작되는데, 여기에도 예외는 있어서 어떤 사람들은 이보다 훨씬 이전의 일까지 상세하게 기억하기도 한다. 하지만 대부분의 사람들에게 생후 두 살 이전의 기억이 없다고 해서 이 말이 생후 두 살 전에는 외부 정보들이 아이의 뇌에 이르지 못한다는 뜻은 아니다. 사실, 자궁 안에서도 태아는 외부 자극에 반응한다. 하지만 태아가 그때의 기억을 보존할 수 있는지 밝혀진 적도 없다. 초기 계몽주의 시대의 영국 철학자 존 로크의 추정대로, 우리는 실제로 백지상태인 타불라 라사tabula rasa[11]로 태어나는 것일까? 아니면 화가 살바도르 달리가 우리를 설득하려고 했듯이 우리 인생의 가장 좋은 시절에 대한 풍성한 기억을 안고 태어나는 것일까?

우리가 자궁 안에서 보낸 시간이 훗날 우리의 삶에 영향을 미칠지도 모른다는, 그리고 우리가 안고 태어나는 정신적인 짐이 존재한다는 추측이 없지는 않다. 미국에서는 〈산모 대학〉이 설립되어 있어서 산모들이 그곳에서 태아와 대화하는 법을 배운다. 자궁 안에서 겪은 경험이 정신 분열증이나 우울증 같은 많은 정신적 질환에 걸릴 확률

11 라틴어에서 유래한 말로, 아무것도 쓰여 있지 않은 흰 종이라는 뜻.

에 결정적인 영향을 미친다는 것은 사실이다. 그러나 태아 시절에 대한 부정적인 기억이 분명한 정신적인 문제의 기반을 이룬다는 몇몇 치료사들의 주장은 빗나간 것이다. 그들의 견해에 따르면 겸자 분만이나 태아가 겪는 출생의 고통이 훗날 성인으로서 겪는 두통의 원인이다. 그리고 여성들이 겪는 분만의 고초나 산부인과 문제들은 여자아이로서 태어날 때 환영받지 못했다는 감정에서 유래한다고 한다. 또 속박당하는 것을 즐기는 것은 출생 과정에서 탯줄에 감겼던 기억에서 비롯되고, 가위 눌림 같은 공포는 어머니의 좁은 골반 탓에 길고도 지난했던 출생 과정에서 유래한다는 것이다. 다행히도 그런 치료사들은 환자들에게 퇴행 치료를 통해 이런 문제들을 확실하게 찾아낼 수 있고, 문제의 원인을 인지하는 즉시 해결할 수 있다는 확신을 준다.

자살을 시도한 알코올 및 마약 중독자 412명과 정상인 2,901명을 비교 분석한 법의학 연구에서는 출생 과정과 자기 파괴적인 태도 사이에 유의미한 관계가 있음이 확인되었다. 목을 매어 자살한 경우는 출생 과정에서의 산소 결핍과 연관 있었으며, 폭력적인 자살은 기계적인 출생 트라우마와 상관있었고, 마약 중독은 출산 과정에서 진통제 같은 중독성 물질의 투여와 관련되어 있었다. 그러나 최근 우리 네덜란드 연구팀이 독자적으로 실행한 연구에서는 출산 시 진통제로 투여된 아편제와 훗날 아이의 중독증 사이에 관련이 없음을 발견했다. 나는 앞에서 언급된 다른 관계들을 입증하는 시도들은 또 어떤 결과를 보여 줄지 상당히 궁금하다.

살바도르 달리에게는 자신이 모태에서 보낸 시기를 상세히 기억하기 위한 퇴행 요법도 LSD[12]도 필요하지 않았다. 〈더없이 아름다웠다. 낙원이었다. 자궁 안의 낙원은 지옥불의 색채를 띠고 있다. 붉은빛, 오렌지빛, 노란빛, 푸르스름한빛. 보드랍고 잔잔하며 따사롭고 대칭적이며 이분적이고 끈적거린다. 나의 웅대한 환영은 어둠 속에서 빛을 발하는 달걀 프라이 두 개의 환영이었다. 오로지 나는 꼭 감은 눈 앞으로 두 손을 주먹 쥔 태아 특유의 자세를 취하기만 하면 된다. 그러면 다시 모든 것이 내 옆을 스쳐 지나간다.〉 달걀 프라이는 달리의 많은 그림에서 볼 수 있다. 인간의 태아는 임신 26주부터 실제로 빛에 반응한다. 달리의 어머니가 임신 중에 비키니 차림으로 햇빛에 누워 있었을 가능성은 별로 없지만, 설사 그렇다 하더라도 작은 살바도르는 어지럽게 빛나는 오렌지색 이상은 인지하지 못했을 것이다. 세밀한 시각적인 기억은 아마도 초현실주의자만의 특권인 것 같다.

  그러나 태아 기억의 다양한 방식은 다른 생명체들에서도 보인다. 조류의 경우에 태아가 알 속에 있을 때부터 부모 새의 울음소리를 알아들을 수 있는 능력은 매우 유용하다. 인간의 경우에도 임신 기간 동안 어머니의 목소리를 통해 어머니와 아기 사이에 유대가 형성된다. 인간에게 태아의 기억이 존재한다는 사실은 습관화, 고전적 조건 반사, 노출 학습 등의 세 가지 실험을 통해 알 수 있다. 습관화는 학습의 가장 간단한 형태로, 반복되는 동일한 자극에 대해 반응이 줄어드는 현상을 말한다. 습관화는 이미 임신 22주째에 태아에게 나타나고, 조건 반사는 임신 30주째부터 보이기 시작한다. 예를 들어 진동이 조건 자극으로 사용되고, 큰 소음을 동반한 소리가 무조건 자극으로 사용되었다. 여기에서 조건 자극은 유명한 파블로프의 조건 반사 실험에서 사용된 벨 소리와 같은 역할을 하고, 무조건 자극은 개에게

---

12 향정신성 의약품의 하나로 강력한 환각 현상을 일으킨다.

벨소리와 동시에 주어진 음식과 같은 역할을 한다. 신경계의 어떤 수준에서 이런 형태의 학습이 일어나는지는 확실하지 않은데, 무뇌증 태아도 이런 식으로 조건 반사에 응할 수 있기 때문이다. 따라서 이런 형태의 학습은 숨뇌[13]나 척수 수준에서 일어난다고 예상된다. 임산부가 규칙적으로 특정한 음악을 들으며 휴식을 취하면 얼마 후 태아가 이 음악이 들리는 즉시 반응한다는 것을 보여 준 〈노출 학습〉의 관찰 결과는 훨씬 더 흥미롭다. 출생 후에 이 아기는 같은 음악을 듣는 즉시 울음을 멈추고 눈을 떴다. 이미 태아 때 어머니의 목소리를 듣는 것은 훗날의 언어 발달 및 어머니와 아이의 유대에 영향을 미칠 수 있다. 신생아들은 그들의 어머니의 목소리를 선호하는데, 특히 어머니의 목소리를 변성시켜서 과거 자궁에서처럼 들려주면 특히 더 좋아한다. 또한 신생아들은 어머니가 임신 중에 반복해서 큰 소리로 읽어 주었던 이야기도 역시 알아듣는다. 그러나 음향에 대한 태아의 이런 기억이 아주 무해한 것은 아니다. 신생아들은 어머니가 임신 중에 탐닉했던 멜로드라마의 주제 음악에 명확하게 반응하기도 한다. 울음을 그치고 귀에 익은 멜로디를 아주 주의 깊게 들어서, 이 아이들이 나중에 과연 텔레비전 드라마 없이 살 수 있을까 하는 생각도 든다. 이렇게 아기들이 이미 자궁 안에서 보여 주는 멜로디에 대한 민감한 반응에서 왜 프랑스의 아기들이 상승조로 울고 독일의 아기들은 하강조로 우는지에 대한 이유를 찾을 수 있을 것이다. 이 음조들은 각기 해당 언어의 멜로디에 상응하기 때문이다. 그렇다면 이것이 음악성에 대한 최초의 표현일까?

13 다리뇌와 척수 사이에 위치하며 호흡, 순환, 운동, 뇌 신경 기능을 담당하는 뇌줄기의 하부 구조.

아이는 자궁 안에서의 후각 자극과 미각 자극도 기억할 수 있다. 어머니의 냄새는 출생 직후 곧바로 인식되는데, 이것은 성공적인 수유에 중요한 역할을 하는 것 같다. 신생아는 일반적으로 마늘 냄새에 거부감을 느낀다. 그러나 어머니가 임신 중에 마늘을 먹으면, 아이는 이런 거부감을 보이지 않는다. 따라서 프랑스 사람들과 네덜란드 사람들 사이에 나타나는 미각의 차이는 이미 자궁 안에 그 뿌리를 두고 있는지도 모를 일이다.

요약하자면, 태아는 음향, 진동, 미각, 후각을 기억한다고 말할 수 있다. 그러므로 우리는 원칙적으로 흡연과 음주, 의약품과 마약 복용뿐만 아니라 저급한 텔레비전 프로그램 시청을 통해서도 우리 아이들의 뇌를 손상시킬 수 있다. 적어도 다음 세대는 다시 책을 읽게 되기를 바라는 마음으로, 임산부들은 이따금 좋은 책을 들어 아직 태어나지 않은 아이에게 읽어 주어야 할 것이다. 이런 생각은 새로운 것이 아니다. 탈무드는 이미 서기 200~600년경에 출생 전의 자극 계획에 대해 언급하기 때문이다. 그러므로 생애 〈최초의 교실〉인 자궁을 위해서 더 많은 임무를 생각해 낼 수 있다. 그러나 자궁에서 보낸 시간에 대한 기억은 상세하지 않다. 그리고 많은 치료사들이나 살바도르 달리가 우리를 설득하려는 것과는 다르게 현재까지의 연구 결과에 따르면 자궁 안에서의 기억은 평생 가는 것이 아니라 고작 몇 주 지속될 뿐이다.

2장
〈안전한〉 자궁 안에서
위협받는 태아의 뇌

2.1 환경에 의한 뇌 발달 장애

우리는 태아를 둘러싼 양수를 오염시킨다.

인간의 뇌는 임신 기간과 생후 처음 몇 년 동안 엄청난 속도로 발달
한다. 더불어 이런 급격한 발달은 모든 뇌 부위와 각기 다른 세포 유
형에서 상이한 속도로 진행된다. 이처럼 급속도로 성장하는 과정에서
뇌세포는 다양한 요인에 매우 민감하게 반응한다. 충분한 영양분은
정상적인 뇌 발달의 근간을 이룬다. 아이의 갑상선 또한 뇌 발달을 자
극하므로 원활하게 기능해야 한다. 이 단계에서 뇌 발달은 전반적으
로 유전적인 요인에, 좀 더 자세히 말하자면 신경 세포의 활동에 의해
결정된다. 다음 단계에서는 영양소와, 다른 뇌세포 속 화학 전달 물질
(신경 전달 물질), 성장 조절 물질, 그리고 호르몬의 영향을 받는다. 아
이의 성호르몬은 이 단계에서 뇌의 성적 분화를 조절한다. 임신 중에
태반을 통해 태아에게 전달되는 물질들, 이를테면 환경 물질이나 산

모가 섭취한 알코올, 니코틴, 다른 중독성 물질, 의약품이 뇌 발달의 섬세한 진행 과정을 방해할 수 있다.

애석하게도 우리는 2억 명에 이르는 어린이들이 영양 결핍으로 인한 심각한 뇌 손상으로 고통받는 세상에 살고 있다. 이것은 지적 능력의 손상만을 의미하는 것이 아니라, 정신 분열증이나 우울증, 반사회적 행동의 위험성을 높인다. 특히 1944년에서 1945년으로 넘어가는 겨울(〈배고픈 겨울〉)에 네덜란드의 암스테르담과 로테르담 사이에 위치한 인구 밀집 지역 란드스타트에서 태어난 아이들에 대한 연구 결과를 보면 이에 대해 잘 알 수 있다(그림 9 참조). 심지어 물질적으로 풍요로운 오늘날에도 원활하지 못한 태반의 기능 탓에 자궁 안에서 충분한 영양 공급을 받지 못하게 되면 태아는 저체중 상태로 태어나게 된다. 임산부가 자주 토하거나 몸무게를 유지하기 위해 엄격한 다이어트를 하는 경우, 또는 라마단 동안 너무 적은 음식을 섭취하는 경우에도 자궁 안의 태아는 영양 결핍에 걸릴 수 있다.

이 밖에도 2억 명에 이르는 사람들이 요오드가 부족한 환경에서 자녀들을 키우고 있는데, 이런 지역은 네덜란드와 독일을 비롯한 지구 곳곳에 존재한다. 정상적인 뇌 발달을 위해서 꼭 필요한 갑상선 호르몬은 충분한 요오드가 공급되어야만 제대로 기능할 수 있다. 이런 과정은 갑상선 안에서 일어난다. 산악 지방에서는 땅속의 요오드가 빗물에 씻겨 내려가기 쉽다. 그 결과 발생하는 요오드 결핍은 그 지역의 어린이들에게서 갑상선 호르몬의 기능 저하를 야기하고, 결국 뇌 발달 및 내이 발달의 장애를 초래한다. 이런 아동들은 음식물에 함유된 극소량의 요오드를 남김 없이 빨아들여야 하기 때문에 갑상선이 지나치게 비대해진다. 요오드 결핍은 최악의 경우에 극심한 정신적, 신체적 발육 장애 증세를 보이는 크레틴병을 유발한다. 레이던 대학의 내분비학과의 드리스 퀘리도 교수는 전 세계의 수많은 외진 곳을 누비며 요오드 결핍 지역을 찾아내는 데 일생을 바쳤다. 그는 번번이 이런저런 부탁으로 나를 깜짝 놀라게 했는데, 한번은 금요일 저녁 늦은 시각에 불쑥 전화를 걸어 와 이렇게 말했다. 「디크, 내일 아침 일찍 16밀리미터 영사기 좀 구해 줄 수 있겠나? 암스테르담에서 강연을 해야 하거든」 최근에 찍은 그의 영상을 통해 나는 당시 네덜란드 식민지였던 뉴기니의 물리아 골짜기로 경비행기를 타고 가는 그의 모습과 함께 그 연구 여행의 성과에 대해 들을 수 있었다. 그 골짜기의 어린이들 가운데 약 10퍼센트가 정신 박약이었고, 귀가 멀거나 심한 신경 질환에 시달렸다. 퀘리도 교수는 그 원인이 요오드 결핍에 있다는 사실을 증명했으며, 그 어린이들에게 요오드가 함유된 기름인 리피오돌을 주사했다. 과거에 폐의 방사선 사진을 찍을 때 조영제로 사용되었던 이 물질은 폐 조직을 손상시키는 잠재 요인으로 알려져 있다. 그러나 데포 주사[1]로 리피오돌을 주입하면 요오드 결핍에 뛰어난 효과가 있는 것으로 입증되었다. 스위스에서는 식용 소금에 요오드를 첨가한 후로 모든 청각 장애자 시설들을 폐쇄할 수 있었다. 21세기에도 이런 발달 장애가 있음을 직접 목격한 것은 중국 안후이의 산악 지방에서였다. 갑상선이 엄청나게 부은 크레틴병 환자가 사원에서 나뭇잎을 쓸어 모으고 있었다. 나와 친분이 있는 중국 교수가 그 여인에게 의사의 진찰을 받아보지 않겠냐고 물었을 때, 그녀는 뭐라 웅얼거리더니, 우리 쪽을 향해 빗자루를 위협적으로 흔들어 댔다.

---

1 가능한 한 지속적으로 약물 효과가 오랫동안 지속되는 피하나 근육에 주입하는 주사.

중금속도 아이의 뇌 발달에 장애를 일으킬 수 있다. 엔진 노킹을 막기 위해 가솔린에 첨가된 납은 공기 중으로 흡수되어서, 자궁 안의 태아에게로 전달되고 그로 인해 많은 아이가 정신 지체 상태로 태어나게 된다. 수은의 위험성은 50년대에 처음으로 밝혀졌다. 그 당시 일본의 미나마타 만 주변의 어촌에서 고양이들이 갑자기 이상 행동을 보이더니 죽어 나동그라졌고 물고기들이 이상한 패턴으로 수영을 하기 시작했다. 어부들은 상태가 좋은 물고기는 골라 팔았고 그렇지 않은 물고기들은 가족에게 먹였다. 나중에 밝혀진 일이지만, 플라스틱 공장에서 흘러나온 수은이 물고기에 침착된 탓에 그 마을 아이들의 약 6퍼센트가 이미 출생 전에 심한 뇌 손상을 입었다. 수은은 뇌세포의 형성과 신경 섬유의 발달을 저해했고, 결과적으로 정신적 장애를 초래했다. 이 마을의 성인들에게도 다양한 형태의 마비 현상이 나타났다. 현재 미나마타의 환경 공원에는 그 재앙에 희생된 시라누이 바다의 모든 생명체에게 바쳐진 기념비가 서 있다. 공원은 수은으로 오염된 미나마타 만의 개흙 27톤과 오염 물질에 중독된 물고기를 넣어 봉인한 수십 개의 컨테이너 위에 세워졌다. 하지만 일본 정부는 오늘날까지도 희생자들에게 적절한 재정적인 피해 보상을 하지 않고 있다.

성 분화의 발달 장애나 간성intersex은 태아 발생 중 환경적인 요인들에 의해서 종종 발생한다. 얼마나 철저한 기준에서 장애를 정의하느냐에 따라서, 그리고 그런 진단이 내려진 시기에 따라서 달라지겠지만, 해당 어린이들의 비율은 전체의 2퍼센트에 이르기도 한다. 생식기 이상 발달의 원인이 염색체에 있는 경우는 10~20퍼센트에 지나지 않는다. 대부분의 경우 그 책임은 화학 약품에 있다. DDT, PCBs,

다이옥신[2]을 비롯해 우리 주변에 존재하는 많은 물질들은 오늘날 〈환경 호르몬〉 혹은 〈내분비계 장애 물질〉이라고 불린다. 이는 이 물질들이 호르몬에 의한 정상적인 성 분화 조절을 방해할 수 있기 때문이다. 이미 1940년에 DDT를 들판에 살포한 조종사들에게서 정자 수의 감소가 확인되었고, 또한 많은 동물들의 뇌 발달에도 이 물질들이 영향을 미치는 것으로 확인되었다. 내분비계 장애 물질들이 아동의 성 분화 및 성 정체성과 성적 취향(3장 참조)에 영향을 미칠 가능성에 대해서는 비로소 최근에야 우려의 목소리가 높아지고 있다.

2.2 중독성 물질과 의약품에 의한 뇌 발달 장애

우리는 아이들의 뇌를 이미 출생 전에 손상시키고 있는가?

— 내 취임 강의의 제목, 1980

다행히도 임신 초기에는 심각한 뇌 발달 장애가 발생하는 일이 드물다. 이런 심각한 선천적 결함의 사례로는 이분 척추증[3](임산부들이 뇌전증[4] 치료제를 복용하는 경우에 자주 나타나는 질환), 무뇌증(임산부들이 살충제에 노출되었을 때 빈번히 발생한다), 사지 부분 결핍증 등이 있

---

2 독성이 강하고 자연환경에서 잘 분해되지 않아 인간과 생태계에 큰 위해를 주는 잔류성 유기 오염 물질들.
3 태아 발달기에 척추가 완전히 닫히지 못하고 갈라져서 생기는 선천성 척추 결함.
4 간질에 대한 다른 명칭. 〈간질〉에 대한 사회적 편견이 심하기 때문에 최근 뇌전증이라는 용어로 변경되었다.

다. 특히 사지 부분 결핍증은 지금도 악명이 높은 탈리도마이드[5]라고 불리는 안정제가 새로 도입된 시기인 1950~1960년대에 특히 많이 발생했는데, 이 안정제는 당시 임산부들에게 처방되었다. 이 사건으로 단기간에 많은 중증 기형아가 태어났으며, 〈탈리도마이드 스캔들〉이나 〈소프테논 스캔들〉 또는 〈콘테르간 스캔들〉이라고 불렸다. 이처럼 직접 눈에 보이는 발달 장애는 〈기형적 이상〉이라고 표현된다. 콘테르간 스캔들을 교훈 삼아서, 오늘날에는 임신 초기 석 달 동안은 의약품 처방에 훨씬 더 신중을 기하고 있다. 물론 임신 3개월 후에도 화학 물질에 의해 야기될 수 있는 뇌 발달 장애들은 아주 많아서 이런 기형들은 빙산의 일각에 지나지 않는다. 태아의 뇌 발달 과정에서 화학 물질에 의한 극미한 이상들은 전형적인 기형적 결함보다 훨씬 더 자주 나타난다. 이런 문제들은 비로소 임신 후반기에 발생하며, 때로는 훨씬 더 늦은 시점에 나타나기도 한다. 출생 시에는 아주 건강해 보이는 아이도, 훗날 뇌 체계가 기능적으로 발달할 때 결함이 나타나기도 한다. 산모가 흡연을 할 경우, 아이는 학교에서 학습 장애를 겪을 위험이 증가하고 청소년기에는 행동 문제, 성인이 되어서는 생식의 어려움이 증가한다. 이런 장애들은 〈기능적 장애〉 또는 〈행동 기형적 장애〉라고 불린다.

많은 화학 물질들이 태아에게 전달되어 뇌 발달을 위협할 수 있다. 우리 주변의 중금속, 니코틴, 알코올, 코카인, 그 밖의 다른 중독성 물질들, 또는 임산부가 복용하는 의약품도 뇌 발달의 원활한 진행을 방

---

5 탈리도마이드는 안정제의 일종이며, 1960년대 초에 소프테논 또는 콘테르간이라는 이름의 신경 안정제로 판매되었다. 그러나 이 약을 입덧 치료제로 복용한 많은 임산부들이 선천성 기형아를 출산했다.

해할 수 있다. 어머니의 마약 복용 때문에 이미 출생 전에 환각제에 노출된 아이들, 이른바 마약 중독 아기들은 출생 후 금단 현상에 시달릴 뿐만 아니라 지속적인 뇌 손상을 입을 가능성도 있다. 나는 성인의 뇌에 영향을 미치는 모든 물질이 태아의 뇌 발달에도 영향을 미친다고 확신한다. 그리고 이 규칙의 예외는 아직까지 본 적이 없다.

알코올

알코올이 선천적 이상을 야기할 수 있다는 사실은 이미 오래전부터 알려져 있다. 기원전 수 세기 전 카르타고의 페니키아인들이 결혼식 날 알코올 섭취를 법으로 금지한 것을 보면, 그 당시 이미 알코올이 태아에 미치는 영향에 대해 우려했던 것이 분명하다. 영국의 작가 헨리 필딩은 진gin이 전염병[6]처럼 영국을 휩쓸었던 1751년 이런 물음을 통해 경고했다. 〈진에 취한 상태에서 수태된 아이는 어떻게 될 것인가?〉 1968년 최초로 프랑스의 연구자들은 임신 중의 알코올 섭취가 태아의 뇌 발달에 장애를 일으킬 수 있다는 글을 발표했다. 헉슬리의 소설 『멋진 신세계』(1932)에서 최하층 계급인 감마들이 알코올을 첨가한 혈액 대용물로 사육되는 것처럼 말이다. 하지만 프랑스의 연구 발표가 전혀 주목받지 못했고, 1973년이 되어서야 미국의 케네스 L. 존스와 그 동료들에 의해 〈태아 알코올 증후군〉이라는 이름으로 영어권 의학 저널에 다시 발표되었다. 이렇게 임산부의 알코올 섭취가 뇌 성장의 저해와 심각한 정신적 발달 장애를 초래할 수 있음에

---

6 1720~1750년 무렵 영국에서는 값싼 진이 널리 유행하면서 많은 병약한 아이들이 태어났고 영아 사망률이 급증했다.

도 불구하고, 오늘날에도 임산부의 25퍼센트가 이따금 알코올음료를 마신다. 또한 임산부의 알코올 섭취는 훗날 아이의 학습 부진이나 행동 장애를 초래하기도 한다. 뇌의 발생 초기에, 뇌세포들은 뇌실 가까이에서 형성되어 나중에 뇌 피질로 이동한다. 뇌세포들은 뇌 피질에서 분화해 신경 섬유를 형성한 후 다른 뇌세포들과 연결된다. 태아 뇌세포들의 이런 이동 과정은 알코올에 의해 심각하게 침해당할 수 있으며, 심지어는 뇌세포들이 뇌막을 뚫고 뇌 바깥으로 나오기도 한다. 게다가 알코올은 태아 뇌의 스트레스 축을 지속적으로 활성화시켜서 우울증이나 공황 장애에 빠뜨릴 위험도 증가한다. 1960년대 분만 클리닉에서는 임박한 조산을 저지하기 위해 알코올을 투여했다. 알코올은 진통을 억제했고, 아기는 자궁 안에 좀 더 오래 머물 수 있었다. 그러나 알코올이 아기의 뇌까지 이를 수 있다는 점에 대해서는 그 당시 아무도 염려하지 않았다. 애석하게도, 이러한 처치가 아기들에게 어떤 해를 입혔는지에 대해서 체계적인 연구가 이루어지지 않았다.

흡연

임신한 여성의 흡연이 태아에게서 초래할 수 있는 잠재적인 손상은 매우 위험한 수준이다. 흡연은 가장 빈번한 출산 중 영아 사망 원인이다. 흡연은 영아의 돌연사 가능성을 두 배로 높인다. 산모의 흡연은 조산의 위험을 증가시키고, 아기의 출생 체중 감소, 뇌 발달 저해, 수면 패턴 방해를 야기하고, 훗날 아이의 비만증 위험을 증대시키고 학습 능력을 약화시킬 뿐만 아니라, 산모 자신 및 아이의 갑상선 기능을 변화시킨다. 흡연하는 산모의 아이들은 ADHD(주의력 결핍 과잉 행동 장애), 공격적이고 충동적인 행동 및 언어 문제와 집중력 문제의 가능성이 높아진다. 남아의 경우에 산모의 흡연은 고환의 형성에 영향을 미쳐서 생식 기능에 문제가 생길 가능성이 높아진다.

여성들의 약 12퍼센트 정도가 임신 중에 담배를 피운다. 이렇게 잘 알려진 위험에도 불구하고, 그 가운데 소수만이 임신 기간 중에 담배를 끊는다. 니코틴 반창고를 이용해 담배를 끊는 것도 태아에게 위험하긴 마찬가지다. 동물 실험이 증명하는 바와 같이, 니코틴은 뇌 발달에 극도로 해로운 영향을 미친다. 그러므로 뇌 발달 장애는 담배에 함유된 온갖 물질뿐만 아니라 니코틴에 의해서도 유발된다. 네덜란드의 모든 임산부들이 흡연을 중단한다면, 위급한 조산이 30퍼센트 감소하고 저체중 출산아의 수가 17퍼센트 줄어들고 국민 건강 유지 비용이 2,600만 유로 절감될 것이다. 이쯤 되면, 임신 중 금연은 당연히 아이를 위해 산모가 할 수 있는 가치 있는 노력이 아닐까?

정확하게 규명하기 어려운 작용들

기능적 기형을 유발하는 의약품의 영향은 종종 우연히 발견된다. 1980년대 우리 연구소에서 일했던 마지드 미르미란 박사 과정 학생은 자궁 안 태아가 많은 시간 동안 렘수면[7] 단계에 있을 때 정상적인 뇌 발달에 중요한 영향을 미치는지에 대해 연구했다. 렘수면 단계에서 뇌는 아주 강하게 활성화되는데, 그 활성 패턴은 이미 자궁 안에서부터 시작한다. 미르미란은 쥐에게 클로르이미프라민(우울증과 불

---

7 REM sleep. 몸은 자고 있으나 뇌는 깨어 있는 수면 상태.

안증 치료제)이나 클로니딘(고혈압 및 편두통 약)을 주입해 렘수면을 방해했다. 그는 생후 2~3주째, 즉 뇌의 발달 정도가 인간의 임신 후반기에 해당하는 쥐들로 실험했다. 그처럼 발달기에 단기간 처치를 받은 쥐들은 나중에 성장해서 렘수면 단계가 더 짧았고 더 불안해했다. 게다가 수컷들은 위축된 성 행동과 과잉 행동을 보였다. 달리 말하자면, 그 물질을 발달기의 쥐들에게 단 2주일만 투여해도 쥐의 뇌와 행동에 지속적인 변화가 야기되었다. 그 후 흐로닝언에서는, 8년 전 임신 중에 〈안전한〉 고혈압 및 편두통 약으로 클로니딘을 처방받은 어머니들이 낳은 아이들에 대한 연구가 진행되었다. 연구 결과, 아이들에게서 심각한 수면 장애가 관찰되었고, 심지어 몇몇은 몽유병 증세를 보이기까지 했다. 그러므로 기능적 기형 이상에서 문제는 의사들이 인간의 특수한 장애를 찾기 위해 동물 실험의 결과에 의존한다는데 있다. 게다가 문제가 되는 물질의 효과가 그다지 구체적이지 않다. 가령 수면 장애처럼 나중에 나타나는 장애의 경우 임신 중 어떤 물질이 뇌 손상을 야기했는지 분명하게 인지할 수 없다. 기능적 기형의 구체적이지 않은 증상에 대한 또 다른 사례로는 (알코올, 코카인, 흡연, 납, 마리화나, DDT, 항뇌전증제에 의한) 학습 장애, (디에틸스틸베스트롤DES,[8] 흡연에 의한) 우울증, 불안 등의 심리적인 문제들, (페노바비탈[9]이나 디판토인[10]에 의한) 성전환증, (합성 황체 호르몬이나 흡연에 의한) 공격성, 운동 기능의 저해, 사회적이고 정서적인 어려움 등이 있다.

그 밖에 화학 물질들은 여러 가지 요인들이 관여하는 정신 분열증

---

8 합성 여성 호르몬의 일종.
9 항뇌전증제의 일종.
10 항경련제의 일종.

이나 자폐증, 유아 돌연사, 과잉 행동 장애 같은 발달 장애에 일조한 다고 추측된다. 임산부의 흡연은 아이의 유전적인 성향에 따라서 과잉 행동 장애의 위험을 9배까지 높일 수 있다. 임신 중의 부신 피질 호르몬 투여도 과잉 행동 장애의 확률을 높인다. 이런 물질은 조산의 위험이 있을 때 폐의 발달을 돕기 위해 투여되지만 동시에 뇌의 발달을 저해하고, 과잉 행동 장애 이외에도 뇌 성장의 감쇄, 운동성 장애, 낮은 지능 지수를 초래할 수도 있다. 다행히도 오늘날 이러한 화학 물질의 처방량이 훨씬 줄었으며 더 단기적으로 사용된다.

딜레마

산모의 질병이 태아에게 부정적인 영향을 미칠 수 있는 까닭에, 정신 분열증이나 우울증, 뇌전증을 앓는 환자들이 임신 중에도 종종 계속 치료를 받아야 한다는 데 딜레마가 있다. 어머니가 임신 중에 (클로르프로마진 같은) 정신 분열증 치료제를 복용하게 되면 아이가 운동성 장애를 겪는 것으로 확인되었다. 많은 뇌전증 치료제들은 이분 척추증이나 성전환증의 위험을 높인다. 임신 중에는 뇌전증을 오로지 약품 하나와 엽산으로만 치료하는 것이 최선책이다. 임신 중에 발프로익산으로 뇌전증을 치료하면, 다른 항뇌전증제를 복용한 데 비해서 나중에 아이의 언어 지능 지수가 더 낮을 수 있다. 임산부들 가운데 2퍼센트는 우울증이 별로 심각하지 않은데도 항우울증 치료제를 복용한다. 그 결과, 아이가 심각한 선천 이상에 걸릴 가능성이 증가하지는 않는 것으로 보이나, 여기에 해당된 아이들은 저체중으로 조금 일찍 태어나는 경향이 있으며, 출생 직후의 시간을 좀 더 힘들게 보내고(아프가 점수[11]가 낮다), 경미한 운동성 장애에 시달린다. 그러나 이러한 문제들과 관련해서, 산모의 스트레스와 우울증이 임신 중 태아에게 초래할 수 있는 문제들, 가령 인지 능력(사고 능력)의 감소, 주의력 장애, 언어 발달 장애, 여러 가지 행동 장애들 사이에서 경중을 잘 따져야 한다. 임신 중에 어머니의 두려움은 아이의 스트레스 축을 지속적으로 활성화시킴으로써, 아이에게서 공황 상태와 충동성, 과잉 행동 장애, 우울증의 가능성을 증대시킬 수 있다. 가능하다면, 우울증에 걸린 임산부의 경우에 광선 치료나 경두개 자기 자극 치료술, 마사지 치료, 침술, 인터넷 치료 같은 대체 치료법을 고려하는 것이 바람직할 것이다. 그러므로 담당 의사는 심사숙고해서 이런 환자들을 치료해야 한다.

기제

뇌세포의 형성은 자궁 속에서 그리고 출생 직후에 매우 빠른 속도로 진행되고, 그 속도가 점점 느려지지만, 약 4세에 이르기까지 지속된다. 그러나 전전두 피질, 즉 뇌의 앞부분에서는 뇌의 성숙 과정이 훨씬 더 오래 걸리며 심지어는 25세까지 계속되기도 한다. 뇌 발생의 모든 면이 임신 중 화학 물질에 의해서 손상을 입을 수 있다.

뇌 신경 세포의 이동 장애는 전위[12]를 초래할 수 있는데, 이로 인해 작은 뇌세포군이 대뇌 피질을 향해 이동하는 동안 백질, 즉 뇌 피질의 신경 섬유에 갇히게 되면서(그림 20) 그 기능을 상실하게 된다. 임산

11 Apgar Score. 신생아의 상태를 평가하는 데 사용되는 점수.
12 신체 조직이나 부위가 원래 있어야 할 곳이 아닌 다른 곳에서 형성되는 현상.

부가 정기적으로 복용한 벤조디아제핀[13] 같은 물질이 이런 현상을 일으키기도 한다. 임신 중의 알코올 섭취는 신경 섬유의 변형과 기능 장애를 유발한다. 더불어, 임신 중의 흡연은 니코틴 수용체를 변화시키고, 산모의 대마초 흡입은 태아의 뇌 속 도파민 수용체를 변화시킨다.

결론

중독성 물질, 의약품, 환경 물질은 아이의 뇌 발달을 지속적으로 방해해서 훗날 학습 장애와 행동 장애를 유발할 수 있다. 이런 형태의 선천적 이상은 기능적 기형이나 행동 기형이라고 불린다.

아이가 자궁 안에서 이런 물질에 노출된 시점과, 이 화학 물질의 효과가 나타나는 시기, 즉 취학 연령이나 성적 성숙기 이후 그 작용이 나타나기까지는 오랜 시간 간격이 있는 탓에, 이런 화학 물질과 이들 장애 사이의 연계성을 발견하기는 쉽지 않다. 게다가 학습 장애나 수면 장애 같은 결과들은 너무 모호해서, 임신 중 어떤 물질이 이런 손상을 야기하는지 분명하게 식별하기도 어렵다. 더욱이 이런 물질은 — 태아가 발달 과정의 어느 시기에서 이 물질에 노출되었느냐에 따라서 — 다양한 증상을 유발할 수 있다. 무엇보다도 여기에 대한 동물 실험의 연구 결과가 존재하지 않으면, 의사가 실제로 어떤 장애로 봐야 하는지도 모르는 탓에 문제는 복잡해진다. 약물 치료를 요하는 환자가 임신을 계획하고 있다면, 의사는 반드시 가능한 한 빨리 발생할 가능성이 있는 문제들을 환자와 논의할 필요가 있다. 그래야만 기

---

13 신경 안정제의 일종.

존의 질병을 임신 중에도 계속 치료해야 하는 경우에 가장 안전한 약품이나 대체 치료 방법을 처방할 수 있다.

2.3 태아의 단기 전략

출생 후의 삶은 이미 자궁 안에서 정해진다. 예를 들어, 이 단계에서 우리가 가진 남성 또는 여성이라는 감정, 성적 취향, 공격성의 정도가 확정된다(3장 및 8.1 참조). 나중에 우리의 성호르몬은 자궁 안에서 만들어진 뇌 체계를 활성화시키고, 이를 통해 우리의 성생활과 공격성이 표현된다. 자궁 안에서의 이런 체계는 아이가 부모에게서 물려받은 유전 정보의 영향을 받는다. 결과적으로, 정신 분열증, 자폐증, 우울증, 중독증 같은 뇌 질환에 걸릴 위험성을 포함한 우리 성격의 상당 부분은 수정과 동시에 결정된다(5.3 및 10.3 참조). 그러나 DNA에 저장된 정보는 너무 한정되어 있어서 뇌 속의 무수히 많은 세포와 시냅스를 우리의 일평생을 위해 한 번에 완벽하게 짜놓을 수는 없다. 뇌는 세포와 시냅스를 과잉 생산함으로써 이런 문제점을 해결했다. 발달 과정 동안 뇌세포들은 최상의 결합을 이루기 위해 서로 경쟁한다. 세포들은 성장 물질을 받고, 이 때문에 더욱 활성화되어서 더 안전하고 많은 수의 결합을 이룬다. 안전한 결합에 성공하지 못한 세포들은 발달 과정에서 소멸한다. 세포 결합이 과잉 생산된 후, 적절한 기능을 발휘하지 못하는 시냅스들은 제거되는 것이다. 그러므로 유전적인 특질과 더불어 태아의 뇌는 발달 과정에서 뇌세포의 활동에 작용하는 많은 요인들의 영향을 받는다. 그런 요인의 예로는 태아와 산모의 호르몬, 태반을 통해 운반되는 주변 화학 물질 및 영양소 등이 있다.

이를테면 성호르몬은 우리의 남성성과 여성성을 결정짓는다. 스트레스와 공격적인 태도의 정도도 이미 자궁 안에서 결정된다. 외부로부터 받은 극단적인 신호 또한 태아의 뇌 체계를 영구적으로 변화시킨다. 이와 같은 방식으로 태아는 자궁 밖의 어려운 상황에 대비하는 것이다. 태아의 뇌가 가진 이러한 가소성은 단기적으로는 생존을 촉진하지만, 니코틴 같은 유해 물질에 취약하다는 단점이 있다. 암스테르담 대학 병원의 연구원들이 많은 네덜란드 국민들이 극심한 기아에 시달렸던 1944년에서 1945년 사이 겨울에 대해서 연구한 결과를 토대로 보면, 태아의 뇌 체계는 장기적인 측면에서 만성 질환에도 역할을 하는 것 같다. 독일 점령군에 의한 약탈 후 굶주림이 횡행했던 그해 겨울에 태어난 아이들은 저체중 현상을 보였을 뿐만 아니라(그림 9), 성인이 되어서도 더 많은 반사회적인 행동 방식을 보였고 비만증에 걸릴 확률도 높았다. 그들은 기름진 음식을 선호하고 운동을 별로 좋아하지 않았다. 게다가 고혈압이나 정신 분열증, 우울증에 걸릴 위험성도 더 높았다. 하지만 이런 연구 결과는 기아에 시달렸던 그해 겨울에 한정된 이야기가 아니다. 태반의 기능이 원활하지 못한 탓에 태아가 자궁 안에서 충분한 영양분을 섭취하지 못하고 저체중으로 태어나게 되는 등, 오늘날에도 여전히 같은 기제가 역할을 발휘하기 때문이다.

아이들은 이미 태어나기 이전부터 주변에 먹을 것이 부족하다는 것을 인지하는 듯 보인다. 이것이 가지는 어떤 진화론적인 이점이 있는 걸까? 이렇게 주변에 영양분이 부족하게 되면 아이의 뇌 속에서 신진대사를 조절하는 모든 체계는 미리 자궁 안에 있는 모든 칼로리를 유지하도록 프로그램되어 있고, 훗날 이런 아이들은 음식을 먹을 때에도 포만감을 덜 느낀다. 이런 아이는 출생 시 작은 몸집으로 태어나기 때문에 영양분도 덜 필요하다. 이런 식으로 이 아이들은 이미 자궁 밖의 척박한 삶에 뇌는 물론 행동까지 적응하는 것이다. 이 아이들의 반사회적인 태도는 자기 자신의 관심을 방어하는 체계를 갖추는 것으로서, 이것은 그들이 돌아갈 수 없는 상황에 접했을 때, 이점으로 작용하기도 한다. 스트레스 축의 활성화도 마찬가지로 이런 생존 전술에 기여한다. 그러나 아이가 먹을 것이 풍성한 환경에서 태어나게 되면, 이 적응 전략은 단점으로 바뀐다. 포만감의 감소는 비만증과 이에 결부된 고혈압의 위험을 높인다. 이 아이들은 아울러 커다란 중독의 위험도 가지고 있다. 이들의 스트레스 축이 항상 활성화된 상태에 놓이게 되면서 우울증과 정신 분열증에 걸릴 확률도 높아진다. 그러므로 태내 영양 결핍 결과로 나타나는 이런 질환들은 태아의 생존 기회를 단기적으로 개선하는 적응 전략의 부작용으로 볼 수 있다.

산모가 임신 중에 심각한 스트레스를 받으면 태아의 뇌에서 성 분화 과정이 침해를 받는데(3.3 참조), 이런 현상 역시 비슷한 방식으로 해석할 수 있다. 가령 산모가 생활 형편이나 전쟁 탓에 스트레스에 시달리면, 자궁 안에서 여아의 뇌는 강하게 남성화되는 반면에 남아의 뇌는 덜 남성화된다. 이 또한 적응 반응의 표출인 셈이다. 여자아이가 더 건장하고 투쟁적이라면 훗날 자신의 삶에 더 잘 대응할 수 있을 것이다. 반면에 마초처럼 행동하지 않는 남자아이는 스트레스 환경에서 우두머리와 쉽게 갈등을 빚지 않을 것이다. 이것은 단기적으로는 아주 뛰어난 생존 전략이지만, 장기적으로 생식 문제에 부정적 영향을 주며 발달 장애와 정신 분열증의 위험을 높일 수 있다.

요약하자면, 태아는 오로지 단기적인 생존만을 생각하는 듯 보이며 출생 직후 자신을 기다리고 있는 힘든 조건에 대비한다고 말할 수 있다. 물론 태아가 이런 일들에 대해 〈생각한다〉고 말할 수는 없다. 수백만 년 동안 태아들은 이런 위험에 노출되어 왔을 것이고, 여기에 보다 잘 적응한 돌연변이가 태아들 중 하나에게서 발생했을 것이다. 그리고 그 유리한 돌연변이는 곧 이어서 전체 집단으로 퍼져 나갔을 것이다. 이렇듯 태아가 장기적인 부작용을 고려하지 않고서 단기적으로 적응한다고 비난할 수는 없다. 긴 수명은 인류가 내놓은 상당히 새로운 성과이기 때문이다.

지금까지 의사들은 태아가 만들어 내는 체계의 차후 결과만을 치료할 수 있다. 지금부터는 태아의 적응 반응에 대한 우리의 이해를 토대로 임산부들의 영양 섭취 상담 등을 통해 표적 예방을 할 수 있기를 바란다. 이것은 획기적인 진보다.

2.4 태아는 통증을 느끼는가?

조지 W. 부시의 대통령 재임 시절, 자궁 안의 태아가 몸에 바늘이 닿으면 격렬한 움직임으로 반응하는 영상이 유통되었다. 임신 중절에 반대하는 사람들은 그 영상을 통해 태아가 통증을 느끼고 낙태 시술의 도구들에서 도망치려고 한다고 주장했다. 미연방 정부는 태아가 임신 중절 수술 시에 통증을 느끼는 〈확실한 증거〉가 있다는 사실

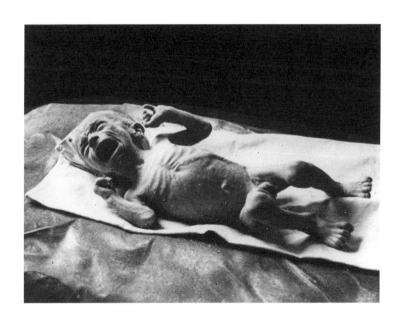

그림 9 1944년과 1945년 사이 굶주림이 횡행했던 겨울에 과거 빌헬미나 가스트하우스 병원에서 태어난 아이. 이곳에서 태어난 아이들은 저체중 현상을 보였을 뿐만 아니라 성인이 되어서도 더 많은 반사회적인 행동을 보이고 더 많이 비만증에 시달렸다. 그들은 기름진 음식을 유난히 좋아하고 몸을 별로 움직이지 않았다. 게다가 고혈압이나 정신 분열증, 우울증에 걸릴 위험성도 더 높았다. (사진: 전쟁, 살인, 대량 학살, 홀로코스트 등을 연구하는 네덜란드 전쟁기록연구소)

을 의사들이 환자들에게 의무적으로 알려 줄 것을 법적으로 규정하는 문제에 대해 검토했다. 임신 22주 이후 임신 중절 수술을 시도할 경우에는, 수술 전에 태아에게 진통제를 투입해야 한다는 것이었다. 이 법을 어기는 의사들에게는 10만 달러 이상의 벌금과 의사 면허 취소의 제제를 가할 수 있었다. 법적인 제제를 가하자는 제안은 물론 미국 프로라이프pro-life 운동[14]으로부터 많은 호응을 받았다. 그런데

14 임신 중절에 반대하는 운동.

태아가 실제로 통증을 느끼는지, 즉 통증을 의식적으로 지각하는지 실제로 증명할 수 있을까?

발생의 마지막 단계에서 통증 자극은 피부의 신경 세포에서 척수를 거쳐 뇌 중추의 시상으로 전달된다(그림 2). 자극은 시상에서 다른 두 부위로 계속 이동한다. 한 부위는 통증을 의식적으로 지각하고 감정이 생성되는 일차 감각 피질이고, 다른 한 부위는 통증을 해석해서 감정, 얼굴 찌푸리기, 스트레스 반응, 가쁜 호흡, 혈압 상승, 빠른 심장 박동 같은 감정적이고 자율적인 반응을 조절하는 뇌의 경보 중추 띠 피질(그림 27)이다.

정상적인 임신 기간은 40주다. 통증을 유발하는 자극을 태아의 대뇌 피질로 보내는 신경 회로는 임신 26주에 형성되고, 이때 비로소 통증 신호가 태아의 피부에서 대뇌 피질까지 전달될 수가 있다. 그러나 태아가 통증을 실제로 느낄 수 있는지는 아직 확인되지 않고 있다. 임신 29~30주째에 조산한 아이들의 경우를 보면, 통증을 느끼지 못하는 것으로 보인다. 피부에 있는 통각 센서와 통증 신호를 전달하는 신경 회로는 임신 7주 이전에 형성되어서, 태아는 바늘이 닿는 것에 반응할 수 있다. 프로라이프의 열렬한 추종자들이 주장하는 것과는 반대로, 이것이 태아가 의식적으로 통증을 느낄 수 있다는 말은 아니다. 통증을 느끼기 위해서는 우선 자극이 대뇌 피질에 이르러야 하고, 대뇌는 그 자극을 제대로 처리할 수 있을 만큼 충분히 발달해 있어야 한다. 대뇌가 충분히 발달하지 않은 단계에서 통증 자극에 대한 태아의 반응은 오로지 척수 반사에 근거한다. 무뇌증 아이들의 통증 자극에 대한 반응 또한 이러한 방식으로 일어나며, 그들은 통증 자극에 대해 임신 3개월 된 태아들이 반응을 하듯이 온몸으로 격렬하게 반응한다. 이렇게 온몸으로 반응하는 듯 보이는 형태는 대뇌 피질이 아직 성숙하지 않아 척수 반사를 정상적인 수준으로 제어하지 못하기 때문이다.

시상과 대뇌 피질의 아래에 존재하는 피질판은 임신 12~16주에 연결된다. 피질판층은 나중에 임신 23~30주에 대뇌 피질 속으로 자라나는 신경 섬유를 위한 대기실 같은 곳이다. 뇌전도EEG 및 대뇌 피질 혈액 순환의 측정 결과에 의하면, 임신 25~29주에 조산된 아이들이 통증 자극에 반응을 보이는 것을 알 수 있다. 이는 이 단계에서 통증 자극이 뇌 피질에 이른다는 것을 의미한다. 그러나 문제는 이때 대뇌 피질이 자극을 의식적으로 지각할 수 있을 만큼 충분히 성숙했느냐는 것이다. 의식적으로 통증을 느낄 수 있다는 것은 통증을 감정적으로도 느낄 수 있어야 한다. 조산된 아이들의 뇌전도 반응을 보면, 임신 35주에서 37주가 된 아이들만 접촉과 발뒤꿈치 채혈에 대한 반응이 다르게 나타난다.

요즘 신생아 중환자실에서 조산아들의 치료는 일반적으로 아기들이 통증을 느끼고 체험한다는 가정에서 출발한다. 아기들은 수술 처치나 채혈에 대해 몸의 움직임 및 맥박 수와 호흡, 혈압, 산소 분압, 스트레스 호르몬 농도의 변화로 반응한다. 또한 할례 같은 처치에도 마찬가지로 반응한다. 그러나 이것이 의식적인 통증 지각을 증명하는 것은 아니다. 이런 자율적인 반응은 뇌 피질 아래 부위에서 유래하며 따라서 무의식적인 과정에 기인할 수 있기 때문이다. 조산된 아기들이 통증 자극에 반응하는 움직임도 마찬가지로 이해될 수 있다. 이 아기들의 반응도 여전히 척수 반사일 뿐 대뇌 피질을 거치지 않은 상태인 것이다. 무뇌아뿐만 아니라 대뇌 피질이 완전히 파괴되어 식물인간 상태로 누워 있는 성인 뇌사자들도 물리적인 자극에 움찔하는 반응을 보인다.

그러므로 임신 25~29주째에 태어난 조산아들의 대뇌 피질에서 통증 자극에 대한 반응이 일어나지만 이것을 의식적인 반응이라고 볼 수는 없다. 태아에게 의식이 있는지를 확인하기는 훨씬 더 어렵다. 태아의 수면 각성 주기에서 각성 단계의 존재는 전반적으로 의식의 상태로 간주된다. 그러나 뇌가 아직 미숙한 데다가 태반 호르몬이 작용하는 탓에 태아는 임신 말기의 95퍼센트를 수면 상태, 즉 무의식 상태에 있다. 나머지 5퍼센트의 시간에는 〈각성 상태〉에 있지만, 이 각성 상태는 렘수면과 논렘수면 사이의 과도기일 뿐 실제의 각성 상태나 의식 상태에 비교될 수는 없다.

임신 25~29주째에 태어난 아이들에게 불편한 자극은 대뇌 피질의 활동 변화를 야기한다. 그러나 일찍 태어난 조산아와 달수는 같지만 아직 태어나지 않은 태아 사이에는 큰 차이가 있다. 분만 직후에 산소 결핍과 같은 자극은 이미 출생한 아이들에게서는 각성 반응을 유도한다. 그에 비해 태아에게서는 반대의 상황을 야기해서, 그런 자극들은 태아의 각성 단계를 억압한다. 태아는 벗어날 수 없는 어려운 상황에서 이런 식으로 에너지를 절약하는 것이다. 또한 격렬한 진동이나 시끄러운 소리처럼 잠재적으로 〈고통스럽거나 불편한〉 자극들도 태아에게서 피질 하[15] 반응만을 불러일으킨다. 게다가 28주째의 태아가 자극에 반응하는 법을 〈습득할〉 수 있다고 해서, 의식적인 기억 과정이 일어난다는 뜻은 아니다. 그런 원시적인 〈학습 행동〉은 무

15 대뇌 피질 아래의 뇌 영역을 가리킨다.

뇌아의 경우에도 나타나기 때문이다. 그것은 대뇌 피질이 관여하지 않는 무의식적인 학습 형태다.

어쨌든 이런 논거를 토대로 낙태 수술 중 태아를 위한 마취를 법적으로 의무화해야 한다고 주장할 수는 있다. 설사 아무런 쓸모가 없다 할지라도 틀림없이 해되지는 않을 것이기 때문이다. 그러나 전신 마취 상태로 실행하는 임신 중절은 산모에게 합병증의 위험성을 높인다. 그리고 낙태하지 않는 태아를 시술하는 과정에서 마취제의 사용을 강요하는 것은 상당히 염려스럽다. 태아에게 의식이 있다는 명백한 증거는 없는 반면에, 아이의 발달에 대한 마취제의 부작용은 분명하게 입증되었기 때문이다.

이 모든 것으로부터 나는 임신 중절 수술이나 25~26주 태아에게 시술을 할 경우에 태아를 위해서 반드시 전신 마취를 할 필요가 없으며 전신 마취는 어머니에게 추가의 위험을 안겨 줄 수 있다고 결론짓는다. 그러나 조산아에게 통증이 따르는 수술을 하게 되면 안전을 위해서 마취를 해야 할 것이다. 그리고 남자아이를 할례하는 경우에도 마취는 필수적이다.

2.5 자신의 다리를 자르다: 신체 통합 정체성 장애 — 기이한 발달 장애

초기 발달 단계에서는 우리의 성 정체성과 성적 취향(3장 참조)뿐만 아니라 우리의 신체 도식[16] 또한 뇌 속에 새겨진다. 신체 통합 정체성

16 신체 각 부위에 대한 종합적인 내적 지각을 일컫는다.

장애BIID는 신체 도식과 관련한 기묘한 발달 장애이다. 이 장애에 시달리는 사람들은 어렸을 때부터 자기 몸의 일부가 자신의 것이 아니라고 느끼고서 어떤 대가를 치르더라도 기어이 그것을 없애 버리려고 한다. 그들은 자기 몸의 일부가 완전히 정상적으로 기능하는데도 그것을 자기 몸의 구성 성분으로 받아들이지 않고, 잘라 내버리고 싶은 염원이 다른 모든 것을 지배한다. 그들은 다리나 팔이 절단된 후에야 비로소 자신이 〈완벽하다〉고 느낀다. 이런 사람들의 27퍼센트는 팔이나 다리를 절단해 주는 사람을 찾아내는 데 성공하지만, 여기에 관여하는 외과의들은 건강한 사지를 제거한 탓에 법의 판결을 받을 위험에 처하게 된다. 이것은 실로 기이한 일이 아닐 수 없다. 성전환자들에게서도 같은 일이 벌어지기 때문이다. 그리고 자세히 관찰하면, 할례의 경우도 마찬가지다. 게다가 어린 소년들, 즉 아직 스스로 동의할 수 없는 어린이들의 할례에서는 이따금 출혈, 감염, 요도 손상, 요도 협착, 흉터와 기형을 유발할 수 있다. 그러나 신체 통합 정체성 장애의 문제가 인정받기까지는 앞으로 어느 정도 시간이 걸릴 것이다. 일반적으로 심리 치료나 향정신성 의약품은 당사자들의 의지를 꺾지 못한다. 유일한 예로, 항우울증제와 인지 행동 치료를 통해 비참함을 덜 수 있었다는 한 환자의 진술이 있기는 하다. 그러나 나중에 그 환자는 누군가와 그 문제에 대해 이야기한 것은 좋았지만 치료로 인해 신체 통합 정체성 장애 문제는 조금도 달라지지 않았다고 고백했다.

종아리나 팔 하나가 자신의 것이 아니라거나 또는 팔다리 한두 개가 차라리 마비되었으면 좋겠다는 생각은 어렸을 때부터 그 사람들의 머릿속에 존재한다. 신체 통합 정체성 장애에 시달리는 한 어린이는 잡지에 실린 인물들 사진들을 오려서는, 자신이 떨쳐버리고 싶은 다리를 사진에서 잘라 내었다. 신체 통합 정체성 장애 환자는 자신이 떨쳐 버리고 싶은 사지를 실제로 잃어버렸거나 또는 자신이 원하는 마비에 걸린 사람을 보면 심지어 흥분하거나 질투심에 사로잡히기도 한다. 때로는 그 순간 처음으로 그런 자신이 진심으로 그것을 소망한다는 것을 깨닫는 사람들도 있다. 그들은 종종 종아리가 보이지 않도록 다리를 신축 붕대로 높이 묶어 올리고 헐렁한 바지를 입음으로써 자신이 애타게 갈구하는 상황에 가까이 가려고 시도한다. 그러고는 바짓가랑이를 안쪽으로 접어 넣고서 지팡이를 짚고 다니거나 휠체어를 타고 다닌다. 신체 통합 정체성 장애 환자들은 완벽하게 건강하고 능숙하게 기능하는 신체 부위를 절단해 줄 용의가 있는 외과의를 몇 년씩 찾아 헤맨다. 물론 대부분은 그 뜻을 이루지 못한다. 그러면 많은 이들이 원하지 않는 신체 부위를 심하게 손상시키는 바람에 어쩔 수 없이 절단할 수밖에 없는 상황을 만들게 된다. 결국 신체 부위가 절단된 사람들의 3분의 2가 그런 경우다. 그 가운데는 더러 무릎 연골을 총으로 쏘거나 한쪽 다리를 꽁꽁 얼리거나 다리에 톱질을 해서 생명의 위험을 무릅쓰는 사람들도 있다. 더욱이 신체 통합 정체성 장애 환자들은 어떤 부위를 절단해야 하는지 정확히 알고 있으며, 수술 후에는 의사가 제대로 했는지에 대한 분명한 의견이 있다. 절단 수술 후 그들은 더없이 행복해하며 대부분은 왜 진작 잘라 내지 않았는지 애석해한다.

이런 환자들의 신체상이 뇌의 발달 과정에서 어떤 장애를 입었는지에 대해서는 현재 추측만이 가능할 뿐이다. 그러나 영상 실험을 통해, 원하는 다리 내지는 원하지 않는 다리를 붙잡을 때 전두 피질과 두정 피질의 뇌 활동이 다른 사실이 관찰되었다. 신체 통합 정체성 장애는 성전환증과 유사성을 보인다(3.6 참조). 두 경우 모두에서 해당 인물은 자신의 신체 구조가 자신이 느끼는 것과 일치하지 않는다고 확신한다. 두 경우 모두에서 이런 감정은 아주 일찍 시작된다. 성전환증과의 연관 관계가 특히 우리의 관심을 사로잡는데, 신체 통합 정체성 장애 환자들의 상당수(19퍼센트)가 성 정체성 문제점도 안고 있으며 많은 신체 통합 정체성 장애 환자들(38퍼센트)이 동성애자나 양성애자이기 때문이다. 이런 모든 특성들이 발달 초기에 체계화된다는 것을 근거로, 신체 통합 정체성 장애 또한 발달 초기 단계에서 발생한다고 추정할 수 있다. 그러나 뇌의 어떤 부위에서 무엇 때문에 신체 통합 정체성 장애가 발생하는지는 수수께끼로 남아 있다. 적어도 문제의 신체 부위가 없었던 환자의 전생에 대한 기억에서 신체 통합 정체성 장애가 유래한다고 가정할 근거는 전혀 없다. 언젠가 이런 내용의 편지를 보내어 나를 설득하려 한 사람이 있었지만 말이다.

우리는 발달 과정에서 신체상이 구성될 때, 어떤 점이 잘못되었는지 과학 기술을 이용해 확인할 수 있다. 그러나 그러기 위해서는 신체 일부를 절단하고 싶어하는 사람들 앞에서 놀라 주춤거리지 않는 의사들, 신체 통합 정체성 장애를 〈저 사람 미쳤군〉이라는 말로 넘겨 버리지 않을 의사들이 필요하다. 연구자들도 그들의 자리에서 이 희귀한 변종을 좀 더 자세히 살펴볼 필요가 있다. 이는 정상적인 뇌 발달에 대한 우리의 지식을 확대시킬 수 있는 기회가 되기도 하기 때문이다. 무엇보다 사람들 앞에 용감하게 나서서 자신의 장애에 대해 이야기할 수 있는 신체 통합 정체성 장애 환자들이 필요하다.

3장
자궁 안에서 일어나는 뇌의 성 분화

나는 교육과 환경이 우리 모두의 의식에 경미한 영향만을 미치며 우리가 가진 대부분의 특성은 선천적이라는 프랜시스 골턴[1]의 말에 동의하는 편이다.

— 찰스 다윈의 자서전에서

나의 뇌? 그건 내가 두 번째로 선호하는 기관이지.

— 우디 앨런, 「슬리퍼」

3.1 전형적인 남자아이, 전형적인 여자아이?

출생 시 성 정체성은 거의 분화되어 있지 않아서 유전학적 남자아이를 여자아이로 만들 수 있다. 성 정체성의 발달 방향은 오히려 교육에 의해 좌우된다.

— 존 머니,[2] 1975

1 Francis Galton(1822~1911). 영국의 유전학자이며 우생학의 창시자.
2 John Money(1921~2006). 뉴질랜드 출신 미국 심리학자, 성 정체성 분야의 전문가.

출생 시에 아이가 남자인지 여자인지 확인하는 것보다 더 쉬운 일도 없을 것이다. 성별은 이미 수정 순간에 확정되는 것으로, 두 개의 X염색체에서는 여자아이가 생겨나고, 하나의 X염색체와 하나의 Y염색체에서는 남자아이가 생겨난다. Y염색체는 남성 호르몬 테스토스테론의 생산을 야기하고, 테스토스테론의 생산 여부에 따라서 태아의 생식기는 임신 6~12주에 여성 생식기 혹은 남성 생식기로 발달한다. 임신 후반기에 뇌는 남성적인 방향 아니면 여성적인 방향으로 분화되는데, 여아들과는 달리 남아들은 그 시기에 높은 농도의 테스토스테론을 생산한다. 이 단계에서 우리의 성 정체성, 즉 남자 또는 여자라는 감정은 뇌 구조 속에 고착되어 다시는 되돌릴 수 없게 된다.

성 정체성은 이미 자궁 안에서 확정된다는 사실이 알려진 것은 얼마 되지 않았다. 1980년대까지 사람들은 아이가 백지상태로 태어나 이후 사회적 영향에 의해 남성적이거나 여성적인 방향으로 유도된다고 생각했다. 이런 생각은 1960~1970년대에 애매한 형태의 생식기를 가지고 태어난 신생아를 대하는 태도에 중대한 결과를 초래했다. 이 당시에는 이런 아이가 출생 직후 수술을 받을 수 있다면 어떤 성별로 규정되든 상관없다고 생각했다. 즉, 주변 환경이 아이의 성 정체성을 신체 기관에 적응하도록 유도한다는 것이었다.

환자 권리 옹호 단체는 출생 전에 확정된 뇌의 성 정체성과 일치하지 않는 성별을 인위적인 수술을 통해 강요함으로써 얼마나 많은 사람들이 불행의 나락으로 추락했는지 최근에서야 지적하고 있다. 존-조앤-존 사례는 그것이 얼마나 치명적인 영향을 미칠 수 있는지 명백하게 보여 준다. 한 어린 소년(존)이 생후 8개월에 간단한 수술을 받는 동안(요도 협착 때문에 음경 포피를 제거해야 했다) 끔찍한 의료 실수로 음경을 잃게 되는 사태가 발생하자, 사람들은 존을 여자아이(조앤)로 만들기로 했다. 여자아이가 되는 과정을 촉진시키기 위해, 생후 17개월이 되기도 전에 아이의 고환이 제거되었다. 아이에게 여자아이 옷을 입혔고, 필라델피아의 존 머니 교수가 아이의 심리를 보살폈다. 그리고 사춘기에는 에스트로겐을 주입받았다. 존 머니는 이 일을 커다란 성공인 양 내세웠다. 이 아이는 정상적인 소녀처럼 발달했다(앞의 인용문을 참조하라). 나는 미국의 한 세미나에서 이 사례와 관련해, 주위 환경이 출생 후 아이의 성 정체성을 변화시킬 수 있음을 시사하는 유일한 사례라고 말했다. 그러자 밀턴 다이아몬드 교수가 발언권을 얻어서, 머니의 주장은 완전히 근거가 없는 소리라고 지적했다. 자신이 조앤을 알고 있는데, 성인이 된 후에 다시 남자로 전환해서 결혼했으며 몇 명의 아이를 입양했다는 것이었다. 밀턴 다이아몬드는 이 사태에 대한 글을 발표하기도 했다. 하지만 안타깝게도 존은 결국 증권으로 돈을 잃고 이혼당했으며 2004년 자살로 생을 마감했다. 이 슬픈 사건은 테스토스테론이 이미 자궁 안에서 우리의 뇌를 얼마나 강력하게 확정짓는지 보여 준다. 수술을 통해 음경과 고환을 제거하고 심리적으로 보살피고 사춘기에 에스트로겐을 투여하는 것으로도 아이의 성 정체성은 바꿀 수 없었다.

테스토스테론이 실제로 우리의 생식기와 뇌를 남성적인 방향으로 분화시키는 역할을 한다는 것은 안드로겐 불감 증후군을 통해 알 수 있다. 이 증후군을 가진 사람들은 테스토스테론을 생산하지만 신체가 여기에 반응하지 않는다. 결과적으로 외부 생식기뿐만 아니라 뇌도 여성적인 특징을 갖게 된다. 이런 사람들은 유전자 면에서는 남자(XY)인데도 이성을 사랑하는 여자가 된다. 이와 반대로 부신 질환(선천성 부신 증식증CAH) 때문에 이미 자궁 안에서 많은 테스토스테론에 노출된 여자아이들의 경우에는 음핵이 강하게 발달해서 가족 관계 기록부에 〈남성〉으로 신고되는 일도 생긴다. 이런 여자아이들은 모두 실제로 여성에 속한다. 그러나 그중 2퍼센트는 나중에 자궁 안에서 남성적인 성 정체성이 형성된 것으로 드러난다.

이것이 현실에서 무엇을 의미하는지 네덜란드 일간지 「NRC 한델스블라트」의 야네처 쿨러웨인이 2005년 6월 23일 보고한 다음의 이야기가 잘 보여 준다. 이미 네 딸을 둔 어느 부부는 다섯째로 태어난 아이가 아들인 것을 알았을 때 무척 뿌듯해했다. 그들은 크게 잔치를 열었다. 그런데 몇 개월 후 아들은 병이 들었고, 사실은 아들이 아니라 선천성 부신 증식증에 걸린 딸이라는 진단이 내려졌다. 의료진은 가족과 오랜 대화를 나누었다. 그러나 터키 출신의 부모, 특히 부친에게는 종교적인 이유에서라도(이슬람교 신자였다) 아이의 성별을 뒤늦게 바꾼다는 것은 절대로 용납할 수 없는 일이었다. 그 당시 의사들은 아이를 더 명백한 사내아이로 만들기로 결정했다. 소아 비뇨기과 전문의들은 진짜 음경처럼 보이도록 음핵을 키웠다. 아이는 남성화를 촉진시키기 위한 호르몬을 투여받았다. 아이의 부모는 아주 행복해했다. 그러나 선천성 부신 증식증에 걸린 여자아이의 뇌는 대부분 여성적인 방향으로 분화된다. 앞에서 소개한 사실을 감안하면, 그 작은 〈소년〉이 훗날 성별의 문제에 직면해서 다시 여자가 되고 싶어 할 확률은 아주 높다. 나중에 소년이 사춘기에 이르면, 소년에게 생식 능력이 없고 평생 테스토스테론 처치를 받아야 하고 자궁과 난소를 들어내야 한다는 말을 들어야 할 것이다. 그래서 전문가들은 선천성 부신증식증에 걸린 여자아이가 비록 남성적인 특징을 강하게 드러내더라도 여자아이로 자라야 한다는 데 의견의 일치를 보인다.

아이의 성별을 명백하게 규정하기 어렵고 아이의 뇌가 남성적인 방향으로 발달할지 아니면 여성적인 방향으로 발달할지 확실하지 않은 희귀한 경우도 있다. 그런 경우에는 아이를 위해 일시적으로 성별을 선택할 수 있다. 그러나 아이의 행동을 근거로 성별을 확정 지을 수 있을 때까지, 아이를 남자나 여자로 만드는 성급한 처치는 보류되어야 한다. 로테르담의 소아 비뇨기과 전문의 카챠 월펜뷔텔은 심지어 수술 결과를 되돌려 놓을 수 있다는 것을 보여 주었지만 말이다.

3.2 성별의 차이에 따른 행동의 차이

뇌와 행동의 성별 차이는 겉보기에는 생식과 직접 연관이 없는 듯 보이는 영역에서도 드러난다. 흔히들 사회적 환경에 의해 형성된다고 여겨 온 남아와 여아의 틀에 박힌 차이점들 중 하나는 놀이 방식에서 나타난다. 남자아이들은 더 활동적이고 더 거칠며 군인이나 자동차를 즐겨 가지고 노는 데 비해서, 여자아이들은 인형을 즐겨 가지고 논다. 나는 동물들을 관찰한 결과를 토대로 사회적 환경 이론에 강한 의구심을 품고 있었기 때문에, 우리 부부는 30년 이상 전 딸과 아들에게 계획적으로 두 종류의 장난감을 똑같이 제공했다. 그러나 우리 아이들은 아주 일관성 있게 틀에 박힌 패턴에 따라 장난감을 선택했다. 딸은 오로지 인형만을 가지고 놀았고, 아들은 오로지 자동차에만 관심을 보였다. 그러나 두 아이의 경우만으로 적절한 연구를 하기에는 표본 집단의 크기가 너무 부족하다. 성별의 이런 차이가 생물학적인 근거에서 비롯된다는 것은 나중에 심리학자 게리언 알렉산더와 멀리사 하인스가 증명했다. 두 사람은 긴꼬리원숭이들에게 인형, 자동차, 공을 제공하는 실험을 했다. 암컷 원숭이들은 주로 인형을 선택했으며 전형적인 어머니들처럼 인형의 항문과 성기 부위를 신중하게 탐색했다. 그에 비해 수컷 원숭이들은 자동차와 공을 가지고 노는 데 더 많은 관심을 보였다. 그러므로 특정 장난감에 대한 선호도는 사회가 우리에게 강요한 것이 아니라, 사회적인 역할을 준비하기 위해서 우리의 뇌 속에 이미 새겨져 있는 것이다. 예를 들어 여자아이들은 어머니로서의 역할에, 남자아이들은 싸움과 기술적인 임무에 대비한다. 원숭이들이 성별에 따라 다른 장난감을 선택하는 것은, 이것의 토대를 이루는 기제가 진화의 역사에서 약 수천만 년 이전으로 거슬러 올라간다는 것을 명백히 보여 준다. 자궁 속의 남자아이가 배출하는 테스토스테론의 농도가 최고점에 이르는 시기에 이 차이가 형성되는 것 같다. 앞에서 언급한 선천성 부신 증식증 탓에 자궁 속에서 지나치게 많은 테스토스테론을 생산한 여자아이들은 특이하게도 남자아이들을 놀이 친구로 선택하는 경향을 보인다. 그런 여자아이들은 남자아이들의 장난감을 더 즐겨 가지고 놀며, 보통 여자아이들보다 더 거칠게 논다. 그래서 그런 아이들은 〈톰보이〉라고도 불린다.

어린이들이 즉흥적으로 그리는 그림에서도 성별의 차이가 나타난다. 주제뿐만 아니라 색채와 구성 면에서도 남아의 그림과 여아의 그림은 자궁 안에서 받은 호르몬의 영향에 의한 것과 같은 방식의 차이를 알려 준다. 여자아이들은 무엇보다도 아가씨와 여인을 비롯한 사람들, 꽃과 나비를 즐겨 그린다. 빨간색, 오렌지색, 노란색처럼 밝은 색채를 즐겨 사용하고, 좀 더 평화로운 주제를 선택한다. 그리고 보통 같은 방식으로 서 있는 형상들을 그린다. 그에 비해 사내아이들은 기술적인 물건, 무기, 싸움, 자동차나 기차나 비행기 같은 운송 수단을 더 즐겨 그린다. 그림의 구성은 위에서 내려다보는 경우가 많고, 파란색 같은 어둡고 차가운 색을 사용한다. 선천성 부신 증식증에 걸려 자궁 안에서 지나치게 많은 테스토스테론에 노출된 여자아이들은 출생 직후 치료를 받아도 5, 6년 후에는 남자아이들처럼 그림을 그린다.

성별에 따른 우리의 행동에서 볼 수 있는 차이는 아주 일찍 나타나는 것으로 보아, 그런 차이들은 오로지 자궁 안에서 생겼다고 볼 수밖에 없다. 생후 첫날 이미 여자아이들은 무엇보다 사람의 얼굴을 즐겨 바라보고, 남자아이들은 기계적으로 움직이는 물건들을 선호한다. 한 살이 되면 벌써 여아들은 남아들보다 더 자주 눈길을 맞춘다. 그러나 자궁 안에서 높은 테스토스테론 농도에 노출된 여자아이들은 눈길을 별로 맞추지 않는다. 그러므로 여기에서도 자궁 안에서의 테스토스테론이 핵심적인 역할을 한다. 일상생활에서 눈맞춤은 여자들에게 남자들과는 전혀 다른 의미를 갖는다. 서구 사회에서 여자들은 다른 여자들을 보다 잘 이해하기 위해 눈을 맞춘다. 그러면서 마음 편하게 느낀다. 하지만 서구 사회의 남자들에게 눈맞춤은 위계질서 안에서 자신의 위치를 확인하는 데 이용된다. 그러므로 눈맞춤은 아주 위협적일 수 있다. 이것도 순전히 생물학적인 특성이다. 미국 콜로라도 주 아스펜에서 비행장 건물을 나서다 보면 〈곰을 만나면 눈을 마주치지 마시오〉라는 경고문이 눈에 뜨인다. 자칫 눈을 마주치게 되면, 곰은 누가 우위에 있는지 분명히 하기 위해서 즉각 공격을 가하기 때문이다. 나의 아들은 미국에서 어떤 요인이 협상을 성공적으로 이끄는지에 대해 연구했다. 언젠가 나는 내 경험을 토대로, 여자와 남자는 다른 방식으로 협상을 하는 것 같다고 얘기한 적이 있었다. 그때는 이 말에 별다른 관심을 보이지 않던 아들은 어느 날 시카고에서 나의 이론을 한번 철저하게 규명해 보기로 결심했다. 결국 우리 두 사람은 성별에 따른 눈맞춤의 차이가 사업상의 협약에도 영향을 미치는지를 알아보는 실험을 실행했다. 두 여자 사이의 눈맞춤은 보다 창의적인 협상 결과를 이끌어 내는 반면에, 두 남자 사이의 눈맞춤은 협상 결과에 정반대의 영향을 미친다. 눈맞춤이 위계질서 안에서 서열과 관련해 차지하는 의미가 남자들을 가로막는 걸림돌이 된다. 당신도 이런 실용적인 충고를 잘 활용하면 이득을 볼 수 있을 것이다.

3.3 이성애, 동성애, 양성애

여자와 한자리에 들듯이 남자와 한자리에 든 남자가 있으면, 그 두 사람은 망측한 짓을 하였으므로 반드시 사형을 당해야 한다.

— 레위기 20장 13절

그러므로 〈이성애〉도 설명이 필요한 문제이지, 근본적으로 화학적인 이끌림에 바탕을 두는 자명한 일이 아니다.

— 지그문트 프로이트

앨프리드 킨제이[3]가 혹벌과에 관한 박사 학위 논문을 제출했을 때

3 Alfred Kinsey(1894~1956). 미국의 동물학자이며 성 연구가.

그는 아무런 주목도 받지 못했다. 그러나 1948년『남성의 성 행동 Sexual Behavior in the Human Male』을 출간한 데 이어 5년 후『여성의 성 행동 Sexual Behavior in the Human Female』을 출간했을 때는 미국 전역이 아는 유명인이 되었다. 그는 〈킨제이 등급〉을 개발했는데 이 등급은 0에서 6으로 나뉘며, 0은 전적으로 이성애를, 6은 전적으로 동성애를 의미한다. 킨제이 자신은 〈킨제이 3〉, 즉 양성애자였다고 한다. 한 사람이 이 등급의 어디에 위치할지는 그 사람의 유전적인 성향과 더불어 자궁 안에서 발달하는 동안 뇌 형성에 영향을 미치는 물질들과 호르몬들에 의해 결정된다. 쌍둥이와 가족에 관한 연구 결과들은 성적 취향이 50퍼센트까지 유전적으로 정해진다고 증명한다. 하지만 어떤 유전자가 여기에 관여하는지는 아직까지 밝혀지지 않았다. 번식이라는 측면에서 보자면 동성애는 불리한 위치에 있음에도, 그 유전적 요인이 진화 과정 동안 유지되었다는 것은 매우 놀라운 사실이다. 어떻게 동성애가 지속하였는지에 대한 한 가지 설명은 관계된 유전자가 동성애의 성향뿐만 아니라 나머지 가족 구성원들의 번식 능력도 증가시킨다는 것이다. 즉 같은 유전자들이 이성애 형제자매에게 전달되면, 이들은 평균보다 더 많은 자녀를 두게 되고 이러한 형태로 이 유전자들은 계속 남아 있게 된다. 호르몬 및 다른 화학 물질들은 우리의 성적 취향의 발달에 중요한 역할을 한다. 선천성 부신 증식증 탓에 자궁 안에서 높은 테스토스테론 농도에 노출된 여자아이들은 양성애자나 동성애자가 될 확률이 높다. 1939~1960년에 미국과 유럽에서는 유산을 방지할 목적으로 약 200만 명의 임산부들에게 에스트로겐과 유사한 물질 디에틸스틸베스트롤DES을 처방했다. 디에틸스틸베스트롤은 원래 유산을 방지하는 효과가 없었지만, 의사들은 무엇이든 처방하기를 좋아했고 환자들은 어떤 식으로든 진료받기를 좋아했다. 디에틸스틸베스트롤은 여자아이들에게서 양성애자나 동성애자가 될 확률을 높이는 것으로 밝혀졌다. 출생 전에 아이에게 영향을 미치는 니코틴과 암페타민[4]도 딸아이를 레즈비언으로 만들 확률을 증대시킨다.

남자아이들이 동성애자가 될 확률은 손위 남자 형제들의 수에 비례한다. 그 이유는 임신 기간 동안 아들이 자궁 안에서 분비하는 남성 물질에 대한 어머니의 방어 기제에 있다. 어머니의 방어 기제는 아들을 임신할 때마다 강화된다. 또한 임신 중에 받는 스트레스도 아이의 동성애 확률을 높인다. 이는 어머니의 스트레스 호르몬 코르티솔이 자궁 안에서 아이의 성호르몬 생성에 영향을 미치기 때문이다. 출생 후의 발달도 우리의 성적 취향을 결정하는 데 중요하다는 주장이 널리 퍼져 있는데, 이 주장이 옳은지는 증명할 수 없다. 레즈비언 부부 아래서 자라는 아이들이 다른 아이들보다 더 많이 동성애자가 되는 것은 아니다. 그리고 동성애가 〈스스로 선택한 삶의 방식〉이라는 견해에 대한 증거도 없다.

위에서 거론한 요인들은 아이의 뇌 발달, 특히 성적인 취향을 결정짓는 시상 하부의 발달을 변화시킨다. 1990년에 호프만과 나는 동성애 남자들과 이성애 남자들의 뇌에서 최초로 차이점을 발견했다. 동성애 남자들의 뇌의 생체 시계가 이성애 남자들보다 두 배 더 컸다. 그 당시 우리는 다른 것을 찾고 있었다. 이전에 나는 알츠하이머병 환자들에게서 생체 시계가 손상된 사실을 발견한 바 있었다. 그래

4 대뇌 피질을 자극해서 일시적으로 정신적 각성을 증가시키고 안락감을 일깨우고 피로감을 감소시키는 약물.

서 알츠하이머병 환자들이 밤에 유령처럼 돌아다니고 낮에는 이따금 잠을 자는 것이다(18.3 참조). 이에 대한 후속 연구로서 나는 이런 동일한 현상들이 다른 치매 환자들에게서도 나타나는지 연구했다. 그러다 에이즈성 치매에서 생체 시계가 대개의 경우보다 두 배 더 뚜렷하다는 사실을 발견했다. 그러나 후속 연구에서 이런 현상이 환자의 에이즈 질병이 아니라 동성애와 관련이 있다는 사실이 밝혀졌다. 1991년 미국의 사이먼 르바이[5]는 동성애 남자들의 시상 하부 구조의 두 번째 차이를 발표했고, 미국의 앨런과 고르스키[6]는 동성애 남자들의 경우에 시상 하부 위쪽에서 좌우 측두엽을 연결해 주는 부분이 더 크다는 것을 발견했다.

성적 취향과 관련한 시상 하부의 기능적인 차이들도 영상 진단을 통해 발견되었다. 스톡홀름 뇌연구소의 이반카 사빅은 땀과 소변을 통해 배출되는 후각 물질 페로몬을 연구에 사용했다. 페로몬은 우리가 무의식적으로 우리의 성 행동에 영향을 미친다. 남성의 페로몬은 이성애 여자들과 동성애 남자들의 시상 하부 활동을 자극하지만, 이성애 남자들에게서는 어떤 반응도 불러일으키지 않는다. 이성애 남자들은 그런 남자 냄새에는 아무 관심이 없는 게 분명하다. 또한 페로몬에 대해서 동성애 여성들은 이성애 여성들과는 다른 반응을 일으키는 것으로 드러났다. 사빅은 편도체와 다른 뇌 부위 사이의 기능적 결합이 이성애 남자들과 동성애 여자들보다 이성애 여자들과 동성애 남자들에게서 훨씬 더 강하다는 것을 증명했다. 이런 관찰 결과

---

5 Simon LeVay(1943~). 영국 출신의 미국 신경학자.
6 로라 앨런Laura Allen은 미국의 신경 생물학자고, 로저 고르스키Roger Gorski는 미국의 신경 내분비학자다.

는 성적 취향에 따라 뇌 회로가 다르다는 것을 입증한다. 또한 기능 자기 공명 영상 결과는 다른 뇌 부위들에서 일어나는 활동의 변화 역시 보여 주었다. 이성애 남자들과 동성애 여자들의 경우, 여자의 얼굴을 보는 순간 시상과 전전두 피질이 더 강하게 반응했다. 그에 비해서 동성애 남자들과 이성애 여자들의 경우에는 남자의 얼굴을 보는 순간 시상과 전전두 피질이 더 강하게 반응했다. 그러므로 우리의 성적 취향은 뇌의 구조적, 기능적인 차이에 의해 결정된다고 말할 수 있다. 이런 차이들은 임신 후반기, 즉 우리가 자궁 안에서 발달하는 동안 이미 형성되는 것이지, 전통적인 희생양인 강압적인 어머니들의 행동에서 기인한 것이 아니다. 덧붙여 말하자면 나는 해마다 강의 시간에 250명의 의학도들에게 이런 물음을 던졌다. 〈여러분들 중에서 어머니가 강압적이지 않은 사람이 있습니까?〉 이 물음에 아직까지 단 한 명의 학생도 손을 들지 않았다.

3.4 동성애: 선택이 아니다

Xq28 - 엄마, 이 유전자를 주셔서 고마워요!
— 미국의 한 티셔츠에 적힌 문구.
딘 해머의 연구에 따르면 X염색체의 장완q-arm 말단인 28번이 동성애와 관련이 있다.

신은 동성애를 이용해서 재능 있는 자들이 자식을 가져야 한다는 부담을 가지지 않도록 한다.

— 샘 오스틴. 작곡가이자 시인

조지 W. 부시 대통령 재임 말기의 미국 사회에서는 시계가 거꾸로 돌았다. 동성애를 치유 가능한 질병으로 보는 〈탈동성애 운동ex-gay movement〉이 활발하게 일어난 것이다. 수백 개의 병원과 치료사들이 여기에 동참했다. 치료를 받은 사람들의 30퍼센트가 완치되었다는 주장이 제기되었지만 증명된 바는 아무것도 없었다. 의뢰인들은 2주에 2,500달러 또는 6주에 6,000달러를 지불하고 병원에서 〈치료를 받았다〉. 치료사들은 자신도 과거에 동성애자였지만 치료를 받은 후 진실한 가족의 일원이 되었다고 선언했다. 그러나 이에 대항해 〈게이라도 괜찮아It is OK to be gay〉라는 구호를 내건 반대 운동은 그 치료가 동성애에 대한 차별일뿐 아니라, 수치심과 치욕을 바탕으로 한 조건화에 지나지 않으며 심지어는 자살을 유도했다고 반박했다. 이러한 견해는 2009년 미국 심리학협회의 심사 보고서에 의해 전면적인 동의를 얻었다. 이 보고서에서 미국 심리학협회는 동성애자들을 이성애자들로 만드는 재정향(再定向)은 효과가 없으며 따라서 심리학협회의 15만 회원들은 상담 의뢰인들에게 이 치유법을 더 이상 제공해서는 안 된다는 결론에 이르렀다. 또한 보고서는 이 치료법이 할 수 있는 최선의 것은 자신의 감정을 무시하고 동성애의 성향을 억누르라는 것을 가르치는 것이라고 밝혔고, 이는 우울증을 야기하거나 심지어는 자살을 유도할 수도 있는 사실도 인정했다.

모든 연구 결과는 우리의 성적 취향이 태아의 상태에서 이미 정해지고 우리의 남은 생애 동안 그대로 유지된다는 것을 보여 준다(4.3 참조). 오늘날 우리는 동성애자와 이성애자의 뇌 사이에는 많은 기능적이고 구조적인 차이가 존재한다고 알고 있다. 발생 초기에 형성된 많은 기능적, 구조적인 차이가 존재하고, 이는 출생 후 아이의 주변 환경은 여기에 아무런 영향도 미치지 못한다는 사실을 알고 있다. 영국의 기숙 학교에 다닌다 하더라도 동성애자가 되는 것은 아니란 것이다. 나는 동성애자들의 〈치료〉가 미국 내의 기독교 단체에서 만들어 낸 전형적인 미국의 근본주의적인 과오라고 생각했다. 그런데 놀랍게도 네덜란드에도 그런 것이 존재한다는 것이 확인됐다. 오순절 교단[7]에서 기도를 통해 동성애 및 에이즈 감염을 〈치료〉하는 모임이 개최된 것이다. 그렇게 치료가 되고 나면 교구 연합체의 회원 중 한 명과 결혼시킨다. 그런 식으로 치료되어 약을 끊을 수 있다는 믿음은 에이즈 양성 환자들을 잘못된 방향으로 인도할 뿐만 아니라 그들의 생명까지 위태롭게 한다.

우리가 우리의 성적 취향을 자유롭게 선택할 수 있으며 동성애는 잘못된 선택이라는 진부한 생각은 여전히 많은 고통을 야기한다. 한번은 내가 엄격한 신교도 동성애 연합인 콘트라리오에서 강연을 한 적이 있다. 그 자리에서 들은 이야기들은 엄격한 신교도 배경에서 자란 동성애자들이 성적 취향 때문에 여전히 끔찍하게 고통받고 있다는 사실을 똑똑히 깨우쳐 주었다. 사실, 동성애는 얼마 전까지만 해도 의학계에서조차 질병으로 간주되었다. 1992년에 가서야 비로소 동성애는 ICD-10(국제 질병 분류)에서 삭제되었다. 그때까지 남성들의 동성애를 〈치료〉하려는 헛된 노력이 계속됐다. 또한 사회 환경이 성적 취향의 발달에 영향을 미친다는 생각 역시 동성애자들을 대대적으로 박해하는 사태를 낳았다. 히틀러가 직접 규정한 견해, 즉 동성애는 페스트처럼 전염된다는 견해는 독일에서 상상하기도 어려운

7 교회의 성결 운동을 주도하는 주요 교단 중 하나.

재앙을 낳았다. 처음에는 동성애자들이 자발적으로 거세하게 했고, 다음에는 강제로 거세했으며, 결국에는 강제 수용소에서 학살했다.

동성애가 선택 가능한 특정한 〈삶의 양식〉이며 환경의 영향을 받는다는 생각을 반박하는 중요한 논거는, 이미 입증된 바와 같이 동성애를 단념시킬 수 없다는 사실이다. 동성애를 단념시키기 위해 시도된 방법들은 우리의 상상을 초월할 정도로 어처구니없을뿐더러, 시험해 보지 않은 방법이 없을 정도로 다양하다. 테스토스테론이나 에스트로겐 같은 호르몬 처치, 거세, 성적 취향보다는 성욕에 영향을 끼치는 치료법들, 전기 충격, 그리고 뇌전증 발작도 유발 등이 그것이다. 오스카 와일드[8]의 애처로운 운명이 증명하듯, 구류형도 아무런 효과가 없었다. 심지어는 고환 이식 수술을 받은 남성 동성애자가 여성 간호사의 엉덩이를 꼬집은 걸 두고 〈성공 스토리〉라며 떠들어 댔다. 물론 정신 분석도 시도해 보았고, 동성애 성향을 단념시키기 위해 동성애 사진을 바라보는 남성 동성애자들에게 구토 유발 물질 아포모르핀을 먹이기도 했다. 그 결과 역시 동성애적인 감정을 누그러뜨리지는 못했고, 유일한 효과는 치료사들이 방에 들어오는 즉시 남자들이 구토하기 시작했다는 후문이다. 그 밖에 동성애 재소자들은 뇌 수술도 받았다. 수술이 효과만 있으면, 감형을 받을 수 있었다. 물론 수술을 받은 모든 재소자들이 수술이 효과적이었다고 주장했다.

이러한 조치들 중 그 어느 것도 성적 취향을 변화시키지 못했기 때문에, 성인이 되어서는 우리의 성적 취향이 확정되어 있으며 더 이상 영향받을 수 없다는 것에는 거의 의심의 여지가 없다. 만약 교회들이

8 Oscar Wilde(1854~1900). 아일랜드의 시인, 소설가. 동성애자라는 죄목으로 2년 징역형을 선고받았다.

이 점을 인정하게 된다면, 많은 젊은 신도들과 사제들이 근본적으로 더 행복해질 수 있을 것이다.

3.5 동물계의 동성애

동성애를 혐오하는 사람들은 동성애가 동물의 세계에는 존재하지 않으며 따라서 〈자연 법칙에 어긋나는〉 것이라고 주장한다. 하지만 이것은 사정을 전혀 모르는 소리다. 동성애적인 행동은 오늘날 약 1,500종의 동물들에게서 관찰되었고 그 범위는 곤충에서부터 포유동물에 이르기까지 매우 넓다. 뉴욕 센트럴파크 동물원의 수컷 펭귄 로이와 실로는 유명한 동성애 커플이다. 이 펭귄 쌍은 서로 교미하고, 함께 둥지를 만들고, 이를 애처롭게 여긴 사육사가 넣어 준 알을 품고, 34일 후에 껍질을 깨고 나온 새끼를 돌보았다. 어미 쥐의 자궁 속에서 수컷 옆에 있었던 탓에 발달 초기에 남성 호르몬(테스토스테론)에 심하게 노출된 암컷 쥐는 다른 암컷 쥐와 교미한다. 검은머리물떼새는 일부일처제를 유지하는 새 종류인데, 그 가운데 2퍼센트는 암컷 두 마리와 수컷 한 마리로 3인조를 이루어서 셋이 함께 둥지를 지킨다. 그들은 이런 식으로 둥지를 더 잘 돌보고 더 잘 지킬 수 있기 때문에 다른 관습적인 쌍들보다 더 많은 후손을 생산한다. 더욱이 행동 과학자들은 동물의 동성애적인 행동이 적과 평화적 관계를 맺거나 다른 집단의 도움을 확보하는 데 종종 유리한 것으로 보인다고 지적한다. 프란스 드 발[9]은 보노보를 완전한 양성애 또는 킨제이 등급의 완벽한 3등급으로 특징짓는다. 이 원숭이들은 집단 내의 문제를 특히 성행위를 이용해서 해결한다. 프랑스 드 발에 의하면, 같은 성별끼리의 섹스는 마카크 같은 원숭이들 및 등을 타고 교미하는 수컷 코끼리들, 서로 〈목을 휘감는〉 기린들, 백조들의 환영 의식, 고래들의 다정한 접촉에서도 나타난다고 한다. 그러나 동물들의 이런 행동은 일정한 단계에서만 나타나기 때문에, 드 발은 동성애보다는 양성애라고 표현한다. 같은 성별끼리 섹스하는 성향은 뉴질랜드 늪의 새 종류, 우간다의 유제류(有蹄類)[10] 암컷들, 젖소들에게서도 관찰된다. 캘리포니아 남부에서는 둘이 함께 두 배 많은 알들을 부화하고 쌍을 이루어 교미하는 레즈비언 갈매기들이 발견되었다. 그러나 이런 행동은 자연 발생적인 것이 아니라 DDT에 의한 환경 오염의 결과일 수도 있다. 환경 오염 탓에 수컷 갈매기들이 발달 과정에서 생식 능력을 상실하게 되자, 암컷들이 넘치게 되면서 레즈비언 갈매기들이 생겨날 수도 있다는 것이다(2.1 참조). DDT의 위험을 모면한 수컷 갈매기들은 적어도 한 번 이상 모든 암컷들과 교미하며 분명 생애 최고의 전성기를 보냈을 것이다. 그러나 그 부분을 제외하면, 암컷들은 수컷들에게 의존하지 않았다. 하와이의 한 섬에는 암컷들이 남아도는 앨버트로스 무리가 있었다. 암컷들 사이에서 몇 년 동안 쌍이 맺어졌으며, 그들은 서로 깃털을 닦아 주고 서로 지켜 주고 커플 댄스를 추었다. 그리고 1년에 한 번 서로 번갈아 가며 하나의 알을 품었다. 그 새들은 수정한 후에는 더 이상 수컷을 가까이 하지 않았다.

프랑스 드 발은 인간처럼 오로지 같은 성별의 섹스 파트너만을 좋아하는 경향이 동물계에서는 전혀 나타나지 않거나 아니면 아주 드

9 Frans de Waal(1948~). 네덜란드계 미국인 영장류학자, 동물 행동 연구가.
10 척추동물 포유류 중에서 발굽이 있는 동물들을 가리킨다.

물다는 견해를 주창한다. 하지만 내 생각은 완전히 다르다. 미국의 몬태나에서 앤 파킨스는 씨받이용으로 정해진 숫양의 10퍼센트가 암양과 교미하지 않은 것을 발견했다. 그 양들은 〈게으르다〉는 평을 받았으나 방목지에서는 결코 게으르지 않았으며 열정적으로 다른 숫양들에 뛰어올라 교미한 것으로 드러났다. 심지어는 서로 번갈아 가며 등을 타고 교미하는 숫양들도 있었다. 파킨스는 그 숫양들의 시상 하부에서 호르몬과 뇌세포 사이 상호 작용의 변화를 암시하는 화학적인 특이점을 찾아냈다. 그 동성애 숫양들의 시상 하부에서 발견된 구조적인 차이점들도 발견되었는데, 이는 우리와 다른 연구자들이 인간에게서 발견한 것에 상응했다. 동성애가 자연적인 변이형이라는 사실에는 의문의 여지가 없다.

3.6 성전환증

제목: 새로운 음경 형성 수술을 할 수 있는 외과 의사 구함

추신: 특히 할례되지 않은 인공 음경을 원해요. 자연스럽게 보이는, 할례되지 않은 음경은 미국보다 유럽에 더 많기 때문에, 저는 외국에 의뢰하는 것입니다.
— 여성에서 남성으로 성전환한 어느 미국인이 저자에게 보낸 편지

성전환자들은 원래 자신의 성별이 아닌 다른 성별의 몸으로 태어났다고 확신하며, 필사적으로 성전환을 하려고 한다. 이러한 성전환은 단계적으로 일어나는데, 먼저 당사자들은 다른 성별의 사회적 역할을 수행하면서 이 기간 동안에 호르몬을 복용한다. 그런 다음 일

련의 복잡한 수술을 받는다. 수술을 후회하는 성전환자들은 불과 전체의 0.4퍼센트에 지나지 않는다. 암스테르담 대학에서 교편을 잡고 있던 내분비학자이자 약리학자인 오토 M. 드 발 박사는 성전환자들의 고충을 공유했던 최초의 네덜란드 사람이었다. 그는 1965년부터 성전환자들에게 무료로 도움을 베풀었는데, 암스테르담 대학교의 교원으로서 받는 보수가 무료로 이런 도움을 베풀 만큼 충분히 많다고 생각했기 때문이었다. 암스테르담의 VU 대학 의학센터의 젠더 연구팀이 이 역할을 이어받았는데, 처음에는 우루이스 호런 교수, 그리고 지금은 페히 코헌 케터니스 교수의 책임하에 운영되고 있다. VU 대학이 칼뱅주의자들에 의해 세워졌다는 점을 감안하다면 이는 주목할 만한 사실이다. 성서의 신명기 22장 5절에 이렇게 쓰여 있기 때문이다. 〈여자는 남자의 옷을 입지 말고 남자는 여자의 옷을 입지 말라. 이런 짓을 하는 자는 모두 너희 하느님 야훼께서 역겨워하신다.〉 1975년부터 이곳에서 3,500명이 성전환 수술을 받았다. 나는 1960년대에 의학도로서 처음으로 이 주제와 맞닥뜨렸다. 그 당시 성과학 교수였으며 우리 부모님과 친분이 있었던 쿤 반 엠더 보아스 교수는 한 수염 기른 남자를 대동하고 산부인과 강의실에 들어섰다. 남자의 출현은 산부인과에서 예상하기 힘든 것이었다. 하지만 그는 유전적으로는 여성이며 여성에서 남성으로 성전환한 사람으로 드러났다. 그것은 무척 인상적이었으며, 나로 하여금 그 토대를 이루는 기제에 대해 깊이 생각하게 만들었다.

남자에서 여자로의 성전환MtF은 1만 명 중 1명꼴로, 여자에서 남자로의 성전환FtM은 3만 명 중 1명꼴로 발생한다. 젠더 문제는 종종 이미 초기 발달 단계에서 나타난다. 어머니들은 아들이 말을 배우기 시작하자마자 어머니의 옷을 입고 구두를 신으려 했으며 여자아이들의 장난감에만 관심을 보였고 여자아이들하고만 놀려 했다고 말한다. 그러나 젠더 문제가 있는 모든 아이들이 나중에 성별을 바꾸려고 하지는 않는다. 필요한 경우에는 호르몬 억제제의 도움을 받아 소년의 사춘기를 조금 지연시켜서, 어떤 처치를 할 것인지 좀 더 시간을 두고 결정하기도 한다.

이 모든 연구 결과들은 성 문제가 이미 자궁 안에서 시작한다고 암시한다. 뇌 발달에 호르몬이 영향을 미치는 경로에 관련된 유전자들에 생긴 아주 약간의 변이가 성전환증의 확률을 높이는 것으로 보인다. 더불어, 어머니가 임신 중에 복용한 성호르몬 분해 억제제나 자궁 안에서 아이의 비정상적인 호르몬 농도도 성전환증의 확률을 높일 수 있다. 우리 생식기의 분화는 임신 첫 주에, 우리 뇌의 성적 분화는 임신 후반기에 일어난다. 이 두 과정이 상이한 시기에 진행되기 때문에, 성전환증의 경우에는 이 과정들이 서로 독립적으로 영향을 미친다는 이론이 제기되었다. 만일 그렇다면, MtF 성전환증 환자의 경우에는 남성적인 뇌에서 여성적인 구조가 존재하고, FtM 성전환증 환자에게서는 그 반대의 현상을 예상할 수 있을 것이다. 1995년에 실제로 우리는 기증받은 작은 뇌 조직에서 그런 식으로 성별 분화가 뒤바뀐 것을 발견하고 그 사례를 『네이처』지에 발표했다. 그것은 줄무늬 침상핵BST, 즉 우리의 성 행동에 다양한 방식으로 관여하는 작은 뇌 조직(그림 9, 10)에 있었다. 이 핵의 중심부, 즉 BSTc는 남자들의 경우에 여자들보다 두 배나 크고 두 배나 많은 뉴런을 함유하고 있다. 우리는 MtF 성전환자들에게서 여성의 BSTc를 발견했다. 우리가 연구할 수 있었던 유일한 FtM 성전환자의 뇌는 — 이 자료는 MtF 성전환자들의 뇌보다 훨씬 더 희귀하다 ─ 실제로 남성의 BSTc를 갖추고 있었다. 우리는 성전환자들의 전도된 뇌 성별 분화가 성인의 나이에 호르몬 농도의 변화에 의해 야기될 가능성을 배제할 수 있었다. 뇌 발달 과정에서 전도된 것이 분명했다.

어쩌다 정말로 흥미로운 글을 출판하게 되면, 대부분의 동료들에게서 이런 말을 들을 때가 가장 기분이 좋다. 〈먼저 독립적인 연구팀을 통해 그것을 재확인해야 할 걸세.〉 하지만 이것은 오래 걸릴 수 있다. 나 자신도 그 뇌 자료를 입수하기까지 무려 20년이라는 세월이 소요되었다. 그래서 2008년에 스톡홀름의 이반카 사빅 팀이 생존하고 있는 MtF 성전환자들의 fMRI 결과에 대한 연구를 발표했을 때, 나는 무척 기뻤다. 이반카 사빅의 실험 대상자들은 아직 수술도 받지 않고 호르몬도 복용하지 않은 상태였다. 인간이 무의식적으로 인지하는 냄새 물질인 남성 페로몬과 여성 페로몬이 자극으로서 피실험자들에게 주어졌다. 페로몬은 비교 집단의 성별에 따라서 시상 하부 및 다른 뇌 부위에서 상이한 활동 패턴을 유발했다. MtF 성전환자들의 뇌 활동 패턴은 남자와 여자 사이에 위치했다. 2007년에 V. 라마찬드란은 성전환증에 대한 잠정적인 연구 결과와 함께 흥미로운 가설을 소개했다. 그의 견해에 의하면, MtF 성전환자들의 뇌에 존재하는 신체상에는 음경이 존재하지 않고, FtM 성전환자들의 발달 과정에서는 신체상에 유방 부위가 자리 잡지 않았다는 것이다. 이런 이유에서 성전환자들은 그 기관들을 〈자신의〉 것으로 인지하지 못하고 떨쳐 버리려 한다는 것이었다. 그러므로 이 모든 것은 성전환자들의 초기 발달 단계에서 뇌의 성적 분화가 특이하게 진행되었으며, 여기에 해당하는 사람들은 네덜란드의 한 정신과 의사가 최근에 감히 주장했듯이 〈단순히〉 정신병 환자가 아니라는 사실을 의미한다. 다른 한편으로는 정신 분열증, 조울증, 심각한 인격 장애의 경우에 종종 나타나는 것처럼, 성을 전환하고 싶어하는 염원이 정신 이상에 기인하지 않는지를 진료를 시작하기 전에 확실하게 배제할 수 있는 심사를 해야 할 것이다.

3.7 소아 성애증

제 거세를 윤허해 주시길 삼가 각하께 청원해도 되겠습니까?

　최근 가톨릭교회 안에서 당황스러울 정도로 많이 일어나고 있는 아동 성폭행이 주목을 받고 있다. 처음 미국에서 그런 사례들이 발표된 뒤를 이어 아일랜드와 독일, 그리고 네덜란드에서도 갑자기 수백 개의 사례가 보고되었다. 아일랜드에서는 1976~2004년에 더블린 교구에서만 수백 명의 어린이들이 성적 학대를 받았다. 이런 세계적인 폭로 사태는 우리가 소아 성애증을 금기로 여기는 탓에 교회 밖에서는 물론이고 교회 안에서도 그런 일이 얼마나 자주 발생하는지 전혀 가늠하지 못하고 있음을 여실히 보여 준다.
　소아 성애증에는 여러 가지 원인이 있을 수 있다. 어느 날 별안간 성인이 소아 성애증 성향을 느낀다면, 전전두 피질이나 측두 피질, 시상 하부의 뇌종양이 원인일 수 있다. 가끔은 치매 초기 증상으로 나타나기도 한다. 또한 뇌전증 때문에 측두엽의 앞부분을 제거한 수술 후 성적 취향이 갑자기 소아 성애증으로 변한 경우도 보고되었다. 이

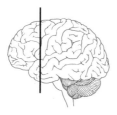

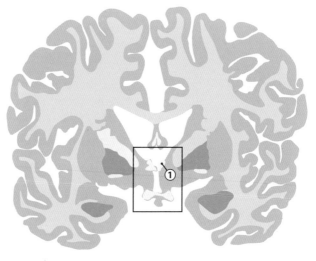

그림 10 측뇌실의 끝(①)에 위치한 줄무늬 침상핵. 성 행동에 중요한 역할을 하는 작은 뇌 부위가 위치한다.

수술은 클뤼버 부시 증후군이라고 불리는 성적 무절제 상태를 초래할 수 있다(4.4 참조). 최근 미국에서는 이런 수술을 받은 후 인터넷에서 아동 포르노를 다운로드하기 시작한 남자가 19개월의 금고형을 선고받기도 했다! 소아 성애증은 뇌 감염, 파킨슨병, 다발성 경화증과 뇌 손상으로도 발생할 수 있다.

그러나 소아 성애증이 신경학적 원인으로 발병하는 경우는 드물

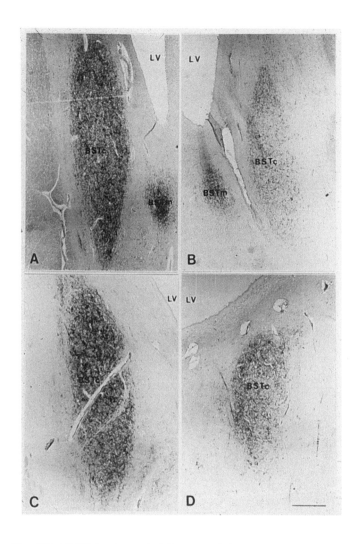

그림 11 줄무늬 침상핵의 중심부BSTc(정확한 위치에 대해서는 그림 9도 참조하라)는 남자들(A,
C)의 경우에 여자들(B)보다 두 배나 크고 두 배나 많은 뉴런을 함유하고 있다. 우리는 남성에서 여
성으로 성전환한 사람에게서 여성의 BSTc(D)를 발견했다. 여성에서 남성으로 성전환한 사람은 유
일하게 단 한 명 연구할 수 있었는데, 그 사람의 뇌는 실제로 남성의 BSTc를 갖추고 있었다. 성전환
자들에게서 나타나는 이런 성분화의 전도는 그들의 성 정체성(여자이거나 남자라는 감정)과 일치
하며, 염색체의 성별이나 출생 신고서의 성별과는 일치하지 않는다. LV=측뇌실, BSTm= BST의 중
앙부. (J-N 저우 등, 네이처 378 (1995):68-70).

다. 대부분은 예전부터 늘 어린이들에게 성적으로 끌렸던 사람들에게서 소아 성애증이 문제된다. 이는 자궁 안에서의 뇌 발달 및 출생 직후의 발달 초기에서 그 원인을 찾아야 한다. 우리의 성 정체성과 성적 취향(동성애, 이성애, 양성애)은 아이의 성호르몬과 출생 전에 발달한 뇌의 상호 협력 및 유전적인 성향에 의해 결정되는 것처럼(3.3 참조), 소아 성애증 역시 유전자적인 요인과 뇌의 구조적인 변화를 초래하는 비정상적인 초기 발달을 일으키는 다른 많은 요인들에 의해 설명될 수 있다. 나는 3세대에 걸쳐 소아 성애증 남성들을 낳은 집안을 알고 있다. 소아 성애자의 일가 친척들은 소아 성애증 같은 일탈적 성 행동의 높은 확률(18퍼센트)을 보이는데, 이것 또한 유전적 요인의 존재를 암시한다. 그 밖에 소아 성애자들은 어린 시절에 종종 성인들에게 성폭행을 당한 경험이 있다.

북아일랜드 신페인당 당수 게리 애덤스는 2009년 말 자신의 남동생이 친딸을 성폭행했다는 혐의를 받았을 때, 끔찍한 가족 비밀을 털어놓았다. 즉 자신의 아버지가 자식들을 성폭행했다는 것이었다. 아이가 성폭행당한 사실이 성인의 나이에 소아 성애자가 되는 원인인지 아니면 그런 가족의 유전적인 요인이 중요한 역할을 하는지에 대해서는 앞으로 연구해야 할 과제다. 미국에서 물리학, 생물학, 수학 및 의학을 공부했던 유명인, 대니얼 가이듀섹[11]은 어린 시절에 성폭행 당한 경험이 훗날 소아 성애증을 유발할 수 있다고 생각했다. 자신도 어린 시절 삼촌에게 성폭행을 당했었다. 언젠가 나는 경조증[12] 환자

---

11 Daniel C. Gajdusek(1923~2008). 미국의 소아과 의사, 바이러스학자.
12 조증보다 정도가 약한 형태의 정신 질환으로, 상황에 맞지 않게 지나친 활기, 고양된 자기 존중감, 과잉 활동성을 보인다.

가이듀섹의 강연에서 사회를 맡는 달갑지 않은 〈영예〉를 누린 적이 있다. 그때 가이듀섹의 강연이 너무 길어지지 않도록 제어하려는 계속된 나의 헛된 노력이 그곳에 참석한 동료의 미소를 자아냈다. 가이듀섹의 능변은 그야말로 제어할 수가 없었다. 가이듀섹은 1957년 뉴기니 안쪽 깊숙이 위치한 마을들에서 쿠루병[13]에 걸린 젊은 여자들과 아이들의 대량 죽음에 대한 원인을 연구했다. 뉴기니는 그 당시만 해도 네덜란드의 식민지였다. 가이듀섹은 드리스 퀘리도 교수의 내분비학과에서 어렵사리 빼낸 네덜란드 참모 본부의 지도를 이용해 길을 찾았다. 그는 여자들과 아이들의 죽음이 식인 풍습에서 유래했다는 것을 발견했다. 그들은 오래전부터 물리친 적의 뇌를 먹는 풍습이 있었다. 가이듀섹은 그 병은 〈슬로 바이러스〉[14]에 기인한 것으로서, 증상 중 하나가 치매였다. 광우병의 경우처럼 병인성 단백질, 이른바 프리온이 문제되는 것으로 나중에 입증되었다. 가이듀섹은 1996년 노벨 의학상을 수상했다. 그는 뉴기니를 비롯해 그동안 일했던 나라들에서 연구 목적을 위한 뇌 조직뿐만 아니라 56명의 아이도 데려왔다. 대부분은 사내아이들이었다. 우리는 그 점을 늘 의아하게 생각했다. 가이듀섹은 아이들을 자기 집에 묵게 하고 교육을 받도록 배려했다. 그러나 그곳에서 어린 시절을 보낸 남자가 나중에 가이듀섹을 고소하면서 밝혀진 사실은, 가이듀섹이 그 아이들을 대상으로 성폭행을 저질렀다는 것이다. 그는 1년의 금고형을 살아야 했으며 2008년 세상을 떠났다.

소아 성애증의 발병 원인일지도 모를 다양한 요소들이 초기 발달

13 뉴기니 원주민에게 나타나는 치명적인 뇌 신경병.
14 세포 속에 장기간 잠복해 있다가 서서히 발병하는 바이러스.

단계에 존재하고, 이들의 역할에 대한 연구가 매우 시급해 보인다. 그러나 이 작업은 소아 성애증이 금기인 탓에 그리 쉽지 않다. 우리 사회에서 누가 스스로 소아 성애증이라고 과감하게 인정하고서 소아 성애증의 원인 연구에 참여하겠는가?

최근 몇 년 동안, 소아 성애자의 뇌에서 나타나는 구조적인 특이점들이 보고되고 있다. MRI를 이용한 연구 결과, 소아 성애자들의 경우에는 시상 하부와 줄무늬 침상핵(성전환자들의 경우에는 크기가 다르다, 4.6 참조), 편도체(그림 26) 같은 몇몇 뇌 부위에 회백질(신경 세포)이 더 적게 존재하는 것으로 밝혀졌다. 편도체는 공황 상태와 성적이고 공격적인 행동에 관여한다. 그 밖에 편도체가 작을수록 소아 성애증 범죄를 저지를 확률이 큰 것으로 드러났다. 성인 간의 감정적이고 에로틱한 장면은 소아 성애증 남자들의 시상 하부와 전전두 피질에서 비교 집단의 경우보다 더 적은 활동을 유발했다. 이것은 소아 성애자들이 성인에게 보이는 적은 성적 관심과 일치한다. 형을 선고받은 소아 성애자들은 아이들 사진을 접할 때, 비교 집단보다 더 강력한 편도체 활동을 보인다. 남성과 여성, 소년과 소녀의 사진을 보는 동안 남성 동성애자들, 남성 이성애자들, 소년과 소녀에게 이끌리는 남성 소아 성애자들의 fMRI 검사에서 이들 사이의 상이한 뇌 활동이 발견되었다. 그러나 우리는 이 검사에서 소아 성애자들의 소수 선택 집단만이 연구에 참여했다는 점을 유념해야 한다. 소아 성애자들 대부분은 자신의 충동을 제어할 줄 알기 때문에 범죄를 저지르지 않고, 그래서 그들은 연구에 참여하지 않는다.

성폭행은 아이들에게 해를 입히며, 사회적인 보상과 재발 방지의 차원에서 처벌 대상이 된다. 여기에서 문제는 후자의 경우다. 초기 발달 단계에서 뇌에 깊이 새겨진 행동을 어떻게 변화시킬 수 있을 것인가? 과거에 남자 동성애자들을 이성애자로 만들기 위한 온갖 조치를 시도해 보았다(3.4 참조). 하지만 아무 성과가 없었다. 소아 성애자들도 마찬가지다. 네덜란드 위트레흐트 법정에서 한 이성애자였던 성직자에게 소아 성애의 죄목으로 10개월 구류형이 구형된 것은 그리 오래전의 일이 아니다. 그러나 판사는 오랜 망설임 끝에 공익 근무로 형을 대신하게 했다. 예전에는 달랐었다.

우생학, 형벌, 사회 보호, 동성애 억압의 관점에서 비롯된 논거들이 뒤죽박죽으로 제기되는 분위기에서 마침내 네덜란드에서도 소아 성애자들을 거세하기에 이르렀다. 1938년과 1968년 사이 네덜란드에서 적어도 400명의 남성 성범죄자들이 〈자진해서〉 거세에 응했다. 그것은 법적인 절차를 밟지 않았다. 예방 구금 상태에 있던 남자들은 종신형과 자발적인 거세 사이에서 〈선택〉을 강요받았다. 그들은 법무장관에게 일률적인 편지를 써야 했다. 〈제 거세를 윤허해 주시길 삼가 각하께 청원해도 되겠습니까?〉 1950년까지 거세된 남자들의 80퍼센트가 소아 성애자들이었다. 이는 그 당시 성적 성숙도에 대한 연령 기준이 16세로 책정되었던 것에 기인하기도 했다. 독일에서는 소아 성애자들의 성적 성향을 바꿀 수 있다는 기대하에, 그들의 시상하부를 손상시키는 외과적 처치를 감행했다. 그런 뇌수술은 결코 학문적으로 기록되지 않았다.

현재 범죄 예방 차원에서 구금되어 화학적으로 거세된 사람들의 숫자가 날로 증가하고 있다. 그들의 성욕은 테스토스테론 작용을 저지하는 물질에 의해 억압된다. 그중에는 성적 도착에서 자유로워진다는 점에서 안도하는 사람도 일부 있을 것이다. 그러나 예방 구금된

자들이 휴가 신청이 거부당할 것을 두려워해서 화학적인 거세를 감수한다면 심히 우려되는 일이다. 물론 그런 물질들이 모든 성범죄자들에게 적합한 것은 아니며 비만증, 골다공증 등 심각한 부작용도 나타난다.

위트레흐트의 소아 성애증 성직자는 시대가 변해서 다행이라고 여길 수 있다. 판사는 피고가 재범을 저지르지 않을까 심히 우려했고, 그것은 당연한 일이었다. 그러나 판사는 한 달 반의 구류만으로도 이미 좋은 경고가 될 것이며 공익 근무와 집행 유예는 긴 구류형보다 더 유익한 결과를 낳을 수 있다고 판단했다. 실제로 그랬었는지 우리는 결코 알 수 없다. 이미 내려진 형벌의 실효성을 분석하는 것은 법조계의 관행이 아니기 때문이다. 그리고 유감스럽게도 발달 초기에 소아 성애증을 유발할 수 있는 요인들을 연구하는 것도 의학계의 관례가 아니다. 금기를 깨고서 이 분야를 연구하게 되면, 발달 과정에서 어떤 요인들이 소아 성애증을 야기하는가, 소아 성애증 충동을 어떻게 제일 효율적으로 제어할 수 있는가, 또 재발을 어떻게 가장 효과적으로 저지할 수 있는가 하는 문제들에 대한 통찰이 아마 가능할지도 모른다. 그러면 여기에 해당하는 사람들이 많은 고통에서 벗어날 수 있을 것이다. 이것은 여성 소아 성애자들에게도 해당된다. 여자들이 소아 성애증 범죄를 저지르지 않는다는 신화는 더 이상 사실이 아니다. 여성에 의한 아동 성폭력의 경우에, 어머니가 친자식에게 성폭력을 행사하는 사례가 종종 있다. 희생자들은 주로 평균 6세의 여자아이들이다. 그런 어머니들은 대부분 가난하고 별로 교육받지 못했으며, 정신 지체나 정신 이상, 중독증 같은 정신적인 문제에 시달리는 경우가 빈번하다.

캐나다의 한 운동 단체는 간단한 방법으로도 현재의 상황을 많이 개선할 수 있는 사실을 보여 주었다. 캐나다에는 교도소에서 석방된 소아 성애자들을 돌봐 주는 자원봉사 단체가 있다. 이렇게 생겨난 사회적인 네트워크는 재범 비율을 현저하게 낮추는 것으로 보고되고 있다. 이런 조치는 네덜란드에서 벌어진 일보다 훨씬 더 의의 있다. 네덜란드에서는 한 소아 성애자가 2009년 에인트호번의 시장에 의해 도시에서 축출된 데 이어 위트레흐트에서는 국립 공원 접근 금지 처분을 받았다. 그 남자는 현재 자동차 안에서 거주하며 이 주차장에서 저 주차장으로 떠돌고 있다. 이런 방식은 문제를 해결한다기보다는 오히려 문제를 만들어 낸다. 현재 네덜란드도 캐나다 운동 단체의 시도를 적용하고 있다.

아동 추행을 예방할 수 있는 다른 방법으로는 실제 어린이를 성추행하는 사진이 아니라 위조된 포르노그래피를 이용해 볼 수도 있을 것이다. 실제로 하와이에서 잘 알려진 성 과학자인 밀턴 다이아몬드는 이 방법의 효력을 입증하는 상당한 증거를 제시한다. 그러나 정부 당국에게 이렇게 혁신적인 생각을 납득시키기가 쉽지는 않을 것이다.

3.8 뇌의 성 분화 연구에 대한 사회적 반응

격분한 호모들은 헛다리를 짚었다.

— 『게이 크란트』[15]

---

15 네덜란드의 동성애자 잡지.

지난 세기의 60년대와 70년대에 아이들은 백지상태로 태어나며 성 정체성뿐만 아니라 성적 취향도 사회 인습에 의해 상당 부분 결정된 다는 견해가 널리 퍼져 있었다. 필라델피아의 심리학자 존 머니가 강력하게 유포한 이 구상은 치명적인 결과를 낳았지만(3.1의 존-조앤-존 사례 참조), 모든 것을 — 성 정체성과 성적 취향까지도 — 원하는 대로 만들어 낼 수 있다는 그 당시의 시대정신을 반영했다.

내가 의대에서 뇌의 성분화에 대해 첫 강의를 했던 1970년대 무렵에는, 사회 환경이 결정적이라는 견해가 전 세계적으로 널리 퍼져 있었다. 존 머니와 그의 추종자들이 주장한 이 견해는 페미니즘적인 사고와도 잘 맞물렸다. 그 당시 페미니즘 이론에 따르면 행동, 직업의 종류 및 관심과 관련한 모든 성별의 차이는 남성 중심 사회가 여성들에게 강요한 것이었다. 앞에서 말한 내 첫 강의의 맨 앞줄에는 뜨개질하는 여대생들이 앉아 있었다. 그 여대생들은 내 강의의 주제와 관점이 자신들이 듣고 싶은 내용에 맞지 않다는 사실을 노골적으로 드러냈다. 내가 슬라이드를 보여 주기 위해 불을 끄자, 그 여대생들은 뜨개질감이 보이지 않는다며 강력하게 항의하는 것이었다! 그 후로 나는 모든 세미나와 강의에서 슬라이드를 보여 줄 때면 첫 순간부터 마지막 순간까지 불빛의 강도를 현저하게 낮춘 상태에서 진행했다. 맨 앞줄의 여대생들은 총장에게 학생 대표를 보내 좀 더 여성 우호적인 강사를 보내 줄 것을 요청했다. 그러나 그런 강사를 구할 수 없었던 것이 분명했다. 그 일에 대해 나는 더 이상 듣지 못했기 때문이다.

1985년 우리가 사후 인간의 뇌 조직에서 처음으로 성별에 따른 시상 하부의 구조의 차이를 『사이언스』지에 발표했을 때, 페미니스트 진영에서 몇몇 비난의 화살이 날아왔다. 그 당시 페미니즘에서는 뇌와 행동과 관련해 생물학적인 성별 차이의 가능성을 반박하는 것이 관례였다. 여성 생물학자 요커 엇하르트는 우리의 발표와 관련한 인터뷰(1987년 1월 17일)에서 이렇게 말했다. 「그러나 내가 뇌 구조와 같은 근본적인 면에서 성별의 차이가 존재하는 것을 언젠가 받아들여야 한다면, 페미니스트로서 난관에 봉착할 것입니다」 그 후로 어떤 일이 일어났는지는 모르겠지만, 나는 요커 엇하르트에 대해서 더 이상 아무 말도 듣지 못했다. 그리고 그동안에 남성과 여성의 뇌에 존재하는 수백 가지 차이점들이 보고되었다.

우리가 남성 동성애자와 남성 이성애자 사이에서 나타나는 뇌의 차이에 대해 처음으로 설명했을 때(이후 1990년 『브레인 리서치*Brain Research*』지에 발표. 3.3 참조), 이에 대한 반응은 예상 밖으로 격렬하고 부정적이었다. 모든 것은 1988년 12월 거의 아무도 읽지 않는 잡지 『아카데미 뉴스*Akademie Nieuws*』에서 시작되었다. 이 잡지에서 네덜란드 왕립 학술원의 연구원들은 현재 무슨 연구를 하고 있느냐는 질문을 받았다. 그래서 나는 성적 취향 및 성 구분과 관련한 우리의 뇌 연구에 대해 이야기했다. 그 내용은 네덜란드의 유력 일간지 「헤트 파롤Het Parool」의 유능한 기자 한스 판 마넌의 관심을 일깨웠고, 그는 〈게이들의 뇌는 다르다〉와 〈동성애 배후의 뇌〉라는 제목으로 두 편의 기사를 썼다. 이 기사들에는 사실 틀린 말은 쓰여 있지 않았다. 그런데 그 기사에 이어서 일대 혼란이 일었다. 나는 설마 그런 일이 일어날 줄은 꿈에도 몰랐다. 정확하게 무슨 연유로 그처럼 걷잡을 수 없이 격렬하고 감정적이고 완전히 오도된 반응이 일었는지 지금까지도 알 수 없는 일이다. 물론 그 당시, 모든 것을 원하는 대로 만들 수 있다고 여겼던 시대에, 성적 취향의 생물학적인 토대를 금기시하는 사회 풍조도 한몫 담당했다. 이를테면 모든 남자는 동성애자이지만 오로지 그 일부만이 동성애자임을 고백하기로 결정한다는 견해를 거의 종교적인 방식으로 표방한 남성 동성애자 집단이 있었다. 그들은 그런 결정을 정치적인 결정으로 간주했다. 여기에 대해 나는 이 결정의 정치적인 면을 인식할 수 없으며 한 인간의 성적 취향에 대한 결정은 이미 자궁 안에서 내려진다는 말로 대응했다. 무엇이 사실이든, 그들 가운데 많은 이들이 무섭게 격분했다. 그에 이어 3주일 동안 수백 편의 기사가 언론에 등장했다. 네덜란드의 동성애 인권 단체인 COC는 〈그 연구에 당황했다〉. 그 당시 내게 가장 격렬하게 반대했던 롭 틸만 교수는 내 연구를 〈덜떨어진 짓거리〉라고 힐난하면서 악의적이라고 몰아세웠다. 그러고는 그런 연구를 하고 결과를 발표하기 전에 자신에게 동의를 구했어야 마땅했다고 주장했다. 물론 말도 안 되는 소리였다. 나중에 그는 한 인터뷰에서 그 말을 취소하고서 이렇게 말했다. 「동성애 연구에서 나는 스왑과 가장 가깝습니다. 그리고 나는 생물학적인 구성 성분들을 매우 진지하게 여기는 사람들 중 하나지요.」 그 사이 『게이 크란트』의 편집장 헹크 크롤도 한마디 보탰다. 「그런 연구는 동성애를 질병으로 보는 생각을 조장합니다. 동성애자에 대한 차별 대우를 새롭게 부추기지요.」 급진당 당수 페터르 랑크호르스트는 내 연구에 대해 국회 차원에서 질문했다. 그 질문서는 교육과학부 장관과 네덜란드 왕립 학술원 원장을 거쳐 내 책상에 이르렀고, 그에 대한 답변은 같은 길을 반대로 경유해 질문자에게로 돌아갔다. 우리는 집에서 밤낮으로 전화 테러에 시달렸으며, 나는 이렇게 쓰여 있는 우편물을 받은 적도 있다. 〈나치 친위대 의사 멩겔레[16] 스왑 박사에게. 이 나치야, 범죄자같이 생긴 네 상판대기를 티브이에서 봤어. 우리 동성애자들이 너를 죽여 버릴 거야. 예를 하나 들까. 호메이니 같은 이란의 지도자가 그 영국인에게 했던 것처럼 말야.〉그 당시 나는 이 모든 일들을 심각하게 여기지 않았으며, 협박한 자들이 네덜란드어를 쓴 만큼 서툰 솜씨로 살해한다면 위험은 별로 크지 않다고 논평했다. 오늘날 아마 그런 일이 일어난다면, 나는 사태를 다르게 볼 것이다. 나는 이런 글도 받았다. 〈너는 아우슈비츠의 멩겔레 아래서 일할 수 없어 애통하겠지.〉여러 위원회들이 내 연구를 철저히 조사했다. 암스테르담 대학 병원의 한 강연에서 나는 뜻밖에도 경찰의 경호를 받았다. 연구소를 폭파시키겠다는 협박장이 날아들었고(나는 협박장도 심각하게 여기지 않았다), 우리 아이들은 내 연구 때문에 학교에서 놀림을 받았다. 급기야는 어느 일요일 아침에 우리 집 앞에서 시위가 벌어졌고, 헤라르트 레이버가 그 시위에 대해 묘사한 글은 흉내 내기도 어려울 정도였다. 그는 그 시위에 빗대어 자신의 모음집을『근심 없는 일요일 아침』(1995)이라고 이름 지었다.

지금에서야 비로소 스왑 교수가 어떤 중대한 실수를 범했는지 드러났다. 그는 그런 연구를 하기 전에 네덜란드 동성애 연합의 허락을 청하지 않았다. 어찌 되었든 결과는 도저히 못 본 척할 수도 못 들은 척할 수도 없게 되었다. 일요일 아침에 많은 관심 있는 사람들이 암스텔베인에 있는 스왑 교수의 집 앞에 모여서 입을 모아 크게 외쳤다. 「디크, 네 그거나 잘라 버려!」스왑 교수의 연구가 성생활에 대한 것인데도 성기가 아니라 뇌를 연구한다는 것을 생각하면 정말 희한하다. 하지만 이 연합의 지지자들에게 뇌는 없고 성기만 있다는

16 Josef Mengele(1911~1979). 독일 나치의 친위대 의사. 아우슈비츠 수용소에서 유대인 생체 실험을 하는 등의 만행으로 〈죽음의 천사〉라고 불렀다.

점에서는 잘 맞아떨어진다.

폭풍이 잠잠해질 때까지 3주일이 걸렸다. 그런 다음 아야툴라 호메이니가 살만 루슈디의 『악마의 시』에 대해 파트와[17]를 발표했고, 모든 사람들의 관심은 그 인도계 영국인 시인에게로 쏠렸다. 화약 연기는 걷혔고 나는 별 탈 없이 빠져나왔다. 그때 네덜란드 왕립 학술원의 원장 다비드 드위드 교수는 일간지 「드 텔레그라프」와의 인터뷰에서 나를 지지한다고 말하면서 그런 일이 다시는 되풀이되어서는 안 된다고 강조했다. 그가 몇 주 전에 그런 말을 하지 않은 것이 유감일 뿐이다.

그러나 페이터 판 스트라턴의 그림(그림 14)이나 잘 알려진 주간지인 『프레이 네덜란드』에 실린 다음과 같은 교제 광고들처럼 호의적인 반응도 있었다. 〈시상 하부가 큰 멋진 남자가(37세, 187cm, 89kg, 금발의 푸른 눈) 파트너를 찾습니다〉, 〈원하는 타입: 커다란 시교차상핵, 사서함 654 와흐닝은〉. 덧붙여 말하자면, 『게이 크란트』가 〈격분한 호모들은 헛다리를 짚었다〉라는 의미심장한 표제의 기사를 통해 그 시대를 다르게 평가하기까지는 17년이 걸렸다. 그러나 그 많은 세월이 지난 후에도 롭 틸만은 자신의 생각을 완하하기는커녕 『게이 크란트』의 같은 호에 〈스왑은 고집불통이다〉라는 씁쓰레한 표제의 칼럼을 썼다.

이렇게 대소동이 있은 지 5년 후에, 우리가 『네이처』지에 발표했던 성전환자들에게서 일어난 성분화의 전도(그림 11)에 대한 반응은 매우 긍정적이었다. 그 논문은 성별을 바꾼 사실을 그때까지 출생 신고

---

17 fatwa. 이슬람법에 따른 결정이나 명령.

서나 여권에 기록할 수 없었던 나라들의 성전환자들에 의해 즉각 인용되었다. 또한 그 논문은 유럽의 법정에서도 활용되었고, 영국에서는 성전환자법의 입법에 한몫을 담당했다.

성 정체성 및 성적 취향과 관련한 인간 뇌의 차이에 대한 글은 현재 활발히 발표되고 있고, 어떠한 대중적 혼란도 일어나지 않고 있다(예컨대 Swaab. D. F. *Proc. Natl. Acad. Sci. USA* 105[2008]: 10273~10274 참조). 또한 이 주제는 이제 대중 과학 잡지에서도 큰 관심을 끌고 있다.

3.9 교황의 성을 점검해 보라!

앞에서 언급한 바와 같이(4.1 참조), 우리의 몸과 뇌가 남성적 또는 여성적인 방향으로 분화하는 과정에서 남성과 여성이 혼합된 형태(이중성)로 발달하는 경우가 가끔 있다. 때로는 이것이 중대한 결과를 초래할 수도 있다. 논란의 여지가 있는 이중성의 예는 중세로 올라가서 찾을 수 있다. 남성 위주의 엄격한 위계질서 아래 조직된 중세 로마의 라테란 대성당에서 한 여성이 교황으로 선출된 적이 있었다고 한다. 이후 로마에서는 그런 〈재앙〉이 두 번 다시 되풀이되지 않도록 여러 가지 조처를 취했다고 전해진다. 이 여성 교황의 이야기는 1250년경에 도미니크 수도사 장 드 마이에 의해 기록되었으며, 1972년에는 영화화되기도 했다. 이 이야기가 동화나 전설인지 아니면 주도면밀하게 은폐된 진실인지 정확히 아는 사람은 아무도 없다.

이 기이한 이야기를 요약하면 다음과 같다. 서기 833년 영국계 혈통인 요한은 독일의 마인츠에서 태어났다. 남자 수도승으로 변장을

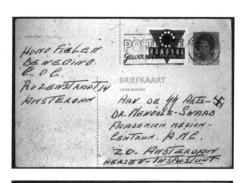

그림 12 남성 동성애자와 남성 이성애자의 뇌 차이에 대해 처음으로 출판 후 받은 엽서. 〈나치 친
위대 의사 멩겔레 스왑 박사에게. 이 나치야, 범죄자같이 생긴 네 상판대기를 티브이에서 봤어. 우
리 동성애자들이 너를 죽여 버릴 거야. 예를 하나 들까. 호메이니 같은 이란의 지도자가 그 영국인
에게 했던 것처럼 말야〉라고 적혀 있다.

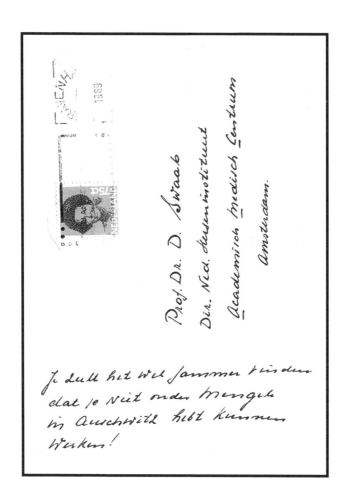

그림 13 남성 동성애자와 남성 이성애자의 뇌 차이에 대해 처음으로 출판 후 받은 또 다른 반응물. 〈너는 아우슈비츠의 멩겔레 아래서 일할 수 없어 애통하겠지〉라고 적혀 있다.

"WIM HEEFT OOK ZO'N GROTE
HYPOTHALAMUS, HÈ WIM?"

그림 14 남성 동성애자와 남성 이성애자의 뇌 차이에 대해 처음으로 출판 후 페이터 판 스트라턴의 그림. 「빔의 시상 하부는 크다고. 안 그래, 빔?」 원본: 네덜란드 뇌연구소로부터 저자가 받은 선물.

하고 유럽을 횡단하면서 풍부한 지식과 경험을 쌓은 그녀는 많은 추앙을 받았고, 854년에는 요하네스 앙글리쿠스(영국 사람) 혹은 요하네스 8세라는 이름으로 교황 레오 4세의 뒤를 이었다. 그러나 3년 후, 그녀는 부활절 행렬 동안 로마의 산클레멘테 성당 근처에서 갑자기 아이를 낳아 세상을 발칵 뒤집어 놓을 때까지 신분이 발각되지 않았다. 그렇게 그녀는 여자임이 폭로되어 그 자리에서 잔인하게 살해당했고, 후계자인 베네딕트 3세는 그녀에 대한 기억을 영원히 지우기 위해서 온갖 수단을 동원했다고 한다. 바티칸 교황 목록의 공식적인 문서에서는 요한나[18]의 흔적을 전혀 발견할 수 없다.

가톨릭 교회가 이 이야기에 대해 공식적이고 일관성 있게 부인했는데도, 그런 일이 실제로 일어났을 수 있음을 암시하는 이야기들이 있다. 교황 요하네스 20세는 여자 교황을 고려하기 위해 1276년 자신의 이름을 요하네스 21세로 바꾸었다고 한다. 시에나 대성당에 요하네스 8세의 두상 〈페미나 드 앙겔리카〉가 다른 모든 교황들의 흉상과 나란히 세워져 있었다는 사실 역시 이 여성 교황의 존재에 대해 말하고 있다. 그러나 요한나의 두상은 1600년 교황 클레멘스 8세의 명령에 따라 치워졌다고 한다.

이탈리아에는 〈세디아 게스타토리아sedia gestatoria〉라고 불리는 구멍 난 의자가 있다. 분만 의자를 연상시키는 이 의자는 참으로 희한하다. 무엇 때문에 바티칸에 분만 의자가 필요하단 말인가? 일설에 의하면 이 의자는 다시 여성 교황이 선출되는 것을 막기 위해 사용된 것으로 보인다. 교황 후보자들이 그 의자에 앉으면 참석한 성직자들

18 요하네스에 해당하는 여자 이름.

중에서 가장 나이 어린 사람이 의자 아래서 손을 구멍 속에 집어넣어 교황 후보자의 성기를 만져 보고는 크게 외쳤다고 한다. 「고환이 있어요! 잘 달려 있어요!」 그러면 그 자리에 참석한 추기경들은 〈우리의 교황에겐 고환이 있다〉라며 화답했다고 한다. 마치 그것이 그들에게 정말 쓰임새가 많이 있는 것처럼 말이다.

이탈리아 출신으로 뉴욕에서 아동 내분비학을 연구하는 마리아 뉴 교수는 여자 교황이 〈성 분화 장애〉의 한 형태인 선천성 부신 증식증을 앓았을 거라고 추정한다. 이 병은 태아 상태에서 여아의 부신이 남성 호르몬 테스토스테론을 과다 생산하는 경우에 발생한다. 그러면 여아의 음핵이 페니스 크기만큼 자라고 행동이 남성화된다. 그러나 이런 진단은 순전히 추측일 뿐이다.

마리아 뉴는 1993년 자신의 논문(1993)에서 현재 바티칸의 박물관에 있다고 전해지는 붉은 대리석 의자에 대해 언급했다. 그것과 똑같아 보이는 또 다른 의자가 나폴레옹 시대에 약탈되어서 현재 루브르에 소장되어 있다고 했다. 나는 2007년 로마의 한 회의에서 마리아 뉴를 만났고, 논문에서 묘사된 의자가 정확히 바티칸 어디에 있냐고 물었다. 내가 다음 날 아침 바티칸에 초대받았기 때문이었다. 마리아 뉴는 사실 자신은 그 의자를 바티칸에서 본 적이 없다고 털어놓았다. 그러나 오랜 서신 왕래 끝에 루브르의 의자를 볼 수 있는 승인을 받아 냈는데, 그 의자도 자신이 논문에서 묘사한 의자와 똑같이 생겼다는 것이다.

다음 날, 바티칸에서 나의 공동 연구자이자 교황의 주치의인 내과 의사와 개별 투어 중에, 그 내과 의사는 바티칸의 경호실장에게서 내가 무엇보다 그 의자 관람을 정말 하고 싶어 한다고 처음부터 알렸다. 우리의 경호 관리는 당연히 그 의자를 볼 수 있다고 말했다. 그리고 마리아 뉴의 이야기는 터무니없는 이야기라며 즉각 반론했다. 자신은 고대 침실용 변기 정도에 지나지 않을까 생각한다는 것이었다. 나는 그가 마리아 뉴의 논문을 어떻게 알았을까 궁금했다. 학문적인 잡지에 실린, 전문가들을 위한 전공 논문이었기 때문이었다. 경호 관리같이 의학의 문외한들이 쉽게 접근할 수 있는 대상이 아니었다.

경호실장은 우리에게 비밀 복도를 통해 인적 없는 바티칸을 관람할 수 있는 특별한 기회를 주었다. 추기경들이 교황을 선출하는 방과 새로 선출된 교황이 눈물을 흘리기 위해 안내되는 〈눈물의 방〉을 둘러보았다. 경호실장은 검은 연기 또는 흰 연기를 내뿜는 연통들을 우리에게 보여 주었고, 교황이 모습을 나타내는 그 유명한 발코니가 딸린 방도 볼 수 있었다(바로 여기에서 요한 바오로 2세가 어설픈 네덜란드어로 〈꽃을 선물해 줘서 고맙다〉는 말을 했다). 곳곳에 끔찍한 벽화들이 그려져 있었고 중요한 방 앞에는 어김없이 교황청 친위병이 입구를 지키고 있었다. 교황청 정원과 성채로 통하는 비밀 통로 등도 볼 수 있었다. 심지어는 교황이 특별한 때에만 입는, 비단으로 수놓은 화려한 예복들을 장롱에서 꺼내 왔다. 우리는 감탄하며 그것들을 손으로 만져 볼 수 있었다. 장밋빛 망토도 하나 있었다. 「이 예복은 토요일 저녁때 입는 건가요?」 나는 모든 옷 하나하나에 정성을 쏟는 성직자에게 물었다. 「아니요」 그 성직자는 진지하게 대답했다. 「이 예복은 교도소를 방문할 때 입는 겁니다.」 교황이 머리에 쓰는 관과 여행 중에 가지고 다니는 십자가상을 함께 꺼내서 우리에게 보여 주었다. 우리는 이보다 더 많은 것들을 보았다.

아름답고 훌륭했다. 그러나 우리가 사실 그곳에 간 목적은 따로 있었기 때문에, 나는 안내인에게 그 의자를 상기시켰다. 「네, 그 의자는 이곳에서 좀 멀리 있지요」 안내인은 우리를 안심시키며 말했다. 우리가 사적인 공간들의 정적을 떠나서 관광객들로 북적대는 시스틴 예배당을 가로지른 후, 교황청 친위병들이 지키는 몇 개의 문이 다시 우리를 위해 열리고 닫힌 후, 나는 또다시 그 의자에 대해 물었다. 「이런, 어떡하죠?」 경호실장은 말했다. 「우리는 그만 15분 전에 그 의자를 지나쳐 왔습니다. 오해하지는 마십시오. 그만 깜빡 잊었습니다」

「괜찮습니다」 나는 가볍게 말했다. 「다시 돌아가면 되지요」

하지만 유감스럽게도 경호실장은 〈안전상의 이유〉 때문에 돌아가는 것은 곤란하다고 했다. 그러면서 교황청 정원의 나무와 관목을 기증한 나라 이름을 일일이 우리에게 알려 주었다. 우리 머리 위에 복잡하게 엉킨 전선 뭉치가 있었다. 그리고 현대적인 통신 시스템의 무수히 많은 안테나가 우리 주변을 둘러싸고 있었다. 중세로 가는 길은 우리에게 봉쇄되어 있었다. 더 이상 의자와 여교황 요한나에 대한 진실을 알아낼 방법이 없었다. 그러나 나는 그 일에 대해 계속 곰곰이 생각했다. 의자가 없다면, 그 경호 관리는 왜 그냥 없다고 말하지 않았을까? 왜 그는 우리를 안달하게 했을까? 그 의자가 여전히 사용되고 있었을까? 아니면 혹시 베네딕트 16세는 이 옛 관습을 다시 회복시키려는 것은 아닐까?

4장
사춘기, 열애, 성 행동

4.1 청소년의 뇌

사춘기는 키스와 함께 시작된다.

— 둔간. 2006

사춘기가 되면 뇌하수체에서 성호르몬이 생산되기 시작한다. 성호르몬은 청소년의 뇌에 영향을 미쳐서 현저한 행동의 변화를 유발하는데, 때로는 끔찍할 정도로 성가시고 유별난 행동 변화를 야기한다. 사춘기가 가지고 있는 진화론적인 이점은 명백하다. 청소년들은 이 시기에 생식을 위한 준비를 한다. 사춘기 동안의 유별난 행동은 가족들과 잦은 충돌을 야기하는데, 이런 사춘기의 행동은 좁은 가족의 범위에서 후손을 낳을 확률을 줄이고 따라서 유전병의 위험을 감소시킨다. 새로운 경험을 추구하고 대담하게 위험을 무릅쓰고 충동적인 행동을 하는 것도 독립을 하기 위한 준비에 속한다. 청소년들은 자신의 행동이 내놓을 수 있는 결과를 지극히 단기적으로 생각하며 직면한 처벌에 대해 완전히 무감각하다. 청소년들은 전전두 피질이 아직 성숙하지 않았기 때문이다. 그래서 청소년들은 자신들의 아직 성숙하지 않은 뇌에 지속적인 손상을 남길 수 있는 중독성 물질의 유혹에도 쉽게 넘어간다.

사춘기가 시작되기 위해서는 일련의 화학적 변화가 필요하다. 이 변화는 키스 1이라고 불리는 유전자에 의해서 시작된다. 키스 유전자는 시상 하부에서 키스펩틴[1]을 생산하는 등, 아주 중요한 역할을 하는데, 심지어 〈사춘기는 키스와 함께 시작된다〉라는 표현도 있다. 이 유전자는 미국의 펜실베니아에 있는 도시 허쉬의 연구자들에 의해 발견되었으며, 그 지역의 유명 상품인 〈허쉬 키스 초콜릿〉에 따라 명명되었다. 키스 1 유전자 체계에 돌연변이가 일어나 사춘기를 겪지 않는 사람들도 일부 있다.

사춘기의 유발에 일조하는 또 다른 체계들도 있다. 여자들의 경우 예를 들어 지방질이 충분히 비축되어 있어야 한다. 그래야만 임신 중에 영양분이 부족한 사태가 벌어져도 태아를 양육할 수 있기 때문이다. 사춘기가 시작되기 전에, 뇌는 지방 세포에 의해 생산되는 호르몬 렙틴의 양을 측정해서 지방 조직이 충분한지 확인한다. 가령 신경성 식욕 부진증(거식증) 같은 식장애나 극심한 운동 탓에 지방질이 충분히 비축되지 않은 경우에는 렙틴이 부족하게 되고, 이로 인해 사춘기의 시작이 지연되기도 한다. 비슷한 이유로 렙틴 유전자의 돌연변이는 사춘기를 지연시킬 뿐만 아니라 극단적인 지방 과다증을 낳기도 한다. 이런 경우, 뇌는 렙틴 결핍을 인지하고, 이를 근거로 지방이 부

---

1 생식 호르몬의 분비를 촉발시켜 사춘기의 시작을 유도하는 호르몬.

족하다고 인식하고, 이 시점에 임신은 너무 위험하며 지금 사춘기가 시작될 수 없다는 결정을 내린다. 동시에, 지방이 아니라 단지 렙틴 호르몬만 없는 상태임에도 불구하고, 뇌는 지방질 비축분을 채우기 위해서 많이 먹도록 자극한다. 어린이에게서 사춘기가 시작되지 않도록 제동을 거는 또 다른 물질로 송과체에서 분비되는 호르몬 멜라토닌이 있다. 멜라토닌의 사춘기 억제 작용은 1898년 오토 회브너가 네 살 반의 나이에 사춘기에 이른 소년의 사례에 대해 묘사하면서 알려졌다. 소년은 뇌종양을 앓고 있었는데, 이로 인해 송과체가 훼손되었다. 그 결과 멜라토닌이 결핍되었고, 사춘기가 시작되었던 것이다. 사춘기가 세 살 반의 나이에 시작된 네덜란드 소녀, 그레이쳬는 그나마 운이 좋았다. 뇌종양은 발견되지 않았고 12살이 될 때까지 사춘기 억제 호르몬 처치를 받았다. 그 후 한 번 더 사춘기를 겪었으며 현재 아무런 문제없이 고등학교 생활을 하고 있다. 그와는 반대로 멜라토닌 농도가 지나치게 높아서 먼저 호르몬 농도를 정상화시킨 후에 비로소 사춘기를 겪은 환자들에 대한 보고도 있다. 칼만 증후군의 경우에도 사춘기가 일어나지 않는다. 일반적으로 성호르몬의 증가를 담당하는 태아의 뇌세포들은 먼저 코가 위치한 곳에서 생겨난다. 이 세포들은 나중에 후신경을 따라서 시상 하부로 이동한다. 칼만 증후군 환자들의 경우에는 이런 과정이 방해를 받아서, 성호르몬의 증가를 유발하는 뇌세포들이 원래 이르러야 할 자리에 이르지 못한다. 그러므로 이런 환자들은 사춘기를 겪지 못할 뿐만 아니라 후각 장애에도 시달린다.

태아와 청소년의 뇌가 전혀 이성적인 일을 할 수 없는 듯 보이는 단계에도, 그들의 무의식적인 뇌는 매우 복잡하고 섬세한 변화 과정을 겪고 있다.

4.2 사춘기의 행동

오늘날 청소년들은 사치를 좋아한다. 그들은 예의범절을 모르고 권위를 경멸하고 나이든 사람들을 존중하지 않고 일을 해야 하는 곳에서 수다만 떤다. (……) 젊은 사람들은 나이든 사람들이 방에 들어와도 일어나지 않는다. 부모에게 반항하고 사람들이 모인 자리에서 허풍이나 치고 음식을 걸신 들린 듯 먹으며, 교사들에게 횡포를 부린다.

— 소크라테스

청소년들은 자신들이 가진 문제가 미성숙한 뇌에서 비롯된 것이라고 생각하기보다는, 모든 것이 부모들 때문이라고 생각한다. 사실 부모가 그 시기에 전전두 피질(그림 15)의 역할을 하기 때문에, 틀린 말은 아니다. 청소년의 전전두 피질이 아직 성숙하지 못한 시기에 부모는 자녀들의 계획과 조직, 도덕적인 규범, 행동 규범의 준수에 책임이 있다. 이들 역할은 서서히 전전두 피질에게 인계된다. 그러나 오늘날의 청소년들은 부모들이 전전두 피질의 대리인 역할을 떠맡을 힘이 없다는 것을 알고 있다는 것이 문제다.

전전두 피질은 다른 뇌 부위들의 조정에 핵심적인 의미를 가진다. 그것은 특히 우리의 충동, 복잡한 행동, 계획과 조직을 제어하는 역할을 한다. 이 뇌 구조의 성숙 과정은 스무 살 너머까지 계속된다. 신경 심리학자인 옐러 욜러스 교수의 견해에 따르면, 네덜란드에서 개혁 교육 과정의 고등학교 상급반 청소년들이 자립을 지향하는 수업에서 자주 실패하는 이유도 바로 여기에 있다. 미성숙한 전전두 피질로는 일을 조직하고 독립적으로 결정을 내리는 일이 쉽지 않다. 청소년의 뇌와 성인의 뇌 사이에 뚜렷한 차이는 fMRI에도 나타난다. 청소년의 미성숙한 전전두 피질로도 때로는 성인 수준의 과제를 해결하는 데 성공하기도 하지만, 그러기 위해서는 훨씬 더 많이 노력해야 한다. 이는 일부 뇌 부위들을 적당히 활용하는 데 미숙하기 때문이다. 그래서 십 대 청소년들의 전전두 피질은 훨씬 더 빨리 한계에 이른다. 청소년들의 주의를 잠깐 다른 곳으로 돌리게 하면, 그들은 맡은 임무를 끝까지 해결하지 못한다. 밤낮의 리듬을 조절하는 것도 성호르몬의 영향을 받는다. 이것도 아마 십 대들이 아침이면 침대에서 잘 일어나지 못하고 저녁에는 잠자리에 들기 어려운 이유일 것이다. 청소년들을 일찍 일어나도록 다그쳐야 할 것인가 아니면 학교 시간을 그들의 생체 리듬에 맞추어야 할 것인가?

사춘기에는 술을 많이 마신다. 네덜란드에서 15세 소년들의 52퍼센트와 15세 소녀들의 46퍼센트가 주말 중 하루에 적어도 다섯 잔의 술을 마신다. 이 연령의 아이들이 혼수 상태에 빠져 중환자실에 입원하는 경우가 자주 발생하는 것도 이 때문이다. 파티에 가기 전에 미리 거나하게 마시는 것은 — 이른바 〈뜨겁게 달구기〉 — 오늘날 아주 흔히 있는 일이다. 알코올 남용은 뇌를 수축시키고, 그렇게 생긴 뇌 손상은 치유되지 않는다. 유럽에서는 해마다 약 5만 5,000명의 청소년들이 알코올 중독이나 음주와 관련된 교통 사고로 목숨을 잃는다.

성호르몬의 증가로 인해 사춘기에는 성에 눈을 뜰 뿐만 아니라 남성 특유의 공격적이고 위험한 행동 방식도 나타난다. 이는 무절제하고 반사회적이고 공격적이고 처벌 받아 마땅한 행위를 저지를 위험성이 왜 사춘기에 증가하는지를 설명한다. 네덜란드에서 이루어진 설문 조사 결과, 10세에서 17세 사이 청소년들의 3분의 1이 주로 절도,

가택 침입, 파괴, 폭행 등의 범죄를 저지른 것으로 나타났다. 17세 이후에는 불법 행위를 저지르는 비율이 감소한다. 범행의 감소는 충동적인 행위를 제어하고 도덕적인 행위를 장려하는 전전두 피질의 발달과 관계가 있어 보인다. 사춘기의 행동이 일정 기간 동안 겪는 과정이라는 생각은 부모들의 시름을 덜어 준다. 반면 철든 아이들을 사회로 내보내는 대신 다시 새롭게 사춘기를 겪는 아이들을 학교에 받아들인다는 것은 일부 교사들에게는 견디기 어려운 일일 것이다. 교사들에게는 사춘기의 끝은 결코 없는 것이다.

4.3 사랑에 빠진 뇌

사랑은 결혼으로 치유할 수 있는 일시적인 정신병이다.

— 앰브로즈 비어스[2]

뇌는 열애, 성적 흥분, 장기적인 파트너 관계에 이르게 하는 애착, 부모로서의 행동 등(1.3, 1.4 참조) 다양한 단계의 애정 생활에서 일어나는 과정에 관여한다. 물론 대자연의 〈의도〉는 아니겠지만, 우리는 이 단계들이 서로 독립적으로 존재할 수 있다는 것을 일상에서 확인할 수 있다. 그래서 나도 이것들을 분리해서 다루려 한다.

사랑이 얼마나 갑작스럽게 다가오는지, 그리고 그것이 얼마나 격렬한지 기억하는 사람이라면 파트너 선택을 〈자유로운 결정〉이나

---

2 Ambrose Bierce(1842~1914?). 미국의 저널리스트, 소설가.

〈심사숙고에 의한 결심〉으로 특징짓지 않을 것이다. 첫눈에 반하는 사랑은 불시에 사람을 덮친다. 사랑은 가슴 두근거리고 진땀 나고 잠 못 이루고 감정적으로 매달리고 파트너에 대한 관심과 생각에서 도통 벗어나지 못하고 나 혼자 독차지해서 보호해 주고 싶고 힘이 넘쳐 나는 듯한 온갖 격렬한 육체적인 반응 및 행복감과 결부된, 그야말로 순전히 생물학적인 일이다. 플라톤은 이미 이 과정의 자율성에 대해 정확히 이런 식으로 생각했다. 그는 성적 충동이 배꼽 아래에 위치한 세 번째 영혼 부위에서 나온다고 여겼으며, 반항적이고 오만하며, 동물처럼 비이성적인 것으로 묘사했다.

열렬한 사랑은 지구상 모든 사람들에게 대부분 짝짓기의 토대를 이룬다. 파트너를 선택하거나 가정을 일구는 것과 같은 중요한 일에 있어서 우리의 대뇌 피질이 완전히 의식적인 결정을 내린다는 생각이 당연히 들 것이다. 그러나 천만의 말씀이다. 우리가 열렬한 사랑에 빠져서 모든 주의력과 힘을 파트너에게 쏟아 붓는 동안, 우리의 뇌 깊숙이 아래쪽에 위치한 구조들, 무의식적인 과정들을 조절하는 구조들이 사태를 전두 지휘한다.

이제 막 열렬한 사랑에 빠져서 사랑하는 연인의 사진을 들여다보는 사람의 영상 결과는, 대뇌 피질 아래 쪽 깊숙이 위치한 뇌 구조만이 활동하는 것을 보여 주었다. 특히 우리에게 편안한 감정을 일깨워 주고 도파민을 화학 전달 물질로 이용하는 보상 체계가 무척 활발하게 활동했다(그림 16). 이 뇌 체계는 우리가 보상받는 것을, 즉 이 경우에는 파트너를 얻는 것을 목표로 한다. 이 보상 체계는 사랑뿐만이 아니라 우리가 좋아하는 모든 것, 심지어 중독에도 관여한다. 이것은 열렬한 남녀 관계가 깨지는 경우에 심한 〈금단 현상〉으로 괴로워하는 이유를 설명해 준다. 영상 결과에 따르면, 이 체계는 특히 오른쪽 뇌에서 활성화되며, 그 활동의 강도는 사진 속 얼굴의 매력과 낭만적인 열정의 강도에 비례한다.

연인들의 경우 스트레스 호르몬인 코르티솔의 혈중 농도가 증가해 있다. 사랑에 빠진다는 것이 그만큼 스트레스를 받는 상황이고, 우리 몸은 이렇게 스트레스 호르몬을 더 많이 생산하는 식으로 반응한다. 활성화된 부신에서 생산되는 테스토스테론이 사랑에 빠진 여자들에게서는 농도가 올라가는 반면에 남자들에게서는 줄어든다.

열애의 상태가 오래 지속되는 경우에 한해서 비로소 전전두 피질, 즉 계획과 신중한 고려를 담당하는 뇌의 앞 부위가 활성화된다. 두 사람의 관계가 안정되면, 스트레스 축의 활성화가 중지되고 테스토스테론 농도가 정상으로 돌아온다. 물론 흥분 단계에서는 대뇌 피질에서 감각 정보를 처리하는 데에도 영향을 준다. 우리는 어쨌든 우리의 파트너를 눈으로 보고 냄새 맡고 느껴야 하기 때문이다. 그러나 〈바로 이 사람〉이라는 의식적인 선택과는 다른 것이다. 진화의 오래된 보상 체계가 누가 〈유일하게 진실한 사람인지〉 우리에게 일러 주고, 적어도 그 시점에서는 〈이상적인〉 파트너와 생식을 연관 짓는다. 격렬한 열애의 상태가 지난 후에야 비로소 대뇌 피질이 다시 지휘권을 떠맡는다. 그러므로 아무한테나 허겁지겁 사랑에 빠진 아들이나 딸에게 뇌를 좀 더 잘 쓰라고 비난해 보았자 아무 소용없는 것이다. 아들이나 딸은 뇌를 잘 작동시켰는데, 의식적으로 신중하게 판단을 내리고 아마 다른 식으로 결정을 내렸을지 모를 대뇌 피질 부위들이 — 예를 들어 전전두 피질이 — 이 과정에서는 유감스럽게도 너무 늦게 활동을 개시한 것이다.

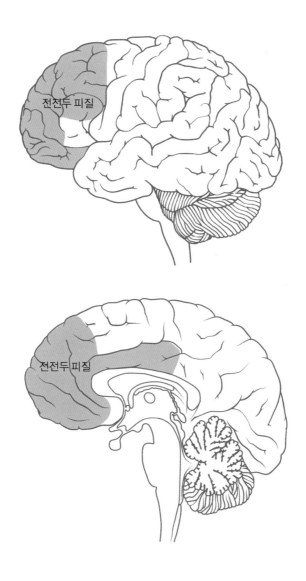

전전두 피질

전전두 피질

그림15 전전두 피질의 측면도(위)와 측면 횡단면(아래).

4.4 뇌 질환과 성생활

지성인은 섹스보다 더 흥미로운 것을 발견한 사람이다.

— 에드가 월리스[3]

우리의 성 정체성(남자거나 여자라는 감정)과 성적 취향(이성애, 동성애, 양성애)은 우리가 자궁 안에 있는 동안 이미 확정된다(3장 참조). 이렇게 발달 초기 단계에 정립된 성 행동에 관련된 회로는 사춘기에 이르러 비로소 활성화된다. 성전환증은 성 정체성 문제의 극단적인 형태다(4.6 참조). 성전환자들은 종종 이미 다섯 살의 나이에 자신이 잘못된 몸으로 태어났다고 확신한다. 그들은 성전환을 위해서라면 무엇이든지 하려 든다. 발달 초기에 뇌에서 변칙적인 성 분화가 일어났다는 이론은 우리가 성전환자의 남성적인 뇌에서 여성적인 구조를, 그리고 반대로 여성적인 뇌에서 남성적인 구조를 발견함으로써 입증되었다. 그러나 성전환자들의 진료를 시작하기 전에, 성을 전환하고 싶은 바람이 정신 분열증이나 양극성 장애나 심각한 인격 장애의 경우처럼 정신병에 기인한 것이 아닌지를 확인해야 한다. 한 인간의 성적 성향을 바꾸는 경우에도 뇌 질환에 의한 것일 가능성은 배제해야 한다. 때때로 성적 성향이 이성애에서 동성애로 바뀌거나 소아 성애증이 무절제한 성 행동을 야기하는 측두엽 손상 같은 뇌 질환이나 뇌 종양에 걸린 성인들에게서 나타나기도 한다.

모든 것에는 적당한 때와 장소가 있기 때문에, 많은 뇌 부위들이

---

3 Edgar Wallace(1875~1932). 영국 작가.

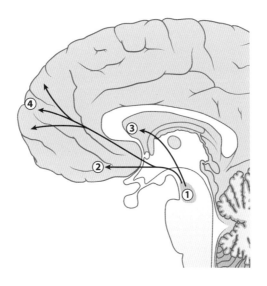

그림 16 도파민 작용성의 보상 체계. 이 체계를 이루는 세포체는 복측 피개 영역에 있다(①). 이 체계의 신경 섬유들은 특히 배쪽 선조체(배쪽 창백/측좌핵[②]), 미상핵(③), 전전두 피질(④)까지 다다른다.

끊임없이 우리의 성 행동을 억제한다. 이것은 일반적으로 하루에 약 23시간은 성공을 거둔다. 억제하는 뇌 부위가 손상된 환자들에게서는 무절제한 성 행동이나 성욕 과잉증을 관찰할 수 있다. 그러나 그런 손상은 성욕 과잉증뿐만 아니라 성도착증, 즉 물건에 의한 성적 흥분, 가학·피학 성애, 소아 성애증처럼 비정상이라고 여겨지는 성적 행동 방식들도 초래할 수 있다. 뇌전증 가운데는 외과 처치를 통해 측두엽의 일부를 제거함으로써 치유 가능한 형태들이 있다. 그런데 그런 처치 후에 때로는 클뤼버 부시 증후군이라고 불리는 성욕 과잉증이 발생하기도 한다. 그런 수술을 받은 후, 하루에 대여섯 번씩 아내와 섹스를 나누려 들고 그 사이사이에 자위 행위를 한 남자도 있었다.

측두엽의 앞부분에는 아몬드 모양을 한 편도체가 있다(편도핵, 그림 24). 이 뇌 조직은 특히 공격 행동을 조절하고 성 행동을 억제한다. 그래서 치유 불가능한 공격성을 보이는 환자들의 경우에 편도체를 손상시키는 외과 처치를 실행하기도 한다. 그러면 이따금 클뤼버 부시 증후군이 나타난다. 그와 반대로 편도체의 전기 자극이 성적 쾌감을 유도한다고 알려져 있다. 한편, 다른 뇌 구조에 비슷한 전기 자극을 가하면 성 행위를 유발할 수도 있다. 격막(그림26)에 이식된 전극의 활성화를 통해 일부 환자들은 혼자서 오르가슴을 야기할 수 있었다. 그리고 심지어는 자위 강박증도 발생했다. 뇌척수액을 복강으로 흘러나오게 할 목적으로(뇌실 복막강 단락) 삽입한 작은 플라스틱관의 끝이 실수로 격막을 뚫은 환자들에게서 성욕이 현저하게 증가했다. 그와 반대로 격막의 손상 후에 성 불능이 야기된 경우도 있었다. 이와 같은 일련의 사례들은 우리의 성 충동을 저지해서 적어도 예의 바른 시민으로 보이게 하는 뇌 구조들을 이해하는 데 중요한 몫을 한다.

뇌에서 오르가슴을 볼 수 있다

이제 성스러운 것은 하나도 없는가?

섹스는 뇌에서 시작해서 뇌에서 끝난다. 우리의 성 행동은 많은 대뇌 체계에 의해 끊임없이 제어된다. 그러다가 우리가 사랑에 빠지면 모든 억제를 날려 버린다. 우리의 파트너를 귀로 듣고 눈으로 보고 냄새 맡고 느끼면, 많은 뇌 구조들이 활성화되어 척수와 자율 신경계를 통해 우리 존재의 실제적인 목적, 즉 난세포의 수정에 대비하라는 신호를 보낸다. 우리가 이 목적에 완전히 전력투구할 수 있도록 뇌는 우리에게 오르가슴으로 보답한다. 우리의 생식기 자극에 의해 야기된 흥분은 척수를 경유해 뇌로 향하며, 모든 성적인 감각 정보를 처리하는 우리 뇌의 중심인 시상(그림 2)에 이른다. 여기로부터 자극은 복측 피개 영역의 도파민 보상 체계(그림 16)와 시상 하부(그림 18)에 이른다. 이런 자극이 유발하는 오르가슴은 측좌핵(그림 16)의 보상 호르몬 도파민과 시상 하부(그림 5)의 〈사랑 호르몬〉 옥시토신의 분비를 수반한다. 이것은 파트너들의 사회적인 상호 자용을 강화하고 뇌에서 아편류 물질의 방출을 자극한다. 뇌에서 분비되는 이러한 물질들은 중독성이 있어서, 그 결과 현재 지구상에는 70억 명이 살고 있다. 사람들은 모든 점에서 각기 서로 다르고, 따라서 섹스에 대한 관심의 정도도 각기 다르다. 유전자 DNA 다형성, 즉 도파민의 메시지를 받아들이는 단백질(도파민 D4 수용체)의 유전자 DNA에서 나타나는 작은 차이들이 섹스에 대한 욕구, 흥분, 성 행동의 정도와 상관관계에 있다. 도파민 체계의 과도한 활동도 문제를 초래할 수 있다. 파킨슨병 환자들은 도파민이 지나치게 적어서 엘 도파L DOPA, 즉 뇌에서 도파민으로 변하는 물질로 치료를 받는다. 이 치료의 부작용 중 하나가 성욕 과잉증이다. 파킨슨병에 대한 외과 치료 중의 하나는 수전증을 약화시키기 위해 심부 전극을 뇌의 시상 하부핵(그림 23)에 이식하는 것이다. 그러나 이와 같은 자극도 이따금 성욕 과잉증을 일으킨다. 이 성욕 과잉증은 때에 따라 광증을 동반하기도 한다.

섹스에 의한 뇌 보상 체계의 활성화는 뇌 영상에서도 확인할 수 있다. 호로닝언 대학교의 신경 과학자 헤르트 홀스테허는 뇌 스캐너 속에 머리를 넣고 누워 있는 파트너를 오르가슴에 이르게 하라고 피실험자들을 설득했다. 이런 방식으로 복측 피개 영역에서 도파민을 생산하는 보상 체계의 활성화를 볼 수 있었다(그림 16). 여기에서 활성화된 보상 체계는 헤로인의 투여 시에도 반응이 나타나는 체계다. 이것은 당연한 일이다. 도파민 체계와 더불어 뇌의 아편 체계도 오르가슴에 관여하기 때문이다. 뇌 아편제의 작용을 억제하는 물질 날록손을 복용하는 환자들에게는 오르가슴에서 맛보는 쾌감이 감소한다.

홀스테허의 연구에 따르면, 성적으로 흥분한 남자와 여자에게서 각기 다른 뇌 부위가 활성화된다. 여자들에게서는 무엇보다도 운동과 감각을 담당하는 뇌 부위가 활성화되는 반면, 남자들에게서는 후두 측두 피질(그림1)과 전장(前障)[4]이 활성화된다. 전장은 도피질(그림 27) 바로 아래 있는 뇌 피질의 얇은 층이다. 노벨상 수상자 프랜시스 크릭은 전장이 우리 뇌의 최고 기능인 의식에 관여한다는 견해를 주창했지만, 이 구조는 적어도 남자에게서 섹스와 같은 본능적인 활동에 관여한다. 남자들의 경우에 성적 자극은 도피질, 즉 맥박 수, 호흡, 혈압을 조절하는 대뇌 피질 영역도 활성화시킨다. 남자와 여자의 뇌가 서로 다른 길을 경유해 같은 목표, 오르가슴에 도달하는 사실은 주목할 만하다. 편도체는 우리가 섹스가 아닌 다른 일에 몰두해야 할 때 우리의 성 행동을 억제하는 뇌 영역인데, 오르가슴 동안에는 남성과 여성 모두에게서 편도체의 활동이 감소한다.

뇌 영상 연구 결과가 남성과 여성이 오르가슴에 이르는 다른 경로를 보여 주는 반면, 오르가슴 동안 뇌 영상에 나타나는 뇌의 활성화 및 억제 패턴은 남자와 여자에게서 대체로 일치했다. 그 한 예로 양성

---

4 대뇌 핵의 일부이며 백질에 싸인 얇은 회백질판으로 이루어져 있다.

모두에게서 소뇌가 강하게 활성화되었다. 남녀 모두에게서 소뇌는 오르가슴 동안 나타나는 근육 수축을 조절하는 것으로 보인다. 전 전두 피질과 측두 피질은 오르가슴 동안 덜 활성화되었는데, 이는 이 단계에서 성 행동을 확실히 덜 억제하기 위한 수단일 것이다. 이 시간 에 인간은 실제로 효과적인 불건전한 정신 상태로 존재하는 것이다. 심지어 남자의 경우에는 오르가슴 동안 뇌간의 작은 영역, 중뇌 수도 관 주위 회색질이 활성화된다. 이것은 아편 중독자들이 헤로인 주사 를 맞을 때도 활성화되는 뇌 영역이다.

홀스테허의 뇌 영상 연구는 예상했던 반대 여론에 부딪쳤다. 홀스 테허가 한 인터뷰에서 말한 내용인데, 청교도적인 미국의 동료들은 그의 포스터 앞에서 한순간 걸음을 멈추고는 얼굴을 붉히더니 그 자 리를 떠나면서 웅얼거렸다고 한다. 〈이제 성스러운 것은 하나도 없는 가?〉

성생활과 호르몬

언젠가 우리의 모든 심리학적인 잠정적 성을 유기체에 근거해서 설명할 수 있 는 날이 올거라는 것을 기억해야 한다. 그러면 효과적인 성생활을 이루게 하 고, 개인의 삶을 종의 삶으로 이어 주는 것이 특별한 화학 물질들과 화학적인 과정들이라는 사실이 개연성 있게 들릴 것이다.

— 지그문트 프로이트, 「나르시시즘에 관한 서론」

호르몬은 우리 성 행동의 모든 면에 관여한다. 성적 흥분은 남성적 인 성호르몬 테스토스테론의 영향 아래 있다. 일부 중년 남성들에게서 테스토스테론 농도가 너무 낮으면 성욕의 감소와 성적 관심의 약화, 우울증이 야기될 수 있다. 이런 경우에 테스토스테론 투여는 성생활과 기분에 유리한 영향을 미친다. 또한 여성들에게서도 테스토스테론은 성욕을 자극한다. 여자들의 경우에 이 호르몬은 부신과 난소에서 생산된다. 테스토스테론을 생산하는 종양에 걸린 어느 여성 환자는 수술 후 종양이 사라졌다는 사실을 아쉬워하기도 했다. 높은 테스토스테론 농도 덕분에 특이하게 격렬한 성생활을 즐겼기 때문이었다.

게다가 다달이 여성 호르몬 농도의 변화는 임신 가능한 시기가 언제 시작되는지 뇌에게 알려 준다. 한 연구 결과에 따르면 미국의 여대생들은 배란기 무렵에 무의식적으로 더 멋지게 옷을 차려입는다. 바지보다는 치마를 더 즐겨 입고 더 많은 장신구로 장식하고 맨살을 더 많이 드러내고 성적으로 더 능동적이 된다. 결과적으로 여자들이 최고 배란기에 있다는 호르몬의 신호를 받아들여서 무의식적으로 옷을 고르면서 그 사실을 알려 주기 위한 행동을 하게 되는 것이고, 이렇게 보내는 신호는 주변에도 영향을 미친다. 또 다른 연구는 스트립쇼의 무희들은 배란기 무렵 하루저녁에 335달러의 팁을 받은 반면에, 나머지 시간에는 〈겨우〉 185달러만을 받는다는 것을 보여 준다. 또한 배란기에 여자들은 좀 더 남성적인 목소리와 남성의 행동 방식을 선호한다. 이 주제에 대한 연구가 2007년에 이루어졌는데, 이 연구 결과로 제프리 밀러와 브렌트 조던은 노벨상을 살짝 패러디한 〈이그노벨상〉[5]을 받았다.

에로틱한 묘사에 대한 뇌의 반응은 보는 사람의 성별과 나이뿐만 아니라 호르몬 농도에도 좌우된다. 그런 묘사들은 젊은 여자들보다

5 Ig Nobel Prize. 하버드 대학교의 유머 과학 잡지가 1991년 제정한 상.

젊은 남자들에게서 더 강렬한 성적 흥분과 특정 뇌 부위의 더 강한 반응을 유발한다. 남자들의 경우에는 이런 성적 자극의 초기 단계에서 무엇보다도 시상 하부와 편도체가 여자들보다 더 강하게 활성화된다. 여자들의 경우에는 활성화의 정도가 월경 주기의 단계에도 좌우된다. 여자들은 그런 자극에 생리 중일 때보다 배란기 무렵 더 강하게 반응한다. 중년(46~55세) 남자들의 경우에는 시상과 시상 하부 같은 몇몇 뇌 부위에서 활성화가 중단된다. 이것은 나이를 먹으면 성적인 자극에 대한 흥분 반응이 감소한다는 사실을 암시한다.

옥시토신은 시상 하부의 뇌세포에서 생산되어 뇌하수체를 거쳐 혈관에 이르는 호르몬이다(1.2, 1.3 참조). 이 호르몬은 생식 기관의 근섬유에 영향을 미친다. 그러나 옥시토신이 뇌에서 직접 분비되면, 우리의 행동에도 영향을 끼친다. 게다가 남자들의 경우에 시상 하부에서 분비된 옥시토신은 발기에도 중요한 역할을 한다. 성적 흥분의 단계에서 남녀 모두 옥시토신의 높은 혈중 농도를 보이는데, 옥시토신은 남녀 모두의 오르가슴에 관여한다. 남성의 경우, 옥시토신은 매끄러운 근섬유의 수축을 야기하는데, 이는 남자의 사정을 촉진한다. 여성의 경우, 옥시토신은 정액은 앞쪽으로, 난자는 반대쪽으로 운송되도록 유도해서 난세포와 정액의 만남을 피할 수 없도록 한다.

옥시토신이 이렇게 정자의 운송에 관여함으로써, 여성의 오르가슴은 파트너 선택에도 영향을 미친다. 이는 여성을 오르가슴에 이르게 할 수 있는 남자의 정자가 수정될 확률이 증가하면서 진화적인 이점을 갖기 때문이다. 그 밖에 여성의 오르가슴에 관여하는 유전자도 발견되었다. 이 모든 것으로 볼 때, 여성의 오르가슴은 자연 도태를 통해 생겨난 적응 기제가 분명하다.

게다가 뇌에서 분비하는 강력한 옥시토신은 짝짓기를 촉진한다. 우리가 오르가슴에서 체험하는 행복감은 옥시토신이 그 순간에 다른 뇌세포들에서 아편류의 물질을 방출시키기 때문이다. 그래서 만성적인 통증에 시달리는 사람들이 성교 후에 고통을 덜 느낀다고 말하는 것이다. 또한 성적 흥분 동안 최고조에 이르는 혈중 옥시토신은 스트레스 호르몬을 억제하고 따라서 긴장을 푸는 효과를 발휘한다. 그러므로 언뜻 옥시토신은 1960년대의 신조였던 〈전쟁이 아닌 사랑을 하자〉의 신경 생물학적인 물질인 듯 보인다. 그러나 옥시토신은 집단 내에서의 공격을 억제하는 역할을 하지만 집단 밖의 사람들에 대한 공격을 부추기기도 한다. 그러므로 이 물질이 완전히 무해한 것만은 아니다.

신경 정신병적 장애와 성생활

죄 많은 섹스는 많은 사람들의 생각 속에서 생식에 대한 지식을 그늘지게 한다.
— J. 파크스

뇌손상과 뇌질환

뇌와 척수의 손상은 성 기능 장애를 유발할 수 있다. 그것이 어떤 종류의 장애인지는 손상의 원인보다 손상 부위와 관련 있다. 전전두피질의 손상은 성생활에 대한 무감각과 관심 저하를 일으킬 수 있는데, 때로는 이와 반대 현상인 성행위의 증가와 무절제를 초래할 수도 있다. 치매의 경우, 대뇌 피질의 퇴화에 의한 저지 능력의 상실은 이따금 음담패설과 간혹 성기 노출증이나 성추행을 유발한다. 측두엽의 손상은 성욕 과잉증과 과잉 구강증(물건을 끊임없이 입안에 넣는 충동)을 수반하는 클뤼버 부시 증후군을 야기할 수 있다. 시상이나 시상 하부핵의 손상 후에도 심한 무절제 증상이 나타난다. 대부분의 다발성 경화증 환자들은 성적인 기능 장애를 보인다. 다발성 경화증의 병변이 어디에 위치하느냐에 따라서 성생활의 다른 영역이 영향을 받을 수도 있다. 숨을 거두기 두 달 전에 매우 희귀한 합병증으로 소아 성애증, 동물 난음증(동물과의 섹스), 근친상간 같은 다양한 성도착증을 수반하는 다발성 경화증 및 성욕 과잉증 증상을 보인 여성 환자에 대한 사례가 보고되어 있다. 그 여인은 시상 하부, 기저 전전두 피질, 격막, 측두엽에 다수의 다발성 경화증 손상을 입었다. 그러므로 어떤 손상이 어떤 행동의 원인인지는 알 수가 없다.

한 34세 남자는 잠자고 있는 여자들의 모습을 보면 흥분했다. 특히 잠든 여자의 오른손과 손톱을 매만질 수 있을 때면 더욱 그랬다. 그는 결혼 생활 중에 이 성적 취향에 대한 제어력을 상실했으며, 자신의 성도착증을 마음껏 즐기기 위해서 비밀리에 부인에게 강한 수면제를 먹였다. 부인은 이 사실을 알아차렸고 심한 부부 싸움이 벌어졌다. 그는 계속 그 강박 상태에 심취하기 위해서 후추 스프레이로 부인을 제압해 실신시키려 했다. 부인은 도저히 참을 수 없어 경찰을 불렀고, 남자는 정신 치료를 받게 되었다. 진단 결과, 뇌의 전두 두정 위축 및 심각한 백질 이상, 뇌 피질 아래 섬유 결합의 손상이 드러났다. 그는 열 살 때 중대한 뇌 손상을 입고서 4일 동안 의식 불명 상태에 빠졌던 전력이 있었다. 설상가상으로 〈신체상 장애〉(2.5 참조)까지 겪어서 자신의 오른손에 대해 정신적으로 완전하지 못한 생각을 가지고 있었다. 여러 연구 결과들은 성도착증과 성범죄의 성향을 지닌 사람들의 약 절반이 의식 불명을 일으킬 정도의 심각한 두부 손상을 입었던 사실을 보여 준다.

우울증은 성욕의 상실과 관련 있다. 이는 도파민 보상 체계가 높은 농도의 스트레스 호르몬(코르티솔)에 의해 억제되어 삶에 존재하는 모든 즐거움을 박탈하기 때문이다(쾌락 불감증). 게다가 우울증에 걸리면 혈중 테스토스테론 농도를 감소시켜 더욱더 기분을 가라앉히게 된다. 설상가상으로 우울증 치료제는 성욕을 감소시키고 오르가슴을 억제한다. 그와 반대로 조울증 환자는 조증 기간에 상당히 고조된 성욕을 경험할 수도 있다.

출혈, 외상 또는 감염 탓에 시상 하부나 뇌하수체 장애로 고통받는 거의 모든 환자들이 자율 신경계 장애나 호르몬 요인에서 비롯되는 성적인 문제들에 직면한다. 당뇨병으로 인한 신경 섬유의 손상도, 성 기능 장애를 초래할 수 있다. 사실 당뇨병은 남성들에게서는 발기 부전, 여성들에게서는 성교 통증을 일으키는 가장 빈번한 원인이다.

만성적인 질병과 특정 의약품(예를 들어 고혈압, 우울증, 정신 분열증, 뇌전증의 치료제)도 성 기능을 손상시킬 수 있다.

척수 손상

〈정말 못됐어. 어떻게 남편에게 저런 짓을 할 수 있지? 다른 남자의 아이를 임신하다니. 그렇지 않아도 사는 게 끔찍할 텐데.〉 어느 하반신 마비 환자는 부인의 임신 사실을 이런 식의 유언비어를 통해서 알게 되었다. 하반신 마비 환자의 부인이 남편의 아이를 임신할 수 있다는 사실이 처음에는 실로 놀랍지 않을 수 없다. 배꼽 아래쪽의 피부가 무감각한 완전 하반신 마비의 경우에, 뇌에 의해 조정되는 발기,

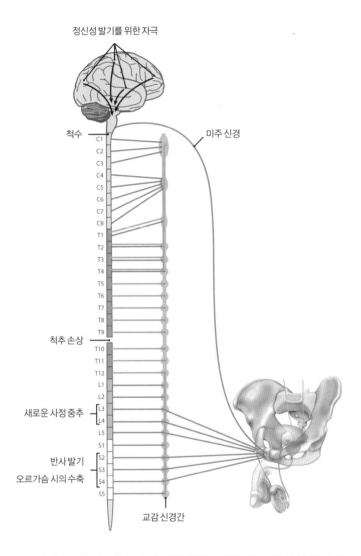

정신성 발기를 위한 자극

척수

C1
C2
C3
C4
C5
C6
C7
C8
T1
T2
T3
T4
T5
T6
T7
T8
T9

척추 손상

T10
T11
T12
L1
L2

새로운 사정 중추

L3
L4
L5
S1

반사 발기

S2
S3

오르가슴 시의 수축

S4
S5

미주 신경

교감 신경간

그림 17 정신성 발기는 뇌에서 시작되고, 성적 자극은 생식기에서 척수를 지나 뇌로 올라간다. 성교 시에 다수의 자극들이 척수를 통해 양방향으로 이동하는데도, 배꼽 아래의 피부가 감각 능력을 상실한 완전 하반신 마비된 사람들이(화살표들을 보라) 오르가슴을 체험할 수 있다. 하반신 마비된 환자들의 경우에 생식기의 자극이 파괴된 척수 주변을 우회해서 뇌 신경 중의 하나(미주 신경)를 거쳐 뇌로 전달된다. 더불어, 새로운 사정 중추로서의 기능을 척수의 아랫부분에 존재하는 신경 세포가 맡는다.

즉 파트너를 눈으로 보고 느끼고 냄새 맡는 것에 의해 발생하는 이른바 정신성 발기는 실제로 더 이상 가능하지 않다. 그러나 성기의 자극을 통해 야기되는 발기, 이른바 반사 발기는 이런 하반신 마비의 경우에도 가능하다. 이런 반사들은 척수의 아직 온전한 아래쪽 부위를 지나기 때문이다.

보통 건강한 남자의 경우, 정신성 발기는 뇌에서 시작되고 생식기에서 오는 성적 자극은 척수로 올라간다. 우리가 성행위를 하는 동안 사정을 위해서 얼마나 많은 물질들이 척수를 오가는지를 고려하면 척수가 완전히 손상된 남자들의 38퍼센트가 오르가슴을 체험할 수 있다는 사실은 놀랍기 그지없다. 이 예상치 못한 사실에 대한 놀라운 세 가지 가설이 있다. 첫째, 하반신이 마비된 사람들 가운데 더 이상 아무것도 느끼지 못하는 피부 주변이 과민해져서 새로운 성감대가 생겨나는 경우가 있다. 그래서 파트너가 그 부위를 자극하면 오르가슴에 이를 수 있다는 것이다. 어깨 부위뿐만 아니라 가슴이나 입, 귀도 여기에 해당할 수 있다. 둘째, 미국의 심리학자 배리 코미사루크는 fMRI를 이용해, 하반신이 마비되어 배꼽 높이 또는 그 위쪽의 피부가 감각 능력을 상실한 여자들이 오르가슴을 체험할 수 있음을 보였다. 질의 자극이 파괴된 척수 주변을 우회해서 뇌 신경 중 하나(미주 신경, 그림17)를 거쳐 많은 뇌 부위를 활성화시켜 오르가슴을 가능하게 한다는 것이다. 세 번째 가설은, 말에서 떨어져 목 아래쪽이 마비되기 전까지 슈퍼맨 배역을 맡았던 미국의 영화배우 크리스토퍼 리브처럼 전신 마비된 남자들에 대한 연구를 기반으로 한다. 그런 식으로 다리뿐만 아니라 팔까지 마비된 남자들의 절반이 오르가슴을 느낄 수 있다. 심지어 일부는 생식기 부위에 전혀 감각이 없는데도 사정을 할 수 있었다. 그런 남자들의 경우 척수 아랫부분에 있는 신경 세포들이 사정 중추로 기능을 대신한다. 그러므로 하반신이 마비된 환자의 임신한 부인의 친구들은 선의의 마음을 표현한 것이었겠지만, 그들은 생식과 관련된 경우에 신경 체계가 얼마나 기발하게 짜여져 있는지 과소평가한 것이다.

뇌전증

뇌전증 환자들은 눈에 띌 정도로 자주 성 장애에 시달린다. 일부는 뇌전증 치료제로 인해, 다른 일부는 뇌전증의 뇌 활동에 의해 시상 하부의 기능이 손상된 데에서 비롯된다. 측두엽 뇌전증의 경우에는 해마와 편도체의 활동이 변하고, 이 때문에 시상 하부가 정상적인 기능을 상실하게 되어 성 기능 장애를 일으키게 된다. 이런 경우에 남자들에게서는 무엇보다도 성욕 상실, 발기 불능, 불임, 낮은 테스토스테론 농도, 비정상적인 정액이 문제된다. 여성들에게서는 불규칙한 월경, 남성적인 발모(조모증), 불임 등을 경험할 수 있다.

대뇌 피질에 뇌전증 병소가 있는 일부 사람들은 뇌전증 발작 직전에 그 부위 뇌세포의 전기 자극 때문에 마치 오르가슴에 이르는 듯한 느낌이 든다. 대뇌 피질 종양에 걸린 한 여인은 마치 성교할 때와 같은 느낌을 받는다고 했다. 또 대뇌 피질에 뇌전증 병소가 있는 다른 여인은 뇌전증 발작에 앞서는 오르가슴 느낌을 절대 포기하려 하지 않았기 때문에 약이나 수술을 거부했다.

뇌전증이 전전두 피질에서 시작되는 환자들은 마치 율동하듯 엉덩이를 흔들거나 또는 자위 행위를 하는 듯한 성적 느낌을 불러일으키는 무의식적인 동작을 보인다고 알려져 있다. 이와 비슷하게, 측두엽 뇌전증은 성적인 느낌, 심지어 때로는 오르가슴이나 자발적인 사정을 수반할 수도 있다. 또한 측두엽 뇌전증의 경우에는 무의식적인 성적 움직임도 나타난다. 그러나 발작이 일어나지 않는 동안에는 종종 성생활의 감퇴로 이어진다. 수술을 통해 측두극을 제거하면, 성생활을 정상화할 수는 있지만 때로는 성욕 과잉증과 클뤼버 부시 증후군을 초래할 수도 있다. 이런 상반된 효과를 이해하기 위해서는 문제를 일으키는 부위의 정확한 위치와 수술에 의한 손상의 범위, 혹시 변할지 모를 성 행동의 성분들에 대한 보다 철저한 연구가 필요하다.

뇌 구조와 성생활, 그리고 질병의 이런 강렬한 상호 작용을 감안하면, 임상 기록에서 일반적으로 환자의 성 행동에 대해 거의 주의를 기울이지 않는다는 사실은 놀랍다. 대개는 기록지에 〈특이 사항 없음〉이라고 쓰여 있을 뿐이다. 그런데 이 말은 전혀 문제 삼지 않았다는 뜻일 가능성이 아주 다분하다. 〈질문하지 않았음〉이라고 기록해야 더 솔직할 것이다. 우리는 섹스와 관련 있는 모든 것을 극히 사적인 것으로 여기는 것을 당연시한다. 이런 민망함은 흰 가운을 입어도 분명 사라지지 않는 것같다.

5장
시상 하부: 생존, 호르몬, 정서

여기 교묘하게 숨겨진 엄지손톱만 한 자리에서 — 자율적이고 정서적이고 재생적으로 — 우리의 원시적인 존재의 근원이 시작된다. 대체로 인간은 그것을 억압의 껍질로 덮는 데 성공했다.

— 하비 쿠싱[1]

5.1 시상 하부에 의한 호르몬 생산과 소변의 흐름

〈가족성 신경 뇌하수체 요붕증[2]이 나에게도 일어났다. 우리 가족은 나를 시작으로 이 병이 앓아 왔다. 나는 악몽 같은 극심한 갈증의 순간들을 보냈다. 불과 여덟 시간 만에 4킬로그램의 몸무게가 빠졌고 계속해서 소변을 봐야 했다. (……) 어린 내 아들에게도 지난 주에 같은 요붕증 진단이 내려졌다. 아들

---

1 Harvey Cushing(1869~1939). 미국의 외과 의사.
2 뇌하수체에서 분비되는 항이뇨 호르몬이 부족하거나 제대로 기능하지 않아서 비정상적으로 많은 양의 소변이 생성되고 과도한 갈증이 수반되는 질환.

은 현재 민린 코 스프레이를 사용하는데 아주 도움이 된다.〉

과거에는 환자들이 다량의 소변을 배출하면 의사들은 환자의 소변
을 손가락에 묻혀 그 맛을 봤다. 소변에서 단맛이 나면 그 환자는 당
뇨병에 걸린 것이었다. 만일 단맛이 나지 않으면 요붕증에 걸린 것이
었고, 이 경우 신장이나 뇌에 원인이 있다는 것을 의미했다.

매일 다량의 혈액이 신장을 지나면서 정화된다. 이 정화 과정 동안
신장은 여과한 액체에서 약 15리터의 액체를 재사용한다. 이 과정에
서 뇌 호르몬 중 수분의 배출을 저지하는 〈항이뇨 호르몬ADH〉의 도
움을 받는다. 이 호르몬은 혈압을 높인다는 이유로 〈바소프레신〉이
라는 이름으로도 알려져 있다. 바소프레신은 시상 하부의 뇌세포에
의해서 생성되는 작은 단백질로서 뇌하수체 뒷부분으로 운반되고 거
기서 혈관으로 분비된다.

뇌세포들이 호르몬을 생성할 수 있다는 생각은 1940년대에 처음
으로 에른스트 샤러와 베르타 샤러에 의해 제기되었다. 그들은 현미
경을 이용해 시상 하부의 커다란 뇌세포 속에서 작은 알갱이들(과립)
을 발견했는데, 이 작은 알갱이들이 혈관으로 분비될 포장된 호르몬
이라고 주장했다. 이 혁신적인 이론은 동료들에게서 매우 큰 저항을
받았다. 노년의 베르타 샤러가 내게 보낸 편지에서 분개하며 말한 것
처럼, 그들은 두 사람의 이론을 〈단호하고 때로는 비도덕적인 방식
으로〉 무시했다. 그렇게 비난하는 사람들에 따르면, 그 알갱이들은
다만 질병의 징후이거나 사후에 생긴 변화, 혹은 세포를 염색하는 과
정에서 만들어진 것이었다. 그러나 샤러 부부는 그런 알갱이들을 혈
관으로 분비하는 비슷한 뇌세포들(신경선 세포)을 벌레에서부터 인간

에 이르는 다양한 동물계에서 발견함으로써 자신들을 비난한 사람들의 생각이 틀렸음을 증명했다. 이 세포들은 호르몬을 수단으로 많은 신체 과정을 조절하는, 보편적인 세포 형태들 중 하나였다. 그래서 샤러 부부의 관찰 결과를 토대로 신경내분비학이라는 전공 분야가 생겨났다.

호르몬을 생산하는 이 신경 세포들이 수분 대사와 관련 있을 것이라는 에른스트와 베르타 샤러의 가설은 앞을 내다본 것이었다. 항이뇨 호르몬의 DNA에 유전적인 결함이 있으면 이 호르몬의 기능을 한눈에 알아볼 수 있게 된다. 이런 유전적 결함을 가진 환자는 매일 15리터의 소변을 배출한다. 암스테르담에서 우리는 다섯 세대 넘게 이 병에 시달리고 있는 희귀한 가족을 알게 되었다. 그들을 처음 만난 것은 1968년 내가 암스테르담의 비넨가스트하우스 병원에서 인턴 생활을 할 때다. 당시 그 가족의 삶은 끊임없이 소변을 보고 계속해서 물을 마시는 일이 거의 전부를 차지하고 있었다. 가족 중 한 여성 환자는 같은 병에 걸린 자신의 어머니가 과거에 한 방에서 자는 아이들이 소변을 보거나 물을 마시기 위해 자주 들락거렸던 행동을 얼마나 거슬려 했었는지 이야기했다. 어머니는 아이들이 밤에 일어나 물을 마시는 것을 엄격하게 금지했다. 어머니 자신은 갈증 해소를 위해 물주전자를 침대 아래 놓아두었으면서도 말이다. 그러나 아이들은 물을 마시지 않고서는 배겨 낼 수 없었다. 어머니가 잠이 드는 즉시 아이들은 몰래 주전자의 물을 마시기 위해 침대 아래로 기어 들어가곤 했고, 그러다 어머니가 잠에서 깨는 날엔 뺨을 얻어맞기 일쑤였다. 같은 병으로 어린 시절 요양원에 입원했던 어느 여성 환자의 경우는 간호사들이 환자가 자주 물을 마시고 화장실에 달려가는 것을 성가시게 생각하여 오랜 기간 그녀에게 물을 주지 않는 사태가 벌어지기도 했다. 이 환자는 충분한 수분을 섭취하기 위해서 밤 동안 병동에 있는 꽃병을 모두 비워 버리곤 했다. 그러다 탈수 증세는 매우 심각해졌고 때마침 부모님이 찾아와 커다란 물병을 주지 않았다면 그녀는 아마도 죽었을 것이다. 그녀는 여동생과 함께 자전거를 타고 나갈 때면 물병을 대여섯 개씩 챙겼다. 주유소에서 자매가 각기 물병을 하나씩 비우고는 자전거를 타면서 마시려고 즉각 그 물병을 다시 가득 채우는 것을 보고 주유소 직원은 입이 벌어졌으리라.

1992년 우리는 함부르크의 연구팀과 함께 그 암스테르담 환자 가족에게서 DNA의 작은 결함을 발견했다. 20번 염색체 내 DNA의 작은 구성 성분이 매일 15리터의 소변을 배출하게 한 주범이었다. 오늘날 환자들은 효력이 오래 지속되는 항이뇨 호르몬을 정제나 코 스프레이 형태로 섭취할 수 있는데, 이것은 배출되는 수분의 양을 거의 정상 수준으로 낮춘다. 하지만 일부 환자들은 이런 고충을 질병이라기보다는 가족의 특성으로 여겨 약을 거부하기도 한다.

5.2 시상 하부 없는 생존

시상 하부는 생식을 조절하기 때문에 종의 생존에 결정적인 역할을 한다. 또한 수많은 신체적 과정을 조절하기 때문에 개체의 생존에도 매우 중요하다. 만일 시상 하부가 없다면 우리는 다른 사람들의 끊임없는 도움을 통해서만 생존할 수 있다.

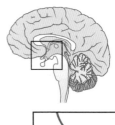

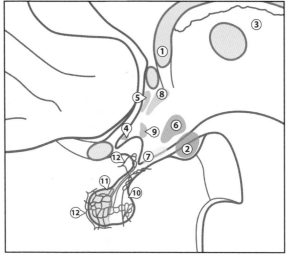

① 뇌궁	⑦ 궁상핵(깔대기핵)
② 유두체	⑧ 실방핵
③ 시상	⑨ 시각로위핵
④ 시각교차위핵	⑩ 뇌하수체 후엽
⑤ 시각로 앞부위	⑪ 뇌하수체 문맥계통
⑥ 조면 유두체핵	⑫ 뇌하수체 전엽

그림18 인간의 시상 하부. 기억된 정보들이 해마로부터 뇌궁(①)을 경유해 유두체(②)로 전달된다. 유두체에서 정보들은 시상(③)으로 가는 경로를 거친다. 시각교차위핵(④)은 생체 시계다. 체온 조절과 성적 활동을 위해 시각로 앞부위(⑤)가 필요하다. 우리의 주의를 집중하는 데에는 뇌에서 유일하게 히스타민을 생산하는 조면 유두체핵(⑥)이 중요한 역할을 한다. 식욕과 신진대사를 조절하는 부위는 궁상핵(⑦)과 실방핵(⑧)이다. 실방핵과 시각로위상핵(⑨)은 신경 섬유를 옥시토신과 바소프레신이 분비되는 뇌하수체 후엽(⑩)으로 보낸다. 궁상핵(⑦)은 신경 섬유를 신경펩티드가 분비되는 뇌하수체 문맥계통(⑪)의 모세관으로 보낸다. 신경 펩티드는 뇌하수체 전엽(⑫)을 조절한다.

그는 지극히 자상한 어머니를 대동하고 나를 찾아왔다. 어머니는 아들이 수술을 받은 후 단 한순간도 그에게서 눈을 떼지 않았다. 나는 그럴 수밖에 없는 상황을 조금씩 이해할 수 있었다. 어머니는 아들의 시상 하부 역할을 하고 있었던 것이다. 몇 년 전 아들은 어느 뛰어난 신경외과 의사에게 뇌종양의 일종인 두개인두종 수술을 받았다. 수술을 받지 않으면 머지않아 실명의 위험이 있었기 때문에 수술은 불가피한 조치였다. 그리고 다행히도 그의 눈은 여전히 잘 보였다. 수술 전 그는 뛰어난 고등학교 졸업반 학생이자 탁월한 운동선수였다. 하지만 암세포와 함께 시상 하부를 완전히 제거한 수술은 그의 뇌하수체 기능을 완벽하게 빼앗아 버렸다. 수술 후 일련의 호르몬 제제가 뇌하수체 호르몬의 기능을 전부 떠맡아야 했다. 다른 문제들에 비하면 사실 그것은 문제라고 할 수도 없었다. 다량으로 처방된 성장 호르몬의 부작용은 훨씬 더 심각했다. 성장 호르몬은 고통스러운 관절 부종, 근육 통증, 유방의 발달을 야기했다. 어머니는 성장 호르몬의 과다 처방이 부작용의 원인임을 알아차렸고 이에 대한 처치로 호르몬 처방량이 줄었으며 자라난 유방 조직은 수술을 통해 제거되었다. 또한 어머니는 아들이 어떤 약을 먹었고 어떤 약을 먹지 않았는지 기억하도록 도와야 했으며, 또 언제 호르몬을 복용해야 하는지도 상기시켜야 했다. 이런 식으로 어머니는 아들의 심하게 손상된 기억력(그림 18, ①~③ 참조)과 생체 시계(④)의 역할을 대신했다. 어머니는 적당한 시간에 수면 호르몬 멜라토닌을 아들에게 복용시킴으로써 내적 생체 시계의 손상에서 비롯된 수면 장애에 맞섰다. 그러나 시상 하부를 제거하는 수술 중에 발생한 시상 하부의 전면에 존재하는 부위(⑤)의 손상에 의해 야기된 성적 활동의 완전한 부재는 어머니도 어뗗게 해볼 도리가 없었다. 아들의 기억력 장애와 집중력 장애는 한편으로는 기억 구조의 손상(①~③)에서, 다른 한편으로는 주의력 집중에 중요한 역할을 하는 히스타민 체계(⑥)의 결여에서 기인했다. 어머니가 이 체계들을 대신해 줄 수 없었기 때문에 그 재능 많던 아들은 더 이상 학습할 수 없었다. 어머니는 식사의 양과 배합을 아주 세세한 부분까지 조절했으며, 그로 인해 시상 하부(⑦, ⑧) 손상 시에 어김없이 나타나는 엄청난 비만증과 당뇨병으로부터 아들을 지킬 수 있었다. 무엇보다도 완벽하게 사라진 체온 조절 능력이 가장 위험했다. 아들은 운동을 통해 체온이 조금만 내려가도 금세 치명적인 저체온증에 걸릴 수 있었다. 이와 반대로 해가 비치거나, 예를 들어 암스테르담 대학 병원에 나를 만나러 오느라 몸이 더워지면, 아들의 체온은 순식간에 고열 수준으로 상승했다. 한번은 수술복을 입고 기다리던 15분 만에 그의 체온이 곤두박질치며 떨어져 의식 불명 상태에 빠졌고, 뜨거운 물로 샤워를 해서 체온을 정상으로 돌린 다음에야 수술을 시작할 수 있었다. 여기에서도 어머니는 아들의 시상 하부 기능을 대신하여 주변 온도가 변할 때마다 체온계를 가지고 쫓아다니며 상응하는 적절한 조치를 취했다.

이 사례는 우리의 삶에 꼭 필요한 기능들이 시상 하부라는 작은 뇌 조직에 의해 얼마나 자동적으로 조절되는지를 다시 한 번 내게 똑똑히 보여 주었다. 그런데 어머니와 아들의 조화로운 공생 관계의 사례에서 뭔가 하나 빠진 것이 있었다. 「이따금 분노가 치밀지 않아?」 나는 조심스럽게 물었다. 「아니요」 아들은 이렇게 대답하더니 갑자기 벌떡 일어나 크게 소리쳤다. 「하지만 내 동생을 붙잡기만 하면 가만두지 않을 거에요」 나는 생각했다. 〈아, 그렇지.〉 전형적인 복내측 시상 하부 증후군이다. 전전두 피질의 억제 기능을 떠맡은 어머니가 아들을 팔로 안아 진정시키며 말했다. 「이 아이가 정말로 그럴까 봐 걱정이 돼요. 사실 동생에게 버림받는 것은 끔찍한 일이죠. 이런 것들은 이 아이가 가지고 있는 모든 한계 상황에 대응하는 데 큰 걸림돌이 되고 있어요.」 예전에 학교생활이나 운동에서 형보다 못했던 동생은 현재 의사로서 많은 돈을 벌지만 장애에 시달리는 형과 많은 부담에 시달리는 어머니를 모른 척했다.

분노의 폭발은 복내측 시상 하부 증후군 환자들이 보이는 증상이며, 때로는 살인이나 정서적인 불안정, 다식증, 비만증, 지적 퇴행을 수반하기도 한다. 그 젊은 남자는 시상 하부를 완전히 제거한 탓에 안타깝게도 이 증후군의 모든 증상을 나타냈다. 어머니가 끊임없이 도와주지 않고 또 그 스스로 극히 절제하지 않았더라면 삶은 이미 오래전에 끝났을 것이다.

여기서 좀 더 자세히 알고 싶어하는 사람들을 위해 해부학적 개념들을 한 번 더 살펴 보겠다(그림 18). 기억된 정보들은 해마로부터 뇌궁(①)을 경유해 시상 하부 뒷부분에 있는 유두체(②)로 전달된다(이 구조들이 수술에서 제거되었다). 정보는 시상(③)으로 향한다. 시각 교차 위핵(④)은 생체 시계다. 체온 조절과 성적 활동을 위해서는 시각로 앞부위가 필요하다(⑤). 기억력과 집중력 장애는 유두체 결핍 및 뇌에서 유일하게 히스타민(주위를 집중하는 데 필요한 단백질)을 생산하는 조면 유두체핵(⑥)의 손상에 의해 야기된다. 식욕과 신진대사를 조절하는 부위는 깔대기핵(궁상핵[⑦])과 실방핵(⑧)이다. 위에서 언급한 환자의 MRI는 시상 하부가 실제로 조금도 남아 있지 않다는 것을 보여 주었다. 내시경 천공술(뇌의 아래쪽에서 시도하는 내시경 수술)에 의해 손상의 정도를 확인할 수 있었다. 유두체의 상당 부분이 없었던 것으로 고려하면, 정보가 MRI상에 나타난 뇌궁에 이르더라도 이 청년에게는 별 쓸모가 없었을 것이다. 게다가 시상 하부의 기저, 누두 (漏斗) 및 회색 융기도 전혀 없었다.

5.3 우울증

진실은 삶이 내게 아무런 의미가 없다는 사실에 있었다. 내가 살아 있는 하루 하루, 한 걸음 한 걸음이 나를 심연 언저리로 데려갔고, 거기서 나를 기다리는 몰락이 똑똑히 보였다. 멈춰 서는 것, 돌아가는 것, 이 두 가지는 불가능했다. 내게 아직 유일하게 남아 있는 고통을 외면하기 위해서 눈을 감을 수도 없었다. 내 안의 모든 것은 죽음이었고 심지어 총체적인 파괴였다. 더 이상은 살 수 없으며 저항할 수 없는 힘이 나를 무덤 속으로 끌어들인다는 감정이 건강하고 행복한 인간인 나를 덮치는 일이 발생했다.

— 레프 톨스토이

철학에서든 정치에서든 문학에서든 조형 예술에서든 모든 출중한 사람들은 우울한 듯 보였다.

— 아리스토텔레스

많은 창조적인 사람들과 유명한 정치가들은 우울증에 시달렸다. 요한 볼프강 폰 괴테, 아이작 뉴턴, 루트비히 판 베토벤, 로베르트 슈만, 찰스 디킨스, 크리스티안 하위헌스, 빈센트 반 고흐, 샤를 드골,

빌리 브란트, 메나헴 베긴 등이 그들이다. 에이브러햄 링컨은 이미 젊은 시절부터 심한 기분 장애에 시달렸다. 심지어 1838년에는 〈어느 자살자의 독백〉이라는 시를 익명으로 발표했다고도 전해진다.

의사라면 우울증이 암, 전염병이나 자가 면역 질환, 또는 호르몬이나 신진대사 질환의 초기 징후일 수 있다는 사실을 분명히 알고 있을 것이다. 우울증이 신체적인 질병에 진화론적으로 이롭다는 이론은 여기서 나왔는데, 이 이론에 따르면 우울증에 걸린 사람들은 다른 사람들을 멀리하고 식욕을 느끼지 못하고 매사에 의욕이 없고 될수록 몸을 움직이지 않고, 바로 이 때문에 모든 힘을 신체적인 건강 회복에 쏟을 수 있다. 우울증은 또 다른 진화론적인 이점을 가지는 것으로 알려져 있다. 우울증은 주도적인 위치에 있는 사람으로 하여금 위계질서 안에서 낮은 위치를 가지게끔 한다. 눈 맞춤이나 성적 접촉의 회피와 같은 행동은 더 지배적인 개체에게서 공격받을 위험성을 줄일 것이다. 어떤 경우든지 간에, 신체적 질병은 어쨌든 우울증을 촉진시킬 수 있으므로 우울증 환자는 적당한 신체 건강 검진을 받을 필요가 있다. 물론 알츠하이머병과 같은 뇌 질환도 우울증으로 시작될 수 있다. 네덜란드의 클라우스 왕자(고인이 된, 현 네덜란드 왕의 부친)는 결국 파킨슨병 초기라는 사실이 밝혀질 때까지 몇 년 동안 스위스의 값비싼 병원에서 우울증 치료를 받았다. 게다가 우울증은 식장애나 경계성 인격 장애 같은 다른 정신적인 질환과 연관될 수도 있다. 정신 분열증 환자들의 경우에도 종종 우울증이 나타나고 가끔은 자살에 이르기도 한다. 그러나 당연히 우울증은 독자적인 질병으로 발생하기도 한다.

우울증의 원인들

네덜란드에서는 해마다 약 50만 명이 우울증 진단을 받는다. 배우자의 죽음이나 시험 실패처럼 심한 스트레스를 유발하는 사건이 우울증을 유발할 수 있다. 그러나 명확한 외적 요인을 찾을 수 없는 경우도 많다. 어떤 이들은 이미 초기 발달 단계에서 뚜렷한 우울증 성향을 보이기도 하고, 또 어떤 이들은 끔찍한 경험들을 믿어지지 않을 정도로 잘 소화하기도 한다. 네덜란드 부처의 국장, 장관, 감찰 위원, 공영 방송 VARA의 사장을 역임한 마르셀 반 담은 자신의 경험을 토대로 사람들이 우울증에 걸리지 않고서 얼마나 많은 역경을 이겨 낼 수 있는지 분명하게 알려 준다.

〈 (……) 전쟁이 발발했다. 내가 다섯 살이던 1943년 사람들은 나치 친위대 정보원들이 우리 아버지를 체포하러 온다고 귀띔해 주었다. 아버지는 위트레흐트 경찰서에서 유대인의 체포에 반대하는 일종의 저항 운동을 이끌었다. 온 가족이 허둥지둥 도피해야 했고 나는 생면부지의 어느 농가에 머무르게 되었다. 누나는 제때 도망치지 못하는 바람에 강제 수용소로 이송되었다. 사람들은 내게 아버지가 죽었다고 말했다. 내가 혹시라도 말실수를 하지 않을까 우려해서 그랬던 것 같다. 어머니와 어린 자식들이 다시 함께 지내게 된 1944년 남동생 레오가 죽었다. 아마 뇌막염 때문이었을 것이다. 어머니의 상심은 이루 말로 할 수 없었고 아직 살아계신 아버지가 장례식에 오시지 못할까 봐 더욱 애통해 하셨다. 독일인들이 묘지에 나타나 아버지를 기다렸다. 네덜란드가 해방되었을 때 우리의 삶은 새로운 출발을 맞이한 듯 보였다. 그 당시 열두 살이었던 빔 형이 나와 함께 위트레흐트의 할렌바르트 축구장에 세워져 있던 전차와 군용 트럭의 소화기를 해체하러 갔을 때까지만 해도 말이다. 집으로 돌아오는 길에 빔 형은 주변을 살피지 않은 채 순환 도로로 뛰어갔고, 내 눈앞에서 차에 치였다. (……) 나는 여러 차례 이런 기억들을 누그러뜨려야 했다. (……) 그것은 결코 내 인생을 궤도에서 벗어나게 하지 못했다. 그 어느 것도 결코 내게 악몽을 선사하거나 나를 우울증에 빠지게 하거나 지나치게 소심하게 만들지 않았다. 어째서 그런 걸까? 왜 어떤 사람들은 나보다 훨씬 덜 심각한 경험을 하고도 정신적 충격에서 벗어나지 못하는 것일까?〉

반 담의 물음에 대한 답변은 우리의 다양한 유전적인 성향과 자궁 안에서의 발달기 및 유아기에 영향을 미친 요인들의 상호 작용에 있다. 이런 모든 요인들이 평생 동안 유지될 우리의 스트레스 체계를 만들어 낸다. 우울증에는 다양한 형태와 하위 유형이 있지만 이 모든 형태에는 공통된 특징이 있다. 스트레스 축이 지나치게 강한 반응을 보이는 것이다. 우리는 시상 하부의 뇌세포들을 활성화시키면서 스트레스에 반응한다. 이 뇌세포들은 부신 피질 자극 호르몬 방출 호르몬 CRH[3]이라는 물질을 뇌하수체를 비롯한 뇌의 다른 영역으로 보내고 뇌하수체는 스트레스 호르몬인 코르티솔을 분비하도록 부신을 자극한다. 부신 피질 자극 호르몬과 코르티솔은 우리의 신체와 뇌가 스트레스 상황을 극복할 수 있도록 돕는다. 그러나 스트레스 축이 과잉 활성화되면 스트레스를 일으키는 외적 사건은 부신 피질 자극 호르몬 방출 호르몬뿐만 아니라 코르티솔까지도 지나치게 많이 분비하게 만들고, 이런 물질들은 뇌에 강력한 영향을 미쳐서 우울증을 야기한다.

3 부신 피질 자극 호르몬의 분비를 촉진한다.

스트레스 축이 유전적인 요인들 탓에 이미 발달 과정에서 지나치게 빠르게 발달할 수도 있다. 이것이 바로 미국의 아미시[4]들에게서 자주 우울증이 목격되는 이유다. 우울증은 버지니아 울프의 경우처럼 유명한 집안에서도 나타난다. 이렇게 우울증이 빈번하게 발생하는 가족들을 연구함으로써 우울증의 위험을 높이는 최초의 유전자 변형을 찾아낼 수 있었다. 뇌 안에 있는 화학 전달 물질들의 유전자에서 아주 다양한 작은 변이들, 이른바 다형성 역시 우울증에 걸릴 위험을 높인다. 1944년과 1945년 사이 겨울, 기근이 네덜란드의 도시들을 강타했을 때 임신했던 여성들의 자녀들은(그림 9) 더 자주 우울증에 시달린다. 식량 부족은 과거에 있었던 일이지만 태반의 기능이 원활하지 못해서 자궁 안의 태아가 영양분을 충분히 공급받지 못하고 체중 미달로 태어나는 경우에 스트레스 축은 영원히 활성화될 수 있다. 임산부가 흡연하거나 디에틸스틸베스테롤 같은 특정 약품을 복용하는 경우에도 아이가 나중에 우울증에 걸릴 위험이 높아진다. 출생 후에 어린아이가 제대로 보살핌을 받지 못하거나 학대받아도 스트레스 축에 영원히 빨간 불이 들어올 수가 있다. 즉 유전자 발현(여기에서는 스트레스 축 유전자가 해당됨)에 영향을 주는 외부 요인에 의해 발생한 지속적인 변화들은 〈후성적(後成的) 프로그래밍〉이라고 불린다.

또한 우리는 남성 호르몬 테스토스테론은 스트레스 축을 억제하는 반면 여성 호르몬 에스트로겐은 스트레스 축을 자극한다는 사실을 발견했다. 이것은 왜 여자들이 남자들보다 우울증에 걸릴 위험이 두 배 높은지를 설명해 준다.

4 미국의 극히 보수적인 프로테스탄트교회의 교파로, 새로운 문명을 거부하며 현재에도 엄격한 규율에 따라서 18세기 말처럼 생활하고 있다.

근본적으로 우울증은 시상 하부의 발달 장애다. 스트레스 축이 유전적인 성향과 성장 환경 탓에 지나치게 빠르게 발달되면 스트레스를 야기하는 외적 사건에 지나치게 강한 반응을 보이고 우울증이 야기될 수 있다. 성인의 경우에는 특정 약품의 복용과 같은 요인에 의해 우울증에 걸릴 수도 있다. 병원에서 종종 투여되는 합성 부신 피질 호르몬 프리드니손을 다량 복용하는 경우에 기분 장애가 나타날 가능성이 크다. 뇌 피질은 스트레스 축에 제동을 건다. 그런데 뇌경색이나 다발성 경화증에 의한 뇌 손상, 특히 뇌의 왼쪽이 손상되면 이런 제동 작용이 정지된다. 그 결과 스트레스 축이 과잉 활성화되어 우울증에 걸릴 위험이 증가하는 것이다.

우울증의 다양한 형태들

우리는 보통 여름철은 기분 좋게 지내고, 겨울철은 상대적으로 침체된 기분으로 지낸다. 계절의 변화에 따라서 기분이 극단적으로 변하는 사람들도 있다. 그런 사람들은 여름에는 경조증[5]이나 심지어는 조증을 보이고 겨울에는 깊은 우울증에 빠지기도 한다. 이런 현상을 계절성 정서 장애Seasonal Affective Disorder라고 말하는데, 흔히 SAD라고 줄여 표현된다. 독일 연방의 전직 수상 빌리 브란트는 낮의 길이가 점점 짧아지는 가을이 오면 우울증에 시달렸으며 아무도, 심지어 자신의 부인조차 만나려 하지 않았다. 계절에 의한 우울증의 경우 겨울철의 적은 일조량이 위험 요인으로 작용하고, 이때 햇빛에 노출되

5 조증보다 정도가 약한 정신 질환.

면 증상이 완화된다. 심지어 미국에는 우울증에서 보다 빨리 회복될 수 있도록 북부 주에 사는 SAD 환자를 남부 주로 보내는 보험 회사들도 있다. 우리 주변에 있는 햇빛의 정보는 직접 생체 시계로 전달된다. 낮과 밤을 알려 주는 시계일 뿐만 아니라 계절도 알려 주는 시계인 이 같은 생체 시계는 SAD 환자들에게 중요한 역할을 한다. 생체 시계의 기능을 조절하는 유전자에 생긴 작은 변형들이 생체 시계에 우울증 위험 인자를 형성한다.

조증 단계와 우울증 단계를 거치는 조울증은 계절과 상관없이 나타나기도 한다. 드 프리스 부인이 아침을 먹다 쓰러져 있는 남편을 발견한 것은 그녀가 개와 함께 산책을 나갔다 집에 돌아왔을 때였다. 부인은 즉시 응급 구조대에 전화를 걸었다. 구조 대원들은 신속하게 달려와 모든 전문적인 수단을 통해 남편을 소생시키려고 했지만 성공하지 못했다. 그 후 며칠 동안 남편은 거실에 안치되어 있었고, 드 프리스 부인은 에너지가 넘쳐 났다. 아무도 부인을 제지할 수 없었으며 남편을 화장한 후에는 그 상태가 더욱 고조되었다. 부인은 경조증 상태에 있었고 그러다 며칠 후에는 완전한 조증 증상을 보였다. 부인은 까르르 웃으며 남편의 추억이 어린 물건들을 친지들에게 보여 주었다. 한밤중에 경찰을 불러서는 하키 스틱으로 그들을 위협하기도 했다. 그러다 장성한 딸이 세상을 떠난 아버지처럼 정신 치료 시설에 입원해서 전기 충격 치료를 받으려 하지 않는다며 칼로 딸을 위협하기에 이르자 더 이상 부인을 그냥 두고 볼 수 없었다. 마침내 드 프리스 부인을 병원에 입원하도록 좋은 말로 간신히 설득할 수 있었다. 병원에서 약을 복용했는데도 부인의 상태는 더욱 악화되었다. 그녀는 그렇지 않아도 늘 이 근사한 호텔에 묵고 싶었다고 들뜬 표정으로 말했으며, 병원에서 나오는 식사를 하고 나서는 훌륭한 서비스에 대한 보답으로 쟁반 위에 팁을 남겨 놓기도 했다. 매일 병문안을 오는 친구와 팔짱을 긴 채 노래를 부르며 병원 안을 폴짝폴짝 뛰어다녔고, 〈옛날 학교 동창〉이라며 한 남자를 친구에게 소개하기도 했다. 드 프리스 부인과 결코 함께 학교를 다닌 적이 없는 그 불쌍한 남자는 본의 아니게 갑자기 떠맡게 된 역할과 부인이 주섬주섬 들이미는 생판 모르는 추억들 때문에 돌아 버릴 지경이었다. 부인의 상황은 잠깐 호전되는가 싶더니 끔직한 우울증으로 발전했다. 다행히도 지금은 다시 완전히 건강해져서 여덟 명의 손자 손녀들과 함께 잘 지내고 있다.

네덜란드 정부의 장관직을 역임한 헤어 클레인도 그런 조울증을 겪은 적이 있다(15.7 참조). 사실 경조증은 생산성을 높일 수 있다. 작곡가 로베르트 슈만은 1840년과 1849년 경조증 단계에서 20곡 이상을 작곡했지만 반대로 우울증 단계에서는 단 한 곡도 완성하지 못했다. 1854년 겨울 슈만은 자살하려고 얼음장처럼 차가운 라인 강에 뛰어들었다. 그는 구조되었으며 생애 마지막 2년을 정신 치료 시설에서 보냈다. 요하네스 브람스는 친구의 병환과 죽음에 크게 충격받아 「독일 레퀴엠」을 작곡하기 시작했고, 그 곡을 로베르트 슈만과 자신의 어머니, 그리고 온 인류에게 바쳤다.

과거 소련 공산당 서기장 니키타 흐루쇼프의 경우에는 우울증과 경조증이 번갈아 나타났다. 그는 1964년 공직에서 물러난 후 심각한 우울증에 시달렸다. 특히 정부 수반에게 조울증이 발병하게 되면 이런 사실은 완강하게 부인되는데, 그런 질병에 걸린 사람이 올바른 결정을 내릴 수 있는지에 대해 의문이 제기되기 때문이다. 윈스턴 처칠은 스스로 〈검은 개〉라고 부른 심한 우울증 발작에 시달렸다. 하지만 개인 비서의 증언에 따르면 윈스턴 처칠은 〈미친 듯이 흥겨워〉하거나 감정의 기복이 무척 심했다고 한다. 그 당시에는 경조증 단계니 조증이니 하는 표현이 없었지만, 당시 목격한 사람들의 말에 의하면 그는 조울증에 걸렸던 것이 분명하다. 1963년 존 F. 케네디 대통령이 암살당한 뒤 그 후임자로서 미국 대통령에 취임한 린든 B. 존슨은 담낭과 신장 결석 수술을 받고 심한 우울증에 걸려 퇴임하려고 했다. 존슨도 양극성 장애에 시달렸고 급작스럽게 화를 내거나 비속어를 내뱉기도 했다. 존슨이 치료를 위해 약을 복용했는지에 대해서는 알려져 있지 않다.

경조증이나 조증 단계 없이 오로지 우울증 증상만 나타나는 경우를 단극성 우울증 내지는 〈중우울증〉이라고 한다. 이런 종류의 우울증 가운데 하나는 밤낮 주기가 바뀌고 식욕 부진 증상을 수반하는 침울형 우울증이다. 프레드니손[6]이나 이와 유사한 종류의 물질에 의해 유발되는 우울증은 비전형적 우울증이라고 표현된다. 이런 형태의 우울증에서는 수면 욕구와 식욕이 증가한다.

우울증에 관여하는 다양한 뇌 체계와 뇌 영역

우울증 환자들의 경우에 시상 하부에 있는 일련의 세포군이 과도하게 활성화된다. 대부분의 경우, 스트레스 축 내지는 시상 하부-뇌하수체-부신 축이 여기에 속한다. 평생 심한 우울증에 시달린 기증자들의 뇌를 사후에 연구한 결과, 우리는 환자가 우울증 단계에서 사

6 부신 피질 호르몬제의 일종.

망하지 않았을 때에도 시상 하부에서 부신 피질 자극 호르몬 방출 호르몬을 생산하는 뇌세포의 수가 현저하게 증가한 사실을 발견했다. 이런 결과는 우울증에 시달리는 개개인의 발달 과정에서 이미 스트레스 축이 더 강하게 활성화된다는 가설과 일치한다. 부신 피질 자극 호르몬 방출 뉴런의 활성화가 우울증 증상에 일조하는 것이 분명하다. 부신 피질 자극 호르몬을 뇌에 주입받은 실험 동물에게서도 마찬가지로 식욕 부진, 운동 기능의 변화, 수면 장애, 불안, 성적 무관심 같은 우울증 증상들을 유발하기 때문이다. 시상 하부에서 만들어지는 호르몬인 바소프레신과 부신 피질에서 만들어지는 코르티솔 같은 다른 스트레스 호르몬들도 증가한 것으로 밝혀졌는데, 이들 호르몬도 우울증 증상에 일조하는 것으로 보인다.

뇌간에는 화학 전달 물질인 노르아드레날린, 세로토닌, 도파민을 생산하며 시상 하부를 비롯한 많은 뇌 부위들을 조절하는 세 개의 스트레스 시스템이 있다. 이것들이 우울증에 관여할 수 있다는 사실은 고혈압 치료제로 자주 처방되는 레세르핀의 부작용을 통해 우연히 알려졌다. 이 약제는 뇌간의 노르아드레날린과 세로토닌을 감소시키는 것으로 알려져 있는데, 그 부작용으로 상당한 빈도로 우울증을 야기한다. 그 반대로 최초의 항우울증제인 MAO 억제제들은 뇌에서 노르아드레날린과 세로토닌을 증가시켰다. 현재 가장 많이 처방되는 이 우울증 치료제는 선택적 세로토닌 재흡수 억제제인데, 이는 세로토닌이 몸으로 재흡수되는 것을 억제함으로써 세로토닌의 농도를 증가시키는 물질이다. 이런 사실들로 인해서 현재 대중 과학 언론 및 의사들에게 상당히 인기 있는 이론이 제기되었다. 그 이론에 따르면, 우울증은 뇌에서 노르아드레날린이나 세로토닌의 유난히 낮은 농도에 기인한다는 것이다. 그러나 뇌에서 지나치게 낮은 세로토닌 농도가 실제로 우울증을 야기하는 경우는 소수에 지나지 않는다. 선택적 세로토닌 재흡수 억제제가 즉각 세로토닌 농도를 높이는데도 이것이 효과를 나타내기까지는 몇 주일이 걸린다는 사실은 세로토닌과 우울증 사이의 관계가 명백하지 않음을 보여 준다. 게다가 두려움을 호소하는 우울증 환자의 경우에는 세로토닌 시스템이 실제로 원활하지 않을 수 있다. 예를 들어 달리는 기차에 뛰어드는 등의 파괴적인 방법으로 자살한 환자들의 뇌액에서 낮은 농도의 세로토닌과 노르아드레날린이 발견되었다. 이들 환자들의 경우에는 스트레스 호르몬인 코르티솔의 농도도 증가했다. 보상 체계의 화학 전달 물질인 도파민도 우울증 증상에 일조한다. 도파민의 미미한 활동은 우울증 환자들이 더 이상 삶을 즐기지 못하는 원인일 가능성이 크다.

우울증으로 고생한 사람들의 사후 뇌를 연구한 결과, 우리는 시각 교차 위핵, 즉 뇌의 생체 시계가 우울증 환자들에게서 덜 활성화되는 것을 볼 수 있었다. 그것은 우울증 환자들의 밤낮의 주기가 왜 불안정한지를 설명할 뿐 아니라, 왜 광선 요법이 좋은 효과를 발휘하는지 설명해 준다. 기능 영상 연구는 우울증 환자들의 편도체 및 측두 피질과 전전두 피질의 활동에서 변화를 보여 주었다. 편도체에서의 활동 변화가 공황 상태의 원인일 수 있다. 이 뇌 영역의 활동 저하는 부분적으로 증가된 코르티솔의 농도에 기인한 것일 수 있다.

결과적으로 뇌 체계의 전체 네트워크와 다양한 화학 전달 물질이 우울증의 발생에 관여한다. 주요 원인이 되는 뇌 체계는 사람에 따라서 제각각 다를 수는 있지만, 모든 경우에 중심 역할을 하는 것은 스트레스 축이다.

치료법

우울증에 대한 치료법은 다양하다. 이런 치료법들은 언뜻 서로 아무런 공통점이 없는 듯 보이지만, 결국은 모두 스트레스 축의 활동을 정상화시킨다.

선택적 세로토닌 재흡수 억제제는 우울증 치료제로 매우 빈번히 처방된다. 네덜란드 국내에서 약 90만 명이 항우울제를 복용한다. 이 가운데 4분의 3은 침울하긴 하지만 심한 우울증이 아닌데도 항우울제가 처방된다. 그래서 그들에게 이런 의약품들은 사실 별로 도움이 되지 못한다. 선택적 세로토닌 재흡수 억제제는 실제로 그다지 효과적이지 않다. 그 효과도 약물을 복용한 지 2주가 지나야 나타나기 시작하는데, 이 기간에 자살을 시도할 위험이 있다. 이것은 절대 사소한 문제가 아니다. 네덜란드에서는 매년 1,500여 명의 사람들이 스스로 목숨을 끊고, 또 그 열 배에 이르는 사람들이 목숨을 끊으려고 시도하기 때문이다. 그 밖에 선택적 세로토닌 재흡수 억제제의 위약 효과는 약 50퍼센트로 추정된다. 우울증에서 강한 위약 효과는 그다지 특이한 일이 아니다. 우울증에 미치는 위약의 작용은 전전두 피질의 높은 활동과 연관이 있다(16.4 참조). 전전두 피질이 시상 하부를 억제함으로써 스트레스 축의 활동을 정상화시킨다. 경두개 자기 자극이 어떻게 그 효과를 나타내는지도 설명할 수 있다. 인지 요법과 인터넷을 통한 우울증의 성공적인 치료도 이런 기제를 따를 가능성이 크다. 전기 충격이 중증 우울증에 상당히 효과적인데, 어떻게 효과를 발휘하게 되는지는 아직 모른다. 어쩌면 컴퓨터가 반응하지 않을 때 시도하는 방법에서 그 작용 기제를 찾을 수 있을지도 모르겠다. 즉 컴퓨터의 스위치를 껐다가 다시 켜면 작동하는 것과 같은 이치다. 전기 충격 요법의 단점은 기억 장애가 나타날 수 있다는 것이다.

조울증에 통상 처방되는 리튬은 생체 시계에 영향을 미쳐서 과도하게 활동하는 스트레스 축을 억제함으로써 감정을 안정시킨다.

빛도 생체 시계에 영향을 미침으로써 우울증 환자의 감정을 개선한다. 생체 시계의 활동이 높아질수록 스트레스 축에 있는 부신 피질 자극 호르몬 방출 호르몬 세포들을 억제한다. 미국 북부 주에서는 화창한 남부 주에서보다 계절에 의한 우울증이 더 자주 발생한다. 신체 활동도 생체 시계를 자극할 수 있다. 그래서 개를 데리고 산보하는 것에는 이중 효과가 있는데, 이는 산보 중에 만끽할 수 있는 빛과 몸의 움직임 때문이다. 치매 환자들의 경우에도 생활 공간에 빛의 양을 늘림으로써 감정적 개선을 얻을 수 있다(18.3 참조). 항우울증 램프는 햇빛의 역할을 하지만 효과는 그에 미치지 못한다. 구름 낀 날씨에도 자연은 항우울증 램프보다 더 많은 빛을 내기 때문이다. 게다가 그런 발광체에 의한 자극은 이따금 통제 불가능해져서 조증이나 광증을 유발할 수도 있다. 그러므로 광선 요법도 의사의 감독하에 실행되어야 한다. 나이 든 사람들의 경우에 비타민 D의 결핍은 우울증에 걸릴 위험을 높일 수 있다. 비타민 D는 햇빛을 받아 피부에서 생성된다. 그래서 시골 사람들보다 도시 사람들에게서 비타민 D 결핍증이 자주 발생한다. 그러므로 햇빛의 또 다른 보호 기능은 비타민 D 결핍증 예방이다. 밤낮의 주기를 깨뜨리는 것도(예를 들어 하룻밤 못 자게 함으로써) 기분을 밝게 할 수는 있지만 유감스럽게도 오래 지속되지는 않는다.

이런 모든 치료 방법들을 고려할 때 우리는 우울증이 근본적으로 초기 발달 단계의 장애에서 비롯되며 이런 치료법들을 통해 그 원인이 — 뇌 발달 장애가 — 제거되지는 않는다는 사실을 유념해야 한다. 우울증이 그렇게 자주 재발하는 이유가 여기에 있다.

5.4 프래더윌리 증후군

저는 서부 아이오와의 한 시설에서 일하는 사회 복지사입니다. 이곳에서 프래더윌리 증후군 진단을 받은 한 남자를 알게 되었습니다. 이 남자는 42세고, 우리는 지난 1년 동안 그가 정신적, 신체적으로 어떻게 쇠락해 가는지 관찰할 수 있었습니다. 그래서 선생님께서 혹시 네브래스카 주의 오마하 근처에 그 남자를 도와줄 수 있는 의사나 정신과 의사를 알고 계신지 문의하고자 합니다. 그러면 우리가 그 의사에게 연락을 취할 수 있을 겁니다. 그 남자는 같이 있으면 기분이 아주 좋아지는 그런 사람입니다. 그가 정신적인 어려움과 싸우고 있는 모습을 보면 정말 애처롭습니다. 감사합니다.

자동차 부품 공장 사장인 일본의 어느 부유한 사업가는 생물학자 아내와 결혼해 예쁜 두 딸을 낳았다. 그러나 일본에서는 딸이 아버지의 뒤를 이어 회사를 물려받는 일이 가능하지 않았기 때문에, 그 부부는 아이를 하나 더 낳기로 결정했다. 임신 중에 부인은 태동을 지난번 임신 때보다 훨씬 적게 느꼈다. 출산은 예정일보다 3주일 일찍 시작했으며, 앞선 두 아이 때보다 훨씬 더 오래 걸리고 훨씬 더 힘들었다. 그러나 아들이었다! 하지만 아이는 너무 허약해서 젖을 빨지 못했고 소식자[7]를 통해 영양분을 공급받았다. 1년 6개월 후에 아이는 음식을 먹기 시작했다. 그런데 얼마나 잘 먹는지 몰랐다! 아이는 항상 배가 부르지 않는 듯 보였으며 계속 더 달라고 소리를 지르고 갈수록 살이 쪘다. 아이가 네 살이 되었을 때, 〈프래더윌리 증후군〉이라는 진단이 내려졌다. 부모는 아이에게 정신적 결함이 있으며 그래서 지나친 비만증과 당뇨병, 그에 수반되는 온갖 위험과 평생 싸워야 한다는 설명을 들었다. 어머니는 음식이 들어 있는 모든 곳에 전기 자물쇠를 채웠으며, 아들이 끊임없이 먹을 것을 생각하지 않도록 공부를 가르치고 자극하고 새로운 경험을 일깨우는 것으로 하루를 보냈다. 그 결과, 그 아이의 몸집은 프래더윌리 증후군 환자라고 보기에는 놀라울 정도로 정상이었다. 그러나 어머니는 갖은 노력에도 불구하고 아들이 이따금 폭발적으로 분노하는 것만은 막을 수 없었다. 어머니는 일본의 프래더윌리 증후군 협회에 가입했으며 2년마다 개최되는 국제회의에 아들과 함께 참석했다. 이 회의에서는 연구자들과 부모들이 서로 만나 배운다. 부모들은 프래더윌리 증후군을 앓는 자녀들을 종종 회의에 데려온다. 그러면 비행기 안에서 그 엄청나게 통통한 미셰린[8]들이 의자 밖으로 삐져나오는 모습을 볼 수 있다. 유럽, 일본, 인도, 북아프리카에서 온 미셰린들은 손발이 엄청 작고 눈은 전형적으로 아몬드처럼 생겼다. 회의장을 찾아가려면, 그들의 뒤를 쫓아가면 된다. 그곳에서 그 일본 소년의 어머니는 프래더윌리 증후군의 신진대사를 다시 정상화시키는 새로운 성장 호르몬 요법에 대해 들었다. 그 요법은 아무리 비만한 아이들이라도 다시 정상적인

---

7 진단이나 치료를 위해서 체강이나 장기 속에 삽입하는 대롱 모양의 기구.
8 미셰린은 프랑스의 세계적인 타이어 제조 회사이며, 그 회사의 로고는 마치 우주복을 입은 듯한 아주 통통한 인형의 모습을 하고 있다. 여기에서 미셰린은 이 인형을 가리킨다.

몸매를 찾게 해주고 끊임없는 공복감에 종지부를 찍을 수 있다는 것이었다. 다행히도 그 일본인 가족은 값비싼 치료를 받을 경제적 여유가 있었다. 일본 보험 회사는 이 장애에 대한 치료비를 지급하지 않았기 때문이다.

프래더윌리 증후군은 미국에서 H3O 증후군(정신 발달 장애Hypomentia, 저혈압증Hypotonie, 성선 기능 저하증Hypogonadismus, 비만증Obesitas)으로 불린다. 이런 증상들은 특히 시상 하부의 기능 장애에서 기인한다. 비정상적인 출산은 아기의 시상 하부가 제대로 기능하지 못한다는 첫 번째 징후로 간주할 수 있다. 시상 하부는 출산 개시의 타이밍과 출산 진행의 속도 조절에서 적극적인 역할을 하기 때문이다 (1장 참조).

대부분의 프래더윌리 증후군 환자들은 15번 염색체의 작은 조각이 결여되어 있고, 나머지는 그 염색체 전부가 전혀 기능을 하지 못한다. 이 염색체는 아버지에게서 받는 유전자에 위치하고, 그 맞은편에 있는 어머니를 통해 유전되는 염색체는 초기 발달 과정에서 화학적으로 그 기능이 마비되어 있어서, 아버지 쪽에서 받은 유전자가 가진, 결여되거나 기능하지 못하는 부분을 보완하지 못한다. 아버지나 어머니를 통해 물려받은 것이 염색체에 확정된 현상은 〈각인〉이라고 불린다. 프래더윌리 증후군 환자들에게서 우리는 시상 하부의 실방핵, 즉 자율적인 호르몬 조절 중추가 정상보다 3분의 1 정도 더 작으며 옥시토신 뉴런을 정상의 절반 정도만 내포하고 있는 것을 발견했다. 옥시토신 뉴런은 우리에게 포만감을 전달하는 〈포만 뉴런〉이다. 실험동물들에게서 이 뉴런의 기능을 억제하면, 강한 식욕과 비만이 야기된다. 그러므로 프래더윌리 증후군 환자들에게서 옥시토신 뉴런

수의 감소가 아무리 많이 먹어도 포만감을 느끼지 못하는 이유일 수 있다. 우리는 아직까지 15번 염색체의 프래더윌리 증후군 유전자와 시상 하부의 기능 장애 사이의 관계를 찾고 있다.

우리는 프래더윌리 증후군 환자들의 부모와 연구자들의 네트워크를 통해 뉴질랜드의 요양원에서 간호사로 일하는 어느 어머니의 질문을 받았다. 그 어머니는 치매에 걸린 노인들에게서 많이 본 증상들을 서른아홉 살 먹은 아들에게서 발견했다. 혹시 프래더윌리 증후군 환자들은 일찍 노화해서 알츠하이머병에 걸릴 위험이 있을까요? 프래더윌리 증후군 환자들은 최근까지도 대체적으로 일찍 죽기 때문에 이와 같은 질문에 대해서 전혀 생각해 본 적이 없었다. 몇 안 되는 40세 이상의 프래더윌리 증후군 환자들의 뇌 조직에서 실제로 알츠하이머병에서 전형적으로 나타나는 변화를 발견했다(19.1 참조). 그 후로 프래더윌리 증후군 환자들의 조기 치매에 대한 보고들이 프래더윌리 증후군 네트워크를 통해 세계 각지로부터 발표되고 있다(앞의 인용문 참조). 치매가 이미 30세 이전에 시작된다고 생각하는 사람들이 있는가 하면, 40세 무렵 급격하게 악화된다고 말하는 사람들도 있다. 현재 이 현상에 대한 체계적인 연구가 진행되고 있다. 지나치게 이른 알츠하이머병의 발병은 프래더윌리 증후군의 증상에 속하는 것일까 아니면 극도 비만증에 의한 것일까? 결국 비만증은 알츠하이머병의 위험 인자로 알려진 당뇨병, 혈관 질환, 고혈압, 높은 콜레스테롤 농도 같은 증상들을 수반하기 때문이다. 후자의 경우라면, 전 세계적으로 만연하는 비만증 탓에 우리는 뇌의 조기 노화와 알츠하이머병이 폭발적으로 상승할 위험에 직면할 것으로 예상할 수 있다.

5.5 비만증

입으로 들어가는 것은 사람을 더럽히지 않는다. 더럽히는 것은 오히려 입에서
나오는 것이다.

— 마태오의 복음서 15장 11절

시상 하부는 매우 제한된 한도 내에서만 체중을 조절할 수 있다.
그런데도 우리는 하루 평균 1그램씩 무거워지고 있다. 극히 미미한
수치처럼 보이지만 지방 과다증, 비만증, 지방증은 급속도로 전체 지
구촌의 건강 문제로 대두되고 있다. 전 세계적으로 3억 명이 비만증,
10억 명이 과체중이고 이는 당뇨병, 심장 질환, 혈관 질환, 고혈압뿐
만 아니라 암이나 치매에 걸릴 위험도 크게 증가시킨다. 서구 세계에
서 성인의 60퍼센트가 과체중이며 30퍼센트는 비만증이다. 최근 급
격히 증가하고 있는 비만증 아동의 수는 매우 우려되는 수준이다. 미
국에서는 전체 아동의 30퍼센트가 과체중이나 비만증이다. 몇 년 전
부터 나는 미국의 상점에 걸린 거대한 청바지를 볼 때마다 놀라곤 했
는데, 오늘날에는 중국, 일본, 멕시코를 비롯한 어디를 보든 곳곳에서
비만증이 만연하고 있는 것을 관찰할 수 있다.

우리가 음식을 즐거움으로 느끼는 것에는 진화론적으로 커다란 이
점이 있었다. 수백만 년 동안 우리 인류의 발달 무대는 척박한 사바
나 지대였다. 그곳에서 우리는 단 1칼로리라도 몸에서 빠져나가지
않도록 신경 써야 했다. 그리고 오랫동안 척박한 생활을 한 탓에 영
양분 과잉에 대한 방어 기제를 구축하지 못했다. 음식을 과다하게 섭
취할 수 있는 경우는 거의 없었으며, 영양분 과잉은 어김없이 이어

지는 궁핍한 시기에 대비해서 지방질로 비축되었다. 우리의 자율 신경계는 시상 하부의 지시를 받아서 여성은 지방이 허리나 가슴 아니면 엉덩이에 저장하고, 남성의 경우에는 배에 저장한다. 비만증은 끊임없이 과다한 음식 섭취와 육체노동의 감소, 운동 부족으로 발생한다. 게다가 우리는 탄수화물과 지방은 예전보다 더 많이 섭취하는 데 비해서 단백질은 더 적게 섭취한다. 그러나 오늘날 비만한 사람들이 많은 것은 오로지 자제력의 결핍 때문만은 아니다. 여기에는 틀림없이 체질도 한몫한다. 비만증에는 중요한 유전자적 요인도 있다. 쌍둥이와 입양아, 가족에 대한 연구는 유전적 요인들이 각기 체중의 약 80퍼센트를 결정짓다는 사실을 보여 준다.

몇몇 사람들은 극단적으로 비만해져서 심장이 체중을 감당하지 못하는 바람에 일찍 세상을 떠나기도 한다. 또 몸이 너무 비대해져 입원을 해야 하는 경우에, 층계로 옮기지 못하고 기중기를 이용해 창문으로 입실해야 하는 사람들도 있다. 극도 비만증 환자들의 시상 하부에서 식욕과 신진대사를 조절하는 어떤 특정 희귀 유전인자들이 오늘날 알려져 있다. 프래더윌리 증후군은 그런 유전자 변형에 기인한 비만증의 한 형태다(5.4 참조). 이 질환에 걸린 환자들 가운데는 몸에 살이 너무 올라서 늘어진 뱃살이 생식기를 가리는 바람에 남성 환자인지 여성 환자인지 도무지 가늠이 가지 않는 경우들도 있다. 일반적으로 시상 하부는 지방 조직에서 생산되는 호르몬 렙틴의 양을 측정함으로써 우리의 몸이 얼마나 많은 지방질을 비축하는지 인지한다. 그런데 렙틴 유전자나 렙틴 수용체가 돌연변이를 일으키게 되면, 시상 하부는 지방 조직이 부족하다고 판단하고서 끊임없이 먹도록 자극한다. 그 결과 치명적인 형태의 비만증이 발생하는 것이다. 뇌에서 멜라닌 세포 자극 호르몬 α-MSH를 더 이상 생성하지 못하게 하거나 α-MSH의 전달 물질을 더 이상 수용하지 못하게 하는 돌연변이도 발견되었다. 이 물질은 머리카락의 색소 형성 및 식욕 제어를 담당한다. 그러므로 이 체계의 돌연변이는 붉은 머리카락을 가진 아이들의 극도 비만증을 초래한다. 게다가 이런 아이들의 경우에는 사춘기가 찾아오지 않는다. 비만에 걸린 사람들의 4~6퍼센트는 멜라닌 세포 자극 호르몬 α-MSH에 대한 민감성이 떨어져 있다. 또한 코르티코스테로이드 수용체의 돌연변이도 비만증의 원인이 될 수 있다. 마찬가지로 갑상선 호르몬이나 성장 호르몬 또는 성호르몬의 결핍 및 부신 호르몬 코르티솔의 과잉 같은 호르몬 장애도 비만증을 야기할 수 있다.

정신 분열증 치료제 같은 약품들도 극심한 부작용을 일으켜 엄청난 체중 증가를 야기할 수 있다. 그런 약제를 처방받은 한 소년은 급속도로 68킬로그램이 늘었으며, 그러자 절대로 그 약을 복용하지 않겠다고 버텼다.

가령 오로지 밤에만 식욕이 넘치는 증후군이나 폭식증 같은 식장애 및 우울증 같은 정신적 문제들도 비만을 초래할 수 있다. 시상 하부에서의 신경 과정들이 비만증의 원인인 경우는 드물다. 나는 대학 시절 소아과 병동에서 임상 실습을 하는 동안, 엄청나게 비만한 8세 여아를 맡았다. 그런데 그 소녀는 자신은 정말 아주 조금 먹는다고 주장했다. 하지만 분명히 항상 뭔가를 먹고 군것질했다. 그 원인은 시상 하부에서 자라는 종양이었다. 그래서 결코 포만감을 느끼지 못하고 항상 너무 적게 먹는다고 느꼈던 것이다.

1944년과 1945년 사이 굶주림이 네덜란드를 휩쓸었던 겨울에 자궁 안에서 임신 전반기를 보낸 아이들은 성인이 되어서 비만증의 경향을 보였다. 이와 같은 상황에서 태아의 시상 하부는 영양분 부족을 인지하고 섭취된 모든 칼로리를 저장하도록 신체를 조절한다. 그들이 나중에 먹을 것이 넘치는 환경에서 살게 되면 비만증에 걸릴 위험성이 높아지는 것이다. 태반이 원활하게 기능하지 못하거나 산모가 고혈압을 앓고 있었거나 임신 중에 흡연을 한 탓에 아이들이 체중 미달로 태어나면 오늘날에도 이와 같은 문제가 발생한다. 그러나 임신 기간에 산모의 비만이나 신생아의 영양분 과잉 섭취도 훗날 성인이 되어 비만증에 걸릴 위험을 높인다.

비만증 발생에 일조하는 듯 보이는 사회적, 문화적, 환경적 요인들로는 달콤한 간식거리에 대한 광고, 곳곳에 존재하는 값싼 패스트푸드, 그리고 문제나 위기가 닥치면 먹는 것으로 반응하는 습관 등이 있다. 사회 경제적으로 낮은 지위도 비만증의 위험을 높인다. 주변에 널리 유포된 산업 물질들, 이른바 비만 유발 물질은 이미 낮은 농도에서도 비만증을 야기할 수 있다고 최근 새롭게 알려졌다. 사춘기에 성호르몬의 정상적인 기능을 방해하는 물질들(예를 들어 플라스틱 산업에서 유래하는 내분비 장애 요인들)과 에스트로겐, 플라스틱과 염료에 함유된 유독성 유기 주석이 그런 물질들에 속한다.

폭음과 폭식은 진화론적으로 유리한 점이 있으며, 루벤스 시대에는 비만이 아름다운 것으로 여겨졌지만, 오늘날에는 뚱뚱한 사람들이 차별받는다. 현재 널리 퍼진 선입견에 따르면, 뚱뚱한 사람들은 멍청하고 게으르고 자제력이 부족하고 추진력이 없다. 게다가 과도하게 비만한 사람들은 신체적으로 강한 혐오감을 일으킨다. 비만증이 건강을 위협한다는 사실에는 논쟁의 여지가 없다. 그러므로 살을 빼야 할 충분한 이유가 있는 것이다. 그러나 비만증에 대한 가장 효과적인 치료법, 즉 식사량을 줄이고 운동량을 늘이는 방법은 끝까지 고수하기가 쉽지 않다. 최근의 연구 결과에 따르면, 사람이 섭취하는 모든 것의 무게를 측정하는 저울의 도움을 받아 새로운 식습관을 훈련하는 것이 효과적인 듯 보인다. 신비의 묘약으로 예고된 리모나반트(대마초 길항제)는 니코틴 중독과 비만증에 도움이 된다. 그러나 유감스럽게도 그 약제를 이용하면 체중뿐만 아니라 기분까지 저하된다. 그 약제는 우울증과 자살 의도의 위험을 높인다. 그래서 미국 식품의약국FDA에서는 그 약품에 대한 승인 신청을 잠정적으로 철회하였다. 유럽 의약품안전청은 우울증 환자나 우울증의 위험이 있는 환자에게 이 약제를 더 이상 처방해서는 안 된다는 내용을 모든 의사에게 서면으로 알릴 것을 제조사인 사노피에게 요구했다. 시상 하부에 심부 전극을 삽입하는 방법도 실행되고 있지만, 아직까지 효과가 증명되지 않고 있다. 한 가지 알려진 부작용은 환자들에게서 오래전의 기억을 다시 불러내는 것이다(11.3 참조). 어떤 경우에는 이런 심부 전기 자극에도 체중 증가의 부작용이 따른다. 예를 들어 운동 장애를 치료할 목적으로 시상 하부핵에 전극이 삽입된 파킨슨 환자들이 종종 과체중이 되기도 한다.

요컨대 현재와 같은 과잉 사회에서 적당한 몸매를 유지한다는 것은 사실 기적과 같은 일이다.

5.6 군발성 두통

마치 뜨겁게 달아오른 바늘이 눈을 찌르는 것만 같다.

fMRI는 뇌 연구에 매우 중요한 도구이기는 하지만, 이 기술이 임상 치료에서 차지하는 의미는 비교적 미미하다. 하지만 적어도 한 영역에서는 예외다. 군발성 두통의 진단과 치료에서 fMRI 검사는 임상 치료에 대한 새로운 인식과 치료 전략을 제시했다. 다행히 군발성 두통에 시달리고 있는 환자들은 1,000명 중 1명도 안 되지만, 끔찍한 두통 발작이 대부분 두세 달 주기로, 이 병의 이름에서 추측할 수 있듯이 이른바 군발적으로 나타난다. 발작은 15분에서 3시간가량 지속되며, 다음 주기가 시작될 때까지는 발작으로부터 자유롭다. 그러나 환자의 10퍼센트 정도는 발작으로부터 자유로운 단계 없이 거의 날마다 수시로 발작에 시달린다. 어느 환자는 한쪽 눈 주위와 그 뒤편의 통증에 대해 〈마치 뜨겁게 달아오른 바늘이 눈을 찌르는 것만 같다〉라고 묘사했다. 군발성 두통은 참기 어려울 정도로 극심해서 〈자살 두통〉이라고도 불린다. 군발성 두통의 주기 동안에 알코올음료를 마시거나 산소압이 낮은 곳에(예를 들어 해발 약 2,000미터 이상의 산악 지방에) 머물거나 여압이 낮은 비행기의 객실에 있으면 두통 발작이 일어날 수 있다. 군발성 두통은 여자들보다 남자들에게서 더 자주 일어난다.

일련의 요소들을 통해 군발성 두통이 시상 하부의 질환임을 알 수 있다. 첫째, 얼굴의 아픈 쪽에서 발한이나 눈물, 콧물이나 코 막힘, 눈의 충혈 같은 안면 신경계에서 발생된 자율 신경 증상 반응이 나타난다. 또한 때로는 눈꺼풀이 쳐지고 동공도 작아진다. 이 모든 증상들은 자율 신경계의 중추인 시상 하부 활동의 증가를 암시한다.

둘째, 군발성 두통 발작의 발생에서 시상 하부의 생체 시계도 중요한 역할을 한다. 생체 시계(그림 18)는 질병의 주기를 포함한 우리의 모든 밤낮의 주기와 계절의 주기에 중요한 역할을 한다. 군발성 두통의 발작은 종종 밤이나 낮의 특정 시간에 발생하며, 때로는 계절의 변화에 영향을 받기도 한다. 군발성 두통 환자들의 경우에 호르몬의 밤낮 패턴에서 생체 시계가 달라진 것을 암시하는 식의 변화가 나타난다. 게다가 발작이 야기된 것을 생체 시계 영역의 활동을 통해서 알 수 있다.

레이던 대학 병원의 두통 전문가인 미셸 페라리 교수는 군발성 두통이 다른 두통에 비해서 의약품에 잘 반응하기 때문에 진료하기 용이하다고 말한다. 이 두통은 종종 산소나 수마트립탄으로 아주 효과적으로 치료할 수 있고, 칼슘 길항제나 리튬으로 종종 발작이 일어나는 것을 막을 수 있다. 환자의 80퍼센트 정도가 이 치료 방법에 효과적으로 반응한다. 그러나 대개는 병을 제대로 진단하지 못하거나 아니면 아주 늦게서야, 때로는 몇 십 년이 지난 후에서야 비로소 병을 진단한다는 데에 커다란 문제가 있다. 그 사이에 통증 발작에서 벗어나기 위해 안면 신경의 절단에서부터 대대적인 비강 수술을 거쳐 치아를 모조리 뽑는 것에 이르기까지 온갖 가능한 진료 방법이 동원되고 있다.

군발성 통증 발작을 일으키는 동안에 시행된 영상 연구는 시상 하부의 뒷부분, 시상과의 경계 지점에서 회백질의 증가를 보였다. 이것은 발작이 나타난 쪽의 뇌세포 양이 정상보다 많음을 의미한다. 그리고 발작하는 동안 이 부위의 활동이 증가하고, 회복되는 동안 활동이 정지된 것이 fMRI로 관찰되었다. 이후, 활동의 증가가 목격된 시상 하부 뒤편에 심부 전극을 삽입해서 연속적으로 자극했다. 지난 8년 동안 40명 이상의 환자들에게 이 기술이 적용되는 동안 많은 경험이 축적되었다. 두통 발작을 야기하는 부위의 전기 자극은 60퍼센트의 환자들에게서 발작을 사라지게 하는 데다가, 환자들은 치료받기 전보다 더 깊은 수면을 취한다. 긍정적인 효과가 즉시 나타나지는 않지만, 자극을 시작하고 한 달 이내에는 나타난다.

장기적인 전기 자극이 지금까지는 무해한 듯 보이는데, 앞으로 정확히 어떻게 작용할지는 아직 확실하지 않다. PET 스캐닝, 즉 뇌에서 일어나는 활동 변화를 가시화할 수 있는 기술은 이 전기 자극이 시상 하부만이 아니라 다른 많은 뇌 부위들도 자극한다는 것을 보여 주었다. 실제로 이 자극은 통증을 처리하는 데 관여하는 뇌 구조들의 전체 네트워크의 기능 변화를 일으킨다.

작용 기제가 흥미롭긴 하지만, 여기에서 무엇보다 중요한 것은 물론 치료법이 환자들을 효과적으로 도와준다는 사실이다. 어쨌든 우리는 아스피린이 어떻게 작용하는지도 정확히 알지 못한다. 그러나 심부 전극에 의한 자극이 군발성 두통에 실제로 효과적인지는 비교 임상 시험을 해봐야만 확실히 알 수 있다. 그래서 프랑스의 한 연구 팀은 11명의 환자(환자들은 임의로 추출했으며 본인들 모르게 두 집단으로 편성했다)에게 모두 심부 전극을 삽입한 후, 처음 1개월 동안 한 집단의 환자들에게는 자극을 주고 다른 집단의 환자들에게는 자극을 주지 않는 실험을 했다. 일주일의 휴지기 후, 환자들은 각기 지난달과 반대의 치료를 받았다(교차 테스트). 이렇게 2개월에 걸친 실험 후, 전기 자극이 있었던 달과 없었던 달 사이에서 어떤 차이도 발견되지 않았다. 달리 말해, 이 치료법의 실효성이 입증되지 못한 것이다. 물론 실험 집단이 소규모였고 전기 자극이 최적의 조건에서 주어진 것이 아니었다고 이의를 제기할 수 있을 것이다. 어쨌든 이 실험 후, 11명의 환자 전원에게 1년 동안 전기 자극이 계속되었다. 11명 중 6명은 여기에 긍정적으로 반응했다. 예상했던 결과였지만, 아직 비교 임상 시험에서 그 실효성이 증명되지는 않았다. 그래서 윤리위원회의 동의를 얻은 후, 자극을 번갈아 가며 작동하고 중단하는 식의 실험에 한 번 더 참여할 수 있겠느냐고 환자들에게 물었다. 그러나 환자들은 이 제안을 거절했다. 군발성 두통이 예전처럼 심각하게 재발할까 봐 두려웠기 때문이었다. 그래서 현재까지 증명된 것이 아무것도 없다. 그동안에 기존의 전기 자극 방법보다 훨씬 덜 과격한 방법인 후두부의 피하 신경을 자극하는 것도 마찬가지로 효과적일 수 있다고 밝혀졌다. 그러므로 군발성 두통 환자들에게 과연 전극을 뇌 깊숙이 삽입할 필요가 있는지에 대한 상당히 다양한 의견들이 있다. 임상 연구는 결코 간단하지가 않다.

5.7 기면증: 웃다가 고꾸라지다

그가 방안에 들어서기만 하면, 기면증 환자들은 웃기 시작했으며 그러다 완전히 지쳐서 바닥에 쓰러졌다.

기면증은 수면 장애다. 이 질환에 걸린 사람들은 낮에는 이상하게 졸리고 집중력이 떨어지며, 밤에는 자다 깨기를 반복한다. 심각한 일이지만, 이러한 수면 장애는 뇌 질환만의 특성이 아니다. 기면증 환자들은 종종 과체중에 시달리는데, 물론 과체중은 매우 흔하게 발생하는 증상이니, 이것도 기면증과 아무 관계가 없을 수 있다.

기면증은 일련의 특이한 증상을 나타낸다. 감정적인 일에 부딪치면, 많은 기면증 환자들은 순간적으로 팔과 다리의 근육에 긴장이 풀리면서 바닥에 쓰러진다(그림 19). 웃음이나 공포가 그들을 축 늘어지게 만들어서, 그들은 마치 의식을 잃은 듯이 보이지만 나중에 주변에서 무슨 일이 있었는지 정확하게 묘사할 수 있다. 이런 특징적인 증상은 〈탈력 발작〉이라고 불린다. 우리 박사 과정생들 중에는 쾌활하고 재치 있는 친구가 하나 있었는데, 그 친구가 방안에 들어서기만 하면 기면증 환자들은 웃음을 터뜨렸다. 그러다 탈력 발작 증상이 있는 사람들은 그대로 바닥에 고꾸라졌다. 그래서 그는 우리의 연구를 위한 비밀 병기가 되었다. 탈력 발작의 전력이 있는 환자가 fMRI 스캐너 안에 누워 있는 동안 재미있는 만화를 보여 주면 감정에 관여하는 뇌 회로에서 과잉 반응이 나타나고, 그에 대한 반응으로 보이는 전전두 피질 내에서 억제 기능을 하는 부위가 활성화되는 것을 볼 수 있다. 그 웃음 발작에 이은 탈력 발작에서 이 질병의 원인인 시상 하부의 활동은 감소한다.

기면증 환자들은 때때로 이 질병의 전형적인 특징이 아닌 수면 장애 증상도 보인다. 그런 경우 환자들은 잠에서 깨어난 후에 종종 몇 분 동안 몸을 움직이지 못한다. 〈수면 마비〉라고 불리는 이런 현상은 아주 무시무시한 경험일 수 있다. 게다가 기면증 환자들은 종종 각성과 수면 사이의 과도기에 아주 실감 나는 꿈을 꾸는데, 대개 악몽인 경우가 많다. 〈입면 환각〉이라고 불리는 이런 꿈은 아주 강렬해서 기면증 환자들이 현실성을 상실할 수 있다. 어떤 여성 환자는 종종 잠에서 깨어나면서 치아가 모조리 빠지는 환각을 일으켰는데, 나중에 치과 치료를 받으면서 그 치료가 환각이 아니라 실제 상황이라는 것을 깨닫지 못했다. 그 여인은 환각 속에서처럼 치료를 받다 말고, 어리벙벙해하는 의사를 그대로 둔 채 별안간 병원을 뛰쳐나갔다. 난쟁이들의 칼에 찔리거나 죽은 사람의 몸속에 들어가거나 끔찍하고 잔인한 죽음을 맞이하는 환각을 일으키는 사람들도 있다. 입면 환각은 때로는 정신 분열증의 환각과 비슷해서, 간혹 임사 체험(臨死體驗)과 유사한 유체 이탈 체험을 하게 된다. fMRI 검사는 임사 체험의 경우처럼 산소 결핍에 의한 활동 변화가 실제로 측두엽에 나타나는 것을 보여 준다(16.3 참조).

기면증의 증상들은 히포크레틴(또는 오렉신)이라고 불리는 시상 하부에 있는 화학 전달 물질의 결핍에 의해 야기된다. 시상 하부에서 히포크레틴을 생산하는 세포들이 아직까지 알려지지 않은 모종의 이유에서 퇴화하면 기면증 증상들이 나타난다. 이 과정은 뇌 척수액의 히포크레틴을 측정함으로써 추적할 수 있다.

뇌가 히포크레틴의 메시지를 수용할 수 없을 때에도 탈력 발작을 수반하는 기면증이 발생할 수 있다. 정확히 말하면 히포크레틴 수용체, 즉 히포크레틴의 메시지를 받아들이는 단백질의 유전자 DNA에서 작은 변화가 나타나기 때문이다. 히포크레틴 수용체의 이런 돌연변이는 인간에게서는 드물게 나타난다. 내가 객원 교수로 있었던 미국 스탠퍼드 대학교에 이런 돌연변이를 가진 개가 한 마리 있었다. 그 개를 보려면, 먼저 일련의 창구를 지나서 이런저런 서식 용지를 채우

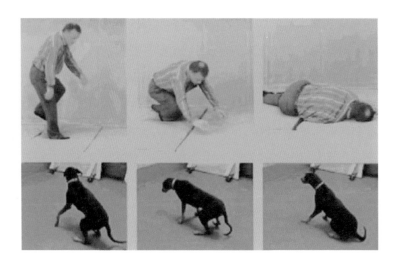

그림 19 기면증은 환자들이 낮에는 이상하게 졸리고 밤에는 자다 깨기를 반복하는 수면 장애이다. 웃거나 깜짝 놀라는 등의 감정적인 체험을 하게 되면, 기면증 환자들은 갑자기 팔과 다리의 근육에 긴장이 풀리면서 바닥에 쓰러진다. 그들은 의식이 있는데도 없는 듯 보인다(위쪽 사진). 이런 증상은 〈탈력 발작〉이라고 불리며, 시상 하부에서 유래하는 화학 전달 물질(히포크레틴=오렉신)의 결핍에 기인한다. 탈력 발작을 수반하는 기면증은 뇌가 히포크레틴의 정보를 수용할 수 없는 경우에도 발생할 수 있다. 커다란 도베르만[9]도 이 병에 걸렸다(아래쪽 사진). 그 개는 무척 좋아하는 통조림 고기를 먹게 되자, 완전히 제정신을 잃고 뒷다리를 구부린 데 이어 앞다리를 구부리더니 결국 약 2분 정도 옆으로 폭삭 고꾸라져 있었다.

고 온갖 안전 수칙과 복장 규정을 준수해야 한다. 스탠퍼드에서는 동물실에 들어가는 비용이 너무 커서 〈개〉 한 마리의 유지 비용이 어지간한 〈박사후 연구원〉 한 명의 유지 비용보다 더 많이 든다고 연구팀장은 한숨지었다. 우리는 개가 아주 좋아하는 통조림 고기를 가져갔다. 그 커다란 도베르만은 실제로 꼬리를 흔들며 기뻐서 어쩔 줄을 몰랐다. 그러더니 먼저 뒷다리를 구부린 데 이어 앞다리를 구부리더

---

9 독일 원산의 대형견.

니 결국 옆으로 폭삭 고꾸라졌다(그림 19). 30분 후에 개는 다시 정신을 차리고서 좋아하는 고기에 덤벼들었다. 우리는 슬며시 그곳을 빠져나와 개 우리의 문을 닫고는 통제실로 돌아갔다. 그때 별안간 내 뒤에서 토닥토닥 걸음 소리가 들렸다. 나는 몸을 돌려서, 머리통이 내 어깨까지 닿는 커다란 도베르만의 눈을 똑바로 바라보았다. 맛있는 고기를 더 얻어먹고 싶어서 내 뒤를 따라온 것이다. 개가 어떤 식으론가 문고리를 딴 것이 분명했다. 그런 돌연변이는 지능에 부정적인 영향을 미치지 않는 듯 보였다.

5.8 감정 없는 홍소 발작

한 품위 있는 신사가 르 그랑, 뒤레, 그리고 나에게[의사들] 조언을 구하려고 부인을 이 도시에 데려왔다. 의사들은 왜 그 부인이 아무 이유 없이 울고 웃는지 알아내야 했다. 하지만 아무도 그 부인을 낫게 할 수 없었다. 우리는 백방으로 손을 썼지만 별로 소용이 없었다. 결국 그 신사는 우리를 찾아왔을 때 상태 그대로 부인을 도로 데려갔다.

— 앙브루아즈 파레[10]

1966년 나는 뮌헨 막스 플랑크 정신의학연구소의 에밀 크레펠린 객원 교수로 초빙받았다. 그곳은 연구와 임상 치료를 탁월하게 연결 짓는 것으로 유명한 연구소였다. 그곳에서 교육을 받는 예비 의사들

---

10 Ambroise Paré(1510?~1590). 프랑스의 외과 의사. 근대 외과 의학의 아버지라 불린다.

은 아침에는 외래 병동의 정신과에서, 오후에는 실험실에서 시간을 보낸다. 그 연구소의 중점 분야는 내 연구의 핵심 영역이기도 한 우울증 연구였다. 우리는 많은 우울증 환자들의 사후 뇌 조직을 연구했으며, 그들의 스트레스 축이 과잉 활성화된 사실을 보였다(5.3 참조). 그 연구소는 우울증 환자들의 혈액 분석을 실행했는데, 그 결과 역시 마찬가지로 스트레스 축의 과잉 활동을 시사했다. 그러므로 그 초빙은 모든 점에서 내 연구에 유익했을 뿐만 아니라 개인적으로 커다란 영예이기도 했다. 그런데도 내 마음은 갈등했다. 그 연구소는 이미 나치 시대에 정신병 환자들과 정신적 장애에 시달리는 사람들의 안락사 및 우생학 분야에서 주도적인 역할을 했기 때문이었다. 제2차 세계 대전 동안 독일에서는 22만 명 이상의 정신 분열증 환자들이 불임 시술을 받거나 살해되었다. 당시 독일에 살고 있던 모든 정신 분열증 환자의 75~100퍼센트가 죽음에 이르렀다고 알려졌다.

그날 저녁 나는 아버지를 찾아가서 내 딜레마에 대해 털어놓았다. 아주 매혹적인 초빙과 나치 시대의 어두운 전력이 있는 연구소 사이에서 어떻게 결정해야 할지 모르겠다고 말이다. 아버지는 2초 동안 생각하더니 말했다. 「그들에게 가서 우리가 아직 여기에 있다고 말해주어라.」 나는 그 말대로 했다. 독일의 네덜란드 점령, 홀로코스트, 연구소의 과거에 대해 말하는 것은 내가 미리 우려했던 것처럼 어렵지 않았다. 플로리안 홀스부어 연구소장은 스위스인이었으며, 연구팀장들은 다양한 국적의 소유자들이었다. 그리고 그 국제적인 연구소에서의 일상어는 영어였다. 게다가 독일 동료들조차 연구소의 과거에 대해 매우 잘 알고 있었다. 지하실에는 살해된 모든 환자들의 임상 기록이 전형적인 독일식으로 면밀하게 정리되어 있어서, 연구소의 끔찍한 역사에 대한 학문적인 출판 자료로 이용되었다.

외래 병동에서 나는 아무런 이유도 없이 날마다 몇 차례씩 기계적으로 크게 웃음을 터트리는 한 부인을 만났다. 무엇보다도 섬뜩한 점은 그 웃음에 응당 딸려야 하는 감정을 전혀 찾아볼 수 없다는 사실이었다. 누군가가 매우 희귀한 병에 걸렸다고 즉시 결론을 내려서는 안 된다는 사실을 알고 있었지만, 나는 이것이 시상 하부 과오종[11]의 증상이 아닐까라는 생각을 떨칠 수가 없었다. 그 직전에 나는 우연히 암스테르담에서 수집한 뇌들 가운데 하나의 시상 하부에서 그런 과오종을 발견하고 그에 관련한 모든 글을 읽은 터였다. 암스테르담의 환자에게는 아무런 증상도 발견되지 않았다. 나는 시상 하부에 그런 식의 특이한 홍소 발작을 일으키는 결절이 있는 환자를 결코 본 적이 없었다. 그런데 스캔 사진에서 실제로 그 결절을 식별할 수 있었다. 결절은 시상 하부 뒤편의 유두체에 위치했다(그림 18). 그 작은 결절은 자라지는 않는다. 종양이 아니라 발달 장애이기 때문이다. 이 결절은 발달 초기에 시상 하부의 정상적인 위치에 이르지 못한 신경 세포군이 모여서 만들어진 것이다. 결절은 해당 환자들의 절반 정도에서 홍소 발작으로 이어지는 간질병적인 활동을 일으킨다. 이것은 홍소 간질 발작이라고 불린다. 일부 환자들에게서는 웃음과 경련성 울음이 번갈아 가며 나타난다. 때로는 국부적인 간질 활동이 경련과 졸도를 동반하는 전형적인 간질 발작으로 넘어가기도 한다. 과오종 증상을 근거로 시상 하부 뒤편에 〈웃음 중추〉가 있다고 추정되지만, 그보다는 이 위치에 있는 결절이 다양한 뇌 회로를 활성화시켜서 이런

11 조직이나 구성세포가 비정상적으로 성장하는, 양성 종양과 비슷한 병변.

특이한 행동을 야기할 가능성이 더 크다.

과오종은 여러 종류의 호르몬을 생산하며 더욱이 아이들에 사춘기가 너무 일찍 찾아오게 할 수도 있다. 게다가 아이들의 경우에는 ADHD, 반사회적 행동, 지적 퇴화 같은 정신병적인 문제들의 원인이 될 수도 있다. 인지 장애는 기억력의 토대를 이루는 유두체의 손상에 의해 발생할 가능성이 크다(14.3 참조). 시상 하부의 과오종은 비만증과 분노 발작도 야기할 수 있다. 비정상적인 호르몬 생산은 경우에 따라서 약으로 치료 가능하다. 더불어, 수술을 통해 과오종을 제거하거나 방사선 치료를 통해 국부적으로 차단하여 간질병적인 발작이나 비정상적인 행동을 치료할 수도 있다.

그러나 자발적인 홍소 발작 사례를 연구할 때는 우선 다른 원인들의 가능성을 배제해야 한다. 이는 홍소 발작이 뇌하수체의 혹이나 다른 종양, 다발성 경화증, 뇌의 다양한 발달 장애 같은 다른 원인들에 의해 발생할 수도 있기 때문이다.

나와 같은 연구원이 실제로 그런 희귀한 경우를 정확히 진단할 수 있는 경우는 무척 드물다. 그래서 나중에 나는 내 입가에 살며시 미소가 번지는 것을 느꼈다. 물론 여기에 상응하는 감정을 동반하고 말이다.

5.9 신경성 거식증은 뇌 질환이다

이 질병의 정확한 성질이 아직 정립되지는 않았지만, 시상 하부에서 기인하는 것만은 틀림없다.

거식증을 유도하는 사람에게는 최대 3년의 금고형과 5만 유로의 벌금을 선고할 수 있는 법안이 프랑스 의회에서 만들어졌다. 이 법안은 패션계의 극도로 비쩍 마른 모델들뿐만 아니라 〈프로아나〉[12] 사이트들도 겨냥한 것이었다. 프랑스 장관은 그 사이트들이 〈죽음의 메시지〉를 유포하고 있다고 주장했다. 프랑스 패션계는 건강한 신체 이미지를 홍보할 것이며 극단적으로 마른 모델을 세우지 않겠다는 합의서에 서명했다. 영국 의사협회도 비정상적으로 마른 모델들과 식장애의 발생 사이에 연관성이 있음을 인정했다. 그리고 네덜란드에서 거식증에 걸린 16세 소녀가 고등학교에서 퇴교 조치를 당했다는 언론 보도가 있었다. 그 소녀의 체중은 겨우 20킬로그램이었다. 갑자기 모두 그 소녀를 보면 거식증에 걸린다는 신화에 푹 빠진 듯이 보였다. 예전에 동성애를 전염병으로 여겼듯이, 지금은 부당하게도 거식증을 그렇게 여기고 있다(3.4 참조). 동성애나 거식증에 전염성이 있다는 증거는 어디에도 없다. 생후 9개월에 실명한 여자가 열여덟살에 전형적인 신경성 거식증에 걸린 사실은 거식증이 누군가를 모방해서 생기는 병이 아니라는 것을 보여 준다. 게다가 세간에 널리 퍼진 추측과는 반대로 거식증이 증가한다는 증거도 없다. 다이애나 왕세자비, 스웨덴의 왕위 계승자 빅토리아 공주, 제인 폰다를 비롯한 많은 유명 인사들이 이 병에 걸렸다고 고백한 후로, 식장애에 걸린 사실을 용감하게 털어놓는 여자들이 점점 늘어나고 있다.

거식증이 위험한 질환이라는 말에는 아무도 이의를 제기하지 않을 것이다. 거식증 환자의 약 5퍼센트가 목숨을 잃는다. 환자들의 약

12 Pro-Ana. 찬성을 의미하는 프로pro와 거식증을 의미하는 아나anorexia로 이루어진 신조어로서 거식증 예찬론자들을 일컫는다.

93퍼센트가 여성이다. 이는 여성적으로 분화된 뇌에서 거식증에 걸릴 위험이 더 크다는 것을 암시한다(3.1 참조). 거식증 환자들에게 새로운 식습관을 훈련시키는 인지 요법, 만도미터 방법이 스웨덴에서 개발되었다. 그러나 물론 이 치료법이 병의 원인에 대해서는 말해 주지 않는다.

이 병의 모든 증상은 이 병이 시상 하부 질환일 것이라는 것을 암시한다. 거식증에 걸리면, 식장애와 체중 감소뿐만 아니라 폐경, 성호르몬 농도의 저하, 성욕의 감소, 갑상선 기능 장애, 부신의 활동 증가, 수분 대사 및 밤낮 리듬의 장애가 발생한다. 여자들은 체중이 심하게 줄어들면 월경이 중단된다. 이것은 진화론적으로 커다란 이점을 가진 일종의 방어 기제이다. 스스로 먹기에도 부족한 식량 환경에서 여성이 임신을 해서는 안 되기 때문이다. 그러나 식장애를 가진 여성들의 20퍼센트는 이미 체중이 줄기 전부터 월경이 중단된다. 이것은 시상 하부에서 일차적인 질병이 있음을 나타낸다. 체중이 다시 정상화되어도 갑상선이나 부신 기능의 장애 같은 일련의 증상들은 사라지지 않는다. 정상 체중으로 돌아온 후에도, 칼로리나 식료품의 정확한 배합 등 음식에 관련한 모든 문제에 극단적으로 집착하는 성향도 계속 지속될 수 있다. 예를 들면 급성 거식증을 극복한 어느 여성 환자는 여성 잡지에 요리 레시피를 작성하는 일을 한다. 지속적인 증상들은 이 질병의 진행이 뇌에서 일어나며 거식증의 증상들이 단지 체중 감소에서 비롯되는 것이 아님을 보여 준다. 많은 거식증 환자들의 경우에, 그들이 다시 정상적으로 음식을 먹어도 실제로 병이 완쾌된 것일까에 대해서는 토론의 여지가 있다.

이 질병이 시상 하부에서 진행된다는 마지막 논거는, 낭종이나 종양 같은 다른 비정상적인 과정이 시상 하부에서 발생해도 신경성 거식증의 모든 증상이 나타날 수 있다는 것이다. 실제로, 거식증 환자의 부검에서 때로는 시상 하부의 손상이 발견되기도 한다. 신경성 거식증 때문에 오랫동안 정신병 치료를 받은 어느 여성 환자의 경우에는, 얼마 후 다른 신경병 증상들도 나타났다. 정밀 검사 결과, 시상 하부에서 종양이 발견되었다. 물론 이런 상대적으로 드물게 발생하는 사실들이 모든 신경성 거식증 환자들의 시상 하부에 종양이 있음을 의미하지는 않는다. 그러나 시상 하부의 일차적인 질병이 거식증의 모든 증상을 야기할 수 있고, 이 병을 완전히 설명할 수 있다. 사실, 신경성 거식증의 말기에 MRI 검사를 해보면, 뇌가 수축해서 다양한 행동 장애 및 인지 장애가 우려되는 것으로 나타난다.

우리는 아직 거식증의 정확한 성질을 파악하지 못했다. 그러나 여성이라는 성별과 더불어 특정한 유전적인 요인들이 발병의 위험을 높이는 것은 분명하다. 여기에 관여하는 일련의 유전자들이 알려져 있다. 극도로 많은 스트레스를 안겨 주는 체험, 생활 속의 사건이 병의 직접적인 원인일 수도 있다. 그러나 이 질환에 쉽게 걸리도록 만드는 요인들은 이미 자궁 안에서 뇌 발달 시에 영향을 미쳤을 가능성이 다분하다. 거식증 환자들은 다이어트하는 동안에 뇌에서 방출되어 배쪽 선조체(그림 16)의 보상 중추를 활성화하는 아편류 물질에 중독되어 있기 때문에 계속 다이어트를 지속할 가능성이 있다. 그러나 어떻게 그 상황에 이르게 되었는지는 아직 의문으로 남아 있다. 나는 자가 면역 과정이 문제 된다는 이론을 지지하는 편이다. 영양분 섭취와 신진대사 조절에 관여하는 시상 하부의 화학 전달 물질에 대한 항체가 실제로 거식증 환자의 혈액에서 발견되었다. 거식증 환자의 사후 뇌를 현미경으로 조사해 봐야만 실제로 어떤 질병 과정이 문제 되는지 밝힐 수 있을 것이다. 그러나 여기에 필요한 부검은 진료를 맡은 의사와 치료사들뿐만 아니라 (치료된) 환자들에게서도 거센 저항에 부딪힌다. 과거에 거식증 환자였던 여성은 자신이 다시 건강해진 것으로 보아서 절대 뇌 질환이 거식증의 원인일 리 없다고 말했으나, 사실 나는 그녀가 무슨 논리로 이런 말을 하는지 이해하지 못했다. 다행히도 많은 질병이 저절로 사라진다. 또 다른 여성 환자는 모든 것이 〈삶에 대한 태도〉에 따라 결정되는 것이라며, 뇌 질환에 대한 개념을 무시했다. 그것이 마치 뇌와 아무런 상관이 없는 양 말이다.

6장
중독성 물질

6.1 대마초와 정신병

대마초는 순수함을 상실했다.

중독성 물질은 인류의 역사와 함께해 왔다. 그러나 모든 사회와 집단은 서로 다른 기준으로 특정 중독성 물질의 허가 여부를 결정해 왔다. 나는 60년대에 한 손에는 와인 잔을 다른 한 손에는 담배를 들고서, ⟨머리를 길게 기르고 일하기 싫어하는 불량한 무리들⟩의 마리화나 소비를 날카롭게 비난하는 사람들을 보며 어안이 벙벙하지 않을 수 없었다. 중독성 물질은 우리의 뇌에서 직접 생산되는 화학 전달 물질과의 유사성을 통해 뇌에 영향을 미친다. 뇌세포는 일련의 아편이나 대마초와 유사한 일련의 물질(카나비노이드)을 생산한다. 담배 안에 들어 있는 니코틴은 화학 전달 물질 아세틸콜린과 같은 효과를 낸다. 이처럼 중독성 물질은 자연적인 화학 전달 물질의 작용이나 유용성에도 영향을 미칠 수 있다. 예를 들어 엑스터시XTC[1]는 화학 전달 물질 바소프레신, 옥시토신, 세로토닌의 양을 증가시킨다. 그래서 어떤 마약을 중단하게 되면 뇌의 기능이 더 이상 최적의 상태를 유지하지 못하고, 비참하게 느껴지고, 마약을 다시 복용하고 싶은 억제할 수 없는 충동에 휘말린다. 모든 마약은 직접적이든 간접적이든, 아편 체계(그림 16)를 통하든 통하지 않든, 뇌의 도파민 보상 체계에 영향을 미친다. 이 두 체계는 성행위를 비롯한 많은 정상적인 자극의 보상 효과에 매우 중요한 역할을 한다. 아편을 복용하고 잠깐 동안 느끼는 행복감이 종종 성적인 어휘로 묘사되는 것도 우연은 아니다. 아편 복용은 결국 같은 보상 체계를 활성화시키기 때문이다.

유사 이래 대마초는 긴장 완화 및 종교적이거나 의료적인 목적에 이용되었다. 마리화나의 치유력에 대한 기록은 약 5,000년 전에 중국에서 처음으로 등장했다. 서구 사회에서도 의술 분야에서 마리화나의 활용은 새로운 것이 아니다. 이미 빅토리아 여왕이 생리통에 마리화나를 사용했다고 전해진다. 최근에 대마초는 되살아나고 있으며, 현재 네덜란드에서는 처방전만 있으면 그 작용 물질인 델타 9(Δ^9)-테트라하이드로카나비놀THC을 약국에서 구입할 수 있다. 통증, 불안, 수면 장애, 화학 요법을 받는 암 환자의 메스꺼움, 녹내장을 억제하는 데 THC의 잠재적 효능이 연구되고 있다. 녹내장의 경우에는 THC가 안압을 떨어뜨리기 때문이다. 그 밖에 비교 임상 시험에서 그 효과가 아직 입증되지는 않았지만 마리화나가 다발성 경화증 환자들의 경직을 감소시킨다는 주장이 있다.

대마초는 뇌에 영향을 미친다. 뇌세포 스스로 대마초와 유사한 물

1 화학 물질을 합성해 만든 인공 마약.

질들을 생산하기 때문이다. 첫 번째로 아난다미드Anandamid라고 불리는 물질이 있다. 〈아난다Ananda〉는 산스크리트어로 〈행복〉이라는 뜻이다. 아난다미드의 메시지를 뇌세포에 전달하는 단백질, 즉 수용체는 주로 선조체(행복감을 느낀다), 소뇌(마리화나 섭취 후의 불안정한 걸음걸이를 설명해 준다), 뇌 피질(생각이 제대로 이어지지 못하고 끊어지는 혼란이 발생한다), 해마(기억력 장애에 시달린다)에 위치한다. 그 밖에 혈압과 호흡을 조절하는 뇌간 부위에는 이 수용체가 없다. 그래서 아편과는 달리 대마초의 경우에는 과다 복용으로 인해 사망하는 일이 불가능하다.

네덜란드에서는 대마초의 품질이 상당히 개선되어서 습관성이 거의 없는 약한 마약이었던 대마초가 중독성 환각제로 변하고 있다. 단 브륄은 19세의 나이로 암스테르담의 가장 유망한 조정 선수였다. 경기에서 패하고 돌아온 어느 날 심장이 마구 뛰는 것을 느낀 그는 마음을 진정시킬 생각으로 여자 친구 집에서 조인트[2]를 몇 대 피웠다. 그는 갑자기 표정이 바뀌면서 주방으로 달려가 칼을 들어 자신의 심장을 찔렀다. 단 브륄은 그날 저녁을 넘기지 못하고 숨을 거두었다. 20세의 여성 수잔은 다량의 대마초를 피운 뒤 정신 이상 증세를 보였다. 환각을 일으켰으며 극도로 불안한 상태에서 정신 병원에 이송되었다. 정신 병원에서는 정신 분열증 진단을 내렸다. 정신 분열증은 이미 자궁 안에서 시작되는 뇌의 발달 장애다(10.3 참조). 그러나 최초의 정신 이상은 16~20세 이전에는 나타나지 않는다. 성호르몬의 순환은 사춘기와 더불어 시작되는데, 이 성호르몬의 순환이 청소년들

---

2 해시시나 마리화나 담배.

의 뇌에 엄청난 부담을 주어 정신 분열증 증상을 일으킬 수 있기 때문이다. 대마초도 마찬가지다. 대마초를 피운 뒤 처음으로 정신 분열증 증세를 보여 병원으로 이송된 청소년들은 대마초를 피우지 않았어도 몇 개월 후에는 정신병에 걸릴 가능성이 많다. 다른 한편으로 대마초 복용자들은 정신 분열증에 걸릴 위험이 실제로 두 배나 더 높다는 연구 결과들이 있다. 정신 분열증 발작에서 벗어나 안정기에 접어든 환자들은 대마초를 피우면 병이 재발할 수 있다. 정신 분열증 환자들의 뇌에서 고유의 대마초 체계가 활성화된다는 최근의 발견은 대마초 복용과 정신병 사이의 관계에 대해 특별한 관심을 일깨운다. 현재 연구자들은 이 체계가 정신 분열증 치료제를 위한 새로운 실마리를 제공할 수 있을지 연구하고 있다.

몇 년 동안 날마다 마리화나를 피운 성인 남자들은 해마 위축(해마는 기억에 중요한 역할을 한다), 편도체 위축(불안과 공격성 및 성 행동의 변화를 야기한다), 뇌량(좌뇌와 우뇌의 연결)의 섬유 형성 장애의 위험이 있었을 뿐만 아니라 정신병에 걸릴 성향도 더 높다. 그러나 이 경우에도 이런 경향이 이미 대마초를 피우기 전부터·있었는지는 알 수 없다.

대마초 흡연 후에 나타나는 모든 정신 이상이 정신 분열증의 발병을 예고하는 것은 아니다. 네덜란드 출신의 대학생 헤라르트는 미국의 뉴멕시코에서 루프 없이 5미터 높이의 암벽을 기어오르는 스포츠 종목인 볼더링에 참여했다. 저녁에 모닥불 가에서 동료 등반가가 그에게 조인트를 한 대 권했다. 조인트를 네 모금쯤 빨았을 때 환각이 보이면서 섬광이 번득이는 듯하더니 갑자기 몸이 무척 더워지고 목이 타들어 가고 심장 부근이 뜨거워지고 심장 박동이 불규칙해지고 다리에 힘이 빠지더니 그는 두 차례 정신을 잃었다. 동료 등반가들은 그를 엘파소의 병원으로 데려갔다. 그곳에서는 헤라르트에게 〈배드 트립bad trip〉[3]이라는 그다지 명료하지 않은 진단을 내리고서 다시 퇴원시켰다. 이미 전날 다른 등반가 한 명도 같은 상자에 있던 조인트를 피운 뒤 같은 문제를 일으킨 사실이 나중에 밝혀졌다. 나머지 조인트는 모두 폐기되었다. 다음 날에도 헤라르트는 지극히 평범한 현상들이 기이하게 보이고 세상이 비현실적으로 여겨지는 데다가(현실감 상실) 무척 피곤했을 뿐 아니라 감각 인지에 이상을 느꼈다. 그러다 며칠 후에는 다시 회복되어 다음 등반 코스를 향해 출발했다. 그러나 〈배드 트립〉이 있은 지 한 달 후 3일간의 힘겨운 등반 코스를 오르고 나서 갑자기 다시 이전에 느꼈던 것과 같은 증상들이 나타났다. 현실감 상실은 물론이고 마치 자신이 로봇처럼 행동하고 아주 멀리에서 자신을 보는 듯한 느낌(이인증)[4]이 들었다. 헤라르트는 자주 기절 발작을 일으켰으며 주의력 집중에 심각한 문제를 드러냈다. 특히 이 두 번째 발작은 그를 무척 불안하게 만들었다. 네덜란드로 돌아온 후 의사들은 헤라르트가 대마초에 대해 격렬한 반응을 일으킨 원인을 찾기 위해 다각적으로 노력했다. 다행히도 그는 정신 분열증과 유사해 보이는 전형적인 정신병 증세를 보이지 않았다. 단지 높은 함량의 THC에 의해 중독되었을 가능성이 있었다. 멕시코 국경 근처에서 재배한 대마초는 다른 곳에서 재배한 것보다 훨씬 더 강하다고들 한다. 혹자는 THC가 신체적으로 힘든 일을 하는 경우에 다시 방출할 수 있도록 지방 조직에 매우 오랫동안 저장된다는 이론을 제시한다. 또한 미국인들이 담배와 혼합하지 않고 100퍼센트 〈순수〉 대마초만

---

3 강력한 환각제 LSD 등에 의한 무서운 환각 체험.
4 자신이 낯설게 느껴지거나 자신으로부터 분리, 소외되었다고 느끼는 상태.

피우는데 이것도 상당히 큰 부작용을 일으킬 수 있다. 이따금 암스테르담에서 담배에 THC를 지나치게 많이 쑤셔 넣는 미국인들을 볼 수 있다. 다른 가능성은 헤라르트가 피운 조인트에 화학 물질이나 불순물이 살포되었거나, 제초제나 〈엔젤 더스트〉[5]가 섞였을 가능성도 있다. 유감스럽게도 이런 모든 가능성들은 추후에 확인해 볼 수 없었다. 다행히도 헤라르트는 현재 건강을 되찾았다. 그는 얼마 전부터 다시 대학에 다니고 있으며 10점 만점에 9.5점으로 예비 시험을 통과했다.

대마초는 순수함을 상실했다. 대마초는 예전보다 훨씬 더 독해졌으며 60년대에 생각했던 것처럼 무해하지 않다. 일부 사람들에게서 대마초 복용은 치명적인 결과를 낳을 수 있다. 하지만 담배나 알코올이 우리 사회의 수많은 사람들에게 야기하는 엄청난 악영향에 비하면 대마초 복용은 비교적 문제가 적다고 할 수 있다.

6.2 엑스터시: 즐거움에 이어 뇌 손상이 찾아온다

나를 먹어라, 나는 마약이다. 나를 먹어라, 나는 네게 환각을 일으킨다.
— 살바도르 달리

오늘날 엑스터시는 〈사랑의 마약〉으로 알려져 있지만, 원래는 1914년 식욕 억제제로 특허를 받았다. 하우스파티나 댄스파티에 참

---

5 향정신성 의약품의 일종이며 펜시클리딘phencyclidine(PCP)이라고도 불린다.

석한 많은 사람들이 한 알씩 복용하는 엑스터시는 기분 전환을 위해 사용할 시에 매우 위험할 수 있다. 2009년 어느 수습 간호사가 엑스터시에 대한 보고서를 자신이 직접 경험하여 그 결과를 바탕으로 작성하기로 마음먹었다. 그래서 네덜란드의 국경일인 여왕 탄신일에 시험해 보았다. 만일의 경우를 대비해 물도 4리터나 마셨다. 그러나 이 경험은 치명적인 결과를 낳았다. 그녀는 여러 날 동안 의식 불명 상태에 있었고 그 후에도 지속적인 뇌 손상, 특히 대뇌 피질에 손상을 입었다.

이 분야의 선구자인 암스테르담 대학 병원의 방사능 연구자 리스버트 레네만이 몇 년 전에 발표한 것처럼, 엑스터시 복용 시 뇌에서는 많은 일이 발생하고 그로 인해 야기되는 위험성도 아주 높다. 엑스터시를 복용하고 20분이 지나면 뇌는 추가로 화학 전달 물질(세로토닌, 옥시토신, 바소프레신)을 방출한다. 피로감이 사라지고 행복감이 밀려오면서 온 세상을 껴안고 싶어진다. 사랑과 왕성한 사회적 연대감의 쾌적한 느낌은 한 시간가량 지속된다. 만일 주말마다 적당한 양의 엑스터시를 복용하게 되면 세로토닌을 생산하는 뇌세포가 파괴된다. 이 전달 물질의 생성이 감소하면 일의 능률이 떨어진다. 비슷한 효과를 유지하려면 매번 엑스터시 복용량을 늘려야 한다. 엑스터시를 복용하면 정서 장애, 공격성, 충동성, 기억 장애 같은 신경 정신병적인 문제들이 증가한다. 뇌 영상은 실제로 엑스터시 복용자들에게서 그런 문제에 관여할 가능성이 아주 높은 뇌 구조들, 즉 편도체, 해마, 시상, 대뇌 피질의 지속적인 활동 감소를 보여 준다. 최근 후속 연구는 엑스터시 몇 알을 단기간 동안 아주 제한적으로, 그것도 1년 6개월 이상에 걸쳐 나누어 복용해도 기억력이 악화되고 시상과 대뇌 피질의 혈액 순환이 감소됨을 밝혀냈다. 또한 뇌 영상은 엑스터시에 의해 뇌 영역에 따라서 혈관이 장기적으로 수축되거나 확장될 수 있다는 것도 보여 주었다. 결과적으로 뇌경색이나 뇌의 바깥 부분에 출혈이 일어날 수 있고, 따라서 심각하고 지속적인 신경 계통의 손상을 야기할 수도 있다.

엑스터시를 더운 날 복용하면서 수분을 너무 적게 섭취하면 탈수증에 걸리거나 갑자기 여러 장기가 기능하지 않을 위험이 있다. 때로는 심장 박동 장애가 발생하고 치명적인 심장마비에 이를 수도 있다. 그러므로 네덜란드에 있는 옐리네크 중독치료센터의 지원을 받는 자발적 프로젝트인 유니티가 엑스터시 복용자들에게 다음과 같은 충고를 하는 것은 아주 잘하는 것이다. 〈탈수나 지나친 흥분을 예방하기 위해 한 시간마다 물이나 이온 음료를 마십시오.〉 그러나 엑스터시와 함께 물을 너무 많이 마시는 것도 위험할 수 있음을 여기에서 분명히 덧붙여야 한다. 엑스터시는 뇌하수체를 자극하여 이뇨 작용을 억제하는 호르몬인 바소프레신(5.1 참조)이 더 많이 분비되도록 야기하고 이로 인해서 마신 물이 모두 콩팥에 저장된다. 그 결과 물을 너무 마시면 물 중독과 심각한 뇌 손상을 야기할 수 있다.

엑스터시에 대한 보고서를 쓰려 했던 수습 간호사에게 바로 이런 일이 발생한 것이다. 뇌 혈관 부종이 발생하면서 수습 간호사의 뇌는 심각하게 손상되었다. 그녀는 사흘 후 서서히 혼수상태에서 깨어났으나 연이어 몇 차례의 뇌전증 발작으로 고생을 했다. 특히 왼쪽 뇌가 부어 있는 것을 뇌 영상 사진에서 볼 수 있었다. 처음 몇 주 동안은 말도 하지 못했고(전두 피질의 좌측 하부에 있는 브로카 영역이 손상되었다. 그림 8), 걷지도 못했으며(운동 대뇌 피질. 그림 22), 한쪽 눈도 제대로 보이지 않았다(뇌 뒤편의 시각 피질. 그림 22). 그녀는 계속 재활 훈련을 받고 있다. 처음에는 매일, 지금도 일주일에 두 번씩 받고 있다. 여전히 전혀 책을 읽지 못하고 글은 어렵사리 간신히 쓸 수 있다. 말을 할 때도 단어를 찾는 데 어려움이 있다. 회복은 느리게 진행되고 많은 노력을 필요로 하는 까닭에 그녀는 항상 매우 피곤해한다. 엑스터시 모험으로부터 얼마나 많은 후유증이 남을지 아직은 정확하게 예측할 수 없으나, MRI 사진에 뇌 피질의 손상이 뚜렷하게 나타나 있다. 이제 그녀는 엑스터시에 대한 보고서를 쓰기보다는 학생들에게 엑스터시에 대해 경고하고 엑스터시와 함께 다량의 물을 마시는 것이 얼마나 위험한지 이야기해 주려고 한다. 그녀 자신의 엑스터시 파티는 영영 끝이 났다.

6.3 정치가들의 마약 남용

술에 취함은 자유 의지에 의한 광기일 뿐이다.

— 세네카

〈중독〉과 〈약물 남용〉이라고 하면 우리는 우선 추레하고 정신이 이상한 노숙자들이나 정신 분열증 환자들을 떠올릴 것이다. 그러나 영국의 외무장관이자 상원 의원이었던 신경학자 데이비드 오언은 『질병과 힘In Sickness and in Power』(2008)에서 이런 문제는 정부의 고위 인사들에게서도 찾을 수 있고 정치가들의 약물 남용이 역사의 흐름에 중대한 영향을 줄 가능성이 있음을 명확히 보여 준다.

청소년들은 종종 정제, 환각 버섯, 마리화나를 비롯한 잠재적인 위험 물질들의 복용을 시도하는데, 이것은 사춘기에 나타날 수 있는 정상적인 행동에 속하는 것으로 보인다(4.2 참조). 몇몇 세계적인 정치가들은 청소년 시절 이런 비슷한 비행을 저지른 것에 대해 참회하도록 압력을 받아 왔다. 물론 이것은 ─ 가령 청교도적인 미국에서 ─ 쉽지만은 않은 일이다. 빌 클린턴은 1992년 선거전 동안에 대학 시절 마리화나를 피웠던 사실을 고백하도록 심한 압박을 받았고, 결국 〈하지만 나는 흡입하지는 않았습니다〉라는 별로 설득력 없는 말을 덧붙였다. 그러나 그동안 미국에서도 청소년들의 실수에 대해 좀 더 관대해졌다. 버락 오바마가 〈방황하는〉 십대로서 코카인을 흡입하고 마리화나를 피운 사실을 고백한 저서 『내 아버지로부터의 꿈Dreams from My Father』이 대통령 후보 지명전 동안 화제에 올랐다. 「나는 확실히 흡입을 했다. 어쨌든 내게는 흡입하는 것이 중요했다.」 그는 빌 클린턴을 겨냥해 눈을 찡긋하며 덧붙였다. 그리고 이 솔직한 고백을 나중에 문제 삼은 사람은 아무도 없었다.

조지 W. 부시는 미국 대통령으로 취임하기 전 상습적으로 알코올을 섭취했으며, 그것은 분명 사춘기에 국한된 이야기가 아니었다. 그는 서른 살에 음주 운전으로 체포되어 2년 동안 운전 면허가 정지된 전력이 있었다. 2000년도의 선거전 동안, 부시는 1986년 40세 생일 파티 후에 숙취로 고생했으며 그 후로는 더 이상 술을 마시지 않았다고 이야기했다. 이 말은 믿기 어렵다. 2002년 부시는 축구 경기를 시청하다가 소파에서 떨어져 볼티모어의 존스 홉킨스 병원으로 이송되었는데, 데이비드 오언은 그 병원의 한 영국 의사로부터 부시의 혈중 알코올 농도가 아주 높았다는 사실을 전해 들었다. 그 밖에도 부시는 코카인을 섭취했다는 논란에 대한 해명을 요구받았지만 답변을 거부했다.

그러나 대통령 재임 시절 리처드 닉슨의 음주벽에 대해서는 의심의 여지가 없다. 1969년 북한이 미국의 정찰 비행기를 격추시키는 사건이 벌어졌을 때, 닉슨은 만취해서 당시 외무장관이었던 키신저에게 외쳤다.「헨리, 우리 거기다 핵폭탄을 날리자고」1973년 아랍-이스라엘 분쟁이 발생했을 때는 닉슨이 너무 술에 취한 탓에 영국의 관계자와 사태에 대해 논의할 수 없었던 사실이 나중에 공개된 녹음 테이프에서 밝혀졌다.

러시아 대통령 보리스 옐친은 스페인에서 비행기 착륙 도중 하마터면 사고가 날 뻔했던 일로 심각한 허리 통증을 얻어 고생했다. 1994년부터 그는 점점 더 많은 진통제를 복용하고 알코올을 섭취했다. 1994년 베를린에서 마지막 러시아 군대의 철수를 기념하는 행사가 개최되었는데, 그 공식 행사장에서 옐친은 명명백백하게 술에 취해 있었다. 바로 그해에 그는 미국으로부터 귀환하는 길에 아일랜드의 샤논 공항에 중간 기착했을 때, 또 다른 사건이 발생했다. 아일랜드의 정부 각료들은 옐친을 환영하기 위해서 비행기 트랩 옆에 도열해 있었다. 그러나 옐친은 끝내 나타나지 않았다. 한숨 푹 자고 막 취기를 떨쳐 낸 터였기 때문이었다.

물론 음주벽은 강대국의 통치자들에게만 한정된 이야기가 아니다. 많은 사람들의 인생을 망가뜨린 미국의 공산당 사냥꾼 조지프 매카시는 심각한 알코올 문제에 시달렸고, 1957년 간경화증으로 사망했다. 세계 정치가들이 재임 기간에 섭취하는 중독 물질은 알코올에 국한된 것이 아니다. 1956년 수에즈 위기가 있었을 때, 심각한 통증으로 고생했던 영국의 수상 앤서니 이든은 정부 수반으로서 내각 회의를 주재하기 직전에 아편에서 유도된 물질인 펜티딘을 복용했다. 또한 그는 바비튜레이트[6]를 수면제로, 암페타민[7]을 각성제로 사용했다. 앤서니 이든은 퇴임을 앞둔 몇 주 동안 늘 암페타민에 취해 있었으며, 각료들 앞에서 이 사실을 숨기려 하지도 않았다.

정신 건강 문제와 약물 남용에도 불구하고 성공을 거둔 통치자들도 더러 있었다. 윈스턴 처칠은 심한 우울증뿐 아니라 경조증과 조증에도 시달렸고(5.3 참조), 그러면 샴페인과 브랜디, 위스키를 엄청나게 마셔 댔다. 존 F. 케네디는 부신 이상에 의한 애디슨병을 포함한 건강에 많은 문제가 있었고, 그로 인해 부신 피질 호르몬인 코르티솔을 복용해야 했다. 선거전을 치르는 동안 한번은 코르티솔 정제를 깜박 잊어 먹어서 혼수상태에 빠진 적도 있었다. 존 F. 케네디는 1938년의 교통사고 후유증으로 요통에 시달렸으며 하루에 세 번, 때로는 더 자주 프로카인 주사를 맞았다. 프로카인은 합성 코카인 유사체로, 뇌에 흘러 들어가서 중추 신경을 억제시켜 진통 효과(중추 효과)를 낸다. 존 F. 케네디는 기분 전환을 위해 암페타민 같은 약물을 복용했는데, 그는 그 효과를 〈들뜬 기분〉이나 〈행복감〉으로 묘사했다. 그리고 대통령에 취임하기 전과 재임 기간 동안 코카인을 남용했다. 그는 부신 이상 탓에 테스토스테론도 투여받았다고 한다. 1961년 쿠바의 피그만 사태가 벌어졌을 때 이 호르몬이 케네디의 무책임한 마초 행동에 어느 정도 영향을 미쳤을지 묻지 않을 수 없다. 그는 백악관에서 연인들과 함께 마리화나와 LSD를 복용했다. 케네디는 수면제와 진통

6 진정과 수면 기능을 발휘하는 향정신성 의약품의 일종.
7 아주 강력한 중추 신경 흥분제.

제는 물론이고 진정제와 페노바르비탈[8]도 복용했다. 또 의사가 직접 제조한 코르티코스테로이드(부신 피질 호르몬)과 암페타민 혼합 제제 주사도 맞았다. 여러 명의 의사들이 서로의 처방에 대해 전혀 알지 못한 상태에서 케네디에게 약을 처방했다. 케네디는 여자들보다 의사들과 더 자주 어울렸다고 전해진다.

우리는 한 나라를 통치하는 정치가들에게 적어도 자동차나 비행기를 운전하는 사람에게 하는 정도의 요구는 할 수 있어야 하지 않을까? 우리가 의지하고 있는 정치가들의 알코올, 마약, 그리고 의약품 남용 여부는 언제쯤 검사할 수 있을까?

8 중추 신경 억제제, 최면제, 진정제의 일종.

7장
뇌와 의식

7.1 편측 무시: 양분된 인생

「지금 여기에 없는 것을 무시할 순 없잖아요.」

우리는 우리의 주변 환경과 우리 자신을 의식한다. 대뇌 피질, 감각 정보들을 받아들이는 시상, 그리고 이들 뇌 구조를 연결하는 신경 섬유들로 이루어진 백질 같은 몇몇 뇌 구조들이 의식에 결정적인 역할을 한다(그림 20). 우뇌에 뇌경색이 발생하면 자의식 및 주변 의식이 손상될 수 있다. 자신에게 발생한 좌측 마비를 인식하지 못하고, 주변뿐만 아니라 자기 몸의 왼쪽에서 일어나는 모든 일들을 무시할 수도 있다. 이런 상태는 〈편측 무시neglect〉라고 불린다. 만일 당신이 왼쪽에서 이런 환자의 침대에 다가가면, 환자는 고개를 돌려서 당신을 볼 수 있음에도 불구하고 당신의 존재를 인지하지 못한다. 그런 환자들이 신문을 읽으면 오로지 오른쪽 면만 주시하고 시계나 고양이나 꽃 같은 대상들을 그리면 오른쪽만 그릴 것이다. 음식을 먹을 때도 접시의 오른쪽에 있는 것만 먹는다. 이어서 누군가 접시를 180도 돌려 놓아야 나머지 절반의 음식도 먹는다. 편측 무시는 자신의 몸 왼쪽에도 적용될 수 있다. 이런 경우에 환자는 왼팔이나 왼쪽 다리를 더 이상 자신의 신체 일부로 인지하지 않는다. 옷도 왼쪽 부분은 입지 않고 몸도 왼쪽은 씻지 않으며 머리카락도 오른쪽 부분만 빗는다.

편측 무시 환자들은 자신들이 처한 희귀한 상황을 설명하기 위해 종종 아주 기발하게 환상적인 이야기를 만들어 낸다. 어떤 환자들은 병원이 자신의 집이고 자신이 직접 가구들을 구입했다고 주장한다. 어느 여성 환자는 자신의 몸 왼쪽에는 아무 이상이 없으며 자신이 신체적으로 독립적이라는 생각을 굽히려 하지 않았다. 그러나 그 환자가 그린 그림에는 왼쪽 부분이 없었다. 「지금 여기에 없는 것을 무시할 순 없잖아요.」 그 환자는 자신이 그린 그림에 대한 지적에 대해 이렇게 말했다. 그리고 왼팔을 움직여 보라는 요청에는 이렇게 대답했다. 「왼팔을 움직일 수는 있어요. 하지만 지금은 좀 쉬는 편이 낫겠네요.」 또 그 환자가 자신에게는 아무 문제가 없다고 주장했기 때문에 조금 걸어 보라는 요청을 받았을 때는 이렇게 대답했다. 「물론 걸을 수 있어요. 하지만 의사 선생님은 제게 휴식을 취해야 한다고 말씀하셨어요.」

우리의 한 절친한 친구의 어머니는 85세의 나이에 심한 우뇌 뇌경색이 와서 몸의 왼쪽이 마비되었다. 그러나 그 어머니는 여전히 또렷한 정신과 침착함을 유지하고 있었고 유머 감각을 잃지 않았다. 많은 친지들과 친구들, 간병인과도 아주 정상적인 대화를 나누었다. 그런데 특이한 점이 하나 있었다. 어느 날 그녀는 이상한 꿈을 꾸었다고 내게 이야기했다. 그런데 꿈에서 자신에게 팔이 하나 더 있더라는 것

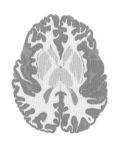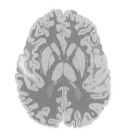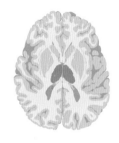

그림 20 우리의 의식을 위해서는 온전하게 기능하는 세 가지 구조가 근본적으로 중요하다. 이 세 구조는 그림에서 파란색으로 칠해져 있는데, 왼쪽은 온전한 대뇌 피질, 가운데는 피질과 시상의 연결 부위가 지나는 백질, 오른쪽은 시상이다.

이다. 나는 그녀의 마비된 팔을 조심스럽게 들며 물었다. 「하나 더 있었다는 팔이 이 팔인가요?」 그녀가 대답했다. 「아니, 당연히 아니지. 이건 케이스잖아.」 케이스는 그 어머니의 55세 된 아들이었다. 「케이스라고요?」 나는 물었다. 「아니 케이스가 여기서 도대체 뭘 하고 있대요?」 그녀가 대답했다. 「언제나처럼 내 침대에서 자고 있어」 그것은 사실이 아니다. 나는 그 가족에 대해 잘 알고 있다. 「하지만 간밤에는 케이스의 도움이 필요했었어」 그녀는 말을 이었다. 「그런데 도대체가 깨어나야 말이지. 그제 밤에는 키티(딸의 친구로서, 사이가 좋아 거의 매일 병문안을 왔다)가 여기서 잤는데, 그때도 그랬다니까. 영 깨어나야 말이지.」 그녀는 조금 언짢은 표정으로 덧붙였다. 그러더니 불쑥 마실 것을 달라고 청했고 아주 자연스럽게 일상적인 일들에 대해 이야기하기 시작했다.

편측 무시 환자에게 나타나는 환상은 아주 일반적인 원칙으로부터 나온다. 뇌는 정보를 받아들이는 경로에 문제가 생기면 그 틈을 메우기 위해 정보를 만들어 내기 시작한다. 정상적인 정보를 박탈당한 손상된 뇌가 이상한 이야기를 만들어 내는 것이다. 잃어버린 청각이나 시각 정보, 기억 정보나 팔다리에서 전달된 정보를 보상하기 위해서도 뇌는 같은 방식으로 행동한다(7.4, 7.5 참조). 이처럼 무의식적으로 기억의 작은 구멍을 메우는 것은 우리 뇌에서 — 정상적인 상태에서도 — 아주 일상적으로 처리되는 일이다. 우리는 특정한 사건들이 정확히 우리가 기억하는 대로 일어났다고 확신하면서, 법정에서 선서하는 것처럼 말을 한다. 사실 우리의 뇌는 무수한 정보의 조각들을 바탕으로 적절한 이야기를 엮어 냈을 뿐이고 그 결과 다양한 결과들이 파생되는 것이다.

7.2 혼수상태 및 혼수와 연관된 상태들

그는 마치 두 번 버림받은 것 같다. 처음에는 자신의 뇌에게, 다음에는 그를 알았던 사람들에게. 아무도 그를 찾아오지 않기 때문이다.

— 베르트 케이제르,[1] 『설명할 수 없는 삶』

환자가 깨어나지 못하고 외부 자극에 반응하지 않는 상태를 흔히 〈혼수상태〉라고 한다. 대뇌 피질, 시상, 이 두 뇌 구조 사이의 연결 부위(그림 20), 또는 대뇌 피질과 시상을 활성화시키는 뇌간(그림 21)에서의 손상이 혼수상태를 야기할 수 있다. 또한 신진대사 장애 및 마약이나 폭음에 의해서도 혼수상태에 빠질 수 있다. 어떤 사람들은 혼

---

1 Bert Keizer(1947~). 네덜란드의 작가, 의사.

수상태에서 회복된다. 예를 들어 한 젊은이는 친구들과 저녁 외출을 한 뒤 고속으로 차를 운전하다가 콘크리트 기둥을 들이받는 사고를 당해 6주 동안 혼수상태로 누워 있었다. 그의 가족들은 만일의 경우 그 젊은이의 신장을 기증할 가능성에 대해서도 이미 논의하고 있는 중이었다. 그러던 중 가족들은 젊은이가 의식의 상태로 돌아오려는 듯한 조짐을 느끼고 신장 기증 결정을 철회했다. 그들의 생각이 옳았다. 젊은이는 혼수상태에서 깨어났고 기술 학교까지 마쳤다. 그는 사고가 나기 전처럼 수학에 뛰어나지는 않았지만, 그 점을 제외하면 아무런 불편이 없었다. 그는 좋은 일자리를 구했고 자식들을 두었고 현재는 손자까지 둔 할아버지다. 그렇다고 일이 항상 이렇게 잘 풀리는 것은 아니다. 혼수상태에서 깨어난 사람들은 종종 영구적인 심각한 뇌 손상에서 벗어나지 못하고, 심지어는 혼수상태에서 영영 깨어나지 못하기도 한다.

식물인간 상태

호흡, 심장 박동, 체온, 수면과 각성 상태의 순환처럼 생존에 중요한 기능들은 뇌간(그림 21)에서 조절된다. 뇌간에는 기침, 재채기, 구토 반사를 관장하는 중추도 있다. 그러므로 나머지 뇌가 기능하지 않더라도 뇌간만 온전하게 남아 있으면 인간은 계속 숨을 쉰다. 이런 비극적인 상황은 심각한 뇌 손상 후 깊은 혼수상태에서 깨어나는 환자들에게서 발생한다. 그들은 눈을 뜨지만 서서히 회복되는 것이 아니라 〈마치 식물처럼〉 살아간다. 알츠하이머병의 말기 환자도 근본적으로는 이와 같은 처지에 있다. 그런 환자는 침대에서 태아처럼 누워 지내고 그의 대뇌 피질은 더 이상 기능을 하지 않으며 그들은 주변에 더 이상 반응하지 않는다(그림 31).

우리가 생각하고 말하고 듣고 감정을 느끼고 팔다리를 움직일 수 있기 위해서는 대뇌 피질이 필요하다. 누군가가 〈각성 혼수〉로도 불리는 〈식물인간 상태〉에 있을 때 뇌간은 여전히 정상인 반면에 나머지 뇌, 무엇보다도 대뇌 피질은 더 이상 기능하지 않는다. 대부분의 환자들은 몇 주가 지나면 다시 의식을 되찾지만 대뇌 피질에 되돌릴 수 없을 정도로 손상을 입은 경우에는 〈지속적 식물인간 상태〉로 존재한다. 이런 환자들은 인공호흡기에 의지하지 않아도 자발적으로 숨을 쉬고 심장 박동도 정상이어서, 고전적인 정의에 따르면 〈죽은〉 것이 아니라 〈살아 있다〉. 그들은 눈을 크게 뜰 수도 있고 신음 소리를 내거나 또는 상응하는 감정을 느끼지 않으면서도 웃거나 울 수도 있다. 그래서 잘 모르는 사람들에게는 〈깨어 있는〉 듯이 보인다. 그러나 그들은 주변이나 자기 자신에 대해서 의식이 있다고 가늠할 정도의 어떠한 신체적인 반응도 보이지 않는다. 그들이 이따금 얼굴을 찡그리고 소리를 내는 등 〈깨어 있는〉 듯한 인상을 주기 때문에, 가족들은 환자에게 의식이 없다는 사실을 받아들이기를 매우 어려워한다. 심한 뇌출혈을 겪은 신생아들의 부모도 이와 같은 끔찍한 문제에 직면하게 된다. 뇌의 대부분이 이미 손상되었는데도 아기는 완전히 정상으로 보인다.

테리 시아보라는 미국 여성의 경우를 통해 볼 수 있었던 것처럼, 식물인간 상태의 환자들은 인공 영양 공급과 수분 주입을 통해 몇 년씩 생명을 유지할 수 있다. 1990년 테리 시아보는 식물인간 상태에 빠졌다. 그녀의 법정 후견인이었던 남편은 그녀가 더 이상 회복할 가능성이 없다고 생각하고 영양 공급관을 제거할 것을 청원했다. 그러나 테리 시아보의 부모는 딸의 안락사를 반대했다. 몇 년 동안 이 사건이 여러 법원을 거치며 요란한 법정 공방을 벌이는 동안 남편은 〈프로라이프〉 시위대로부터 살인범이라는 비난을 받았다. 납득하기 어려운 일이었다. 대부분의 프로라이프 추종자들은 사형에 찬성하는 입장이고, 그로 인한 살인 행위에 책임이 있기 때문이다! 영양 공급관을 제거하라는 법원의 명령에 따라서 비로소 테리 시아보가 죽음에 이를 수 있기까지는 7년이라는 시간이 걸렸다. 그 후 부검 결과 그녀의 대뇌 피질은 실제로 거의 남아 있지 않았으며 그 오랜 세월 동안 그녀에게는 인간다운 삶을 영위할 수 있을 가능성이 조금도 남아 있지 않았던 것으로 드러났다.

이탈리아의 엘루아나 엔글라로는 1992년에 자동차 사고를 당해서 대뇌 피질이 회복될 수 없을 정도로 손상되어 식물인간 상태에 빠졌다. 그로부터 7년 후 언젠가 딸에게서 자신은 절대로 〈식물처럼〉 살고 싶지 않다는 말을 들었던 엘루아나의 아버지는 인공 영양 공급을 중단할 수 있는 승인을 얻기 위해 법적 투쟁을 시작했다. 그로부터 9년 후 2008년 7월 8일 이탈리아 대법원은 그녀의 아버지에게 영양분 주입을 중단할 수 있는 권한을 주었다. 이탈리아에서는 안락사가 법으로 금지되어 있기 때문에 이런 결정은 주목할 만한 판결이었고, 엘루아나는 임종을 맞이할 수 있도록 다른 병원으로 옮겨졌다. 바티칸과 이탈리아 정부는 엘루아나의 죽음을 저지하려고 했다. 바티칸의 보건부 장관직을 맡은 추기경은 예상대로 〈살인의 손길을 멈춰라〉는 말로 대응했다. 이탈리아 대통령은 엘루아나의 〈치료〉를 계속하라는 베를루스코니 총리의 명령을 따르지 않았고 베를루스코니는

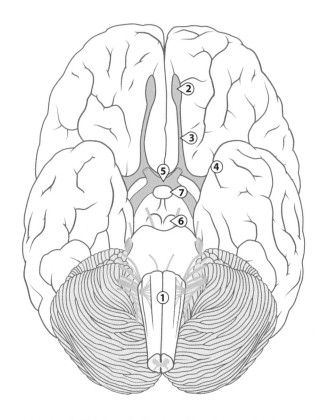

그림 21 뇌의 양시도. 뇌간(①)에서 호흡, 심장 박동, 체온, 수면과 각성 상태의 주기가 조절된다. 〈후각 체계〉는 후신경구(②), 후신경(③) 그리고 측두엽의 일부인 구회(④)로 이루어져 있다. 그 밖에 시신경 교차(⑤)와 유두체(⑥) 및 그 사이에 뇌하수체(⑦)도 보인다.

긴급 명령을 통해서라도 이 법령을 통과시키려 했다. 엘루아나의 죽음에 직접 관계된 사람들로서는 다행히도 법령은 제때 통과되지 못했다. 영양 공급 주입관을 제거하고 며칠 후 엘루아나는 세상을 떠났기 때문이다.

네덜란드에서는 지속적인 식물인간 상태에서의 삶을 인간다운 생존으로 보지 않는다. 그래서 식물인간 상태에 있는 사람들의 생명을 유지시키는 것을 의학적으로 무의미하게 여기며 대부분 가족과의 대화를 통해 치료를 중단하기로 결정한다. 의학적으로 무의미한 진료를 중단하는 것이기 때문에 형식적인 의미에서는 안락사가 아니다. 그러나 네덜란드에도 상당히 오랫동안 식물인간 상태에 있는 환자들이 있다. 인터넷에서 그런 가족들의 절망을 함부로 다루는 것은 파렴치한 일이다. 예를 들어 CWUBS(Coma Wake Up Brains Stimulations)는 지속적인 식물인간 상태의 환자를 깨우는 대가로 건당 1만 유로 이상을 요구한다. 그러나 대뇌 피질이 회복될 수 없이 손상된 환자들은 10만 유로로도 식물인간 상태로부터 회복시킬 수 없다. 그런 치료로 이득을 보는 곳은 오로지 CWUBS뿐이다.

감금 증후군

식물인간 상태와 정반대되는 상태가 〈감금 증후군〉이다. 이는 뇌간의 아랫부분에 입은 손상에 의해서 뇌와 척수가 완전히 분리되어 생기는 증후군으로, 신경 섬유가 근육을 조절하지 못하게 된다. 이 점을 제외하면 뇌는 정상이며 환자의 의식은 또렷하다. 그러나 완전히 마비되어 있기 때문에 다른 사람들에게 자신이 주변 상황을 또렷하게 인식하고 있다는 사실을 전달할 수가 없다. 환자는 모든 것을 듣고 보고 파악할 수는 있지만 몸을 움직일 수도 말을 할 수도 없다. 오로지 눈꺼풀을 내리뜨거나 눈을 움직일 수 있을 뿐이다.

1995년 파리의 저널리스트 장도미니크 보비는 뇌출혈의 여파로 20일 동안 혼수상태에 있었다. 그가 깨어났을 때 그의 몸은 완전히 마비되어 있었고 할 수 있는 것이라곤 왼쪽 눈꺼풀을 움직이는 것뿐이었다. 사람들이 알파벳을 읽어 주면 말하고자 하는 알파벳에서 눈을 깜박이는 것이 유일한 의사소통 수단이었다. 이런 방식으로 그는 『잠수종과 나비』라는 책을 한 자 한 자 써내려 갔다. 이 책은 장도미니크 보비가 주변과 자기 자신, 자신이 처한 비참한 상황을 완전히 의식하고 있었음을 말해 준다. 이 책은 2007년 동명의 인상 깊은 영화로 만들어졌다. 알렉상드르 뒤마의 『몬테크리스토 백작』(1844)에서 뇌출혈 후 잠금 증후군에 걸린 누아티에르 드 빌포르의 질병에 대해 묘사하는 대목을 읽는 장면이 이 영화에 나온다. 드 빌포르는 말도 못하고 팔다리도 움직일 수 없는 상황에서 오로지 눈과 눈꺼풀을 움직여 독살과 바라지 않는 결혼을 피한다. 비교적 최근의 일로는 2000년 럭비를 하다가 의식을 잃은 뉴질랜드의 닉 치점이 있다. 처음에는 단순한 뇌진탕이 문제인 듯 보였다. 그러나 이후 그는 일련의 뇌전증적인 발작과 뇌간 경색을 일으켰다. 그의 어머니와 여자 친구가 닉 치점이 주변에서 일어나는 일을 의식한다는 사실을 의사에게 납득시킬 때까지 사람들은 그가 혼수상태에 빠졌다고 생각했다. 그동안에 그는 어느 정도 건강을 회복했다. 감금 증후군의 경우 환자의 가족들이 혼수상태에 빠진 환자의 의식을 알아채는 경향이 있다. 반면에, 혼수상태의 경우 의사보다는 가족들이 환자에게 의식이 있다고 더 오해하는 듯하다.

뇌사

장기 이식 수술의 시대가 열리기 전에는 〈사망〉 진단을 내린다는 것이 비교적 간단한 일이었다. 심장 박동과 호흡이 멈추고 회복하기가 불가능하다는 의사의 소견만 있으면 됐다. 의사로서 아마 몇 분 동안은 망설이지 않을 수 없겠지만, 곧 되돌릴 수 없는 상태가 되었음이 명확해진다. 간혹 스키를 타던 사람이 심장 박동이나 호흡의 징후 없이 저체온 상태로 눈사태에 파묻혀 있다가 다시 완전히 건강한 상태로 돌아오는 일은 일어난다. 이런 가사(假死) 사례는 극히 드문 일이라서 어쩌다 실제로 발생하게 되면 유명세를 타기도 한다. 1244년 관에 누워 있던 프랑스 왕 루이 9세는 자신의 장례 미사가 거행되던 중에 몸을 움직였다고 전해진다. 장례식은 중단되었고 이후 루이 9세는 병에서 완전히 털고 일어나 이집트 원정까지 떠났다. 그리고 그곳에서 죽음에게 빚진 것을 톡톡히 갚아 주었다. 전해져 내려오는 이야기에 따르면, 가사 문제에 대처하기 위한 일환으로 과거 프랑스에는 〈시체 깨무는 사람〉이라는 직업이 있었다고 한다. 이 직업에 종사하는 사람은 시신의 엄지발가락을 세게 물어서 그 시신이 정말로 죽었는지 확인하는 일을 했다. 몇 년 전에 네덜란드에서도 죽음을 잘못 판정한 사건이 있었다. 한 의사가 83세 할머니에게 사망 선고를 내렸다. 장의사가 시신을 욕실 바닥에서 들어 올리려는데 죽었다고 생각한 그녀의 입에서 갑자기 〈아이고〉 하는 소리가 새어 나온 것이다. 이후 할머니는 별 탈 없이 잘 지냈지만, 그 의사의 경우엔 그러지 못했다.

심각한 뇌 손상을 입은 환자들이 인공호흡기에 의지하게 된 후로 고전적인 〈사망〉 선고는 효력을 상실하게 되었다. 환자가 〈의식이 없거나〉 또는 〈뇌사 상태〉일지라도 심장 박동과 호흡은 인위적으로 유지되기 때문이다. 이런 상태는 무한정 계속될 수 있다. 그런 예로 아리엘 샤론 전 이스라엘 총리는 2006년 심한 뇌출혈을 입은 후로 인공호흡기에 의지하고 있다. 그의 아들들이 치료를 계속하기를 원하기 때문이다. 이런 상황에서의 진단은 〈사망〉이 아니라 〈뇌사〉다.

〈뇌사〉는 원래 〈뇌의 모든 기능이 돌이킬 수 없이 정지된 상태〉라고 정의되어 왔다. 그러나 전체 뇌사 환자들 가운데 4분의 1은 뇌에서 항이뇨 호르몬 바소프레신, 즉 우리의 몸 안에서 신장이 소변으로부터 많은 양의 수분을 재흡수하도록 만드는 호르몬(5.1 참조)을 계속 생산한다. 항이뇨 호르몬을 생산하는 뇌세포들이 죽으면 카테터[2]에 연결되어 침대 옆에 매달린 소변 주머니를 통해 즉시 그 사실을 알 수 있다. 소변 주머니 안에 날마다 10~15리터의 묽은 소변이 모이기 때문이다. 항이뇨 호르몬을 생산하는 뇌세포들이 아직 제 기능을 발휘하는 뇌사자들의 경우에는 날마다 1.5리터의 적당한 농도의 소변이 주머니 안으로 흘러든다. 뇌사 환자들의 다른 뇌세포군들도 활동할 수는 있지만 환자의 의식을 깨우는 데 도움이 되지는 못한다. 뇌사는 나중에 하버드 의대의 위원회가 정한 기준 HMS(이 기준을 정의한 하버드 의대Harvard Medical School의 이름을 따서 명명되었다)에 따라서 다시 정의되었다. 새롭게 정의된 뇌사의 기준은 빛에 대한 동공의 무반응, 뇌간 반사의 소실, 인지나 의식 같은 〈고차적인 뇌 기능〉의 영원한 상실이라는 조건을 충족해야 한다. 여기에서 세 번째 기준은 사실 〈나는 생각한다. 고로 존재한다〉는 데카르트의 말의 역논리다. 뇌가 더 이상 기능하지 않아서 생각할 수 없다면 사람으로서 더 이상 존재하지 않는다는 것이다.

2 체내에 삽입하여 소변 등을 뽑아내는 도관.

장기 이식

뇌사 판정은 장기 이식에도 중요한 역할을 한다. 네덜란드 보건위원회는 뇌사를 판정함에 있어서 HMS 기준 이외에도 뇌의 전기 활동과 혈액 순환이 더 이상 존재하지 않음을 확인할 것을 권장한다. 마지막 단계에서는 인공호흡을 잠시 중지해서 자발적 호흡의 가능성이 전혀 없는지를 확인해야 한다. 이렇게 함으로써 잠재적인 장기 기증자가 실제로 뇌사자라는 사실을 한 번 더 확인하는 것이다. 이 모든 조건들이 충족되고 뇌사자가 이전에 자신의 장기 기증을 동의한 상태라면 그 뇌사자의 장기는 이식될 수 있다. 이런 신체 상태에서 뇌사자에게는 의식이 없기 때문에 외과 의사가 뇌사자의 장기를 적출할 때 나타나는 반응, 즉 척수에서 전달된 반사 반응을 통증에 대한 표현으로 해석해서는 안 된다. 물론 말은 쉽다. 그러나 뇌사자의 장기를 적출하기 위해 칼을 댔을 때 나타나는 신체 반응을 실제로 보는 외과 의사에게는 전혀 다른 이야기다. 따라서 영국에서는 마취제를 주입한 상태에서 이런 절차를 시행한다. 네덜란드 마취통증학과협회는 이런 조치를 상식에 어긋난 것으로 여기는데, 학문적인 관점에서는 실제로 이들의 생각이 옳다. 하지만 이러한 조취는 뇌사 환자가 아닌 외과의의 고충을 덜어 주기 위함이다.

7.3 의식에 결정적 역할을 하는 뇌 구조들

대뇌 피질, 시상, 그리고 이 두 뇌 부위의 기능적인 연결이 의식에 결정적인 역할을 한다.

의식에는 두 가지 측면이 있다. 가장 중요한 첫 번째 측면은 우리가 〈우리의 주변을 의식한다〉는 것이다. 의식의 기본적인 형태는 모든 살아 있는 유기체 안에서 발견된다. 단세포 유기체조차 먹이를 향해서는 나아가고 독성 물질로부터는 도망간다. 즉 자신의 주변에서 무슨 일이 일어나는지 알고 있는 것이다. 그렇다고 해서 그들이 우리와 같은 방식으로 의식한다고 말할 수는 없다. 그러기 위해서는 진화의 사다리를 몇 개 더 높이 올라가야 한다. 의식의 두 번째 측면은 우리는 〈우리 스스로를 인식한다〉는 것이다. 물론 자의식이 인간들만의 특수한 것은 아니다. 거울을 이용한 테스트를 통해 어린아이들과 짐승들에게도 자의식이 있다는 것이 증명되었다. 다양한 종으로부터 고도로 발달한 자의식을 토대로 하는 복잡한 사회적 관계 형성을 확인했다. 침팬지나 오랑우탄뿐 아니라 어쩌면 고릴라들도 거울에 비친 자기 모습을 인식할 수 있다. 돌고래는 거울을 보고 자신의 몸에 잉크 표시가 되어 있는 것을 인지할 수 있고 한 살에서 두 살 사이의 아이가 자신의 얼굴을 알아보기 시작하는 것처럼 유인원은 거울 앞에서 제 얼굴에 묻은 물감 얼룩을 닦아 낼 수 있다. 프란스 드 발이 입증한 것처럼 아시아코끼리도 거대한 거울에 비친 자신의 모습을 알아볼 수 있다. 아시아코끼리는 자신의 귀를 살펴보고 자신의 머리에 표시가 되어 있음을 알 수 있다. 자의식이 포유동물에게만 있는 것은 아니다. 까치도 거울에 비친 자신의 모습을 알아볼 수 있다. 거울 속에서만 보이도록 까치의 부리 아래 스티커를 붙인 실험에서 까치가 거울은 건드리지 않고 자신의 몸에 붙은 스티커를 떼어 내는 것은 그들이 자신의 반사된 모습를 알아본다는 사실을 보여 준다.

대뇌 피질, 시상과 같은 뇌 구조와 이 두 뇌 부위의 기능적인 연결 (그림 20)은 의식에 결정적인 역할을 한다. 뇌간의 기능이 아직 정상이 어서 호흡을 할 수 있고 혈압과 체온이 자발적으로 조절되더라도 대 뇌 피질이 파괴되거나 대뇌 피질과의 연결 부위가 손상된 경우에는 더 이상 의식은 없다. 즉 환자는 식물인간 상태에 있는 것이다. 이런 환자들은 인공호흡기에 의지할 필요가 없으며 심장 박동도 정상적이 다. 그들은 눈을 감고 뜨거나 신음하거나 울거나 심지어 때로는 억세 할 수 없을 정도로 웃을 수도 있다. 그들의 수면과 각성 상태 주기도 뇌간(그림21)에 의해 조절된다. 그래서 이런 환자들은 때로는 〈깨어 나는〉 듯 보인다. 그러나 주변에 대한 의식이나 자의식이 있다는 것 을 보여 주는 어떠한 신체적 반응도 보이지 않는다. 대뇌 피질이 우리 의 의식에 반드시 필요한 것은 사실이지만 대뇌 피질의 기능만으로는 충분하지 않다. 예를 들어 마취 상태에서도 빛 자극은 10분의 1초 만 에 시각 피질에 전달되지만 우리는 그것을 의식하지 못한다. 몇몇 연 구 결과들은 적절하게 깊게 마취된 환자들이 의식 없이도 음성이나 음악, 바다 소리에 영향을 받을 수 있음을 알려 준다. 정상적인 의식 을 가지기 위해서는 자극이 도착하는 대뇌 피질이 다른 뇌 부위들과 활발하게 소통을 해야 하는데 마취 상태에서 이런 일은 불가능하다.

의식이 정상적으로 작용하기 위해서는 제대로 기능하는 시상(그림 2, 그림 19) 또한 필요하다. 시상은 뇌의 중앙에 위치하며 우리의 의식 에 결정적인 역할을 한다. 모든 감각 기관에서 보내는 정보들이(냄새 는 예외다. 그림 21) 시상에 도착해서 대뇌 피질로 전달되기 때문이다. 시상의 손상은 의식 장애를 야기한다. 반대로 환자가 시상의 전기 자극을 통해 의식을 되찾은 사례도 알려져 있다. 사고 후 6년 동안 최소 의식 상태에 있었던 38세의 남자는 혼수와 의식의 중간 상태인 〈최소 의식 상태〉에 있으면서 이따금 눈과 손가락의 움직임을 통해 의사소통을 할 수는 있었지만 결코 말을 할 수는 없었다. 수술을 통해 그의 양쪽 시상 하부에 자극 전극이 심어졌고 자극을 시작한 지 48시간이 채 지나지 않아서 그는 깨어났다. 6개월이 넘게 자극을 받은 결과, 그의 주의력, 지시에 대한 반응, 팔다리의 제어, 언어 능력이 개선되었다. 학문적인 관점에서는 매혹적인 실험이었다. 그러나 그 남자가 그 영웅적인 수술 후에 인간다운 삶을 살 수 있었는지는 매우 의심스럽다. 시상 자극을 통해서 그는 자기 주변뿐 아니라 사고의 여파로 심각한 뇌 손상을 입은 끔찍한 상황과 자기 자신을 의식했다는 데에서 윤리적 딜레마가 발생했다.

7.4 뇌 구조들 간 기능적 연결이 의식에서 갖는 중요성

식물인간의 반응은 그가 인지 능력 같은 상위 뇌 기능의 미미한 잔재나마 가지고 있다는 것을 보여 준다.

대뇌 피질과 시상 같은 몇몇 뇌 부위는 온전한 의식을 위해서 꼭 필요한 부위다(그림 19, 20). 의식이 생기기 위해서는 이 부위들과 이 부위들 간의 연결이 온전해야 할 뿐만 아니라 또 서로 원활하게 소통해야 한다. 식물인간 상태에 있는 환자의 경우에 fMRI는 대뇌 피질이 부분적으로 아직 기능한다는 것을 보여 준다. 강력한 통증 자극은 식물인간 상태의 환자에게서도 뇌간과 시상, 일차 감각 피질(그림 22)을 활성시킬 수 있다. 그러나 이들 뇌 영역들이 통증을 의식적으로 지각하는 데 필요한 상위의 대뇌 피질 부위로부터 기능적으로 분리되어 있음이 알려져 있다. 마찬가지로 청각 자극도 식물인간 상태의 환자에게서 일차 청각 피질을 자극할 수는 있지만 기능적으로는 분리되어 있기 때문에 소리의 의식적인 지각을 가능하게 하는 상위의 뇌 영역에는 이르지 못한다. 그러므로 일차 감각 피질이나 일차 청각 피질의 뉴런 활동은 의식이 존재하기 위해서 반드시 필요한 것이지만, 그것만으로는 충분하지 않다. 의식이 존재하기 위해서는 전전두 피질과 뇌의 측면 피질의 네트워크(전두 두정 네트워크)와 기능적으로 연결되어야 한다. 그러므로 식물인간 상태로부터의 회복은 이 네트워크의 기능적인 연결의 회복과 결부되어 있다.

케임브리지와 리에주[3]의 연구자들은 fMRI를 이용해 아주 흥미로운 일련의 일들을 관찰하는 데 성공했다. 먼저 그들은 교통사고를 당해 5개월째 식물인간 상태에 있었던 23세 여성의 뇌를 관찰했다. 그 환자의 뇌는 식물인간 상태라고 보기에는 특이할 정도로 손상이 적었다. 그 환자에게 말을 걸면 중측두회와 상측두회(측두엽의 일부. 그림22)가 정상적으로 활성화되었다. 애매한 문장들은 브로카 영역(언어 영역. 그림8)을 활성화했다. 상상 속에서 집 안 곳곳을 돌아보라는 요구에는 공간적인 방향 감각과 운동 기능을 조절하는 뇌 영역들, 즉 해마방회(그림 26)와 두정 피질(그림 1), 외측 전운동 피질(그림 22)을 활성화했다. 테니스를 치라는 요구는 운동 기능 조정을 담당하는 부

---

3 벨기에 최대의 공업 도시이자 교육 도시.

위(추가 운동 부위)를 활성화했다. 이 여성 환자에 이어서 심각한 뇌 손상으로 혼수상태에 빠진 54명의 환자가 연구되었다. (그들 중 31명은 최소 의식 상태에 있었다.) 그 가운데 5명의 뇌는 요구하는 내용에 상응하는 활동 변화를 보였는데, 그중 4명이 식물인간 상태에 있었다. 이 변화된 활동 패턴으로 보아 환자들이 자신과 주변을 인지하는 듯 보이지만 여기에서 어디까지를 〈의식〉이라고 말할 수 있을지는 의문이다. 물론 연구자들은 실험을 계속했다. 그들은 식물인간 상태의 29세 남성 환자에게 간단한 질문을 했다. 「당신 아버지의 이름이 토마스입니까? 형제가 있습니까?」 그 질문이 맞는 경우에 남자는 자신이 집안을 돌아본다고 상상하고, 틀린 경우에는 테니스를 친다고 상상하면서 이들 질문에 답하도록 요구받았다. 뇌 활동의 패턴을 통해 그의 답을 알아본 결과, 그는 5개 중 4개의 질문에 정확하게 대답했다. 이러한 반응들을 통해 그가 적어도 인지(사고 능력) 같은 상위 뇌 기능의 미미한 잔재를 가지고 있음이 밝혀졌다. 그러나 이들 실험이 우리가 우리의 상황을 인식하는 것과 같은 형태의 의식, 즉 정상적인 뇌 영역 사이의 소통을 전제하는 형태의 의식을 보여 주는 것인지에 대해서는 불분명하다. 더불어 이들 실험은 환자 본인이 이런 상황에서 계속 살고 싶어 하는지에 대해서 아무것도 말해 주지 않는다.

　결신 발작은 약 5~10초 동안 의식에 공백이 생기는 뇌전증 발작의 한 형태다. 그 공백 기간 동안에는 얼이 빠진 것처럼 보이고 말을 걸어도 반응이 없다. 그들은 종종 눈을 깜박거리고 입맛을 다신다. 그들의 의식은 손상되었고 의식에 결정적으로 중요한 전두 두정 부위(그림 1)의 활동이 많이 위축되어 있다. 때로는 몇 분 동안 지속하는 〈복합 부분 발작〉에서도 의식이 제 기능을 못한다. 환자들은 깨어 있으면서도 아무런 반응을 할 수가 없다. 그들은 무의식적으로 손과 입을 움직이고 전두 두정의 활동 역시 둔화된다. 손상되지 않는 측두엽 뇌전증에서는 뇌 피질의 이런 활동 변화를 확인할 수 없다(15.8 참조).

전두 두정 네트워크의 기능에 따라서 식물인간 상태와 〈최소 의식 상태〉가 구분된다. 식물인간 상태에서는 그 네트워크의 연결이 끊어져 있는 반면에 최소 의식 상태에서는 — fMRI와 PET 연구가 입증한 바와 같이 — 언어와 복합적인 청각 자극이 의식에 필수 불가결한 이 네트워크를 전반적으로 활성화한다. 또한 이것은 시상 하부의 뇌 전극에 의해 깨어난 최소 의식 상태 남자의 경우처럼 이런 환자들에게서 네트워크 전체가 다시 기능할 수 있음을 의미한다. 혹자는 음악이나 팔 신경(정중 신경)의 전기 자극도 환자를 최소 의식 상태로부터 더 빨리 끌어낼 수 있다고 주장한다. 그러나 그에 대한 비교 임상 연구는 거의 행해지지 않았으며 지금까지 주목할 만한 성과도 없다.

7.5 자의식에 대한 환상과 자의식의 상실

〈자아〉는 신체의 신뢰할 수 없는 파트너로서, 기회가 있을 때마다 바람을 피우려 든다.

— 빅토르 라머,[4] 『자유 의지는 존재하지 않는다』

자의식은 감각 정보와 정상적인 대뇌 피질의 조합을 필요로 한다.

4 Victor Lamme. 네덜란드의 신경학자.

신체 일부를 자신의 것으로 느끼기 위해서는 전운동 피질이 매우 중요하다. 이를 테면 시각, 청각, 평형 감각을 느끼게 하는 기관 및 근육, 힘줄, 관절(고유 수용성 감각[5]), 촉각 같은 여러 감각 기관에서 보내어지는 다양한 정보들이 여기에서 통합된다. 당신은 다음과 같은 방법을 통해 전운동 피질을 속여 넘길 수도 있다. 당신의 손 대신 고무 손을 책상 위에 놀려 놓고서 당신의 손은 보이지 않게 책상 아래에 숨겨라. 누군가가 작은 붓이나 면봉으로 가짜 손과 당신 손을 동시에 반복적으로 스치면, 당신의 뇌는 붓이나 면봉이 스치는 고무 손의 모습을 당신의 진짜 손에서 느껴지는 느낌을 차츰 연결시킨다. 10초쯤 후에 당신은 눈에 보이는 가짜 손을 당신의 진짜 손으로 여기기 시작한다. 누군가가 갑자기 고무 손을 세게 한 대 때리면, 당신은 움찔 놀랄 것이다. 당신의 진짜 손이 철썩 맞는다는 환영을 일으키는 데는 (숨겨 놓은 진짜 손의) 감촉과 (가짜 손의) 시각적인 정보의 결합이 결정적인 듯 보인다. 이런 착각을 경험하는 동안 뇌 영상은 전운동 피질과 소뇌의 활동을 확인할 수 있다. 신체의 일부가 나 자신의 것이라는 느낌은 오로지 몇몇 아주 특정한 뇌 부위에서 몇몇 작은 뉴런 집단의 활동에 기인하는 것으로 보인다.

자의식은 다양한 원인으로 인해 손상되거나 손실된다. 알츠하이머병의 초기 단계에서 환자의 10퍼센트가량은 자신의 병세를 의식하지 못한다. 이 비율은 병세가 진행되면서 증가한다. 이런 현상은 질병 인식 불능증anosognosie(그리스어 nosos는 병이고 gnosein은 인식하다는 뜻이다)이라고 불린다. 보통 문제를 인식하고 의사의 진찰이 필요하다고

---

5 자신 몸의 위치나 자세, 움직임에 대한 정보를 파악하여 중추 신경계로 전달하는 감각.

느끼는 것은 환자의 배우자다. 질병 인식 불능증은 측두엽 제일 윗부분에 위치한(그림 28) 각회의 활동 감소와 결부되어 있다. 신체와 주위에서 오는 감각 정보들이 바로 여기서 통합되고, 따라서 이 부위는 자의식에 필수적인 역할을 한다. 알츠하이머병이 진행됨에 따라 계속해서 손상되는 곳이 대뇌 피질 중에서도 바로 이 부위다.

유체 이탈이나 임사 체험도 이 뇌 부위의 장애에 의해 발생한다(16.3 참조). 이런 경우에는 산소 부족으로 인해 각회에서의 평형 감각을 포함한 신체의 감각 정보들의 통합이 이루어지지 않기 때문에 자신의 몸 전체에 대한 자의식이 방해받은 것이다.

스웨덴의 연구자 헨릭 어슨은 가짜 손을 이용한 실험을 발전시켜, 머리에 쓰는 영상 장치에 연결된 비디오카메라를 이용해 유체 이탈 현상을 실험적으로 재현해 내는 데 성공했다. 그는 두 개의 작은 비디오 화면이 장착된 안경을 피실험자들에게 나누어 주었고, 그 화면에는 피실험자들 뒤편에 설치된 카메라에 찍힌 자신들의 영상을 비춰서, 피실험자들이 자신의 등의 3차원 이미지를 바라보게 했다. 어슨은 두 개의 작은 막대기를 이용해서, 한 개의 막대기로 피실험자의 가슴을 건드리는 동시에, 두 번째 막대기를 피실험자의 등 뒤에 설치된 카메라의 렌즈 앞에서 가상의 몸이 있는 자리에서 움직였다. 이것은 피실험자들에게서 자신이 가상의 몸속에 있으며 자신의 몸을 마치 다른 사람의 것인 양 느끼게 했다. 가상의 몸이 망치로 위협을 받으면, 피실험자는 자신의 몸에 실제로 그런 일이 일어나는 것처럼 반응했다. 그들이 두려움에 몸을 피하려는 시도는 땀을 비롯한 생리적인 반응도 일으켰다. 공격에 반응하는 감정이 발생한 것이다. 스위스의 신경 과학자 올라프 블랑커스는 피실험자들의 몸을 비추는 홀로그래

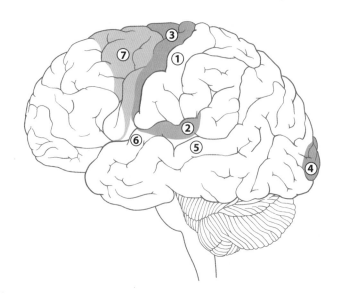

그림 22 몇몇 특정 대뇌 영역. ① 일차 감각 피질. ② 청각 피질. ③ 운동 피질. ④ 시각 피질. 그 밖에 ⑤ 중측두회, ⑥ 상측두회, ⑦ 전운동 피질.

피 컴퓨터 시뮬레이션을 이용해 이와 비슷한 실험을 실행했다. 실험이 끝난 후, 그는 피실험자들의 눈을 가리고, 그전에 서 있었던 자리로 다시 돌아갈 것을 요구했다. 실험이 진행되는 동안 유체 이탈 체험을 한 사람들은 자신의 가상의 몸이 서 있었던 자리로 돌아갔다. 자의식은 형이상학적인 개념이 아니다. 당신의 뇌는 근육, 관절, 시각, 촉각 같은 감각 정보를 토대로 당신의 몸이 당신의 것이라는 느낌을 끊임없이 만들어 낸다.

  의식을 〈속이는 것〉은 만성 환상통에 시달리는 환자들의 진료에 이용될 수 있다. 환상통은 팔이나 다리가 하나 절단된 사람들에게서 발생한다. 인도 태생의 신경학자 빌라야누르 라마찬드란은 뇌 기능의 충돌이 환상통을 야기한다는 것을 발견했다. 예를 들어, 환자들이 절단된 손을 움직이고 싶을 때마다 그것이 불가능하다는 신호를 받게 된다. 그러다 뇌는 결국 〈환상 손〉을 극히 고통스러운 경련된 자세로 만든다. 라마찬드란의 해결책은 놀라울 만큼 간단했다. 그는 거울을 환자의 양손 사이, 그리고 가슴에 직각이 되도록 세워 놓았다. 그렇게 함으로써, 환자가 정상적인 손이 움직이는 모습을 거울을 통해서 보면, 마치 두 손이 모두 움직이는 것처럼 보였다. 환자들은 거울 속의 〈환상 손〉을 바라보며 건강한 손을 거울 앞에서 조용히 오므렸다 펴는 훈련을 받았다. 환자들은 그것이 속임수라는 것을 잘 알고 있었는데도, 조용히 여유 있게 움직이는 손의 시각적인 정보에 힘입어 환상 손은 경직된 상태에서 벗어났고, 환상통은 사라졌다. 다리를 절단한 후 환상통을 견딜 수 없어서 의족을 8년 동안 장롱 안에 처박아 둔 남자가 있었다. 서너 시간 동안의 거울 요법을 통해 그 남자의 통증은 사라졌고, 그는 처음으로 의족을 사용해 걷는 연습을 시작할 수 있었다. 그가 거울 속에서 본 움직이던 다리는 더 이상 존재하지 않는다는 것을 분명히 알고 있었는데도 말이다.

7.6 결여된 정보 〈채우기〉

만일 정보가 익숙하지 않은 경로로 대뇌 피질에 이르면, 환자는 그것을 의식하지 못한다.

자의식을 갖기 위해서 좌뇌와 우뇌 사이의 원활한 소통이 필요하다는 사실은 〈외계인 손〉 증후군에서 분명하게 드러난다. 이 증후군은 뇌량(그림2), 즉 좌뇌와 우뇌 사이를 연결하는 섬유 다발이 손상되었을 때 나타날 수 있다. 장애를 수반한 뇌전증 발작 환자들의 삶을 조금이라도 편하게 해주기 위해 최후의 수단으로써 수술을 통해 뇌량을 절단한 몇몇 사례가 있다. 수술 후, 환자들이 분리된 의식을 소유하는 것으로 밝혀졌다. 노벨상 수상자 로저 스페리는 이런 환자들이 한쪽 뇌로 보는 것을 다른 쪽 뇌에서 의식하지 못한다는 사실을 발견했다. 한 실험에 참여했던 환자들은 왼쪽 뇌에 이른 영상만을 묘사할 수 있었다. 언어 능력이 뇌 왼쪽에 자리하기 때문이다. 반면에 그 환자들은 오른쪽 뇌에 이른 영상은 의식하지 못하는 듯했다.

그런데도 그 환자에게 방금 오른쪽 뇌에서 보여 준 그림을 왼손으로 고를 것을 요구하자(왼손은 오른쪽 뇌에 의해 조절된다) 정확하게 골라내었다. 이는 그들이 무의식적으로 오른쪽 뇌에 도달했던 정보에 접근한 것을 보여 준다. 그런 후에 왼쪽 뇌는 두 개의 뇌반구에서 받아들인 정보들을 결합해서 하나의 〈논리적인〉 이야기를 엮어 낸 것이다. 이런 방식으로 만들어진 이야기는 환자들에게는 극히 논리적이지만, 주변 사람들은 전혀 이해하지 못한다. 환자는 어서 일어나 도망치라는 요구를 텍스트를 통해 우뇌에서 받으면 이 요구대로 따랐다. 그러나 왜 그랬냐고 물으면, 〈당신이 지금 그러라고 하지 않았습니까〉라는 답변을 하지 못했다. 그 지시를 의식하지 못했기 때문이다. 그래서 그는 자신의 행동에 대한 동기를 꾸며 냈다. 「마침 초콜릿을 가지러 가려 했거든요」

편측 무시 환자들은 자신들이 처한 희귀한 상황을 종종 아주 기발한 상상력을 동원해 〈그럴듯하게〉 설명한다. 예를 들어 한 마비 환자는 이렇게 말했다. 「나도 정말 일어서고 싶어요. 하지만 의사 선생님이 절대 안 된다고 했어요」(7.1 참조). 편측 무시의 환자들이 만들어 내는 환상은 실제로 아주 일반적인 원칙을 따른다. 뇌가 예측한 위치에 대한 올바른 정보를 얻지 못하면, 그 위치에 해당하는 대뇌 피질이 틈을 메우기 위해 열심히 활동한다. 그러면 환자는 실제로 정보가 도착했다고 여기게 된다(10.4 참조). 이런 현상 때문에 청각 정보가 충분하지 않아도 끊임없이 노랫소리가 들리고, 주변이 어스름해서 눈앞의 모습들이 잘 보이지 않을 때에는, 실제로 존재하지 않는 물체가 보이는 것이다. 알코올 탓에 기억이 끊긴 상태에서도, 자신이 의식하지 못하는 사이에 끊임없이 사건들을 꾸며 내는 것과 팔다리를 절단한 후 환상통을 느끼는 것도, 같은 이유에서 발생하는 것이다(10.4 참조). 각각의 뇌 기능은 고유의 체계를 가지고 의식을 가능하게 한다(그림 22). 시각적인 정보가 지나치게 미미하면 존재하지 않는 사물들을 보게 되고, 청각적인 정보가 지나치게 미미하면 노랫소리를 듣게 되는 것은 대뇌 피질 활동이 증가하는 뇌 영역이 다르기 때문이다.

〈블라인드사이트blindsight〉현상은 정보가 올바른 경로로 올바른 뇌 영역에 이르는 것이 얼마나 중요한지를 보여 준다. 왼쪽이나 오른쪽 일차 시각 피질(그림 22)에 결함이 있으면 반대쪽 시야를 완전히 볼 수 없다는 견해는 오랫동안 지배적인 견해였다. 그러나 시야의 특정 부분을 볼 수 없는 환자들에게 그들이 인식할 수 없는 곳의 어딘가에 빛 자극을 주면서 찾아보라고 하면, 그들은 우연이라고 볼 수 없을 정도로 그 자리를 잘 찾아내었다. 보면서도 의식하지 못하는 것을 〈블라인드사이트 유형 1〉 또는 〈주의 맹시attention blindsight〉라고 부른다. 이런 무의식적 시각 형태는 시각 정보가 피질하 영역에서 처리되기 때문으로 여겨졌었다. 신경 경로를 가시화시키는 새로운 영상 진단법(확산 텐서 영상)[6]은 이런 형태의 맹시에 시달리는 환자들도 시각적인 정보가 처리되는 대뇌 피질 영역에서 정보를 받아들이기는 하지만 정상적이지 않은 경로를 거치는 것을 보여 준다. 그러므로 정보들은 일반적으로 정보가 처리되는 대뇌 피질 영역에서 받아들여지는데도 특이한 경로를 거치지 않기 때문에, 맹시 환자들이 그것들을 의식하지 못하는 게 분명하다. 이런 기제는 편측 무시 환자들이 눈으로 보면서도 의식하지 못하는 현상을 설명해 준다. 즉 뇌졸중 때문에 정보들이 다른 경로를 이용해 대뇌 피질에 이르기 때문이다.

7.7 의식의 메커니즘에 대한 견해

의식은 신경 세포들로 이루어진 거대한 네트워크의 통합적 기능을 통해 전개되는 창발적 특성이라고 할 수 있다.

역사상 우리의 주변에 대한 의식은 〈데카르트의 극장〉, 〈머릿속의 필름〉, 〈텔레비전 화면〉과 같이 다양하게 표현되어 왔다. 그러나 이런 표현들은 말하자면 우리의 눈에 보이는 대로 세계를 보는 작은 존재가 우리의 머릿속에 있다는 이원론적인 생각에서 출발한다. 이것은 참 기묘한 생각이다. 그렇다면 이 작은 존재의 머릿속에는 또 무엇이 있을까 하는 문제가 제기되기 때문이다. 또 다른 작은 존재가

---

6 물 분자 운동을 이용해 뇌의 신경 세포를 영상 촬영하는 진단법.

있을까? 절대 아니다. 우리는 그저 신경 세포들로 이루어진 거대한 네트워크를 가지고 있는 것이다.

그러나 신경 세포의 시냅스에서의 신호 전달에 대한 연구로 1963년 노벨상을 수상한 존 에클스는 이 신경 세포 네트워크에 의해서 우리의 의식이 존재한다는 견해를 선뜻 받아들이려 하지 않았다. 대신, 그는 신경 생물학보다는 철학적인 관점에서 뇌의 신경 단위가 〈사이콘psychon〉이라고 불리는 정신 단위와 연결되어 있다는 이론을 만들었다. 그는 이 〈사이콘〉들이 대뇌 안에서 의지에 의한 행동이나 생각을 주도한다고 믿었다. 그 누구도 사이콘이 실제로 무엇인지 알지 못했기 때문에, 이 이론을 검증할 수 없었고, 따라서 과학적인 관점에서 받아들일 수 없는 관점이었다. 게다가 이 이론은 전적으로 말 뿐인 이론이다. 최근 모든 연구 결과들은, 다수의 뇌 영역에 존재하는 엄청나게 많은 뉴런이 동시에 활동하면서 대화하는 것이 우리 의식의 토대를 이룬다고 제안한다.

의식은 우리의 머릿속에 있는 신경 세포들이 이루는 거대한 네트워크에서 동시다발적으로 활동하는 특정 영역들로부터 나타나는 창발적 특성으로 이해될 수 있다. 각각의 뇌세포들과 다양한 뇌 영역들은 특수한 기능을 가지고 있지만, 이들 서로 간의 기능적 연결이 〈창발적emgergent〉 기능을 새롭게 형성한다. 이처럼 새롭게 출현한 창발적 특성들의 많은 사례가 있다. 예를 들어 우리는 기체 상태로 존재하는 산소와 수소를 알고 있다. 하지만 이 분자들이 결합하면, 완전히 다른 특성을 가진 물질, 즉 물이 생겨난다. 많은 뇌 연구가들은 신경 활동으로부터 이 새로운 특성인 의식이 나타나기 위해 신경 생물학적 관점에서 필요한 것이 정확히 무엇인지에 대한 질문에 총력을 기울이고 있다. 암스테르담의 신경 과학자인 빅토르 라머는 뉴런의 기능에서 답을 찾고 있다. 그의 이론에 따르면, 의식이 존재하기 위해서는 전전두 피질과 두정 피질의 뉴런들이 정보를 다시 대뇌 피질로 전달해야 한다. 많은 통로 중의 하나는 시상을 거치는 것이다. 이런 회귀적 처리는 순전히 감각을 받아들이는 영역에서부터 운동 영역까지 확장된다. 라머는 우리가 인식하는 것들 중 소수만이 이 회귀 과정을 거치기 때문에, 우리의 의식에 근본적으로 중요한 〈선택적 집중〉이 창발emerge한다고 생각한다. 그 결과, 우리는 우리가 집중하는 자극에 대해서만 보고하고 나머지 자극은 의식하지 못한다. 회귀적 처리나 집중과 같은 이런 식의 근본적인 메커니즘이 비록 정도는 각기 다를지라도 모든 동물들에게 나타나지 않는다고 가정할 만한 근거는 없다.

철학자 대니얼 데닛은 의식을 순전히 신체적이고 화학적인 현상으로 설명하는데, 이 점에 대해서는 나도 같은 생각을 가지고 있다. 그러나 그는 인간이 가진 언어 발달의 광범위한 영향 때문에 동물과는 다른 종류의 의식을 지니고 있다고도 주장한다. 반면에, 나는 동물들이 인간과는 다른 정도의 의식을 지니고 있다는 편이 더 논리적이라고 생각한다. 자신의 소변과 다른 개들의 소변 냄새를 구별할 수 있는 개의 자의식은 거울 속에 비친 자신을 인식할 수 있는 까치의 자의식과는 당연히 수준이 다르듯이, 자의식은 종에 따라 다르지만 동물들에게는 기본적으로 자의식이 있다고 할 수 있다. 덧붙여서 인간의 자의식은 언어에 의존하지 않는다. 뇌졸중으로 쓰러져서 언어 부위가 더 이상 기능하지 않는 사람들도 자신과 주변에 대해서 여전히 완벽하게 의식한다. 그들은 비록 말로는 더 이상 표현할 수 없을지라도 고개를 가로젓거나 끄덕임으로써 자신과 주변에 관계되는 중요한 결정을 충분히 신중하게 내릴 수 있다.

당신 자신과 주변을 의식하는 것에 대한 중요성은 항상 당신 자신의 상황을 다른 사람들의 상황과 비교해서 해석하고, 이 과정에서 당신이 저지른 실수로부터 배우는 것 등을 포함한 사회적 상호 작용에서 우선적으로 나타난다. 여기에서 우리는 개체의 진화가 가지는 중요성이 집단 내의 복잡한 사회적 상호 작용에서 기능을 잘하는 것이라고 지적했던 찰스 다윈과 프란스 드 발을 다시금 생각하게 된다 (20.1 참조).

8장
공격성

8.1 자궁에서부터 공격적이다

나는 도벽과 거짓말하는 성향이 상류 계층의 집안에도 퍼져 있음을 말해 주
는 신빙성 있는 사례들에 대해 들었다.

— 찰스 다윈, 『인간의 유래』

인간은 침팬지와 마찬가지로 공격적인 종이다. 인간과 침팬지의
선조가 같다는 것에는 이유가 있다. 사회 공학에서 말하는 인간을 원
하는 대로 만들 수 있다는 믿음이 1960~1980년대에 팽배해 있었다.
누구에게나 좋은 생활 환경을 마련해 주면 온갖 공격성과 범죄가 근
절된다는 것이었다. 이와 다른 견해를 표방한 사람은 누구든지 공개
적으로 비난을 받았다. 우리 행동의 생물학적인 배경에 대해 다시금
깊이 생각할 수 있게 된 오늘날에는 왜 일부 사람들은 다른 이들보다
더 공격적이고 범죄를 저지를 성향이 더 강한가와 같은 문제에도 다
시 관심을 기울일 수 있게 되었다. 소년들은 소녀들보다 더 공격적이

다. 이런 차이는 이미 자궁 안에서부터 결정된다. 임신의 중간 단계에서 최고조에 이르는 남성 태아들이 생산하는 남성 호르몬 테스토스테론이 남아들을 여아에 비해서 평생 더 공격적으로 만든다. 자궁 안에서 부신 질환 탓에 많은 테스토스테론을 생산하는 여아들도 마찬가지로 나중에 더 공격적이 된다. 그리고 산모가 임신 중에 호르몬 제제를 복용하면 모태 안의 남아 및 여아의 공격성을 높일 수 있다.

그러나 다른 아이들에 비해 유난히 더 공격적인 아이들이 있고, 이 아이들은 종종 범죄를 초래한다. 청소년 범법자의 72퍼센트기 공격적인 행동 때문에 구류형이나 금고형을 치르고 있다. 이런 청소년 범법자들에게서는 유독 자주 정신병적 장애를 확인할 수 있다. 특히 남자아이들에게서는 이런 경우가 무려 90퍼센트에 이른다. 그들은 반사회적인 행동과 더불어 종종 마약 복용, 정신병, ADHD 증상을 보인다. 쌍둥이에 대한 연구에서 보이는 바와 같이, 유전적 요인들이 중요한 역할을 한다. 뇌에서 화학 전달 물질의 생성과 해체에 관여하는 단백질의 작은 유전자 변이(다형성)는 심한 공격성과 알코올 중독, 잔혹한 자살을 유발할 수 있다. 화학 전달 물질 세로토닌의 활동 감소는 심한 공격성과 충동적이고 반사회적인 행동과 관련이 있다.

몇몇 중국 남자들에게서 극도로 폭력적인 범죄와 반사회적인 인격 장애, 알코올 중독 내지는 다른 중독증들과 연관된 세로토닌을 처리하는 한 유전자에서 작은 변이가 발견되었다. 이 단백질의 또 다른 변이는 마찬가지로 충동성과 공격성이 중요한 역할을 하는 경계성 인격 장애에 걸릴 위험을 높인다. 그러므로 우리의 유전적인 성향이 훗날 개개인이 나타내는 공격적이고 범죄적인 행동에 상당한 기여를 할 수 있다.

태아의 주변 환경 역시 공격성의 정도에 영향을 미친다. 의료 봉사를 위한 신체검사 결과 네덜란드가 기아에 시달렸던 1944년에서 1945년 사이 겨울에 임신해서 충분한 영양분을 섭취하지 못한 산모들에게서 태어난 아들들은 반사회적인 인격 장애에 걸릴 위험이 2.5배나 더 높았다(2.3 참조). 최근의 풍족한 환경에서도 태반의 기능이 원활하지 못한 경우 자궁 안에서 영양 결핍이 발생할 수 있다. 유전적인 요소가 있는 상황에서 산모가 임신 중에 흡연을 하면 아이가 ADHD에 걸릴 위험은 9배까지 높아질 수 있고 ADHD는 강한 공격성과 결부되어 비행 청소년으로 성장할 위험을 높인다(2.2 참조).

다른 많은 특성들도 공격성의 정도처럼 이미 자궁 안에서 전반적으로 결정된다. 이것은 새롭게 정립된 생각이 아니라, 모든 것을 원하는 대로 만들 수 있다는 믿음이 팽배했던 우리 사회에서 한동안 금기로 여겨졌던 생각이다. 찰스 다윈은 이미 자서전에서 이렇게 말했다. 〈나는 교육과 환경이 누군가의 마음에 끼치는 영향은 미미하고 우리 성격의 대부분은 타고난 것이라는 프랜시스 골턴(찰스 다윈의 사촌 형제)의 말에 동의하는 편이다.〉 이런 생각은 부모와 많은 선의의 사회 기관이 갖는 잠재적 영향력에 대해서 올바른 시각을 설정한다(8.2 참조).

8.2 젊음과 공격성

법무부 역시 오늘날 공격성의 정도와 범죄의 위험성을 결정하는 사회적 요인 이외에도 다른 요인들에 대해서 관심을 보이기 시작한다.

우리는 공격적인 행동과 관련해 제각기 다른 성향을 타고난다. 이런 성향들은 우리의 성별, 유전적 소인, 태반을 통해 받은 양분의 양, 우리의 어머니가 임신 중에 섭취한 니코틴과 알코올, 그리고 약품에 의해 좌우된다. 우리가 무절제하거나 반사회적이거나 공격적이거나 범죄적인 행위를 저지를 가능성은 사춘기에 증가하는데, 이 시기에 테스토스테론의 농도가 증가하기 때문이다. 이에 상응해서 남성과 여성의 공격적인 행동에도 분명한 차이가 있다. 남성은 여성보다 5배나 많은 살인을 저지른다. 반면 남성이 가족이나 친지를 살해하는 경우는 그중 20퍼센트에 지나지 않지만, 여성은 사회적인 주변 사람들을 살해하는 경우가 60퍼센트에 이른다. 남성이 언제 살인을 저지를지 알려 주는 연령 곡선은 일정한 틀을 따른다. 사춘기에 테스토스테론 농도의 증가와 더불어 살인 횟수도 증가하며 20~24세에 최고치에 이른다. 그 후 하강 곡선이 시작해서 약 50~54세에 최저점에 이른다. 이런 형태의 범죄 연령 곡선은 미국, 잉글랜드, 웨일스, 그리고 캐나다에 이르기까지 세계 각지에서 발견된다. 20대 후반의 남성들에게서 나타나는 범죄율의 감소는 테스토스테론 농도의 하강과 관계되어 있다기보다는 오히려 충동적인 행동을 제어하고 도덕적인 행위를 장려하는 뇌의 앞부분, 즉 전전두 피질의 뒤늦은 발달과 연관되어 있다(그림 15). 그러므로 여기서 도출할 수 있는 결론은 성인 형법을 이 전전두 피질이 성숙한 이후 — 약 23~25세의 나이에 — 적용해야 한다는 것이다. 그러나 정치권은 이런 발달 패턴을 고려하지 않으며 소심한 유권자들의 환심을 사기 위해서 심지어는 법적 책임 연령을 낮추고 싶어 한다. 알코올은 전전두 피질의 활동을 억제한다. 그래서 이따금 밤에 술집을 전전하다가 돌연히 무의미한 폭력을 휘두르는 사태가 벌어지는 것이다. 유년기에 입은 전전두 피질의 손상은 성년기에 이르러 사회 행동과 도덕적 행위에서 문제를 유발할 수 있다.

남성 호르몬 테스토스테론은 공격적인 행동을 자극한다. 일부 남성들의 테스토스테론 농도는 다른 남성들에 비해 더 높고 그로 인해서 공격적인 성향을 더 많이 띤다. 폭력 범죄와 성폭행으로 형을 치르는 남성의 테스토스테론 농도는 다른 범죄를 저지른 죄수들보다 더 높다. 반사회적인 행동을 보이는 남성 죄수들과 신병들에게서도 테스토스테론 농도가 더 높게 나타난다. 높은 테스토스테론 농도와 강한 공격성 사이의 관계는 여성 죄수들의 경우에도 마찬가지다.

하키 선수들이 경기 도중 스틱을 휘두르는 모습에서도 공격성이 어떻게 배출되는지 쉽게 가늠할 수 있다. 여기서도 공격적인 반응의 횟수와 혈중 테스토스테론 농도 사이에는 관계가 있다. 그러므로 오늘날 스포츠 분야에서 근육을 키우기 위해 아나볼릭 스테로이드[1]를 다량 투입하는 것은 우려되는 일이다. 이 호르몬은 공격성을 높이기 때문이다.

주변 환경도 공격적인 행동에 영향을 미친다. 폭력을 예찬하는 영화와 컴퓨터 게임이 공격성을 강화시킬 수 있다는 사실이 최근 밝혀졌다. 흥미로운 것은 종교를 가진 사람들에 국한되겠지만 신이 살해를 허락하는 성경 구절을 읽는 것도 같은 효과를 낸다는 것이다. 체온이나 빛 같은 물리적인 요인들도 우리의 행동에 중요한 역할을 한다. 유난히 길고 무더운 여름에 공격성이 증가한다는 것은 누구나 알고 있다. 전쟁을 시작하려는 결정에도 군사적인 전술보다는 햇빛의

---

1 단백질 동화 작용을 증강하여 남성화 작용을 강화하는 근육 증강제.

양이나 온도가 주는 영향이 더 중요한 듯 보인다. 지난 3,500년 동안 벌어진 2,131번의 분쟁에 대한 연구에서 가브리엘 슈라이버가 보여 준 1년을 주기로 한 패턴에서 이런 사실을 확인할 수 있다. 수 세기 동안 전쟁을 시작하려는 결정은 북반구와 남반구 모두에서 대부분 여름에 내려졌고, 적도 근처에서는 계절과 상관없었다.

그리고 물론 조악한 사회 상황과 교육의 부재 — 이것은 지난 몇 세대 동안 연구된 유일한 요인들이었다 — 역시 공격성과 범법에 기여할 수 있다. 이탈리아의 범죄학자 체사레 롬브로소는 범죄를 유발할 가능성이 있는 사회적 요인들에 너무 관심을 기울이지 않는다는 비난에 대해 이렇게 대답했다. 「그 말은 맞습니다. 하지만 그것은 이미 너무 많은 사람들이 거기에 관심을 기울이고 있기 때문이지요. 해가 비치는 것을 증명하는 것은 별로 의미가 없습니다.」 얼마 전까지 네덜란드에서도 상황은 마찬가지였다. 그러나 이제 네덜란드 법무부는 공격성의 정도와 범죄의 위험성을 결정하는 사회적 요인들 이외에 다른 요인들에도 관심을 기울이기 시작하고 있다.

8.3 공격성, 뇌 질환, 교도소

정신 질환자에게 형법을 적용해서는 안 된다는 규칙을 우리의 형법 체계는 얼마나 자주 어기는가?

1843년 영국 수상의 비서를 죽인 대니얼 맥노튼이 형무소가 아니라 정신 병원에 수감되어 빅토리아 시대의 영국을 크게 분개시킨 일이 있었다. 〈맥노튼의 법칙〉으로도 알려진, 정신 질환을 앓고 있는 범죄자는 〈유죄이지만 정신 이상〉이라는 판결을 받고 교도소 대신 정신 병원에 보내지고 있다. 이런 사람들은 형사적 책임이 없다는 사실에 대부분 이의를 표시하지 않지만 오늘날 교도소는 정신 질환이나 신경증에 걸린 사람들로 넘쳐나고 있다. 암스테르담의 법 정신 의학자인 테오 도렐레이여스의 견해에 따르면, 네덜란드에서 복역 중인 청소년의 90퍼센트가 정신 질환에 시달리며 병원의 명령에 따라 구금된 청소년의 30퍼센트는 ADHD 증세를 보인다. 공격적인 행동과 관련된 뇌 질환의 경우, 공동으로 기능을 수행하는 두 군데의 뇌 영역, 즉 전두 피질(그림 15)과 편도체(그림 26)가 중요한 역할을 한다.

뇌의 앞 부위, 전전두 피질은 공격적인 행동을 억제하고 우리의 도덕적인 판단에 결정적인 힘을 행사한다. 전전두 피질이 손상된 아이들은 도덕적이고 사회적인 규범들을 습득하는 데 어려움을 겪는다. 전전두 피질이 손상된 베트남 참전병들은 더 공격적이고 더 폭력적이었다. 충동적으로 살인을 저지른 사람들의 경우 전전두 피질의 활동이 유난히 감소해 있다. 전전두 피질에 영향을 주는 뇌 질환은 종종 공격적인 행동을 수반한다. 수술을 마치고서 환자의 배에 자신의 이름을 새겼던 외과 의사는 전전두 피질에서 시작되는 치매의 한 형태인 피크병 초기였음이 밝혀졌다. 마찬가지로 전전두 피질의 활동이 감소되는 질병인 정신 분열증도 이따금 공격적인 행동을 야기한다. 존 힝클리 주니어는 레이건 대통령을 피살하려 한 것으로 유명하다. 힝클리가 발사한 총알은 레이건의 겨드랑이 아래를 맞추었다. 총알은 왼쪽 폐엽을 뚫고서 심장으로부터 2센티미터 떨어진 곳에 박혔다. 전 세계를 휩쓴 힝클리의 뇌 영상 사진들은 정신 분열증에서 흔히 그렇듯이 완연히 수축된 뇌를 보여 주었다. 그는 지금도 교도소에 수감되어 있다. 또 다른 사례는 항정신 분열증 약의 복용을 중단한 상태에서 2003년 스웨덴의 외무부 장관 안나 린드를 살해한 정신 분열증환자 미하일로 미하일로비치다. 그는 예수가 자신을 선택했으며 이살인 명령을 내린 목소리를 들었다고 주장했다. 역으로 공격적인 행동이 정신 분열증의 초기 증상일 수도 있다.

아몬드 모양의 편도체(그림 26)는 뇌의 측두엽 깊은 곳에 위치해 있다. 부검하는 과정에서 환자의 부드러운 뇌를 손에 쥐면, 측두엽 끝에서 단단한 작은 단추 같은 편도체를 느낄 수 있다. 정확히 편도체의어느 지점을 어떤 방식으로 자극하느냐에 따라서 공격적인 행동을억제할 수도 있고 조장할 수도 있다. 편도체의 억제 현상은 스페인의생리학자 호세 마뉴엘 로드리게스 델가도에 의해 설득력 있게 증명되었다. 델가도는 투우장에서 돌진하는 소의 편도체를 멀리에서 전기자극을 가해 바로 코앞에서 소를 정지시켰다. 뇌의 양쪽에 있는 편도체의 활동을 정지시키면, 사나운 시궁쥐조차도 아주 온순해진다. 많은 정신 질환자들은 편도체의 기능 장애에 시달린다. 그들은 희생자의 얼굴에 표현된 고통받는 모습을 알아채지 못하고, 그래서 희생자의 입장을 헤아리지 못하게 되는 것이다. 1966년 찰스 위트먼은 자신의 아내와 어머니를 살해한 후, 오스틴에 있는 텍사스 대학교에서14명을 총으로 살해하고 31명의 부상자를 냈다. 그의 측두엽에서 편도체를 누르는 종양이 발견되었다. 미국의 학교를 비롯한 다른 장소에서 또는 지구상 어딘가에서 갑자기 미친듯이 총을 난사하는 이들가운데 얼마나 많은 사람들이 뇌 질환에 걸렸을까 묻지 않을 수 없다.

울리케 마인호프는 비판적인 여류 저널리스트에서 34명을 살해한 테러 집단 적군파의 공동 발기인으로 변신했다. 울리케 마인호프는 1976년 감방에서 스스로 목숨을 끊었다. 이미 그전에 그 여성 테러리스트가 동맥류, 즉 혈관의 약한 부위에서 혹 모양으로 불거져 나오는 병에 걸린 것으로 밝혀졌다. 그 부위는 뇌의 아래쪽으로 불거져 정확하게 편도체를 눌렀고 지속적인 손상을 야기했다. 더욱이 신경외과의는 동맥류를 수술하는 과정에서 전전두 피질마저 손상시켰다. 그러므로 울리케 마인호프가 행한 공격적이고 탈법적인 행동에는 두 가지 원인이 있었다.

공격적인 행동을 유발하는 또 다른 뇌 질환으로 감정 장애, 경계성 인격 장애, 학습 장애, 뇌경색, 다발성 경화증, 파킨슨병, 헌팅턴병이 있다. 더욱이 치매 환자들도 공격적일 수 있다. 2003년 치매로 인해 요양원에서 치료를 받던 81세의 네덜란드 여성 환자가 마찬가지로 치매에 걸린 80세 룸메이트를 살해했다. 범인은 완전히 제정신이 아닌 상태에서 화장실에서 발견되었다. 간병인이 범인을 침대로 데려갔을 때에야 희생자는 발견되었다. 다행히도 검찰은 그녀를 고소하지 않았다. 미국이나 일본처럼 〈문명화된〉 나라에서는 살인을 범한 정신 분열증 환자들을 여전히 사형에 처할 수 있다. 우리 네덜란드에서는 그런 일이 다시는 일어나지 않기를 바란다. 하지만 우리의 형사 사법 제도는 얼마나 자주 맥노튼의 법칙을 어기고 있는가?

8.4 죄와 벌

형사 사법 기관은 의학 세계로부터 적절하게 통제된 연구를 바탕으로 증거에 기반하는 접근 방식을 어떻게 채택하는지 배워야 할 것이다.

　형법의 적용은 건강한 뇌의 소유자에게 한정된다. 이 원칙은 생물학적인 근거도 가지고 있다. 붉은털원숭이들은 일반적으로 무리의 규칙을 지키지 않는 성원들을 벌한다. 그러나 다운 증후군에 걸려 정신적 발육이 뒤처진 붉은털원숭이에게는 무리에 적용되는 모든 기본법을 어기면서도 처벌을 피해 가는 것이 허용된다는 사실을 행동 연구가 프란스 드 발이 발견했다. 인간도 이와 비슷하게 행동해야 하지만 우리는 그렇게 하는 것이 어렵다는 것을 분명히 안다. 이미 13년 전에 테오 도렐레이여스는 검사 앞에 불려 온 미성년 범법자들 가운데 65퍼센트가 정신적 장애를 앓고 있었으나, 정신적 장애의 진단이 요구된 경우는 그중 채 절반도 안 된다는 것을 밝혀냈다. 우리는 이런 청소년들에게 책임을 물을 수 있을까? 아동 학대자들은 과거 어린 시절에 직접 아동 학대를 당한 경험이 있다. 그렇다면 어느 선까지가 그들의 과실일까? 사춘기의 청소년들은 갑자기 자신의 뇌가 성호르몬으로 넘쳐서 자신의 거의 모든 기능을 변화시키는 것에 대해 어느 정도나 책임이 있을까? 십 대 청소년들은 사춘기에 완전히 달라진 뇌를 다루는 방법을 배워야 한다. 그것도 충동성을 제어하고 도덕적인 행위를 전반적으로 조절하는 전전두 피질이 아직 많이 미성숙한 시기에 말이다. 그리고 중독자들은 DNA의 작은 변이나 자궁 안에서의 영양 결핍에 의해 야기된 자신들의 상황에 얼마만큼 책임이 있을까?

　다르게 표현하자면, 자기 책임에 토대를 둔 도덕적인 비난과 형벌은 설득력이 없다. 그러나 우리의 도덕적인 감정은 집단의 생존에 결정적인 영향을 미치는 탓에 우리의 진화적 발달에 깊이 뿌리 박혀 있다. 우리가 우리의 행위에 스스로 책임을 진다는 생각도 여기에서 생겨난다. 그런 생각이 비록 착각일지라도 말이다. 세간에 널리 퍼져 있는 견해와는 달리 우리가 특정한 방식으로 프로그래밍되어 있다는 사실이 처벌을 통해서 그에 반하는 것을 근절해야 한다는 것을 의미하지는 않는다. 결국 우리가 뭔가를 할 것인가 또는 하지 말 것인가 하는 문제에 대해 결정한 다음에는 우리 뇌가 가능한 처벌에 대한 변수를 무의식적으로 고려한다. 이렇게 처벌은 자기 책임과는 아무 상관없는 측면도 포함한다. 사회는 범죄자들이 자신들의 행동에 대한 대가를 치르기를 바란다. 또한 범죄자들을 감금하는 것이 대중을 보호하고, 과연 얼마나 실효가 있을지 의구심이 들긴 하지만 다른 사람들이 범죄를 저지르지 않도록 경고하는 역할을 하기를 기대한다.

공격적이거나 범죄 행동이 가지는 신경 생물학적인 요인에 대해 우리가 알고 있는 것은 언제나 특정한 자질을 지닌 개체들의 집단과 관련이 있다. 결과적으로 우리는 어떤 특정한 요인이 특정한 개체의 범행에 일조하는가에 대해서는 법정에서 자신 있게 말할 수 없다. 그래서 몇몇 연구가들은 신경학적인 인식들이 실제로 판결이나 체포에 기여하는 바가 아직까지는 그다지 크지 않다고 주장한다. 네덜란드 대법원의 일원인 이보 부루마가 2007년 11월 7일 자 「NRC 한델스블라트」에서 이렇게 말하는 것에도 일리는 있다. 〈판사들도 의사들과 마찬가지로 개개인을 다루어야 한다.〉 그러나 여기에서 이보 부루마는 명확하게 잘못된 결론을 이끌어 낸다. 〈나는 이런 모든 지식들을 참으로 대단하다고 생각한다. 그러나 우리가 법률 사건에서 이것을 개인적 차원에 적용할 수 없다면 그 지식은 우리에게 아무런 도움이 되지 않는다.〉 이런 말은 개인적인 차원에서 최선을 다해 양심껏 환자들을 진료했지만 진료의 효과에 대해서는 전혀 짐작하지 못했던 100년 전 의학의 수준으로 법학이라는 학문을 끌어내리는 것이다. 의학은 그동안 배운 바가 있다. 〈증거에 기반을 둔 의학〉은 정확하게 정의된 환자 집단에 미치는 영향을 바탕으로 만들어졌다. 사실 약제를 투여받는 특정 환자가 회복되는 95퍼센트에 속할지, 아니면 심각한 부작용을 일으키는 5퍼센트에 속할지는 결코 미리 알 수 없다. 부작용으로 심지어는 목숨을 잃는 사람들도 있다. 그런데도 전체 집단을 위해 추론된 결과를 토대로 한 명의 환자를 이 약으로 치료하기로 결정한다. 특정 집단의 공격적이고 범죄적인 행동을 특징짓는 요인들 및 이 집단이 예방책과 처벌의 다양한 형식과 형량에 반응하는 방식도 이런 식으로 고찰되어야 한다. 우리는 오로지 집단에 대한 데이터를 토대로 개인에 대해 확률에 근거하는 진술을 할 수 있다. 이런 방법으로는 개개인에 대해서 우리는 확실하게 판단할 수는 없지만, 개개인이 속한 집단에 대해서는 어쨌든 올바르게 평가할 수 있다. 그러나 형사 사법 기관은 유감스럽게도 아직 여기까지 이르지 못했다. 형사 사법 기관은 진정한 비교 집단이 없는 상황에서, 청소년 범법자들에게 사회봉사 명령에서부터 비행 청소년의 교정 시설에서의 수감에 이르기까지 거듭 새로운 처벌의 형식을 시도한다. 이것은 주어진 처벌의 효율성에 대해서 항상 의견이 분분할 것임을 의미한다.

8.5 수면 중에 나타나는 폭력성

우리 모두는, 심지어는 선량한 사람도 그 속에 야수가 살고 있어서 우리가 잠든 사이에 그 모습을 드러낸다.

— 플라톤

꿈 수면은 빠른 안구 운동을 특징으로 하며, 렘REM(rapid eye move-ment)수면이라고도 불린다. 또는 이 수면 단계에서 뇌파가 극도로 활성적인 탓에 〈역설수면〉이라고도 불린다. 이런 전형적인 뇌파와 빠른 안구 운동의 조합은 1952년 유진 아제린스키가 렘수면에 든 자신의 어린 아들을 바라보다가 발견했다.

렘수면 동안 우리는 많은 신경 정신 질환의 특성을 보인다. 상위 시각 중추들이 활성화되고 우리는 정신 분열증 환자들처럼 환각을 일으킨다. 일상적인 규칙들과 물리적인 법칙들이 효력을 상실하는 세계에서 우리는 극히 기괴한 일들을 체험한다. 꿈들은 종종 감정적이고 공격성을 띠는 동시에 실제로 공격 중추인 편도체(그림 26)가 활성화된다. 꿈을 꿀 때 우리는 알코올성 치매에 걸린 사람이 자신이 한 번도 체험해 보지 못한 이야기들로 기억의 틈을 메우는 것처럼 이야기를 만들어 낸다(10.4 참조). 그리고 우리는 중증 치매에 걸린 사람들처럼 몇 분 후에는 꿈속에서 체험한 모든 것을 망각한다. 기면증에 걸린 환자들이 낮에 탈력 발작을 겪듯이 꿈을 꾸는 동안 우리의 근육은 긴장이 풀린다.

수면 중에 근육 긴장이 풀리는 데에는 충분한 이유가 있다. 근육 긴장의 유지는 잠을 자는 동안 신체 활동을 유발할 수 있다. 예를 들어 몽유병 환자의 경우에는 깊이 잠들었는데도 근육 긴장이 풀어지지 않는다. 그래서 자발적이고 반의식적인 행동을 하게 되는데, 그중 한 예가 밤에 걷는 것이다. 그들은 자신들의 행동을 의식하지 못하고,

결국에는 자신이 한 어떤 행동도 나중에 기억하지 못한다. 몽유병 환자의 영상에서, 수면 중에 대뇌 피질의 상당 부분이 실제로 활동하지 않는 것으로 나타났다. 프랑스의 과학자 미셸 주베는 동물 실험에서 뇌간의 작은 부위를 손상시켜 수면 중에 근육을 이완시키는 신경 세포들을 파괴했다. 이런 처치를 받은 동물들은 꿈을 꾸는 것을 실제로 행동하는 듯 보였다. 미셸 주베는 고양이가 렘수면 상태에서 자신의 주변 상황을 인식하지 못한 상태에서 눈을 뜨고 허구의 먹잇감을 향해 뛰어오르는 것을 보았다. 맛있는 먹이로 가득 찬 그릇에 전혀 관심을 보이지 않았고 보통은 수면 중에도 자동으로 털을 손질하던 고양이가 제 털에 놓인 보푸라기들을 털어 내려고도 하지 않았다. 이런 비슷한 뇌 손상을 입은 쥐들은 잠결에 실제로 존재하지 않는 다른 쥐들과 놀았고, 다람쥐들은 도토리를 파내기 시작했다.

인간도 이와 같은 뇌 손상을 입은 실험동물들처럼 렘수면 상태에서 이따금 그런 복잡한 행동을 한다. 때로는 공격적인 행동도 관찰할 수 있다. 한 부인은 내게 이렇게 말했다. 「3년 전 제 남편은 신경 긴장으로 고통을 받았어요. 어느 날 밤 저는 이상한 소리에 잠에서 깨어났어요. 제 남편이 협박을 받는 사람처럼 이상한 소리를 내고 있더라고요. 하지만 제가 보기에 그 사람은 분명 깊이 자고 있었어요. 저는 남편의 머리를 어루만지면서 진정시키려고 했어요. 하지만 그러지 않는 편이 더 나을 뻔했어요. 남편이 제 멱살을 잡고는 목을 조르려고 하더라니까요. 그동안에 저는 정신이 완전히 들었기 때문에 남편의 손길에서 벗어나 남편을 깨울 수 있었어요. 남편에게 방금 그가 제게 한 일을 설명하니까 남편은 놀라서 잠자리에 다시 들 엄두도 내질 못하더라고요. 남편은 누군가에게 공격을 받아서 방어해야 한다고 생각했대요. 그 후에도 남편은 이따금 그런 꿈을 꾸었어요. 그럴 때마다 남편이 내는 소리에 저는 번번이 잠에서 깨어났어요. 그러면 안전하게 거리를 두고서 남편을 어루만졌고 남편은 다시 진정했어요. 우리는 아이들과 친구들과도 그 일에 대해 이야기했어요. 그리고 그때 제가 만일 남편 손길에서 벗어나지 못했다면 어떻게 되었을까 하는 생각이 들더라고요. 남편은 교도소 신세를 지게 되었을까요?」 바로 이게 문제다. 몇몇 피고인들은 자신이 수면 중에 범행을 저지른 것을 납득시킬 수 있었기 때문에 무죄 판결을 받기도 했다. 일부 사람들은 수면 중에 일말의 의식도 없이 실제로 무척 복잡한 일들을 할 수 있다. 이런 일을 겪는 90퍼센트가 남성이고 렘수면에서 다른 수면 단계로 전환하는 과정에서 그런 일이 일어난다. 몽유병에서처럼 이런 행동은 완전히 무의식적인 행동이다. 잠자는 동안 벌어진 강도, 성폭행이나 살인 미수나 자살 시도 등으로 체포된 사례들도 있었다. 자살 시도는 몽유하는 과정에서 단순히 일어난 사고일 수도 있다. 때로는 기면증이나 파킨슨병 같은 뇌 질환의 영향을 받기도 하지만 신경 정신적 장애가 전혀 나타나지 않는 경우도 많이 있다. 고열, 알코올, 수면 부족, 스트레스, 의약품에 의해 그런 일들이 야기될 수 있다. 깨어 있는 상태에서는 전혀 공격적이지 않은 사람들이 몽유병 상황에서는 매우 놀랍게도 무척 폭력적인 태도를 드러낸다.

1987년 케네스 팍스는 잠을 자면서 23킬로미터나 차를 몰아 장모의 머리를 내리쳐 살해했으며 같은 방식으로 장인을 살해하려는 과정에서 깨어났다. 그리고 경찰에 자진 출두했다. 그는 무죄 방면되었다. 평소에 자주 몽유병 증세를 보였던 율리우스 로베는 몽유병 단계에서 자신이 무척 사랑한 82세의 아버지를 살해했다. 그에 비해 버틀

러라는 이름의 남자는 수면 중 혼란 상태에서 아내를 총으로 쏘아 죽이고 유죄 판결을 받았다. 59세의 영국인 브라이언 토머스는 2008년 휴가 중에 40년을 함께 살아온 아내의 목을 졸랐다. 그는 법정에서 그들의 이동식 주택에 침입한 강도와 싸우는 꿈을 꾸었다고 증언했다. 토머스는 어린 시절부터 몽유병과 불면증을 포함한 수면 장애에 시달렸다. 그에 대한 방책으로 약을 복용했지만 후유증으로 발기 불능이 되어 버렸다. 토머스 부부는 휴가 중이었고 함께 〈은밀한〉 시간을 보내려는 생각에서 그는 일시적으로 잠시 약을 중단했다. 판사는 토머스의 수면 장애로 일어난 일이라서 그에게 사건의 책임을 물을 수 없다고 지적했고 고소인들은 소송을 취하했다.

현재 88건의 살인 사건이 이런 식의 몽유 상태에서 일어난 것으로 알려져 있다. 수면 중에 범행을 저지른 사실을 증명하기 위해서는 경험 많은 전문가가 실행하는 일련의 수면 연구를 견뎌 내야 하고 뛰어난 변호사의 도움이 필요하다. 가해자가 실제로 수면 중에 범행을 저질렀다는 것을 의심의 여지 없이 증명한다는 것은 확실히 불가능하기 때문에 대부분 법정에서는 이런 사람에 대해 무죄 방면하기를 주저한다. 그리고 누구라 한들 그들을 비난할 수는 없다.

9장
자폐증

9.1 대니얼 태멋, 자폐증 서번트[1]

흥미를 느낀 나는 물었다. 「무슨 그림을 그리세요?」 그가 대답했다. 「원주율」

대니얼 태멋은 높은 지능과 결부된 일종의 자폐증인 아스퍼거 증후군을 앓고 있는 서번트다. 그는 정말 대단한 계산 능력과 언어 능력을 소유하고 있다. 2004년 대니얼 태멋은 5시간 9분 동안 단 한 번의 실수도 없이 원주율을 소수점 2만 2,514자리까지 암송함으로써 세계 기록을 세웠다. 놀라운 것은 이것이 석 달만에 이루어진 성과라는 것이다. 많은 자폐증 환자들은 공감각이라고 불리는 능력을 가지고 있는데, 이는 뇌에 있는 감각 정보를 처리하는 경로와 인식에 관련된 경로가 서로 엉켜서 생기는 현상으로 문자나 숫자를 색깔로 인식하는 능력을 뜻한다. 태멋은 자신이 태어난 날인 1979년 1월 31일 수요일을 푸른색으로 본다. 그래서 그의 책 제목을 〈푸른색 날에 태

---

1 자폐증이나 지적 장애를 지녔지만 특정 분야에서 비범한 재능을 보이는 사람을 일컫는다.

어나다Born on a Blue Day〉로 지었다. 태멋은 알파벳과 숫자에서 특정한 색채뿐 아니라 다양한 형태와 크기를 본다. 그래서 그에게 9,973까지의 모든 소수(素數)들은 각기 특정한 결정 형태를 취하고 있다. 태멋의 저서가 네덜란드어로 번역 출간되었을 때 나는 며칠 동안을 그와 함께 보낼 수 있었다. 그때 태멋은 자신이 그림을 그리기 시작했다고 자랑스럽게 이야기했다. 흥미를 느낀 나는 물었다. 「무슨 그림을 그리세요?」그가 대답했다. 「원주율」태멋은 원주율의 소수점 자리 같은 수열을 다른 색깔을 띤 숫자들로 이루어진 산악 지대로 본다. 공감각은 대뇌 피질의 다양한 영역들 사이에서 나타나는 비정상적인 강한 결합에 의해 일어난다. 그것을 통해 보통은 시각 정보만을 담당하는 대뇌 피질이 다른 뇌 영역에서 일어나는 계산에 대한 정보도 받아들인다. 그림으로 전환되면 갑자기 복잡한 계산들이 간단해진다. 게다가 태멋은 불과 1주일 만에 새로운 언어, 가령 극히 어려운 아이슬란드 말을 배울 수 있는 엄청난 언어 능력을 가지고 있었다. 이런 결합들이 이례적인 것이긴 하지만, 대니얼 태멋을 정말 유일한 서번트로 만드는 것은 이런 증후군을 앓는 사람들에게서 거의 보기 어려운 사회적 능력이다. 이와 같은 능력을 통해 그는 고독한 어린 시절에 얼마나 친구를 사귀고 싶었는지, 하지만 보통 사람들과는 다른 탓에 얼마나 완벽하게 혼자였는지를 자신의 저서에서 아주 감동적으로 이야기한다. 그리고 어렸을 때 어떻게 숫자를 생각하면서 두려움을 이겨 냈는지에 대해서도 묘사한다. 숫자를 유일하게 진정한 친구라고 여겼기 때문이었다. 또한 그는 항상 질서와 규칙에 대한 강박 관념에 사로잡혀 있었다고 말한다. 그의 강박관념은 현재까지 지속되고 있다. 예를 들어 날마다 정확히 45그램의 죽을 먹고, 날마다 정확히 같은 시간에 차 한 잔을 마신다. 이는 그가 느끼는 불안감을 해소하기 위한 행동이기도 하다. 아스퍼거 증후군의 이런 모든 특징들에 대해 이토록 절절하게 묘사한 사람은 없었다.

대니얼 태멋의 책은 개인적이면서 날카로운 보고서로서 무척 흥미롭다. 그는 이런 재능을 타고난 어린이들에게 부족한 점이 무엇이고, 그 발달 과정이 얼마나 험난했으며, 결국 타고난 사회적 결점을 하나하나 극복해서 완전히 자립한 성인으로 자라나기까지에 대해 묘사한다. 현재 태멋은 인터넷에서 언어를 가르치는 것으로 생활비를 번다. 자폐증 환자들에게는 인터넷을 통한 소통이 개인적인 대화보다 훨씬 더 쉽다.

더스틴 호프만은 서번트 킴 피크에게 영감을 얻은 영화 「레인맨」에서 자폐증의 문제를 감동적으로 그려 냈다. 대니얼 태멋은 서번트 동료 킴 피크와의 만남을 인생의 가장 중요한 순간으로 생각한다. BBC 기록 영화가 주관한 그 만남의 장소로 가는 도중에 그는 영화의 레인맨처럼 라스베이거스에서 카드 읽기 전략으로 돈을 벌려고 했다. 그 시도는 실패로 돌아갔다. 적지 않은 돈을 잃었기 때문이다. 그 후에 그는 자신의 직감을 이용하기로 했고, 덕분에 매번 돈을 땄다. 이후부터 대니얼 태멋은 〈브레인맨Brainman〉으로 알려지게 되었다. 하지만 이것은 대니얼의 탁월한 인지 능력에만 주목하고 그가 이끈 가장 특별한 성과를 무시하고 있다. 그것은 대니얼 태멋이 깊은 통찰력과 용기를 발판으로 많은 핸디캡을 극복하고서 사회적으로도 유능하고 뛰어난 서번트가 되었다는 것이다.

대니얼 태멋의 글을 읽다 보면 정상과 정신 이상을 나누는 명확하지 않은 기준에 거듭 부딪치게 된다. 그리고 현재의 서번트들이 과거 서번트라는 개념이 도입되기 전에 아스퍼거나 서번트로 분류되지 않은 천재들과 실제로 얼마나 닮았는지 궁금해하지 않을 수 없다. 피카소는 어렸을 때 읽기와 쓰기, 산술을 익히는 데 많은 어려움을 겪었다. 아인슈타인의 언어 발달은 더디었고 대신 그는 어려운 물리학 문제에 직면하면 그림을 이용해 사고했다. 정신 이상과 뛰어난 재능 사이의 경계는 종종 종이 한 장 차이에 불과하며 주변 환경이 여기에 어떤 태도를 보이느냐에 따라서 크게 좌우된다.

9.2 자폐증은 일종의 발달 장애다

비교적 최근에서야 자폐증을 이미 자궁 안에서 발생하는 뇌 발달 장애로 여기게 되었다.

자폐증의 특징은 사회적인 상호 작용이 몹시 원만하지 못하고 활동과 관심 분야가 극도로 제한되어 있다는 것이다. 1943년 볼티모어의 레오 카너와 1944년 빈의 한스 아스퍼거는 서로 독립적으로 자폐증 현상에 대해 묘사했다. 두 연구 보고서 사이에는 커다란 차이점이 있었다. 카너가 묘사한 아이들은 거의 말을 하지 않았으며 지적 능력이 뒤떨어졌고 대부분 신경증적인 증상을 드러냈다. 그와는 반대로 아스퍼거가 〈지능 기계〉라고 표현한 아이들은 언어 이해에서 조숙했고 자신의 체험과 감정에 대해 말할 수 있었으며 정상적인 지적 수준을 보였다. 아스퍼거가 발표한 글들은 아무런 반향도 일으키지 못하다가 1981년 정상적인 지능을 소유한 자폐증 환자들을 〈아스퍼거 증후군〉에 걸린 것으로 표현하자는 의견이 제기되었다.

자폐증 뇌는 비전형적으로 발달한다. 2~4세에 뇌의 부피가 지나치게 크게 발달하는데, 이 시기에 몇몇 뇌 영역에서는 다른 영역들에 비해서 성장 속도가 느려지고 지나치게 일찍 성장이 멈춘다. 자폐증의 가장 중요한 원인은 유전적 요인이다. 뛰어난 재능을 갖춘 〈브레인 맨〉 대니얼 태멋에게는 마찬가지로 아스퍼거 증후군을 앓는 동생 스티븐이 있다. 스티븐은 록밴드 레드 핫 칠리 페퍼스에 대해 백과사전적인 지식을 가지고 있다. 두 형제의 아버지는 여러 차례 정신 병원에 입원했던 전력이 있고 태멋의 할아버지는 뇌전증에 시달렸다. 정신과 의사가 할머니에게 이혼을 권유할 정도로 중증이었다. 여기에서 아버지의 나이가 중요한 역할을 한다. 50대 아버지는 자폐증 아이를 둘 가능성이 20대 아버지보다 열 배나 높다. 유전적인 요인들과 더불어 자궁 안에서 태아의 신진대사 장애와 감염, 부모의 고령 출산, 출생 시의 산소 결핍이 자폐증의 가능성을 높인다.

자폐증 증상은 이미 세 살 무렵에 나타난다. 자폐증 어린이들은 다른 사람들과의 접촉을 피하며, 소뇌의 발달 장애 탓에 운동 기능 이상에 시달린다. 그들은 행동이 서투르고 발끝으로 걷는 등 전형적인 자폐 증상들을 보인다. 대니얼 태멋은 진심으로 친구를 사귀고 싶었지만 자신이 다른 사람들과 〈달랐던〉 탓에 이 소원을 이룰 수 없었다고 자신의 책에 쓰고 있다. 대니얼 태멋뿐만 아니라 자폐증을 앓고 있으면서 동물 과학과 교수가 된 미국의 템플 그랜딘도 없는 친구들을 대신할 가상의 친구를 만들었다. 팀 스포츠 종목은 자폐증 환자들에게 많은 문제를 야기한다. 대니얼은 축구와 럭비를 증오했다. 항상 맨 꼴찌로 팀에 선발되었기 때문이었다. 그러나 트램펄린과 체스는 잘했다. 그는 열세 살에 아버지에게서 체스를 배웠고 그 즉시 첫 번째 게임에서 아버지에게 승리를 거두었다.

자폐증 환자들은 감정을 이해하거나 감정 이입에 어려움을 겪는다. 그들은 다른 아이가 울면 그게 무엇을 뜻하는지 이해하지 못한다. 템플 그랜딘은 자신에게는 감정 회로가 아예 끊겨 있었다고 말한다. 오늘날 실제로 자폐증 환자에게서 사교를 담당하는 뇌 영역의 장애가 발견된다. 이 영역은 화학 전달 물질 바소프레신과 옥시토신이 중요한 역할을 하는 곳이다. 그뿐만 아니라 자폐증 환자들은 신체적 접촉의 필요성은 인정하면서도 실제로는 이를 피하는 경향이 있다. 상업적인 동물 사육 시설을 개발한 템플 그랜딘은 이 문제에 대한 뛰어난 해결책을 찾아냈다. 그녀는 침대 모양으로 생긴 〈포옹 기계〉를 제작했다. 그리고 그 안에 누워서 공기압으로 조절이 가능한 옆 부분을 자신의 몸 쪽으로 닿게 해서 자신을 압박하게 할 수 있었다. 또한 자폐증 환자들은 특정한 소리에 과민하게 반응할 수도 있다. 태멋은 어린 시절 이를 닦을 때 나는 소리만 들으면 미칠 것 같았으며 그래서 솜으로 귀를 막았다고 묘사한다. 그는 현재 전동 칫솔을 이용해서 한결 수월하다고 내게 이야기했다. 다른 한편으로 자폐증 환자들은 이따금 뭔가에 완전히 정신을 집중해서 아무 소리도 듣지 못한다. 태멋은 시상식에서 시장이 찬 관용 목걸이의 알을 세는 데 너무 집중한 바람에 자신을 호명하는 시장의 말을 듣지 못했다고 말했다.

자폐증을 발달 장애로 여기게 된 것은 상당히 최근의 일이다. 30년 전만 해도 정신과 의사들과 심리학자들의 대대적인 연구 결과에 따라서 〈남다른〉 아이의 부모들은 자폐증이라는 진단뿐만 아니라 부모의 잘못된 양육 탓에 이런 문제가 발생했다는 견해까지도 참아 내야 했다. 이것은 자폐증이 어머니의 부족한 애정에 대한 반응이라는 〈냉장고 어머니〉 이론을 고안해 낸 카너 때문이었다. 1960년에 카너는 심지어 자폐아 아동들의 〈냉장고 어머니〉는 아이를 낳는 동안만 잠깐 녹을 뿐이라고 주장하기까지 했다. 얼마나 많은 부모들이 이 허무맹랑한 생각으로 인해 얼마나 부당한 고통을 받았던가?

9.3 서번트

자폐증 환자들에게서 한 가지 재능은 상당히 자주 나타난다. 그러나 대니얼 태멋처럼 다방면의 재능이 있는 것은 특이한 경우다.

자폐증 스펙트럼 장애[2] 증상이 있는 아동들 가운데 10명 중 1명은 서번트 특성을 나타낸다. 서번트 특성은 자폐증 스펙트럼 장애에서 나타날 수 있는 지적 능력 저하를 포함한 장애와 종종 극명한 대조를 이룬다. 그러나 이런 식의 재능을 타고난 아이들 가운데 소수만이 성인의 나이에도 창조성을 발휘한다. 그들이 지닌 재능의 종류나 성격이 대개는 창조성을 발휘하기에 적합하지 않기 때문이다. 서번트의 절반은 자폐증 스펙트럼 장애 증상을 보이는 반면, 나머지는 뇌 손상이나 뇌 질환에 시달린다.

서번트의 재능은 매우 제한될 수 있다. 날짜 계산에 천재적이었던 조지와 찰스는 결코 정상적으로 수를 세지 못했다. 그들은 특정한 날

---

2 자폐증의 진단 기준을 전부 충족하지는 않지만 그중 몇 개의 증상을 보이면 자폐증 스펙트럼 장애라고 불린다.

짜가 어떤 임의의 해에 어떤 날에 해당하는지 〈단순히〉 그냥 보고 알았다. 서번트는 무의식적으로 알고리듬을 응용할 수 있다. 그러나 그들의 재능에 대해 알려진 모든 이야기들이 신빙성 있게 증명된 것은 아닌 듯 보인다. 미국의 신경학자 올리버 색스는 〈아내를 모자로 착각한 남자〉라는 책에서 성냥갑에서 떨어진 성냥개비를 보는 즉시 몇 개인지(111개) 알아챈 자폐증 쌍둥이에 대해 묘사했다. 또한 그 쌍둥이들은 111이라는 수가 소수 37의 세 배로 이루어진 것도 알았다. 영화 「레인맨」에서는 상자 안에서 떨어진 이쑤시개의 개수가 246까지 올라갔다. 상자 안에는 네 개가 남아 있었다. 대니얼 태멋은 색스의 이 이야기를 믿지 않는다. 그런 일은 킴 피크를 포함한 그 누구도 할 수 없는 일이라고 말했다. 아주 많은 성냥개비들이 겹겹이 포개어져 있어서 눈으로 보는 것만으로는 정확히 몇 개인지 알아낼 수 없기 때문이었다. 올리버 색스의 책에서 묘사된 쌍둥이는 아이큐가 60이었으며 아주 단순한 계산 문제도 풀지 못했다. 색스는 그들이 어떻게 소수들을 전환하는지를 설명한다. 색스가 소수들이 적혀 있는 책을 가져와서 게임에 동참했을 때 쌍둥이들은 아주 기뻐했다. 색스가 가져간 책은 소수가 열 자리에서 끝나는 반면에 쌍둥이들은 열두 자리의 소수까지 계속할 수 있었다. 여기에서도 대니얼 태멋은 의구심을 표명했다. 그가 알고 있는 바에 따르면 그런 일련의 소수들이 나열되어 있는 책은 없다는 것이다. 얼마 전에 누군가가 올리버 색스에게 그 책의 제목이 무엇이냐고 물었을 때 그는 이렇게 대답했다고 한다. 「그 책이 어디론가 사라져 버렸어요」

낮은 지능 지수(IQ 30~70)와 특별한 재능이 조합되는 경우에 이는

〈이디엇 서번트idiot savant〉[3]라고 불린다. 이 개념은 1887년 존 랭던 다운[4]에 의해 창안되었다. 그는 여성 이디엇 서번트는 한 번도 본 적이 없다고 꾸준히 주장해 왔다. 여성 이디엇 서번트도 있기는 하지만 (예를 들어 9.4의 소녀 나디아를 참조하라) 남성 이디엇 서번트의 수가 압도적으로 많다. 이디엇 서번트의 한 예로 레슬리 렘키를 들 수 있다. 렘키는 눈이 보이지 않고 경직된 상태에서 좌측 전전두 뇌엽의 이상을 안고서 조산아로 태어났다. 하지만 그는 뛰어난 음악적 재능을 가지고 있었다. 일곱 살이 되었을 때 그의 어머니는 피아노 건반을 렘키의 손으로 느끼게 해주었다. 그로부터 1년 후 렘키는 여섯 종류의 악기를 다룰 수 있게 되었다. 14세의 나이에는 한 텔레비전 영화에서 차이코프스키의 협주곡 1번을 듣고 이튿날 아침 그 곡을 완벽하게 연주해 냈다. 렘키는 즉흥적으로 연주하는 재능으로 유명하다. 유명 작곡가의 작품을 단 한 번만 들으면 그 작품을 같은 스타일로 아무 문제없이 즉흥적으로 연주할 수 있다. 이렇게 고전 음악 콘서트를 하는 그는 정신 지체자로서 그의 지능 지수는 58이다.

자폐증 환자들이 한 가지 재능을 보이는 것은 상당히 자주 있는 일이다. 그러나 대니얼 태멋처럼 다방면의 재능이 나타나는 경우는 아주 드물다. 이런 특별한 능력은 무엇보다도 소년들에게 많으며 예술, 음악, 날짜 계산, 번개처럼 빠른 암산과 같은 형태로 나타난다. 그런 특수한 능력은 항상 특별한 기억력과 결부되어 나타난다. 일본의 한 서번트는 몇 개월 동안 여행을 다닌 후 여행 중에 본 일들을 매우 상

3 〈백치 천재〉라고 번역되기도 한다.
4 John Langdon Down(1828~1896). 영국의 신경과 의사. 다운 증후군을 발견한 것으로 유명하다.

세하게 그대로 묘사했다. 서번트들은 단기 기억에 입력되는 모든 정보들을 동시에 장기 기억에 저장하는 것으로 보인다. 그럼으로써 번호판이나 열차 시간표 같은 사소한 사실들을 엄청나게 많이 기억할 수는 있지만, 그 정보들을 망각할 수는 없는 듯 보인다. 그러나 대니얼 태멋은 이제 더 이상 원주율의 소수점 이하의 수들을 암송할 수 없다고 말했다. 그러려면 다시 한동안 연습을 해야 한다고 했다.

특이한 기억력만으로는 서번트 증후군을 설명하기에 충분하지 않다. 이들은 각각 자신만의 진정한 재능을 가지고 있다. 스티븐 윌셔는 언어 지능 지수 52의 자폐증 환자였다. 그는 열 살의 나이에 직접 런던의 대표적인 구조물들을 아주 상세하게 그린 그림 스물여섯 개, 즉 〈런던 알파벳〉으로 유명해졌다. 나중에 스티븐 윌셔는 뉴욕, 베네치아, 암스테르담, 모스크바, 레닌그라드에서도 그림을 그렸다. 45분 동안 헬리콥터를 타고 로마 상공을 돌아본 후 약 2미터 크기의 그림을 그렸는데 그 도시의 모든 집과 창문, 기둥을 마치 사진처럼 정확하게 묘사해 내었다. 스티븐 윌셔는 그림들을 자동적으로 그려 내기 때문에 때로는 인쇄기에 비교된다. 예술적인 재능을 타고난 서번트들은 모두 특정 테마와 특정 기술을 유난히 선호한다. 그리고 사람들은 거의 그리지 않는다는 점이 주목을 끈다. 사회적인 뇌가 그들의 약점인 것이다.

9.4 서번트의 뇌

어린 나이에 입은 뇌 손상은 서번트 자질의 형성을 강화시키는 듯 보인다. 이

.에 뇌는 다른 구조들과의 새로운 결합을 아직 완벽하게 만들어 낼 수 있기 때문이다.

서번트 증후군의 신경 생물학적인 원인에 대한 다양한 이론들이 존재한다. 이 증후군과 관련된 뛰어난 재능은 뇌 손상, 특히 왼쪽 뇌의 손상 없이는 거의 발달하지 않는다. 이런 손상에 의해서 다른 뇌 구조들과의 더 강력한 결합이 가능해지고, 그 결과 시각 피질의 기능이 강화된다고 생각된다. 실제로 이 가설을 뒷받침하는 다양한 사례들이 있다. 킴 피크는 왼쪽 뇌에 손상을 입었으며 그의 뇌는 좌반구와 우반구가 연결되어 있지 않다. 킴 피크는 동시에 양쪽 페이지를 엄청난 속도로 읽을 수 있었는데, 이때 두 눈은 독립적으로 움직였다. 이런 식으로 미국 역사에 대한 9,000권의 서적을 읽었고 책 내용을 전부 기억하고 있었다. 그러나 그는 아버지의 도움이 없이 혼자서는 하루도 살아갈 수 없었다.

뇌전증은 종종 자폐증과 함께 나타난다. 브레인맨 대니얼 태멋은 네 살 때 처음으로 심각한 뇌전증 발작을 일으켰으며 3년 동안 발륨[5]을 통해 효과적으로 치료를 받았다. 대니얼 태멋의 경우에는 좌측 측두엽 뇌전증이 문제였는데, 일곱 살 무렵의 필기 강박 장애와 나중의 갖게 된 종교적인 감정은 아마 여기서 비롯되었을 수 있다(15.8 참조). 좌측 뇌의 손상은 우측 뇌에서의 보상을 야기해 계산 능력을 촉진시킨다. 그러나 태멋에게서는 뇌전증 발작 후 좌측 뇌가 손상되었다는 증후가 전혀 보이지 않았다. 오히려 그는 언어 천재이기도 하다.

5 신경 안정제의 일종.

모든 인간이 서번트 재능을 가지고 있다는 이론이 있다. 이 이론에 따르면 서번트 재능은 대뇌 피질의 〈하위〉 영역에 위치해 있으면서 〈상위〉 정보 처리 과정에 의해 억압된다고 한다. 정신과 의사 대럴드 트레퍼트는 이것을 〈우리 모두의 뇌에 자리한 작은 레인맨〉이라고 불렀다. 이 숨겨진 재능은 상위 기능을 담당하는 뇌 부분이 차단되어야만 비로소 나타날 수 있다는 것이다. 실제로 좌측 전두에서 시작되는 종류의 치매에 걸리는 사람들이 서번트와 비슷한 특성을 드러내는 경우가 알려져 있다. 예를 들어 어떤 사람들은 강박적으로 그림을 그리기 시작한다. 그런 환자들에게서 폭발적으로 나타나는 이런 창조적인 행동은 언어 능력과 사회 능력의 파괴를 수반한다. 이런 경우에 뇌 활동은 시각 영역인 뇌의 우측 뒤편에 집중되어 있다. 건강한 피실험자들의 좌측 전두 측두 뇌 부위를 자기 자극을 통해 차단하면 그중 몇몇 사람에게서 가령 그림이나 수학, 날짜 계산과 같은 일들이 개선된다. 그러나 이런 향상은 그 범위가 매우 미미하며 특별한 예술적인 능력을 이끌어 내지 못한다. 그러므로 〈우리 모두의 뇌에 자리한 작은 레인맨〉이라는 개념은 서번트 증후군에 대한 만족스러운 설명을 내놓지 못하고, 더 나아가서 유전적인 요인들을 전혀 고려하지 않는다고 할 수 있다.

어린 시절에 입은 뇌 손상도 서번트 자질의 형성을 강화시키는 듯 보인다. 이 시기의 뇌는 아직 다른 구조들과 완벽하게 새로운 결합을 맺을 수 있기 때문이다. 일본의 한 서번트는 네 살 때 백일해와 홍역에 앓았다. 그 후 언어(특히 말하기) 발달은 손상되었지만 열한 살에 곤충을 더없이 아름답게 그릴 수 있게 되었다.

서번트의 재능이 오로지 훈련에 기인한다는 주장도 제기된다. 대니얼 태멋은 자신이 아홉 명의 자녀들 중 한 명으로 자랐기 때문에 수를 세는 법을 잘 배울 수 있었다며 농담조로 말한다. 서번트들이 단한 가지 일에 집중해서 강박적으로 연습하기 때문에 서번트 재능들은 실제로 높은 수준에 이른다. 그러나 그것은 재능 없이는 가능하지 않다. 서번트뿐만 아니라 모차르트 같은 신동의 경우에도 이런 재능은 아주 어린 아이들에게서 표출된다. 이런 사실은 능력이 훈련에 기인한 것이라는 논거를 반박한다. 어린 모차르트는 교황의 금지령에 반하는 행동이긴 했지만 로마의 성 베드로 대성당에서 그레고리오 알레그리[6]의 「미제레레」를 들었을 때 몇 가지 메모를 한 뒤 나중에 호텔 방에서 기억을 되살려 그 악보를 썼다. 스티븐 윌셔는 이미 일곱 살의 나이에 뛰어난 그림을 그렸지만 그의 재능은 그 후 더 이상 특별히 발달하지 않았다. 어떤 아이들은 여섯 살 때부터 날짜 세는 능력을 보이기도 한다.

때로는 재능이 발달 과정에서 홀연히 사라져 버리는 일도 있다. 자폐증 소녀 나디아는 3~7세에 그림에 탁월한 재능을 보였다. 처음에 말을 비롯한 동물들을 그리다가 나중에는 사람들을 그렸다. 그러다 아홉 번째 생일 후 그 비범한 능력이 갑자기 사라졌다. 말하기에 필요한 좌뇌의 상위 활동이 미술적인 재능에 불리한 영향을 미친 게 분명했다. 이런 점에서도 대니얼 태멋은 예외적인 현상이다. 사회적인 능력이 발달하면서도 그는 결코 수와 언어에 대한 재능을 상실하지 않았기 때문이다. 대니얼 태멋은 실제로 모든 면에서 매우 특이한 뇌의 소유자다.

6 Gregorio Allegri(1582~1652). 이탈리아의 작곡가.

10장
정신 분열증과 환각의 또 다른 원인들

정신 이상자와 나 사이에는 오직 한 가지 차이점만 존재한다. 정신 이상자는
자신이 제정신이라고 생각한다. 하지만 나는 내가 정신 이상이라는 것을 잘
알고 있다.

— 살바도르 달리

10.1 정신 분열증, 모든 시대와 문화의 질환

마귀 들린 사람들이 무덤 사이에서 나오다가 예수를 만났다. 그들은 너무나
사나워서 아무도 그 길로 다닐 수가 없었다. 그런데 그들은 갑자기 〈하느님의
아들이여, 어찌하여 우리를 간섭하시려는 것입니까? 때가 되기도 전에 우리
를 괴롭히려고 여기 오셨습니까?〉 하고 소리질렀다. 마침 거기에서 조금 떨어
진 곳에 놓아 기르는 돼지 떼가 우글거리고 있었는데 마귀들은 예수께 〈당신
이 우리를 쫓아내시려거든 저 돼지들 속으로나 들여보내 주십시오〉 하고 간
청하였다. 예수께서 〈가라〉 하고 명령하시자 마귀들은 나와서 돼지들 속으로

들어갔다. 그러자 돼지 떼는 온통 비탈을 내리달려 바다에 떨어져 물속에 빠져 죽었다.

— 마태오의 복음서 8장 28~32절

수백 년 동안 정신 분열증은 매우 다양한 방식으로 〈치료되어 왔다〉. 중국에서는 송곳 구멍이 뚫린 4,000년 전의 두개골이 발견되었는데, 그 구멍은 정신 분열증 환자 속에 존재한다고 믿었던 악령이 빠져나가도록 하기 위한 것이었다고 전해진다. 뚫린 구멍 속으로 다시 뼈가 자란 몇몇 두개골도 있었다. 이것은 환자들이 수술을 받고 나서 오랫동안 살아 있었다는 것을 보여 준다. 예수는 마귀들을 쫓아냄으로써(위의 인용문 참조) 오랜 종교적 전통을 창시했다. 가톨릭교회에서는 1970년 무렵까지만 해도 마귀를 내쫓는 사람을 임명하는 의식이 있었다. 이제 이런 직업은 사라졌지만 오늘날에도 가톨릭 주교는 사제들을 지명해서 마귀를 쫓는 일을 행하게 한다. 개신교에서는 교회의 수장과 목사들이 마귀를 쫓아내는 역할을 한다. 이슬람교에도 악마 추방자들이 있다. 여성 정치가 아이얀 히얼시 알리의 여동생은 네덜란드에서 정신 분열증 치료를 위한 약을 처방받았다. 하지만 소말리아로 돌아간 그녀는 이슬람 사제에게 붙잡혀 덜렁 매트리스 하나만 있는 삭막한 방에 갇혔다. 그들은 그녀에게서 약을 빼앗고 마귀를 쫓아낸다며 때렸다. 이런 행동은 결국 그녀의 목숨을 빼앗아 버렸다.

마드리드의 프라도 박물관에는 중세 화가 히에로니무스 보스의 돌을 제거하는 모습이 담긴 그림이 소장되어 있는데 그 그림 속에서 의사는 정신 분열증 환자의 머리에서 돌을 제거하는 척하는 위약 수술을 하고 있다. 보스는 의사가 사기꾼이라는 것을 알릴 셈으로 그의 머리 위에 깔때기를 뒤집어씌웠다. 그리고 교회에도 책임이 있다는 것을 암시하기 위해 그 옆에 서 있는 수녀의 머리 위에는 성경을 그려 놓았다.

덴 보스[1]에서 과거 정신 병원이었던 건물의 박공을 보면 1442년에 정신 분열증 환자들이 어떻게 감옥에 감금되었는지를 알 수 있다. 가족들은 일요일에 약간의 돈을 내고 〈정신병자들〉을 구경할 수 있었다. 1920~1930년대에 — 나의 어머니가 17세의 젊은 아가씨로서 정신 병원의 간호사 교육을 받았던 시기다 — 환자들은 구속복에 묶여 뜨거운 물과 차가운 물이 든 욕조에 번갈아 가며 담궈졌다. 환자들은 움직일 수 있는 유일한 신체 부위인 머리를 끊임없이 욕조 가장자리에 부딪쳤고, 어머니는 그때 들었던 소리를 결코 잊을 수 없다고 했다. 1950년대까지 전두엽 절제술, 즉 전전두 피질을 나머지 뇌와 분리시키는 수술을 통해 정신 분열증 환자들을 〈치료했다〉. 이 수술은 환자들을 로봇처럼 만들었기 때문에 이 수술에 반대하는 사람들은 이를 〈부분적인 안락사〉라고 불렀다. 그러나 이 상태의 환자를 간호하기가 용이했기 때문에 이 수술의 인기가 올라갔다(13.1 참조). 다행히도 이 끔찍한 처치는 현재의 항정신분열증제 출현과 함께 자취를 감추었다.

중국의 병원에서는 환자의 간호를 돕고 또 아픈 사람에게 불편한 점이 없도록 보살피기 위해서 대개는 모든 병상 옆에 가족 중 누군가가 앉아 있다. 그리고 가족 친지에게 그럴 시간이 없으면 직장 동료가 자리를 지킨다. 그래서 병원은 여러 사람으로 북적거린다. 물론

---

1 네덜란드 남부 지방에 위치한 유서 깊은 도시.

중국에서도 정신 병원의 폐쇄 병동은 상황이 완전히 다르다. 그곳에서 나는 영화 「뻐꾸기 둥지 위로 날아간 새」의 영화 장면 속으로 곧장 떨어진 듯한 기분이 들었다. 커다란 홀에 침대들이 한도 끝도 없이 두 줄로 늘어서 있고 침대에는 전부 똑같은 시트가 깔려 있었다. 모든 침대 옆에는 똑같은 수건이 걸려 있고 모든 나이트 테이블 위에는 컵이 놓여 있었다. 개인적인 물건은 하나도 없었다. 그 남성 병동의 환자들은 모두 똑같은 줄무늬 환자복을 입고 있었다. 그들을 찾아오는 방문객은 단 한 사람도 없었다. 가족들도 그들을 버렸다. 나는 몇 년 만에 처음 찾아온 방문객인 데다가 외국인이었다. 그곳에 영어를 능숙하게 구사하는 선원이 하나 있었는데 그는 전 세계를 두루 돌아다녔으며 로테르담에도 가본 적이 있다고 했다. 그는 나를 에워싸고서 관심을 끌기 위해 내 팔을 잡아당기는 흥분한 환자들의 통역사 역할을 했다. 그 얼굴들은 모두 하나같이 인상적이고 슬펐다. 나로서는 그 환자들을 다시 고립 속에 내버려 두고 오기가 쉽지 않았다.

그 즈음에 나는 일련의 강연을 할 예정으로 중국에서 자카르타로 이동했다. 나를 마중 나온 젊은 운전기사는 큰 소리로 하우스 뮤직을 듣고 있었다. 나는 조심스럽게 볼륨을 조금 낮출 수 있겠느냐고 물었다. 그러자 그는 이해한다는 듯이 미소를 짓더니 어떤 음악을 듣고 싶냐고 내게 물었다. 나는 모차르트의 레퀴엠이라고 대답하면서 혼자 속으로 생각했다. 〈이 사람이 설마 이 음악을 어디서 구하겠어.〉 이튿날 아침 그 젊은 운전기사는 나를 첫 번째 강연 장소로 데려다주기 위해 나타났다. 교통지옥의 한복판에서 — 자카르타는 모든 것이 아주 느릿느릿 움직이는 하나의 커다란 주차장이다 — 그는 놀랍게도 모차르트의 레퀴엠을 틀었고, 나는 그때 정말 감동받았다고 말하지 않을 수 없다. 그다음 날 우리는 다시 밀리는 도로 한가운데서 오도 가도 못하는 상황에 처하게 되었다. 그는 내게 정신 분열증 환자들의 치료와 간호에 대해 무엇을 알고 있느냐고 물었다. 알고 봤더니 그의 동생이 정신 분열증에 걸려 집에서 보살핌을 받고 있었다. 그는 동생의 상태가 몹시 〈나쁘면〉 물약을 몇 방울 먹인다고 했다. 할로페리돌은 아주 비싼 약으로, 형제는 한 병으로 1년을 버티고 있었던 것이다. 그 약병을 어떻게 보관하느냐는 내 질문에 그는 그냥 방 안에 둔다고 대답했다. 나는 그에게 자카르타의 방 안 온도를 감안하면 결코 좋은 생각이 아니라고 말해 주었다. 그렇게 오랜 기간 보관된 약품은 효과가 없거나 심지어 독성을 띨 수 있기 때문이었다. 그는 잠시 침묵하더니 이렇게 말했다. 「아, 이제야 이해가 가는군요」 그 약이 얼마 전부터 동생에게 별로 효과가 없었다는 것이었다. 그래서 그는 약 한 방울을 앵무새에게 먹여 보았고, 앵무새는 그 자리에서 죽어 나동그라졌다고 했다.

암스테르담에서 2004년 월드 프레스상을 수상한 사진에서 볼 수 있었던 것처럼, 정신 분열증 환자들의 상황은 훨씬 더 나쁠 수 있다. 그 사진은 방글라데시 정신 병원의 한 텅 빈 병실에 있는 18세 소년의 모습을 보여 준다. 소년은 짧은 반바지 하나만을 걸친 채 돌바닥에 누워 있고 소년의 두 다리는 중세 시대처럼 통나무에 묶여 있다. 소년은 절망적으로 두 팔을 들어 올려 주먹을 불끈 쥐고 얼굴은 찌푸리고 있다. 그 〈병원〉에는 그런 병실이 24개나 있다고 한다. 병원장의 말에 따르면 1880년 병원이 처음 설립되었을 때부터 수천 명의 환자들이 그런 방식으로 완쾌되었다는 것이다.

네덜란드에서 정신과 환자들의 어려운 처지는 무척 가슴 아플 수 있다. 그러나 세계의 다른 많은 곳에서 정신 질환자들이 겪는 곤경은 그 차원이 다르다. 물론 이것을 빌미 삼아 부유한 네덜란드에서 비용을 절감하거나, 그로 인해 환자들을 자주 독방에 수감하는 일이 있어서는 절대 안 된다. 고립은 병세를 더욱 악화시킬 뿐이기 때문이다.

10.2 정신 분열증의 증상들

미래의 희망은 유기 화학 내지는 내분비학을 통해서 정신병에 접근하는 데에 달려 있습니다. 이 미래는 아직 요원하지만, 우리는 정신병의 모든 사례를 분석적으로 연구해야 할 것입니다. 이런 식으로 얻은 지식이 훗날 언젠가 화학적인 치료를 주도할 것이기 때문이지요.

— 지그문트 프로이트. 마리 보나파르트에게 보낸 편지에서. 1930

정신 분열증 환자는 전체 인구의 1퍼센트를 차지하지만 병세가 길게 이어지는 탓에 정신과 병상의 거의 절반을 정신 분열증 환자들이 차지하고 있다. 정신 분열증 환자들은 종종 우울해하고, 자신의 삶을 절망적이라 여기고, 그중 약 10퍼센트는 스스로 목숨을 끊으려 시도한다. 자살은 가족들에게 더 무거운 짐을 지운다.

정신 분열증은 〈양성 증상〉과 〈음성 증상〉으로 나뉜다. 양성 증상은 망상이나 환각과 같은 비정상적인 경험을 특징으로 한다. 정신병에 걸린 사람들은 사물들을 보거나 목소리들을 듣고는 이것을 완전히 현실이라고 느낀다. (〈나중에 내가 직장을 잃어버린 후, 집 안에서 여러 목소리가 들리기 시작했다. (……) 그리고 서로 다른 목소리들 때문에 머릿속도 혼란스러웠다. 그 목소리들은 이따금 공격적으로 마음속을 깊이 파고들었다.〉) 뇌 영상은 환자가 환각을 일으키는 동안 일반적으로 청각 정보나 시각 정보를 처리하는 뇌 영역들이 유난히 왕성하게 활동하는 것을 보여 준다. 이렇게 환각이 대체로 외부 자극들이 처리되는 뇌 영역에서 발생하기 때문에 환각을 실제 체험과 구분할 수 없는 것이다. 일부 환자들은 망상에 시달리기도 한다. 그들은 자신들이 감시당하거나 비밀스러운 힘에 의해 조종당한다고 믿는다. (〈직장을 그만두기 직전의 1주일과 그 직후 2주일 동안, 그들은 내게 묻지도 않고서 극도로 진보적인 시스템으로 나를 치료했다. (……) 게다가 그들이 같은 기기로 내 뇌를 변경한 바람에 나는 길거리에서 심파를 전달함으로써 사람들과 대화할 수 있었다.〉) 정신 분열증으로 고통받던 한 여성 환자는 자신이 하늘을 날 수 있다는 망상에 빠졌다. 그녀는 결국 창문 밖으로 자신을 내던져 죽음을 맞았다. 환각을 일으키는 동안, 바람직스럽지 않은 임무를 부여하는 목소리를 듣는 환자들도 있다. 몇몇 환자들은 심지어 누군가를 죽이라는 지시를 받기도 한다. 스웨덴 외무부 장관 안나 린드도 정신 분열증에 걸린 한 젊은 남자에 의해 그런 식으로 살해되었다. 그 당시 그 남자는 약을 복용하지 않은 상태였으며 〈예수의 지시〉를 따랐다고 주장했다. 미국이나 일본처럼 이른바 문명화된 나라들에서 그런 환자들이 아직도 사형에 처해지는 경우가 있다.

정신 분열증의 또 다른 증상인 음성 증상은 새로운 계획을 수립하고 삶을 조직하고 방을 청소하고 스스로를 돌보는 등의 정상적인 활동의 손실을 수반한다. 이와 동시에 감정이 무뎌지고 인지 능력이 악화된다. 많은 환자들은 결국 노숙을 하는 도시의 부랑자로 전락하게 된다. 발병 초기 단계에서 음성 증상에 대한 일종의 자가 처방으로 중독성 물질을 복용하는 경우가 자주 있다. 장기적으로 이런 물질들은 양성 증상을 강화하고 뇌 손상을 입힐 수 있다. 음성 증상은 전전두 피질의 활동 감소에서 비롯된다. 그 때문에 이 부위에 현재 경두개 자기 자극을 주는 치료법이 행해지고 있다. 이 방법을 이용해 비정상적으로 높은 활동을 보이는 대뇌 피질의 다양한 영역을 자극함으로써 환각도 감소시킬 수 있다.

정신 분열증은 남성에게서 더 빈번히 나타나며, 남성이 여성보다 이 질환의 영향을 더 많이 받는다. 이 병의 초기 증상을 진단하기는 참 어렵다. 청소년들은 처음 발병을 앞두고서 1~2년 동안 종종 편집증을 보이거나, 마약을 복용하기 시작하고 학습에 진척이 없고 고립되는 등의 행동을 보인다. 특히 고립은 병을 더욱 악화시킬 수 있다. 정신 분열증은 유전적 소인이 많은 부분을 차지하는 까닭에, 가족 중의 누군가가 정신 분열증에 걸렸다면 그것은 나머지 가족들에게 경고 신호일 수 있다. 정신 분열증은 20세를 전후해 처음 발병한다. 여자들의 경우에는 폐경기 무렵에 또 한 번 자주 발생한다. 사춘기와 폐경기에 나타나는 호르몬의 변화가 발병을 야기하는 것이다. 그러나 정신 분열증에 걸릴 성향은 이미 자궁 안에서 일어난다. 보통 처방되는 약과 함께 여성 호르몬을 복용하면 정신 분열증의 음성 증상을 완화할 수 있다. 병세가 진행되면서 뇌는 수축되고 뇌실은 커지고 많은 노인의 뇌에서 보이는 것처럼 뇌회 사이에 커다란 틈이 생겨난다. 뇌 수축이 정신 분열증의 치료제가 발견되기 오래전인 1920년에 이미 보고된 것으로 보아, 뇌 수축은 치료 과정에 발생한 것이 아니다. 동시에 뇌 수축은 정신 분열증에 국한된 증상이 아니다. 노화 과정과 치매의 여러 형태에서 뇌 수축 현상을 관찰할 수 있다. 사실 정신 분열증에만 국한되어 일어나는 뇌 변화는 없다. 따라서 정신 분열증 진단은 정신과 검사에 전적으로 의존할 수밖에 없다. 그러나 우선 그 증상이 정신 분열증과 잘 구별되지 않는 희귀한 뇌 질환일 가능성을 배제하는 것이 무엇보다 중요하다. 일단 진단이 확정되면 조기 치료에 최선을 다해서 정신병에 의한 더 이상의 뇌 손상을 막아야 할 것이다.

10.3 정신 분열증은 일종의 뇌 발달 장애다

정신 분열증은 여러 가지 복합적인 요인들에 의해 야기되는 뇌 발달 장애다. 매우 초기 단계에 발생하는 정신 분열증은 사실 그 가장 중요한 기반은 이미 수태 과정에서 형성된다. 가족 및 쌍둥이 연구는 정신 분열증의 약 80퍼센트 정도는 유전적인 요인에 의한다는 것을 보여 준다. 그 유전적 요인들은 아주 다양하며 또 그 요인들은 가족마다 각기 다르다. 그러나 공통된 문제는 뇌에서 화학 전달 물질의 생산과 분해, 또는 뇌 발달에 관여하는 유전자들의 작은 변화다. 태아의 정상적인 뇌 발달도 일련의 비유전적 요인들에 의해 방해받을 수 있다. 1944년과 1945년 사이 겨울에 있었던 기아 이후 암스테르담에서 태어난 아이들에게서 처음으로 보고된 바와 같이, 임신 3개월까지 산모의 영양 결핍은 정신 분열증의 위험을 곱절로 높인다(2.3 참조). 이런 사실은 중국의 안후이 성에서 끔찍한 기근이 휩쓸었던 1959년과 1961년 사이, 그리고 그 이후 즉 마오쩌둥이 〈대약진 운동〉을 벌인 시기에 태어난 아이들을 통해 최근 다시 한 번 확인되었다. 태반의 기능이 부실해서 태아가 충분한 영양을 공급받지 못하는 경우에도 이와 같은 위험이 발생한다. 또한 납 같은 유독 물질도 자궁 안에서 태아의 뇌 발달에 장애를 일으켜 정신 분열증의 위험을 높일 수 있다. 또한 정신 분열증에 걸릴 위험은 여름보다 겨울에 태어난 사람들이나, 어머니가 출산 6개월 전에 독감이나 바이러스 감염에 걸린 경우에 더 높게 나타난다. 이 두 가지 요소들이 어떻게 상호 작용하는지는 아직 분명하게 밝혀지지 않았다. 톡소플라즈마증[2]이나 보르나바이러스[3] 역시 태아에게 전달되어 정신 분열증의 위험을 높일 수 있다. 임신 중의 스트레스 같은 심리적 요인들도 마찬가지다. 가족의 죽음이나 임신 기간 동안의 전쟁 같은 상황도 나중에 아이가 정신 분열증에 걸릴 위험을 증대시킨다.

훗날 정신 분열증에 걸리는 아이들은 출생 과정에서 어려움을 겪은 경우가 아주 많다. 겸자 분만, 저체중 출생, 인큐베이터에서의 보육, 조산 등 출생 과정에서 생기는 이런 문제들은 옛날부터 아이의 뇌에 부담을 주어 정신 분열증의 위험을 높이는 것으로 간주되었다. 정상적으로 진행되는 출산을 위해서는 어머니의 뇌와 아이의 뇌 사이에 미묘한 상호 작용이 필요하다. 그러므로 출산은 아이의 뇌에 대한 첫 번째 기능 테스트라고 볼 수 있다. 그리고 난산은 뇌 발달 장애의 첫 번째 징후일 수 있으며, 나중에 정신 분열증으로 이어질 수 있다(1.1, 1.2 참조).

출생 후 아이에게 너무 많은 자극을 주는 환경은 정신 분열증의 위험을 높인다. 즉 시골보다 도시에 사는 사람이 정신 분열증에 걸릴 위험이 더 많다. 이주자들도 마찬가지로 이 병에 걸릴 위험이 많은데,

2 소, 돼지, 양, 개 등의 조직에 기생하는 원충류의 하나.
3 말 및 면양의 뇌막뇌척수염의 원인체.

그것은 아마도 그들이 종종 직면하게 되는 어려운 사회적 상황 때문일 것이다. 대마초를 흡연한 후 정신 분열증 증세를 보여서 병원을 찾는 청소년들이 상당히 많다. 대마초가 병을 야기했는지 아니면 증상의 발현이 대마초에 의해 가속화되었을 뿐인지에 대해서는 여전히 논란이 분분하다.

정신 분열증 환자들의 뇌를 보면 이 질병이 상당히 어린 시기에 발생했다는 것을 분명히 알 수 있다. 이 환자들의 경우, 해마에 있는 많은 뇌세포가 무질서하게 자리 잡고 있다. 이런 상태는 오로지 임신의 전반기에만 일어났을 수 있다. 게다가 대뇌 피질의 올바른 자리로 이동하지 못한 세포군과 뇌 회의 비정상적인 유형도 발견된다. 이 또한 발달 초기에만 일어날 수 있는 현상이다.

그러므로 대부분의 정신 분열증 환자들이 청소년 시기에 처음으로 병원에 입원하지만, 이 병의 근원은 이미 자궁 안에 자리하고 있다. 1970년대 말까지도 심리 치료사들이 아이에게 충분한 사랑을 주지 못하는 〈매정한 어머니들〉에 의해 정신 분열증이 야기된다는 치명적인 메시지를 퍼뜨린 것은 정말 끔찍한 일이다. 그 당시, 가족 상담사에게는 어머니들을 재교육하거나 아이들을 위험한 환경에서 구제하려는 임무가 주어지기도 했다. 이것은 오직 아이를 위해서 최선을 다하려고 한 부모들에게 더 큰 고통을 안겨 주었다. 네덜란드 정신과 의사 카를라 루스는 이런 접근 방법을 너무 싫어한 나머지 가족 상담사가 되는 길을 포기했다. 반면에, 우리 어머니는 정신 분열증의 원인에 대한 독특한 의견을 가지고 있었다. 어머니에게는 이런 말이 새겨진 버튼이 있었다. 〈정신 이상은 유전된다. 자식들에게서 정신 이상을 물려받는다.〉

10.4 자극 결핍에 의한 환각들

언제나 현명하게 처신하고 어떤 식으로든 광란에 사로잡히지 않은 사람이 전체 인류를 통틀어 단 한 명이라도 있을지 과연 의구심이 든다. 유일한 차이는 정도의 차이다. 아내를 위해서 박을 따는 남자를 보고 사람들은 미쳤다고 말한다. 왜일까? 그런 일은 아주 드물게 일어나기 때문이다.

— 데시데리우스 에라스무스

뇌 구조들이 정상적인 방법으로 정보를 받아들이지 못하면 정보를 만들어 내기 시작한다. 이런 현상은 귀와 눈, 사지를 통해서 들어오는 감각 정보뿐 아니라 기억 정보도 해당된다. 20년 전부터 내이 질환을 앓고 있는 57세의 남성은 양쪽 귀에 보청기를 착용했음에도 불구하고 1년 사이에 청각이 심하게 악화되었다. 그해 그의 머릿속은 하루도 조용할 날이 없었다. 네덜란드 국가나 크리스마스 캐럴, 산타클로스 노래, 성경의 시편, 때로는 동요가 밤낮을 가리지 않고 들려 왔다. 노래들은 조금 왜곡되어서 들렸지만 무슨 곡인지 알 수 있었고, 이따금 그 노래들을 따라 부르기도 했다. 이런 특이한 형태의 이명(음악적인 이명)은 대부분의 의사보다는 이명 환자들의 모임에 더 잘 알려져 있다. 뇌가 정상적인 정보가 처리되는 지점에서 정보를 만들어 내면 그 정보는 마치 외부에서 정상적인 경로를 이용해 들어온 것처럼 해석된다. 예를 들어, 청각 피질(그림 22)이 귀를 통해서 정상적으로 들어오는 정보를 받아들이지 못하면 더 힘껏 일해서 그 뇌 영역에서 흔히 처리하는 것, 즉 음악을 직접 만들어 내기 시작한다. 그러므로 이 청각 피질 부위를 자극하면 그 남자를 미치게 만드는 노래들이 그칠 것이라고 예상할 수 있다. 이것을 시험해 볼 의사를 찾아내기는 쉽지 않았다. 마침내 이 남자는 안트베르펜의 디어크 드 리더 교수에게 치료를 받았다. 청각 피질에 전자기 자극을 잠깐 동안 가하는 짧은 실험 결과 이명이 사라졌으며 며칠 후에 서서히 돌아왔다. 그 후 그 남자는 델프트 공과 대학에서 개발한 값비싼(4,000유로) 베리벨 보청 안경을 구입했다. 그 청각 안경 덕분에 귀도 훨씬 더 잘 들리고 이명 현상도 줄었다. 이 남자의 예가 보여 주듯이 의미가 있든(청각 안경에 의해) 없든(전자기 자극에 의해) 상관없이 새로운 정보들이 도착하자마자 뇌는 예전의 정보를 생산하던 일을 중단한다.

샤를보네 증후군에서도 입력되는 정보의 양이 너무 미미한 탓에 뇌가 직접 정보를 생산하는 유사한 현상을 관찰할 수 있다. 이 증후군은 백내장이나 녹내장, 망막 출혈 등의 시각 장애가 있는 나이 든 사람들에게서 나타나는데, 현란한 시각 환각을 일으킨다. 이런 환각은 종종 복잡하고 생생한 이미지로 나타나며 빛이 어스름하고 조용한 곳에서 주로 발생한다. 샤를보네 증후군 환자들은 그들에게 보이는 환각이 현실이 아니라는 것과 눈을 감으면 그 환각들 대부분이 사라진다는 것을 알고 있다. 제2차 세계 대전 동안 네덜란드 내에서 저항 운동에 참여했고 그 후 녹내장으로 인해서 실제로 시각을 잃은 83살의 여성은 눈을 깜박거릴 때마다 나치당의 무늬가 보인다며 그녀의 딸에게 걱정스럽게 말했다. 샤를보네 증후군의 경우 눈을 통해 들어오는 정보를 처리하는 시각 피질에 너무 적은 정보가 들어오면 직접 영상들을 만들어 내기 시작한다. 기억 상실의 경우에도 비슷한 현상이 일어난다. 예를 들어 코르사코프 증후군, 즉 알코올 남용에 의해 야기된 치매에 걸린 사람들에게는 결코 일어나지 않은 사건에 대한 가상 기억을 만들어 내는 이른바 작화증[4]이 발생한다. 사지 절단 수술 후에 발생하는 환상통도 이와 동일한 원칙에 기인하는 듯 보인다. 사지로부터 오는 일상적인 정보가 없어지면 뇌는 이제는 존재하지 않는 팔다리의 존재를 〈꾸며 낸다〉. 환각은 주로 시각 인식의 손상을 수반하는 루이 소체 치매 및 알츠하이머병이나 파킨슨병 같은 퇴행성 신경 질환의 증후일 수도 있다.

정신 분열증의 경우에도 대뇌 피질로 들어오는 정보가 감소함에 따라 동일한 기제에 의해 환각이 야기된다. 정신 분열증 환자들은 대뇌 피질의 어떤 부분에서 활동이 증가하느냐에 따라서 현실이 아닌 일들을 보기도 하고 듣기도 한다. 위트레흐트의 르네 칸 교수 연구팀은 일련의 선구적인 실험을 통해 실제로 뇌의 전자기 자극이 정신 분열증 환자의 환각을 약화시킴을 보여 주었다. 반면에 심각한 단계의 정신 분열증 환자들은 종종 독방에 수감되는데 이런 조치는 상황을 오히려 악화시킬 수 있다.

산악 등반가들은 특히 고독한 상황에서 이따금 강렬한 경험을 한다. 그들은 다른 사람이 옆에 있는 것을 감지하고 목소리를 듣고 임사 체험을 하는 등 매우 생생한 환각에 시달리며 강한 두려움을 느낀다. 그러므로 세계 3대 종교의 창시자들이 매번 산중에서 고독의 단계를 거치고서 계시에 이른 것은 시사하는 바가 크다.

모세는 시나이 산에서 신에게 두 번 십계명을 받았다. 두 번째는 고독한 산속에서 〈밤낮으로 40일을〉 지냈다. 〈모세는 거기에서 야훼와 함께 사십 주야를 지내는 동안 빵도 먹지 않고 물도 마시지 않았다.〉[5]

---

4 이야기나 세부적인 사항들을 꾸며 내어 기억의 틈을 메우는 증상을 일컫는다.

5 출애굽기 34장 28절.

베드로, 요한, 야고보가 예수와 함께 기도하기 위해 산에 올랐을 때, 모세와 엘리야스가 눈앞에 나타났다. 마호메트는 고독하게 히라 산에 머무를 때 대천사 가브리엘을 보았다. 이런 체험들은 등반가들의 경우와 마찬가지로 밝은 빛을 보고 목소리를 듣고 두려움에 떠는 현상을 수반했다. 극도의 고독 속에서 뇌는 과거 언젠가 했던 경험과 생각을 토대로 무언가를 만들기 시작하는데, 심지어 새로운 종교도 만들어 낸다.

10.5 그 밖의 환각들

우리 모두가 정신 이상이라는 것을 기억하는 즉시, 신비들은 사라진다. 그리고 삶은 설명된다.

— 마크 트웨인

섬망[6]

환각이 물론 정신 분열증에서만 나타나는 것은 아니다. 환각은 섬망에서 가장 빈번히 발생하는데, 네덜란드에서는 해마다 10만여 명의 환자들이 섬망 증세를 보인다. 그들은 이를테면 고관절 골절 수술과 같은 전신 마취하에 행해지는 수술을 받은 나이 든 사람들이 대부분이다. 당연한 일이다. 나이 든 뇌의 경우 마취제는 치명적인 독약이

6 일시적인 정신 혼란 상태로 심한 과잉 행동, 환각이나 망상, 초조함과 떨림 등의 증세를 보인다.

나 다름없기 때문이다. 중환자실에서는 전체 환자의 80퍼센트가 섬망에 시달린다. 섬망이 〈모든 이의 정신병〉이라고 불리는 것에는 다 이유가 있다. 폐렴이나 탈수, 특정 의약품, 마약, 영양 결핍 등에 의해서 뇌 기능이 손상되었을 때도 섬망이 나타날 수 있다. 나이 든 사람들의 경우에는 단순한 방광염도 섬망을 야기할 수 있다. 알코올 중독에서만이 아니라 알코올 금단 현상으로서도 나타날 수 있는 진전 섬망[7]도 알려져 있다. 게다가 섬망은 뇌 손상, 산소 결핍, 혈당 감소, 뇌경색에서도 나타날 수 있다.

섬망 환자들은 극심한 혼란을 겪는다. 그들은 종종 불안해하고 기억력 장애에 시달리며 공격적이거나 시끄럽게 굴고 때로는 지나치게 활동적이다. 그래서 자주 침대에서 떨어지고 무언가를 부수기도 하며 결과적으로 더욱 악화된 상태에 이른다. 그러나 환자들이 침대에 무관심하게 누워서 멍하니 앞을 바라보는 조용한 단계나 조용한 형태의 섬망도 있다. 그런 환자들은 의식 장애에 시달리며 자신이 어디에 있는지, 때로는 자신이 누구인지도 모른다. 그들은 명확하게 사고하지 못하고 주의를 집중하지도 못한다. 따라서 그들의 상태는 치매와 유사할 수 있다. 그러나 섬망은 별안간 나타나는 데 비해서 치매는 대부분 서서히 진행된다. 섬망 상태의 환자들은 환각을 일으킬 수도 있는데, 종종 사방에서 기어다니는 벌레들을 본다. 어떤 환자들은 식료품에 개미들이 붙어 있다며 먹거나 마시려고 하지 않는다. 또 어떤 환자는 천장에서 기어 나오는 딱정벌레들을 보고, 열병에 걸린 아이들은 만화 주인공의 모습을 보기도 한다. 한 어린 소녀는 도널드

---

7 만성 알코올 중독 후에 나타나는 급성 알코올 정신병의 일종. 불안 초조, 식욕 부진, 진전, 수면 장애, 섬망의 증상을 보인다.

덕이 그녀 아버지의 자전거를 타고 그녀의 침대 벽을 돌아다녔다고 말했다. 환각과 망상은 종종 무서운 기억과 결부된다. 대학살에서 살아남은 한 환자는 자신이 다시 강제 수용소에 갇혀 있고 의사와 간호사들은 자신을 압송한 권력의 앞잡이들이라고 믿었다. 그러니 당연히 도망칠 셈으로 팔에서 링거 주삿바늘을 뽑고 영양분 주입관을 떼어 냈다. 이런 행동은 영양액이 폐로 유입되어 치명적인 폐렴을 초래할 수도 있는 위험한 행동이었다. 어떤 부인은 자신이 병원에 감금되어서 성폭행을 당했다고 믿었다. 내 오랜 친구는 이미 수술이 끝났다는 것을 믿지 않고서, 의사가 한밤중에 자신을 찾아왔다며 해명을 요구했다. 그리고 그날 밤 의사가 자신의 혈액 검사 결과에 대한 물음에 답변하지 않았다고 비난했다. 그래서 의사가 고의로 알려 주지 않은 결과를 가지러 직접 실험실에 갔다는 것이었다. 그러나 그 의사는 친구의 환각 속에서만 등장했고, 내 친구는 다행히도 실제 삶에서 침대를 떠난 적이 없었다. 간호사와 격렬하게 몸싸움을 벌인 어떤 노부인은 침대가 무덤인 줄 알았다고 설명했다. 자신은 무덤에서 나오려고 하는데 간호사가 자꾸만 자신을 무덤 속으로 밀어 넣더라는 것이다.

다른 이들에 비해 왜 유난히 쉽게 섬망에 빠지는 사람들이 있는지 이제 서서히 밝혀지고 있다. 결국 섬망은 뇌 속의 화학 전달 물질인 도파민의 다량 분비에 의해 야기된다. 뇌세포 속에서 도파민의 메시지를 받아들이는 단백질의 유전자 DNA에 다수의 작은 변이들, 이른바 다형성이 존재한다. 이 작은 변이들은 섬망을 일으킬 정도를 결정한다. 섬망은 뇌 손상을 일으키고 치매의 위험성을 증가시킨다. 섬망은 장기적인 후유증을 남길 수 있다. 많은 사람들에게 읽기나 쓰기,

걷기, 기억력의 문제를 경험하게 하고 완전히 예전 상태로 회복되지 못하도록 한다. 섬망을 경험한 65세 이상의 환자들 중 약 3분의 1이 몇 개월 이내에 사망했다. 섬망은 심각한 질병이고, 섬망에 걸릴 위험성의 정도는 이미 수태 과정에서 결정된다.

환청

아이들은 다른 사람들에게는 환청이 들리지 않는다는 사실을 종종 뒤늦게 깨닫는다. 그러면 아이들은 그러한 경험에 대해 얘기하는 것을 꺼려 한다.

정신병에 걸리지 않았음에도 불구하고 환청에 시달리는 사람들이 있다. 실제로 전체 인구의 7~15퍼센트 정도는 한 번쯤 그런 경험을 한 적이 있는데, 그중 극히 일부만이 정신적인 문제 때문이다. 이런 현상은 스펙트럼의 일부를 형성하여, 한쪽 끝에는 환청을 듣는 건강한 사람들이, 다른 한쪽 끝에는 정신 분열증 환자들이 자리한다. 정신병의 영향으로 또는 앞으로 발병할 정신병의 최초 징후로 환청을 듣는 사람들은 그 스펙트럼의 중간 어딘가에 위치한다. 건강한 사람들의 경우에는 종종 어린 시절에 환청이 시작되며 가족 안에서 여럿이 그런 일을 겪는 일도 자주 발생한다. 아이들은 다른 사람들에게는 환청이 들리지 않는다는 사실을 종종 뒤늦게 깨닫는다. 그러면 아이들은 그러한 경험에 대해 얘기하는 것을 꺼려 한다. 열한 살 때부터 〈두려워할 이유가 없다〉는 환청을 들었다고 하는 어느 부인처럼, 어떤 사람들은 귀에 들리는 상냥한 목소리에 강한 애착을 갖기도 한다. 그러나 정신과 환자들은 무엇보다도 위협적이고 부정적인 내용의 환청을 듣는다(〈왜 오늘은 기차 앞으로 뛰어들지 않지?〉 또는 〈너는 죽어야 해, 에벌린. 너는 나쁜 사람이야. 나쁜 사람들은 죽어야 해〉). 이런 환청들이 편집증이나 정신병으로 이어지는 것은 전혀 놀라운 일이 아니다. 정신 질환자들의 환청과는 반대로 건강한 사람들의 환청은 종종 우호적인 충고나 도움을 준다. 하지만 〈너는 못생겼어. 너는 아무런 가치도 없는 존재야. 너는 너무 뚱뚱해〉 등과 같은 비우호적으로 말하는 목소리들도 있다. 정신병 환자들과는 반대로 건강한 사람들은 환청을 제어할 수 있다. 그들은 환청을 불러낼 수 있고 듣기에 불편할 때에는 사라지라고 말할 수도 있다. fMRI는 환청을 듣는 건강한 사람들의 뇌 활동이 정신병 환자들의 경우와 근본적으로 다르지 않다는 사실을 보여 준다. 두 경우 모두에서 언어 생성을 담당하는 브로카 영역과 언어를 듣고 처리하고 이해하는 과정을 담당하는 베르니케 영역뿐만 아니라(그림 8) 일차 청각 피질 또한 활성화된다(그림 22). 마치 이들 영역 사이의 연결에 문제가 있는 듯 보이는데 이는 특정 뇌 영역으로 들어오는 정보가 부족한 경우 그 뇌 영역에서 직접 정보를 생산하기 시작한다는 이론과 잘 결부된다(10.4 참조). 무시무시한 환청을 듣는 사람들은 이런 체험을 하지 못한 사람들보다 특히 우뇌의 활동이 활발하다. 과잉 활동하는 뇌 부위에 경두개 자기 자극을 가함으로써 환청을 침묵시키려는 시도가 행해지고 있지만, 이 치료법은 아직까지 위약 효과 이상의 효과는 거두지 못하고 있다. 텔레비전에 나와 자신들이 초능력자라고 주장하는 사람들 중 다른 세계에서 온 메시지가 아닌 오직 자신의 뇌가 하는 소리를 듣는 사람은 얼마나 될까?

환취

조지 거슈윈[8]은 구회 종양을 부분적으로 제거한 직후 38세의 나이로 사망했다.

구회는 뇌의 측두엽 앞쪽, 편도체(그림 21) 위에 있으며 후각 정보를 담당한다. 〈구회 발작〉은 뇌전증에서 나타나는 환취다. 특히 「랩소디 인 블루」와 「포기와 베스」를 작곡한 작곡가 조지 거슈윈은 38세에 지휘 도중 갑자기 고무 타는 냄새를 맡았으며 10~20초가량 의식을 잃었다. 그 후 발작 횟수가 점점 증가했고 수많은 의사에게 진찰을 받았지만 〈구회 발작〉의 원인이 구회 가까이 위치한 측두엽의 종양 때문이라는 것이 밝혀지기까지는 반년이나 걸렸다. 거슈윈은 1937년 이 종양을 부분적으로 제거한 직후 38세의 나이에 사망했다.

8 George Gershwin(1898~1937). 미국의 작곡가, 피아니스트.

11장
치료와 전기 자극

나는 심각한 뇌 질환들이 (……) 신경 세포 내의 특수한 화학 변화와 관련되어 있음이 입증될 것이라 생각한다. 현재 설명할 수 없는, 뇌와 사고 능력의 많은 손상들은 화학의 도움으로 정확히 정의 내려질 수 있을 것이고, 따라서 정확한 치료가 가능해질 것이다. 그리고 오늘날에는 아직 불안한 경험론적 문제들이 정밀 과학의 당당한 과제가 될 것이다.

— 요한 루트비히 빌헬름 투디쿰[1]

11.1 노인성 실명: 황반 변성

아니, 나는 책을 쓰기보다는 읽을 생각이었다. 빌어먹을 지성인들의 노고! 이 넘치는 지식을 3밀리미터 크기의 홍채 틈새를 통해 뇌로 들여보내야 하다니!

— 어빈 D. 얄롬, 『니체가 눈물을 흘릴 때』

나의 아버지는 생의 마지막 해에 시력을 잃었고, 89세가 되던 해에 우리 곁을 떠나셨다. 15년 전 우리는 망막 변성을 막기 위해 레이저 치료를 받으러 매주 레이던²을 찾아갔다. 망막은 발생 중 뇌가 바깥쪽으로 부풀린 부분으로부터 발달한다. 망막에서 빛은 전기 신호로 바뀌고 시신경은 이 신호를 뇌의 뒷부분에 있는 시각 피질로 전달하는데, 이런 과정을 통해 우리가 사물을 볼 수 있는 것이다. 나는 그때 이미 거의 실명한 아버지와 함께 처음으로 레이던 대학 병원에 들어서면서 말했다. 「여기서 오른쪽으로 가야 해요」 그러자 아버지가 물었다. 「네가 그걸 어떻게 알아? 전에 여기에 와본 적 있니?」 「아니요. 하지만 눈과 화살표가 그려진 커다란 표지판이 저기 있어요. 화살표가 오른쪽을 가리키고 있거든요」 나는 아버지에게 설명했다. 「그래, 그렇다면 산부인과 병동을 가리키는 안내판은 어떻게 생겼는지도 알고 싶구나」 아버지는 재치 있게 대답했다. 아버지는 노인성 실명 중에서 가장 흔한 황반 변성을 앓고 있었다. 이 질환은 망막에서 우리가 가장 잘 볼 수 있는 부분인 황반 바로 아래에서 자라난 새로운 혈관 때문에 발생한다. 이 신생 혈관이 망막을 파괴하면서 시계(視界) 중심부의 시력이 상실되기 시작한다. 처음에 시야가 일그러지다가 곧 시계의 중심에 검은 반점이 형성되어 서서히 커진다. 게다가 습성 황반 변성에서는 신생 혈관으로 혈류가 새어 나온다. 이렇게 되면 곧 읽기와 쓰기가 불가능해지고, 얼마 후에는 사물의 윤곽마저 거의 인식할 수 없게 된다.

레이던에서 처음 레이저 치료를 받고 암스테르담으로 돌아오는 길

---

1 Johann Ludwig Wilhelm Thudichum(1829~1901). 독일 출신의 영국 의사이며, 뇌화학의 창시자로 여겨진다.
2 네덜란드 서부의 중심 도시들 가운데 하나.

에서 아버지는 내게 또 물었다. 「지금이 몇 월이지?」나는 대답했다. 「1월이에요」아버지는 말했다. 「거참 이상하구나. 봄꽃이 피기에는 아직 많이 이르지 않니?」레이저 치료 전에 망막 안에 증식한 혈관이 잘 보이도록 형광 물질을 주입했는데 그 물질 때문에 아버지에게는 모든 것이 노란색으로 보인 까닭에 튤립 들판에 꽃이 핀 것처럼 보였던 것이다. 유감스럽게도 레이저 치료도 그나마 아버지에게 남아 있던 시각을 지키지 못했다. 아버지가 돌아가신 후 레이저 치료법은 계속 발전했고 최근에는 습성 황반 변성을 위한 효율적인 치료법들이 고안되었다. 망막을 파괴하는 신생 혈관들은 〈혈관 내피 성장 인자〉라고 불리는 분자에 의해 성장이 촉진되는데 이 혈관 내피 성장 인자를 억제하는 아바스틴 같은 항체의 개발이 그중 하나다. 혈관 생성 과정을 중단시키기 위해서는 아주 가느다란 바늘을 이용해 이 물질을 한 달에 한 번씩 눈에 주입해야 한다. 비슷한 물질로써 특별히 눈에 사용할 수 있는 루센티스라는 약제도 개발되었다. 이들 약품 덕분에 환자의 약 90퍼센트는 병세가 나빠지지 않았으며 더욱이 환자의 3분의 1은 심지어 시력이 개선되었다고 알려져 있다. 황반 변성의 다른 치료 형태들도 현재 개발 중이다. 습성 황반 변성은 단기간에 치료 불가능한 안과 질환에서 충분히 치료 가능한 질환이 되었다. 이 안과 질환의 치료는 원래 장암 치료제로 개발된 약제 아바스틴에 의해 가능해졌다. 이런 일이 의학에서는 빈번히 일어난다. 특정 질병의 치료를 목표로 신중을 기해 접근한 개발이 놀랍게도 의외로 전혀 다른 방향에서 성공을 거두는 일이 종종 있다.

11.2 세렌디피티:[3] 우연한 행운

의학의 중요한 발견들은 우연히 이루어지는 경우가 빈번하다. 그러나 이를 위해서는 열린 마음과 전문 지식이 필요하다.

파킨슨병의 치료제가 더 이상 효과를 내지 못하면, 뇌 안쪽 깊숙이 전극을 심기도 한다. 이 전극을 통한 전기 자극은 전극 근처의 작은 뇌 부위의 활동을 일시적으로 차단한다. 환자 스스로 자극기를 켜는 즉시 심한 손 떨림과 같은 현상이 사라지는 것을 보면 매우 인상적이다. 그러나 이 심부 전기 자극을 통한 치료는 바로 세렌디피티, 즉 운 좋게 우연히 발견된 방법이다. 사실 의학에서는 이처럼 의사나 연구원이 전혀 다른 연구를 하다가 우연히 한 발견으로 인해서 진보하는 일이 매우 빈번하다. 1952년 한 파킨슨병 환자가 상당히 격렬한 떨림을 중단시킬 목적으로 매우 극단적인 뇌 수술을 받기로 계획되어 있었다. 수술 계획은 운동 신경 회로를 절단해서 환자를 마비시키는 것이었다. 하지만 수술 도중 외과 의사 어빙 쿠퍼는 실수로 혈관에 손상을 입혔다. 혈관을 묶어 출혈을 막았지만 안전상의 이유로 수술은 중단되었다. 그런데 놀랍게도 수술이 실패한 후 환자의 떨림이 사라졌으며 마비 현상도 나타나지 않게 되었다. 그러자 쿠퍼는 다른 파킨슨병 환자들에게도 조심스럽게 혈관을 막아 뇌의 일부를 다른 뇌 영역으로부터 분리시켰다. 이런 식으로 그는 파킨슨병 환자의 65퍼센트에게서 떨림 증세를, 75퍼센트에게서 근육 경직을 완화시키는 데에

3 전혀 뜻밖의 우연으로부터 이루어진 중대한 발견이나 발명을 일컫는다.

성공했다. 이후 다른 뇌 영역들을 절단시켜 본 결과, 시상 바로 아래에 있는 시상 하부핵(그림 23)이 가장 효과적인 것으로 드러났다. 아직도 파킨슨병 환자들의 경우에는 대부분의 전극이 여기에 심어진다. 이 치료법의 장점은 절단을 번복할 수 있다는 것이다. 그 결과 어느 곳에서 효과가 가장 큰지 조심스럽게 관찰하면서 전극 자극의 방식을 계속해서 조절할 수 있다. 이 치료법을 통해 느린 동작과 근육 경직, 떨림과 같은 증상을 개선시킬 수는 있지만, 병의 진행을 늦출 수는 없다.

전 세계 약 3만 5,000명의 뇌 속에 심부 전극이 삽입되어 있다. 모든 효과적인 치료법이 그렇듯이 여기에서도 긍정적 효과와 더불어 부작용이 나타난다. 심부 전극이 삽입된 파킨슨병 환자들은 배우자나 직장 동료들과의 상호 작용에서 문제를 야기할 수 있다. 대부분의 환자들은 자신의 삶의 질에 매우 만족하고 있지만 가족들은 이따금 환자들이 쉽게 화를 내고 감정 변화의 폭이 크다고 보고한다. 환자들의 9퍼센트가 충동적인 행동과 울음 발작의 증가 등 정신과적 합병증을 경험한다. 전극 자극이 우울증을 악화시킬 수도 있다. 우리는 심부 전극이 정확하게 시상 하부핵에 삽입되었는데도 자살한 환자를 본 적이 있다. 10년 전만 해도 신경학자들은 이런 관계에 대해 전혀 관심이 없었으나 신경과와 정신과의 경계가 급속도로 희미해지고 있다. 가끔은 전극의 삽입이 출혈이나 뇌 손상을 야기하며 치매 현상을 초래하기도 하지만 자극 조건을 달리하면 이런 증상이 사라지기도 한다. 정신병, 성적 무절제, 도박 중독과 같은 경우도 보고된 바 있다. 근검절약하는 전형적인 네덜란드인이었던 어떤 환자는 이 시술을 받은 후로 자동 도박기 옆을 그냥 지나치지 못했다. 이 환자는 몇 년 후 엄청난 빚더미에 올라앉은 탓에 집을 팔고 부인에게 이혼 소송을 당하고 자신은 자살을 시도한 후에야 비로소 의사의 관심을 끌었다. 도박 중독은 엘 도파를 이용하는 전형적인 파킨슨병 치료에서도 나타날 수 있다. 이는 도파민 체계(그림 16)가 중독에서 실제로 중요한 역할을 하기 때문이다. 심부 전극으로 치료를 받은 다른 환자는 조병 증세를 보였고, 경제적인 여유가 없는데도 스페인과 터키에 집을 구입하기 시작했다. 그런데도 그는 자극기를 정지시키기를 단호히 거부했다. 전기 자극은 사고 장애와 기억 장애, 언어 장애도 유발할 수 있다. 그러나 대부분의 정신과적 부작용은 일시적으로 나타나고, 적절히 치료할 수 있으며 심지어 예방할 수도 있다. 전기 자극은 중독성 질환에서 도파민 체계가 갖는 역할과 마찬가지로 정신적 질환에서 뇌 구조 및 회로의 기능에 대해 우리에게 알려 준다. 파킨슨병에서 심부 전극이 거둔 성공은 견디기 어려운 통증과 군발성 두통, 우울증, 불안, 근육 경련, 자해, 강박 장애 같은 수많은 신경 정신 질환에도 적용되는 결과를 낳았다. 그 밖에 비만증과 중독증 치료에 심부 전극을 이용하는 방안에 관한 연구도 진행 중이다. 현재 심부 전극의 활용 가능성은 무궁무진해 보인다. 어빙 코퍼는 1952년 실수로 뇌출혈을 야기했을 때 이런 일이 벌어지게 될 줄은 꿈에도 몰랐을 것이다.

11.3 심부 뇌 자극

뇌 심부 전기 자극은 임상에서 유용하게 적용될 뿐 아니라 우리의 뇌가 어떻게 작용하는지에 대한 기본적인 정보도 제공한다.

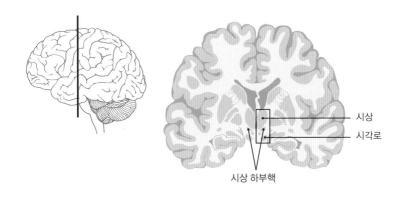

시상
시각로
시상 하부핵

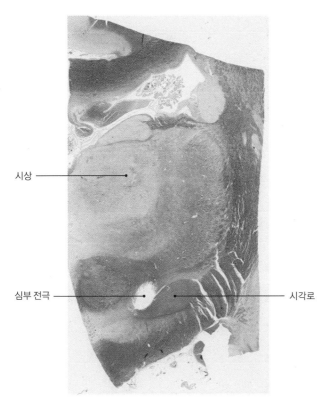

시상
심부 전극
시각로

그림 23 심부 전극이 파킨슨병 환자의 시상 하부핵 내부 올바른 자리에 이식되었다.

사고 후 6년 동안 최소 의식 상태에 있었던 39세의 남성에게서 심부 자극은 획기적인 성공을 거두었다. 그때까지 그는 이따금 눈과 손가락의 움직임으로 의사소통을 할 수는 있었지만 결코 말로 소통은 할 수 없었다. 보통 그런 상태에서 12개월이 지나면 회복은 거의 불가능한 것이나 다름없다. 그러나 감각 기관으로부터의 정보들이 도착하는 뇌 중추, 즉 시상에 자극 전극을 심었을 때 돌파구가 생겼다. 자극을 받은 후 이틀 뒤 그는 깨어났으며 자신을 부르는 소리에 눈을 뜨고 고개를 돌려 반응했다. 전기 자극 치료가 지속된 지 4개월이 지나자 그는 다시 말하고 먹고 마시고 머리를 빗을 수 있게 되었다.

최근에는 심부 전극이 강박 장애의 치료에도 적용되고 있다. 강박 장애 환자들은 가령 하루에도 수백 번 손을 씻거나 또는 두피에 듬성듬성 빈자리가 생길 때까지 머리카락을 한 가락씩 뽑는다. 그들은 강박 관념을 쫓지 않으면 불안 상태에 빠져 더 이상 정상적인 사회생활을 할 수 없게 된다. 환자들이 강박 행위를 하면 좋은 기분을 느끼는 것으로 봐서 뇌의 보상계가 관여되어 있다고 추측된다. 좋은 기분은 보상에 관여하는 화학 전달 물질인 도파민이 측좌핵(그림16)에서 방출되기 때문에 생기는 것이다. 다미안 드니스 교수의 연구는 전통적인 치료 방식으로 효험을 보지 못한 환자들이 측좌핵의 양쪽에 심어진 전극에 의해서는 혜택을 볼 수 있음을 보여 준다. 측좌핵을 자극하면 도파민이 분비되는데, 이는 평소의 강박 행위와 동일한 만족감을 주고 그 결과 강박적인 손 씻기는 하루 10시간에서 15분간의 의식으로 축소될 수 있으며 다시 정상적인 생활이 가능해진다는 것이다. 어떤 강박 장애 환자는 심부 전극을 통해 원래의 강박 행위를 통제할 수 있게 되었지만 그 대신 수시로 섹스에 대한 생각을 강박적으로 하게 되었다. 전극이 줄무늬 침상핵 가까이에 있는 것으로 판명되었는데, 이것이 실제로 그의 강박적인 생각의 원인인지는 아직 확실하지 않다.

심부 전극을 이용한 치료 방법의 새로운 성과와 더불어 새로운 부작용도 보고되고 있는데, 그 부작용은 청각에 문제를 가진 사람들에게서 일어나는 이명 현상의 치료법과 비슷하다. 뇌가 정상적인 청각 자극을 받지 못하기 때문에 뇌 스스로 소리 자극을 만들어 내기 시작하는데, 이로 인해 어떤 사람들에게는 끊임없이 음악 소리가 들려오는 것이다(10.4 참조). 그러므로 더 이상 청각 정보를 받지 못하는 뇌 부위를 자극해서 이명을 치료하는 것은 논리적인 방법처럼 보인다. 하지만 이명 때문에 측두엽(측두 피질, 그림 28)에 심부 전극을 삽입한 한 환자는 계속 성가신 소음에 시달렸을 뿐만 아니라 부작용으로 유체 이탈을 경험하기도 했다. 그는 자신이 자신의 몸 뒤 왼쪽으로 0.5미터 떨어져 있다고 느꼈다(7.5 참조).

또 다른 예상치 못한 부작용의 예는 폭식증의 치료 목적으로 시상하부에 심부 전극을 심은 어느 환자에게서 일어났다. 이 환자는 스캐너에 몸이 들어가지 않을 정도로 비대했다. 전기 자극은 그의 체중 감량에 아무런 도움을 주지 못했다. 환자가 한밤중에 음식을 먹고 싶은 마음에 자극기의 전원을 끄곤 했기 때문이었다. 문제는 환자가 전원을 다시 켤 때마다 30년이나 지난 그의 경험들, 이를테면 친구들과 함께 숲 속을 거닐던 일들이 불현듯 눈앞에 떠올랐다는 것이다. 횟수를 거듭할수록 더욱 세세한 부분까지 기억나게 되었다. 이런 부작용도 측두엽의 활성화에서 비롯되었을 수 있다. 임사 체험 중 자신의 인생이 스쳐 지나가는 것을 보는 사람들도 이처럼 지난 사건들을 떠올리게 된다(16.3 참조). 측두엽은 기억에 중요하다. 자극을 받는 동안 기억력이 개선되기 때문에, 자극이 기억에 문제가 있는 환자들에게 도움을 줄 수 있을지에 대해서 현재 연구 중이다. 그러므로 이 기술은 분명 임상 분야에서 앞날이 유망할 뿐만 아니라, 심부 전기 자극이 정확한 위치에 가해지지 않은 경우에 생기는 일들을 통해서 우리는 우리 뇌가 어떻게 작용하는지에 대해서도 상당히 많은 이해를 할수 있을 것이다.

11.4 뇌 자극과 행복

행복하기 위해서는 단지 건강함과 나쁜 기억력만 있으면 된다.

— 알베르트 슈바이처

우리는 왜, 어디서, 어떻게 행복을 체험하는가? 아르얀 해링은 이 주제에 대한 심포지엄을 기획할 정도로 위의 질문에 매료된 학자다. 로테르담에서 〈인간의 행복을 위한 사회적 조건〉을 연구하는 교수인 루트 베인호븐은 행복감이 인생의 목표가 있고 없고에 좌우되지 않는다고 주장했다. 나는 이 말에 전혀 놀라지 않았다. 생명은 우연히 생겨나서 우연히 발달했으며, 생명 자체에 무슨 목표가 있는 것이 아니기 때문이다. 그러나 뭔가를 즐기는 것에는 장점이 있다. 인생을 즐기는 것은 영양 및 생식과 밀접하게 연관되어 있기 때문에 생존을 촉진한다는 점에서 매우 유용하다. 하지만 쾌락주의적 감정들은 아주 충동적인 면이 있어서 인구 과잉과 비만증을 낳기도 한다. 열애, 모성애, 사회적 접촉의 기쁨과 같은 긍정적인 감정들은 우리 인간 종의 생존을 보장하기도 한다. 인간은 인지적 발달에 힘입어, 기쁨의 감정들을 예술과 학문, 이타주의, 경제적 활동과 초월적 활동의 상위 차원, 즉 행복으로 끌어올릴 수 있었다. 행복은 전염된다. 누군가가 행복하면, 친구들과 파트너, 가족들도 함께 행복해지게 될 가능성이 크다. 정신 질환을 앓고 있는 환자들의 경우와 마찬가지로 긍정적인 감정도 문제를 일이킬 수 있다. 조증은 격렬한 행복감과 함께 나타날 수 있다. 반면에 모든 즐거운 감정이 결핍된 쾌감 결여 상실증은 우울증의 한 증상이고, 정신 분열증, 자폐증, 중독과도 연결되어 있다. 뇌의 한 영역인 배쪽 줄무늬체는 여기서 결정적인 역할을 한다. 이 뇌 영역에 손상을 입은 파킨슨병 환자들은 이따금 감정 둔화나 쾌감 결여로 고생을 한다. 우울증에서 나타나는 부신 피질 호르몬 농도의 증가는 배쪽 줄무늬체의 도파민 분비를 억제해서 모든 기쁨의 감정들을 억제한다. 이와 반대로 우울증에서는 이 부위를 자극하면 도움이 될 수 있다.

기쁨과 행복의 감정들은 많은 뇌 부위의 활동 변화를 수반한다. 전전두 피질의 활동은 즐겁게 음식을 먹을 때뿐만 아니라 재정적인 보상을 받을 때도 증가한다. 또한 우리가 유혹에 굴복할 것인지 아닌지도 이 뇌 부위에서 결정된다. 그러나 전전두 피질은 기쁨이 발생하는 뇌 중추는 아니다. 전두엽 절제술, 즉 전전두 피질의 활동을 차단하는 수술을 받은 환자들도 여전히 음식이나 섹스의 기쁨을 누릴 수 있다. 기쁨의 감정은 뇌의 하부에 자리한 보상 체계에서 생겨난다.

중독성 물질은 이미 존재하는 뇌 체계를 이용해 쾌락의 감정을 불러일으킨다. 1895년 지그문트 프로이트는 코카인을 복용했던 자신의 경험을 토대로, 그때의 감정은 평소의 정상적인 감정과 구분하기 힘들다고 썼다. 실험 동물에게 소량의 아편제를 〈쾌락의 핫스팟〉에 투여한 연구는 이 뇌 구조가 기쁨의 감정을 불러일으키기에 충분하다는 것을 보여 주었다. 하지만 어느 한 영역이 쾌감의 발생에 필수적이라는 주장은 그 영역의 활동이 차단된 후 쾌감의 감정들이 소멸했을 때야 가능하다. 마찬가지로 (측좌핵 같은) 뇌 부위를 자극하는 것은 보상 효과를 일으키기에 충분하지만, 이 부위의 활동을 억제해도 음식의 보상 효과는 거의 손상되지 않는 것으로 보아 이 부위가 음식의 보상 효과 생성에 꼭 필요지 않다는 것을 알 수 있다. 우리가 느끼는 단맛은 뇌 기저에 위치한 유일한 〈쾌락의 핫스팟〉에 달려 있다. 이 부위의 활동을 억제하면 심지어 단맛을 역겹게 느끼게 된다. 이와 마찬가지로 시상 하부는 무언가에 열중하거나 모성애, 짝짓기 등에 필수적이다. 기쁨이나 행복을 느낄 때 활동의 변화를 보이는 다른 뇌 부위들은 우리의 기쁜 감정에는 필수적이지 않지만 학습, 기억, 판단에 결부되는 과정들이나 또는 우리의 행동에 미치는 영향들에는 필수적인 역할을 한다.

다수의 화학 전달 물질이 다양한 기쁨의 감정들에 관여한다. 도파민 보상 체계는 설렘과 동기 유발, 즐거움과 관련된 관심에 관여한다. 우울증에 걸리면 스트레스 호르몬 코르티솔이 도파민 보상 체계를 억제해서 우리는 더 이상 기쁨을 느낄 수 없게 된다. 반면에 코카인은 화학 전달 물질 도파민이 뇌 안에 오랫동안 머물도록 해서 도파민 수용체를 가지고 있는 뇌세포들에 좀 더 오랫동안 도파민의 영향하에 있도록 도와준다. 뇌가 직접 생산하는 아편류의 화학 전달 물질들도 행복감을 느끼는 감정에 영향을 준다. 옥시토신과 바소프레신은 무언가에 열중하는 상황이나, 오르가슴, 짝짓기, 모성애에 관여한다. 이 두 전달 물질의 결여가 자폐증과 연관이 있다.

일부 사람들은 행복감을 스스로 만들어 낼 수 있다. 신에 대한 무아경의 사랑을 불러내 달라는 요구에 따르는 수녀들의 뇌 영상은 실제로 이 과정에서 보상 체계에 관련된 뇌 구조의 활동 변화를 보여 주었다. 측두엽 뇌종양은 이를테면 예수와 직접 접촉하는 것과 비슷한 무아경적인 행복 체험을 야기할 수 있다. 이런 경우 종양이 제거되면 이런 체험은 두 번 다시 나타나지 않는다.

유감스럽게도 뇌의 특정한 지점에 전기 자극을 삽입해서 강렬한 행복감을 유발하기는 불가능하지만, 일종의 〈자기 자극(自己刺戟) 핫스팟〉은 존재한다. 쥐의 특정 뇌 부위에 전기 자극을 삽입해, 먹고 마시고 1분 간격으로 수차례의 성행위를 하도록 자극할 수 있다. 그러나 인간에게서 행해진 자극 연구의 결과에 따르면, 쥐가 그 모든 일들을 실제로 쾌적하게 받아들이는지는 의문스럽다. 측좌/격막 부위에 전극을 삽입한 한 젊은 남성은 지속적인 전기 자극을 받았다. 그는 전극이 제거되었을 때 맹렬하게 항의했다. 전기 자극은 그에게 각성 상태나 친밀감, 흥분 상태, 그리고 자위 충동 등을 야기했지만 오르가슴이나 기쁨의 명백한 증거를 보여 주지는 않았다. 계속 스스로를 자극하며 에로틱한 감정을 맛본 젊은 여성 역시 오르가슴에는 결코 이르지 못했다. 게다가 이 여성은 오로지 자극하는 데 정신이 팔려서 자신을 등한시했다. 그 여인의 경우에도 실제로 기쁨을 만끽했다고는 말할 수 없었다. 그러므로 우리는 앞으로 당분간 옛 방식대로 기쁨과 행복을 찾을 수밖에 없다. 그리고 사실 이런 옛 방식에 반대할 이유는 전혀 없다.

11.5 뇌 보철

작업장에서 전화가 왔다. 그녀의 뇌가 완성되었다.

— 윌리스 W. 터틀롯[4]

우리의 뇌는 감각 기관들을 통해 외부로부터 정보를 받아들여서
운동 기능을 조절한다. 얼마 전까지만 해도 감각 기관의 결손은 평
생 눈이 멀거나 귀가 들리지 않는다는 것과 같은 의미였으며, 척수의
손상은 일평생 마비를 뜻했다. 2008년 네덜란드 신경과학연구소에
서 개최된 뇌 연구를 위한 국제여름학교에서 뇌-컴퓨터 인터페이스[5]
나 신경 보철을 이용해 미래의 비전을 제시하는 새로운 개발 연구들
이 발표되었다. 그렇게만 된다면 시각 장애인이 다시 앞을 볼 수 있
고 하반신 불구자가 다시 걸을 수 있을 것이다. 지금까지는 청각 분
야에서의 발전이 가장 두드러졌다. 내이 질환으로 청각을 잃은 경우,
기능을 상실한 내이의 유모 세포들에 연결된 신경 세포들을 자극하
기 위해 1960년부터 생체 공학적인 귀, 인공 와우가 임플랜트되고 있
다. 1980년 이래 22개의 전극을 심을 수 있을 정도로 그 기술이 발달
했고 10만 명 이상이 인공 와우를 심었다. 현재 그들은 놀라울 정도
로 잘 들을 수 있고 심지어는 정상적인 청력을 갖기도 한다. 그러나
청각 신경이 손상되어서 청력을 상실한 경우에는 이식이 별 도움이
되지 않는다. 그런 경우에는 최근 들어 12개의 전극을 내이보다는 뇌

4 Wallace W. Tourtellotte. 미국의 신경학자.
5 뇌의 활동이 직접 컴퓨터에 입력되어 마우스나 키보드 같은 입력 장치 없이도 뇌와
  컴퓨터가 소통할 수 있는 장치.

간에 심는 방식으로 성공적인 치료를 이끌어 내고 있다. 이를 통해 청각 정보들이 뇌에 도달해서 의사소통이 개선되는 것이다.

전 세계적으로 수백만 명의 사람들이 앞을 보지 못한다. 망막에 있는 빛에 민감한 반응을 보이는 세포, 즉 광수용체들이 파괴되었기 때문이다. 로스앤젤레스의 안과 의사 제럴드 샤더는 완전히 앞을 보지 못하는 세 환자에 대한 실험 결과를 보고했다. 안경에 부착된 작은 카메라로부터 수술을 통해 눈의 망막에 장착된 소형 수신기로 정보들이 전송되었다. 마이크로프로세서가 이 영상 신호를 전기 신호로 변환시키면 16개의 전극이 아직 온전한 망막의 신경 세포층에 연결되어, 이 정보들을 시신경을 경유해 뇌에 전달했다. 오랜 훈련 끝에 환자들은 컵과 접시를 구별할 수 있었다. 전극의 수는 단계적으로 1,000개까지 늘어나고 있고, 운이 좋으면 5~10년 내에 환자들이 얼굴을 알아볼 수도 있을 것이다. 또 다른 연구팀은 작은 카메라가 시각 정보들을 환자의 호주머니에 있는 기기로 전송해서 처리한 신호를 대뇌의 시각 피질에 심어 놓은 다수의 마이크로 전극에 연결된 수신기로 전달한다(그림 22).

대뇌 운동 피질에 있는 많은 뇌 세포의 전기 활동으로부터 그 세포들이 어떤 움직임을 시작하려고 하는지를 결정하는 일이 점점 용이해지고 있다. 이것은 앞으로 하반신 마비 환자가 자신의 인공 다리를 원하는대로 움직일 수 있는 가능성을 열었다. 하반신 마비의 동물 실험에서 척수의 전기 자극과 3개월 동안의 보행 훈련, 그리고 약물 치료에 힘입어 뇌를 통한 조정 없이도 보행 패턴을 발생시킬 수 있다는 사실을 보였다. 취리히의 그레구아르 쿠르탱은 이 기술을 앞으로 5년 이내에 환자들에게 적용할 수 있다고 예상했다. 놀라운 실험 결과가 목을 칼에 찔려 전신이 마비된 25세의 매튜 네이글에게서 얻어졌다. 96개의 전극이 있는 4×4밀리미터 크기의 작은 전극판이 매튜 네이글의 운동 피질에 이식되었다(그림 22). 전극판이 컴퓨터에 연결되면 매튜 네이글의 운동 기능을 조절하는 뇌세포의 신호에 의해 구동되는 인터페이스를 형성한다. 그는 단지 몇 분 만에 컴퓨터를 작동할 수 있었고 움직임을 상상하는 것만으로 화면에 나타난 커서를 움직일 수 있었다. 그는 화면에 원을 그리고 이메일을 읽고 컴퓨터 게임을 하고 심지어는 의수를 펴고 오무리는 일도 할 수 있었다. 그러나 이 실험은 신경 보철의 가능성만이 아니라 현재 신경 보철이 안고 있는 한계도 드러냈다. 수술 전에 네이글은 이 음성 인식을 통해서 컴퓨터를 사용할 수 있었다. 그런데 그는 수술 후에 커다란 컴퓨터에 연결되었으며 네이글을 돕기 위한 조수가 항상 곁에 붙어 있었다. 결과적으로 네이글에게 뇌 속의 전극들로부터 얻은 이익이 그다지 크지 않았다. 그래서 약 9개월 후 뇌의 전기 신호가 약해지자, 그는 전극을 제거하게 했다. 이 기술은 비록 앞으로 개선해야 할 점은 많지만, 이 연구 분야에서 희망적인 진보가 계속해서 이어지고 있다.

11.6 태아의 뇌 조직 이식

태아의 뇌 조직 이식에 성공한다면, 기증자의 어떤 성격을 전달받을까?

파킨슨병의 특징은 뇌간 흑질에 있는 도파민 세포의 사멸이다(그림 24). 부검 과정에서, 이 부위는 도파민을 생산하는 뇌세포의 색소 침착 탓에 뇌 조직을 관통해 희미하게 빛나는 검은 띠처럼 보이는데, 파킨슨병의 경우처럼 이 세포들이 죽으면 금방 알아볼 수 있다. 그러면 이 세포들은 뇌의 중간 부분에 있는 운동 영역인 줄무늬체를 더 이상 자극, 조절할 수 없게 된다. 이로 인해 파킨슨 질환의 전형적인 운동 장애를 유발한다. 죽은 세포들을 대체하면 이 병을 치료할 수 있다고 가정하는 것은 당연한 듯하다. 1987년 세계 유수의 전문 학술지 『뉴잉글랜드 의학 저널The New England Journal of Medicine』에 멕시코 의사 이그나시오 마드라조의 논문이 게재되었다. 이 논문에서 마드라조 박사는 파킨슨병 환자 자신의 부신으로부터 도파민을 함유한 세포 조직을 떼어 내어 미상핵으로 이식한 후 병세가 놀라울 정도로 호전된 사례에 관해 보고했다(그림 24). 이 논문은 불과 2년 만에 200회 이상 비슷한 이식 수술의 홍수를 야기했다. 그러나 이 수술은 효과적이지 않은 것으로 입증되었으며, 이 수술을 받은 환자의 20퍼센트가 2년 이내에 사망했다. 사망한 환자들의 뇌를 부검한 결과, 부신에서 이식한 조직이 뇌에서 살아남지 못한 것으로 밝혀졌다. 줄무늬체에서 오로지 반흔 조직(瘢痕組織)만이 발견되었다. 많은 기대를 일깨운 마드라조 박사가 보고한 높은 성과는 적절치 못하게 실행된 연구와 위약 효과의 조합에 기인했던 것으로 보인다(16.4 참조).

1988년부터 파킨슨병 환자 자신의 부신 일부 대신 도파민을 함유한 태아의 뇌세포들이 줄무늬체에 이식되고 있다. 이런 이식이 효과를 거두려면 임신 6~8주째 태아의 조직이어야 한다. 이식 수술을 받은 환자들의 약 85퍼센트는 이식된 조직을 PET 스캐너를 이용해 관찰할 수 있다. 심지어는 수술한 지 16년이 지난 후에 사망한 환자들의 줄무늬체에서 도파민을 함유한 세포들이 다른 세포들과 여전히 신호를 주고 받을 수 있다는 사실이 발견되었다. 그러나 이 새로운 도파민 세포들은 이따금 파킨슨병의 증후를 보여 준다. 처음에는 이식 수술에 의해 좋아지는 듯 보였던 환자들의 병세가 다시 악화되는 것은 아마 때로는 병이 이식된 조직으로 번지기 때문일 수 있다. 게다가 한 번 이식하는 데 태아 네 명의 조직이 필요하다. 이 조직을 조달하기란 쉽지 않다. 임신 중절을 하는 임산부에게서 이식 조직을 구할 수 있는데, 시술 전에 임산부가 이식에 동의해야 하기 때문이다. 그래서 이식 조직의 대체 공급원으로서 태아의 줄기세포에 많은 희망을 걸고 있다. 줄기세포로부터 도파민 세포를 배양할 수 있기 때문이다. 그러나 현재 이 치료법은 많은 단점과 위험을 안고 있다. 소뇌에 줄기세포를 주입하고 4년이 지난 후 뇌종양이 자라난 환자에 대한 첫 번째 사례가 이미 보고되었다. 줄기세포는 원칙적으로 종양을 포함한 어떤 것으로도 자랄 수 있기 때문이다.

태아의 도파민 세포를 파킨슨병 환자의 뇌에 한 이식은 몇몇 긍정적인 결과를 낳았다. 환자들은 다만 소량의 엘 도파 약제만 복용하면 되고 운동 장애도 경감되었다. 그러나 실제로 완치되었다고는 말할 수 없을 뿐만 아니라 그 결과도 천차만별이다. 게다가 이식 수술은 엘 도파와 동일한 효과와 부작용을 낳는다. 환자들의 약 15퍼센트에서 이식 수술의 합병증으로 비정상적인 움직임(운동 장애)이 발생하는데, 이런 현상은 엘 도파를 복용하는 환자들에게서도 나타난다. 한 위약-대조군 임상 실험에서 환자들의 절반은 수술은 받지만 실제로 조직을 이식받지는 않은 상태에서(환자들은 자신이 어떤 그룹에 속하는지 알지 못했다) 2년 후 운동 장애의 결과를 비교했는데, 가상 수술을 받은 환자들과 실제 이식 수술을 받은 환자들 사이에 어떤 차이점도 발견되지 않았다. 그러므로 요컨대 아직까지는 확신할 만한 결과가 없는 것이다(16.4 참조).

헌팅턴병의 경우에도 실험적인 치료법으로서 태아의 뇌 조직이 이식된다. 헌팅턴병은 운동 장애를 일으키는 유전병으로서, 이 질환에 걸리면 줄무늬체의 뇌세포들이 사멸한다. 그러다 말기에 이르면 치매 증상을 나타내기도 한다. 이 병을 유발하는 돌연변이는 아주 희귀해서, 남아프리카에서 이 병에 걸린 모든 환자들은 1652년 얀 반 리베이크[6]의 배를 타고 희망봉에 상륙한 단 한 명의 선원까지 거슬러 올라가 추적할 수 있었다. 최초로 태아의 줄무늬체 조직이 이식된 헌팅턴병 환자들을 관찰한 다기관 연구는 그들의 병세가 호전되고 있음을 보고하고 있다. 그 후 사망한 환자들에 대한 연구는 이식된 조직들이 살아 있는 세포를 포함하고 있으며 이 세포들이 헌팅턴 환자들의 뇌세포 네트워크에 잘 융합되어 있음을 보여 준다. 그러나 이식된 조직이 너무 빨리 자라는 바람에 신경학적인 문제가 발생하기도 했다. 그러니 여기서도 지나친 낙관주의는 자제되어야 할 것이다.

망막 색소 변성증이나 황반 변성처럼 신경 세포의 퇴행에 의해 실명이 야기되는 안과 질환들의 경우에도 태아의 망막 조직을 이식한다. 그 결과들은 고무적이다.

장차 태아 뇌 조직의 이식이 성공을 거두어서 뇌의 장애가 마침내 효과적으로 치료될 수 있다면, 우리는 중요한 문제에 직면하게 될 것이다. 결국 우리의 성격과 많은 개성들이 태아의 뇌 구조 발달에 의해 결정되기 때문이다. 만일 태아의 뇌 조직이 당신의 뇌에 이식된다면

6 Jan van Riebeeck(1619~1677). 남아프리카의 케이프 식민지를 건설한 것으로 알려진 네덜란드의 식민지 관리자.

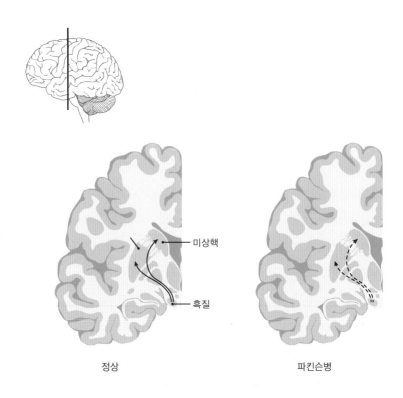

정상   파킨슨병

그림 24 파킨슨병에서는 흑질의 검게 착색된 세포들, 즉 도파민을 생산하는 세포들이 사멸한다. 그래서 운동성 부위인 줄무늬체(피각, 미상핵)를 더 이상 조정할 수 없다.

당신은 그 기증자의 어떤 성격을 전달받게 될까? 이것은 태아의 어떤 뇌 영역이 수혜자 뇌의 어떤 영역에 이식되는지에 좌우된다. 그러나 과연 이식된 성격이 어떻게 나타날 것인지를 예측하기는 어렵다. 이 기술이 효과적인 것으로 입증되어 대뇌 피질 같은 상위의 뇌 구조에 적용된다면, 어느 정도 새로운 인간이 편집될 것인지 의아스럽다. 어느 정도의 조직을 이식해야 이식 수혜자가 기증자의 성을 자신의 성에 붙여 넣을 수 있을까? 특히 다른 종의 뇌 조직을 이식하는 데 성공한다면 더욱 흥미로울 것이다. 태아의 뇌 조직을 구하기가 어려운 까닭에 파킨슨병 환자들에게 이미 돼지 태아의 뇌 조직이 이식되었으며, 그 환자들은 거부 반응을 방지하기 위해 약물 치료를 받고 있다. 그러나 아직까지 이 방법은 성공을 거두지 못하고 있다. 소수의 돼지 세포만이 파킨슨병 환자들의 뇌 속에서 살아남았다. 그러나 이런 이종 장기 이식이 언젠가 효력을 발휘하게 된다면, 돼지의 우호적인 성격과 지성의 일부도 함께 인간에게 이식될까?

11.7 유전자 치료

DNA 조각 형태의 의약품······.

유전자 치료에서는 특정 단백질(유전자)의 코드를 함유한 DNA의 작은 조각들이 세포에 주입된다. 그러면 이 세포는 주입된 유전자의 산물, 즉 새로운 단백질 형태의 치료제를 생산하기 시작한다. 뇌 연구자들에게 얼마 전까지만 해도 기껏해야 세포 배양과 실험 동물에 실험적으로 응용되던 이 새로운 치료법이 실제로 신경 체계 질환의 임상 치료에 적용되기까지는 아직 갈 길이 멀다는 생각이 지배적이었다. 그러나 유전자 치료법은 벌써 안과 질환과 알츠하이머병 환자들에게 테스트되고 있다.

최근 샌디에이고의 마크 투친스키가 이끄는 연구팀은 최초로 유전자 치료를 알츠하이머병에 응용했다. 이 연구팀은 기억에 중요한 역할을 하는 뇌 영역인 마이너트 기저핵(그림25)에 신경 성장 인자 유전자를 주입해서 이곳의 세포들이 신경 성장 인자를 잠재적인 치료제로서 생산하도록 유도했다. 마이너트 기저핵의 세포들은 뇌 기저에 위치하며, 기억에 중요한 역할을 하는 화학 전달 물질인 아세틸콜린이 전체 대뇌 피질에서 공급한다. 마이너트 기저핵 세포의 활동은 노년에 조금 감소되고 알츠하이머병에서는 심각하게 감소한다. 투친스키는 우선 신경 성장 인자 유전자 치료를 통해 늙은 붉은털원숭이의 마이너트 기저핵에 있는 세포들의 활동을 재개시킬 수 있음을 보여 주었다. 이를 위해 그는 먼저 약간의 피부 세포, 이른바 섬유 아세포에서 신경 성장 인자 유전자를 채취해서 늙은 원숭이 뇌의 마이너트 기저핵 근처에 이식했다. 이 피부 세포들은 붉은털원숭이의 체내에서 최소 1년 동안 신경 성장 인자를 생산했으며 마이너트 기저핵 세포들의 활동을 회복시켰다.

이와 동일한 절차가 알츠하이머병 환자들을 치료하는 데 도입되었다. 이 새로운 치료법의 첫 단계에서 8명의 알츠하이머병 환자들이 선정되었는데, 그들은 실험 과정을 이해하고 동의서에 서명할 수 있을 정도의 발병 초기 단계에 있었다. 1단계 연구에서는 환자들이 새로운 치료법을 견딜 수 있는지 테스트하는 데 그 목적이 있었고, 먼저 환자 피부 세포의 체외 배양이 시도되었다. 이 섬유아 세포에 신경 성장 인자 유전자가 주입되었다. 이 과정에서 바이러스를 이용해 유전자를 운반했다. 이 바이러스는 신경 성장 인자 유전자와 함께 세포에 침투할 수는 있지만 더 이상 증식하지 못하고 따라서 더 이상 병을 유발할 수 없도록 처리되었다. 신경 성장 인자를 생산하는 이 피부 세포들은 뇌 수술을 통해 마이너트 기저핵 근처에 주입되었다. 이를 위해서 정위 장치 혹은 네덜란드 의사 베르트 케이제르가 명명한 대로 〈뇌-네비게이터〉라고 명명된 장치가 사용되었는데, 이 장치는 바늘 끝이 뇌의 어떤 위치에 있는지 매우 정확하게 알려 준다.

처음 두 환자의 수술 진행 과정은 성공과는 거리가 멀었다. 보통 정위 뇌 수술과 마찬가지로 환자들은 마취 상태가 아니었다. 그들은 정신안정제의 영향하에 있었지만, 세포가 주입될 때 몸을 움직인 바람에 뇌출혈을 일으켰고, 이로 인해 반신불수가 야기되었다. 한 환자는 반신불수에서 회복되었지만, 다른 환자는 5개월 후 폐색전증과 심장 마비, 즉 수술이나 유전자 치료외는 아무 상관없는 합병증으로 사망했다. 그다음 수술부터는 최소한의 움직임도 막기 위해 전신 마취 상태에서 세포 주사가 주입되었다. PET 영상은 이 처치를 받은 후 대뇌 피질의 활동이 증가했음을 보여 주었다. 유전자 치료를 받은 알츠하이머병 환자들의 기억은 이 치료를 받지 않은 환자들의 절반 속도로 악화된다고 알려져 있다. 그러나 이것은 1단계 연구의 성과일 뿐, 정확한 비교 임상 실험이 요구된다. 5개월 후에 사망한 환자의 뇌에서 마이너트 기저핵 뉴런을 강력히 자극하는 효과를 관찰할 수 있었다. 이것은 유전자 치료의 성공 가능성에 희망을 품게 한다.

이 치료법이 어떤 효과와 부작용을 가져올지는 아직 기다려 봐야 한다. 과거 스웨덴에서 작은 펌프를 이용해 신경 성장 인자를 알츠하이머병 환자 세 명의 뇌실에 주입했다가 중단한 적이 있었다. 이 치료가 기억력에는 거의 영향을 미치지 않은 대신 만성 통증이나 체중 감소 같은 심각한 부작용을 야기했기 때문이다. 지금 우리는 투친스키가 뇌 조직에 주입한 세포들에서 생산된 신경 성장 인자가 원래 있어야 할 곳에 머물면서 부작용을 제거하길 바랄 뿐이다. 우리는 알츠하이머병 환자들의 마이너트 기저핵에서 신경 성장 인자에 대한 반응력이 상당히 감소된 것을 발견했다. 이로 인해 무슨 문제가 발생할지 아직은 알 수 없다. 투친스키는 다음 단계로서 신경 성장 인자를 좀 더 효과가 입증된 다른 바이러스를 이용해 직접 뇌에 주입해야 할 것이다.

2009년 말엽, 뇌 질환의 하나인 부신 백질 이영양증ALD을 앓는 두 소년이 유전자 치료 덕분에 완치되었다는 소식이 우리에게 들려왔다. 희귀 유전병으로 인해 ALD 단백질이 결핍되면 지방산이 분해되지 못하고 뇌의 신경 섬유를 에워싼 수초에 축적된다. 그 결과 신경이 제 기능을 못하면서 점차적으로 육체적, 정신적 장애가 발생한다. 이 질병은 영화 「로렌조 오일」로 널리 알려졌는데, 이 영화에서 아버지는 ALD에 걸린 아들을 오일 혼합액으로 치료하려고 애쓰지만 뜻을 이루지 못한다. 프랑스에서 진행된 연구에서는 소년들의 골수에서 추출한 줄기세포 속으로 바이러스(렌티 바이러스)를 이용해 건강한 ALD 유전자가 삽입되었다. 그런 다음 수정된 세포가 다시 골수 속으로 주입되었다. 이 수정된 세포들이 뇌의 결함을 어떻게 방지하는지는 아직 정확하게 알려져 있지 않다. 그러나 이 7세 소년 둘은 지금까지 2년 동안 별 탈 없이 잘 지내고 있다.

오늘날 많은 실험실에서 아주 다양한 질환에 대한 유전자 치료를 개발하기 위해 연구 중이다. 우리 실험실에서는 요스트 페르하헌 교수가 성인의 척수 손상을 치료하기 위한 유전자 치료를 개발하고 있다. 척추 손상과 뇌경색이 완치될 수 있기까지는 아직 요원하지만, 실험 동물들에게서 얻은 첫 번째 긍정적인 결과들은 벌써 유전자 치료의 잠재적인 효과를 보여 준다. 손상된 신경 세포들을 치료하기 위해서 신경 성장 인자를 생산하도록 유전 공학적으로 변형된 세포들을 척수의 손상된 부위에 주입하는 식의 실험들이 행해지고 있다. 동시

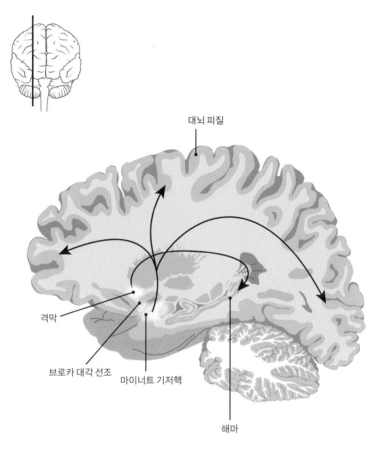

대뇌 피질

격막

브로카 대각 선조

마이너트 기저핵

해마

그림 25 기저핵(마이너트 기저핵, 브로카 대각 선조, 격막)은 대뇌 피질과 해마의 화학 전달 물질 아세틸콜린의 공급원이다. 이 화학 전달 물질은 기억에 중요하다(그림 33도 참조하라).

에 손상된 척수에서 신경 세포의 성장을 저지하는 단백질들이 억제되는데 이를 효과적으로 할 수 있는 새로운 방법이 최근에 개발되었다. 취리히에서 마르틴 슈바프 교수는 유망한 동물 실험의 결과를 토대로 최근에 발생한 척수 손상 환자에서 신경 세포의 성장을 억제하는 단백질을 상쇄하는 항체를 이용하는 임상 연구를 시작했다.

신경 체계 질환을 위한 유전자 치료는 안과 분야에서 가장 앞서고 있다. 레이버 질병(유전자 변형에 의한 선천성 실명의 한 형태)에 걸린 어린이들은 태어날 때부터 앞이 잘 보이지 않다가 성인이 되면 완전히 실명한다. 이 질환에 걸린 개들에게 행해진 실험적인 유전자 치료는 그 효과를 입증했다. 이것을 토대로 망막이 심하게 손상된 세 명의 젊은이에게 결핍된 단백질을 코딩하는 작은 조각의 DNA가 안전한지 여부를 결정하는 1단계 연구가 실행되었다. 이 새로운 치료법은 심각한 부작용을 일으키지 않았다. 그뿐만 아니라 한 환자에게서는 시력이 놀라울 정도로 호전되었다. 수술 전과는 달리 그 환자는 어스름한 곳에서 물체를 알아보고 피할 수 있는 능력을 되찾았다. 다음 단계는 레이버 질병에 걸린 아이들의 망막이 어느 정도 온전한 상태에서 이 치료를 시도하는 것이다. 적록 색맹 원숭이들은 유전자 치료를 통해 치유되었다. 치료를 시작하고 5주 만에 뚜렷한 효과가 나타났으며, 1년 6개월 후에는 모든 색채를 구분할 수 있었다.

치매 환자와 실명 환자들의 유전자 치료를 포함한 최초의 임상 연구는 인간의 뇌 질환에 완전히 새로운 치료의 도래를 알린다. 초기에는 유전자 치료가 한 젊은 환자를 죽음에 이르게 하고 어떤 사람들에게서 백혈병을 야기함으로써 많은 사람들을 경악시켰다. 그러나 현재 이 기술은 유망한 치료 방식으로 다시 떠오르고 있다.

11.8 뇌 손상의 자발적 치유

때로는 뇌 손상이 자연적으로 치유되기도 한다. 그렇다고 병세의 차도가 없는 환자에게 치료를 위해 충분한 노력을 않았다며 비난해서는 안 될 것이다!

우리의 뇌 조직은 한번 그 기능을 잃으면 자발적인 회복이 가능하지 않다고 항상 배웠다. 뇌졸중으로 쓰러진 환자의 뇌 기능이 개선된다면, 그것은 부종이 사라졌거나, 다른 뇌 부위가 부분적으로 그 기능을 대신하기 때문이라는 것이었다.

뇌에 상처를 입은 환자들은 며칠 또는 몇 주일 후 다시 혼수상태에서 깨어나거나 아니면 각성 혼수라고 불리는 식물인간 상태에 빠질 수 있다. 이 상태에서 환자들은 〈의식이 없이 깨어 있다〉. 이것은 개선을 알리는 신호일 수도 있지만, 아무런 변화 없이 영구적으로 이 상태에 머무를 수도 있다(7.2 참조). 이런 식물인간 상태에서 3개월이 지나면, 환자가 식물인간 상태에서 다시 깨어날 가능성은 거의 없다고 여겨진다. 하지만 가끔은 환자들이 상당히 오랜 시간 후에 식물인간 상태에서 다시 깨어나기도 한다. 자동차 사고를 당하고 혼수상태에 빠졌다가 19년 만에 최소 의식 상태에서 깨어난 테리 월리스는 특이한 경우다. 여러 해 동안 그는 이따금씩 겨우 고개를 끄덕이거나 옹얼거리는 것으로써 외부 세계에 반응했을 뿐 자신의 생각이나 감정을 전혀 전달할 수 없었다. 그러다 사건이 발생한 지 9년 후에 몇 마디 말을 하기 시작했고 19년 후에는 말하는 능력을 완전히 되찾았다. 그뿐만 아니라 수를 세고 팔다리도 움직일 수 있었다. 그런데도 여전히 심한 장애에서 벗어나지 못했다. 그는 걷지도 못하고 혼자 음식을 먹지도 못하며 지난 19년 세월을 인식하지 못했다. 그의 부인은 그동안 다른 남자의 아이를 셋 낳았고 그의 딸은 스트립걸이 되었는데, 월리스는 그 모든 것에 대해 하나도 알지 못했다. 이런 삶이 과연 살만한 가치가 있는지, 그리고 언론에 따르면 〈현대판 나사로〉인 윌리스가 자신의 이 기적 같은 〈회복〉을 행복해할지는 의문이다. 하지만 월리스의 경우는 의학적인 관점에서는 아주 특별하다. 월리스의 회복은 다른 뇌 영역들을 연결시켜 주는 뇌 속의 신경 돌기가 새롭게 형성되었기 때문이다. 18개월에 걸친 관찰 결과, 대뇌 뒤편에 있는 신경 섬유들 및 여러 뇌 영역들을 연결시키는 신경 섬유가 증가한 것이 MRI를 통해 발견되었다. 또한 두정엽의 일부분인 주변 의식과 자의식에 중요한 설전부에서 증가된 활동이 관찰되었다. 이 부위는 식물인간 상태나 혼수상태, 수면, 치매에서는 기능하지 않지만, 최소 의식 상태에서는 활동적이다. 이런 변화에 주목하고 있는 단계에서 윌리스의 의식이 돌아왔다. 그의 운동 기능이 현저하게 개선되었을 때에는 소뇌 신경 섬유의 활동도 증가했다. 이토록 오랜 시간 후에 식물인간 상태나 최소 의식 상태에서 깨어날 가망성이 있는 소수의 환자들에게서 어떤 차이점이 있는지는 여전히 미스터리로 남아 있다. 하지만 이런 환자들의 존재는 식물인간이나 최소 의식 상태에서의 회복이 불가능하다는 기존의 확고한 이론을 반박하는 사례임이 분명하다.

질 볼트 테일러의 이야기는 언론의 대대적인 관심을 불러일으켰다. 하버드에서 일하는 이 여류 뇌과학자는 서른일곱 살의 나이에 자다가 중증 뇌졸중을 일으켰다. 테일러는 왼쪽 눈 뒤에서 쿵쿵 울리는 듯한 통증을 느끼고 잠에서 깨어났고, 그녀의 왼쪽 팔이 마비되었을 때 그녀는 뭔가 잘못되었음을 감지했다. 간신히 동료에게 전화를 걸어 도움을 요청하려고 했다. 테일러 자신은 또박또박 도움을 요청했다고 생각했지만, 실제로는 알아들을 수 없는 말을 웅얼거렸을 뿐이었다. 그것은 틀림없이 본인에게 끔찍한 경험이었을 것이다. 그러나 다행히 그 동료는 그녀에게 심상치 않은 일이 발생했음을 깨닫고 구조대원에게 연락을 취했다.

나와 절친하게 지내는 어느 나이 지긋한 의사는 자신에게 뇌졸중이 일어난 것을 의식하고서 주치의에게 전화를 걸었다. 주치의는 더듬더듬 알아들을 수 없는 말을 몇 마디 듣고는, 누군가가 지금 장난 전화를 하고 있다고 생각하고서 전화를 바로 끊어 버렸다. 그러다 시장을 보러 간 부인이 돌아왔을 때 내 친구는 부인을 큰 소리로 불렀다. 그러나 부인은 짜증스럽게 대답했을 뿐이었다. 「내가 거실에 갈 때까지 기다리라고 벌써 수도 없이 말했잖아요. 여기서는 당신 말을 알아들을 수 없단 말이에요.」 그러고는 장바구니의 물건들을 계속 꺼내었다. 다행히 친구의 뇌졸중이 일으킨 손상은 저절로 사라졌고, 내 친구는 다시 유창하게 말할 수 있게 되었다.

질 볼트 테일러의 경우는 완전히 달랐다. 대뇌출혈이 있고 2주일 반 후에, 외과의들은 그녀의 뇌에서 골프공만 한 핏덩이를 제거했다. 그녀는 걸을 수도 말할 수도, 읽거나 쓸 수도 없었으며 지난 삶을 전혀 기억하지도 못했다. 질 볼트 테일러는 어머니의 도움을 받아 다시 삶을 꾸려 나가는 법을 배웠다. 그녀가 다시 완전히 건강해지기까지는 8년이라는 시간이 걸렸다. 그 시간 동안에 질 볼트 테일러는 불굴의 의지력과 뇌의 해부학 지식을 토대로 손상받은 뇌 회로를 어떻게 의식적으로 자극해서 다시 기능하게 했는지 묘사하는 베스트셀러를 집필했다. 이런 것은 사이비 학문적인 잡담이지만, 일반 대중들에게는 아주 인기 있었다. 그녀는 아주 확신에 차서 〈나는 진심으로 누구나 환자로서 자신의 회복에 책임이 있다고 믿는다〉고 말했다. 물론 뇌출혈 후에 건강을 되찾기 위해 최선을 다하는 것은 중요하다. 하지만 질 볼트 테일러의 이런 주장은 위험하다. 불행하게도 건강을 회복하지 못한 많은 환자들이 이 열광적이지만 학문적으로는 전혀 근거 없는 진술 때문에, 스스로 충분히 노력하지 않아서 병세가 호전되지 않았다는 비난을 받을 수 있기 때문이다. 내가 의학 공부를 처음 시작했을 때, 아버지는 이렇게 말했다. 「세상엔 두 종류의 질병이 있단다. 하나는 저절로 사라지는 병이고, 다른 하나는 어쩔 도리가 없는 병이지」

12장
뇌와 운동

12.1 신경 포르노그래피: 복싱

몇몇 문명화된 나라에서는 상대방에게 고의적으로 신경학적인 손상을 입히는 이런 방식이 이미 수십 년 전부터 금지되어 왔다.

공격적인 장면은 공격적인 행동을 야기한다. 이는 매우 공격적인 컴퓨터 게임을 제한하는 조처로 이어졌고, 따라서 복싱과 같은 일부 원시적인 형태의 폭력성이 여전히 허용되고 있다는 것은 비논리적인 상황이라 할 수 있다. 복싱 선수가 상대방의 뇌를 아예 묵사발로 만들어 버리는 장면이 텔레비전에서 공공연하게 방영되지만 아무도 속상하게 여기지 않는 것 같다. 다들 열광해서 환호하고 울부짖는 가운데, 신경증적인 손상의 발생 과정이 클로즈업되어 몇 번씩 반복적으로 아주 상세하게 비쳐진다. 비틀거리는 걸음걸이, 언어 장애, 간헐적으로 움찔거리는 눈, 종종 보이는 전형적인 뇌전증 발작, 녹다운 후의 의식 상실, 간혹 혼수상태와 죽음까지, 그야말로 신경과에서 나타날 수 있는 거의 모든 증세들을 보인다. 제2차 세계 대전 이후 400여 명의 복싱 선수들이 여러 복싱 협회의 주도하에 맞아 죽었다. 이런 〈신경 포르노그래피〉의 가장 혐오스러운 사례들이 텔레비전에서 방영된다니 참 이해할 수 없는 일이다. 아이들도 텔레비전을 볼 수 있는 시간대에 말이다.

복싱 시합에서는 머리를 연거푸 구타당해서 입는 장기적인 손상이 급성 뇌 손상보다 훨씬 더 자주 발생한다. 다리를 후들후들 떨며 서 있거나 몸을 천천히 움직이는 증상, 행동 장애, 다소간의 치매나 파킨슨병 현상을 보이는 복싱 선수들에게 1928년 〈펀치 드렁크punch-drunk〉라는 개념이 도입되었다. 이 현상은 나중에 〈복싱 선수 치매〉라고 명명되었으며, 현재는 〈만성 외상성 뇌 손상〉이라는 중립적인 표현이 흔히 사용된다. 모든 직업 복싱 선수의 40~80퍼센트에서 이 증상이 확인되며, 17퍼센트에게서는 파킨슨병 증상이 나타난다. 복싱뿐만 아니라 입담에서도 세계 챔피언이었던 무하마드 알리는 발을 질질 끌며 걷고 문장 하나도 겨우 내뱉는, 가면 같은 얼굴의 파킨슨병 환자로 변모했다.

복싱을 통해 성격이 형성된다면 그 형성된 성격은 적어도 뇌 속에 존재하지는 않을 것이다. 뇌 속에서 관찰 가능한 복싱의 효과는 오로지 악화된 상태뿐이기 때문이다. 대부분의 뇌 영역은 세포의 상실에 의해 축소되고 신경 섬유들이 찢기어서 그들을 보호하는 수초가 손상되는 등 알츠하이머병이나 파킨슨병을 암시하는 전형적인 변화들을 현미경으로 확인할 수 있다. 복싱 선수가 갑작스럽게 사망하는 경우에는 대부분 뇌출혈이 원인이다. 녹아웃을 당하면 뇌가 두개골 아래에 있는 구멍 속으로 밀려 들어가 호흡과 체온 조절, 심장 박동 같은 중요한 기능을 조절하는 뇌간의 아랫부분에 있는 연수를 압박하면서 잠재적으로 치명적인 결과들이 야기될 수 있다. 그와 동시에 시상 하부와 뇌하수체가 으깨지고, 이것은 복싱 선수의 절반에게서 호르몬 결핍을 초래한다. 복싱 선수들은 후각도 약화된다. 아마추어 복싱 선수들은 헬멧을 쓰는데도 여덟 경기 중 한 경기꼴로 뇌진탕을 일으킨다. 유전적으로 외상성 뇌 손상에 걸리기 쉬운 복싱 선수들이 뇌 손상을 입는 경우에 심리 측정 테스트를 통해 가까이서 관찰해야 하는지에 대해서 토론한다는 것 자체가 이해할 수 없는 일이다. 그래서 이상이 발견된다 해도, 때는 이미 늦은 것이다. 스웨덴, 노르웨이, 아이슬란드, 북한, 쿠바에서는 벌써 몇십 년 전부터 프로 복싱이 금지되었다. 노르웨이에서는 뇌진탕을 일으킬 수 있는 모든 격투 경기가 2001년부터 금지되었으며, 그 가운데는 많은 인기와 관심을 끄는 K-1 격투, 즉 일종의 킥복싱도 포함되었다. 다른 나라들에서는 의사들이 복싱 금지를 요구했다. 네덜란드에서 이와 같은 주장을 하면 사람들은 복싱 선수들이 스스로 원해서 자발적으로 하는 일이라고 말한다. 그러나 목숨을 거는 자발적인 결투가 이미 수백 년 전에 네덜란드에서 국민들의 자유 의지에 의해 금지된 사실을 상기해야 할 것이다. 복싱 선수가 이 야만적인 〈스포츠〉를 선택한 시점에 벌써 치매의 초기 증상이 있지 않았겠느냐는 물음이 물론 제기될 수 있다. 이것은 복싱 선수가 스스로를 보호하고 우리의 과거 원시적인 진화의 이 부끄러운 잔재에 마침내 종지부를 찍어야 하는 또 다른 이유다.

12.2 올림픽과 성별

올림픽을 위한 집단 성별 테스트는 많은 불필요한 고통을 낳았다.

국제올림픽위원회의 창시자인 피에르 드 쿠베르탱 남작은 1912년 여성들의 올림픽 경기 참가를 〈비실용적이고 흥미가 반감되고 적절하지 못하다〉며 반대했다. 나중에 여성들이 올림픽 경기에 참가하게 되자 성별을 구분할 필요가 생겼다. 남성들이 테스토스테론에 힘입어 신장과 근력 면에서 생물학적인 이점을 가지기 때문이었다. 고대 그리스인들의 경우에는 남자와 여자를 구별하는 것이 간단했다. 당시 운동 경기는 알몸 상태에서 치러졌고 페니스가 없는 사람은 경기 참여가 허용되지 않았다. 그러나 염색체상의 성별, 외적 성징과 내적 성징, (스스로 남자나 여자라고 느끼는) 성 정체성이 항상 일치하는 것만은 아니다. 그리고 이런 불일치는 테스토스테론의 농도와 연관이 있기도 한다. 테스토스테론이 지나치게 많이 분비되는 여성들은 다른 여성 운동선수들에게 위협적일 수 있다. 독일의 도라 라트옌은 원래 남자(하인리히 라트옌)였다. 그는 메달에 욕심을 부린 나치스의 설득에 못 이겨 1936년 베를린 올림픽에 여자 높이뛰기 선수로 참가하게 되었다. 성별의 이점을 가졌음에도 불구하고 4위에 그쳤지만 말이다. (그의 성별은 1950년대에 이르러서야 비로소 밝혀졌다.) 첫 번째 심각한 성별 의혹은 1936년 같은 올림픽 경기에서 100미터 육상 금메달을 획득한 미국의 헬렌 스티븐이 남자라는 의혹이 제기되었을 때였다. 그러나 그에 이은 조사에서 헬렌 스티븐은 여자로 밝혀졌다. 그와 반대로 역설적이게도 1932년 금메달을 획득했지만 1936년 스티븐에게

패한 스텔라 월시는 훗날 강도에게 살해된 후, 남성도 여성도 아닌 중성인 것으로 밝혀졌다. 1967년 소련의 몇몇 여성 운동선수들은 부인과 의사 앞에서 옷을 벗고 진찰받아야 하는 자리에 나타나지 않았다. 그들에게는 선천적인 이유나 주사를 통해서 테스토스테론이 지나치게 높았을 것이라는 의혹이 일었다.

염색체를 활용해서 성별 테스트를 하자는 것은 공정하지 못한 스포츠 경쟁을 방지하기 위한 시도였다. 그러나 그 테스트는 부정한 사례는 실격시키지 못하고 오히려 뜻밖에도 개인적인 고통만을 야기하는 사태를 낳았다. 테스트는 구강 점막에서 세포를 채취해서 검사하는 것으로 이루어졌다. 누군가가 유전자적으로 여성임을 의미하는 2개의 X염색체를 가지고 있다면 세포핵 안에 바르소체라고 불리는 검은 점이 나타난다. 이 테스트를 통과하지 못한 첫 번째 운동선수는 폴란드의 단거리 선수 에바 클로부보브스카로서, 그녀는 그 이후 올림픽 경기 참가가 금지되었고 결국 올림픽(1964년 도쿄 올림픽) 메달을 회수당했다. 본인으로서는 전혀 알지 못했던 비정상적인 염색체 패턴을 가졌던 것이다. 이 사건의 영향으로 에바 클로부보브스카는 우울증에 빠졌다. 이 테스트는 마리아 파티노처럼 안드로겐 불감 증후군을 앓는 운동선수들도 완전히 부당하게 실격시켰다. 이 질병에 걸린 사람들은 테스토스테론 수용체의 돌연변이를 나타내며, 그로 인해 테스토스테론이 몸이나 뇌에 영향을 미칠 수 없게 된다. 이 증후군에 걸리면 유전적으로는 남성(XY)인데도 이성애 여성으로 발달한다. 복강 속에 고환이 존재하지만 스포츠 경기에서 불공정한 이점을 제공하지 않는다. 오히려 그 반대다. 그들은 테스토스테론에 전혀 반응하지 않기 때문에 정상적인 여성들이 누리는 난소와 부신에서 테스토스테론이 주는 긍정적인 효과조차 얻지 못한다. 경미한 선천성 부신 과형성의 경우에는 높은 테스토스테론 농도 덕분에 정상적인 여성들보다 근육이 많이 발달할 수 있는데, 이 증상을 보인 젊은 여성들은 역설적으로 이 테스트에서 실격되지 않았다.

90년대에 새로운 유전자 테스트 방법인 SRY[1]가 도입되었지만 상황은 전혀 개선되지 않았다. 마리아 파티노는 처음에는 테스트 결과에 의해 모든 사회 활동에서 물러났지만, 나중에 이의를 제기해서 결국 1988년 뛰어난 운동선수로서 복귀한 첫 번째 여성 운동선수가 되었다. 육상 선수 푸키어 딜레마가 1950년 어떤 검사 방법을 토대로 출전 정지를 당했는지는 알려지지 않았다. 안톤 호로테후즈 교수는 그 사건을 다시 새롭게 연구한 후, 푸키어 딜레마가 여자인 것은 분명 맞지만 희귀한 염색체 이상으로 인해 약간의 고환 조직을 지녔다고 말한다. 어쨌든 이런 방식으로 파니 블랑커스 쿤은 유일한 경쟁자를 잃었다. 파니 블랑커스 쿤 아니면 그녀의 남편이 네덜란드 왕립육상 연맹KNAU의 성별 테스트에 개입되었다는 소문도 돌았다. 푸키어도 비록 사후이긴 하지만 나중에 복권되었다.

몇몇 남성에서 여성으로 성전환한 사람들이 경기에 출전했을 때 커다란 소요가 일었다. 마치 누군가가 오로지 메달 하나를 얻기 위해서 성전환의 그 모든 어려움을 감수하려고 든 것처럼 말이다. 그러나 르네 리처드는 미국에서 소송에 이겼으며 그 덕분에 여자 테니스 경기에 출전할 자격을 획득했다. 성전환학 교수인 루이스 호런 교수에 의하면 남성에서 여성으로 성전환한 운동선수들은 2004년부터 경기

1 SRY 유전자는 남성의 Y염색체에만 존재하는 유전자로서 남성의 성을 결정하는 데 매우 중요한 역할을 한다.

에 출전할 수 있게 되었다. 단 성전환 수술을 하고 2년이 지나야 하며 호르몬 농도가 〈정상치〉를 보이고 성별이 외형적으로도 바뀌어야 한다. 여성으로 성전환한 캐나다의 사이클 선수 크리스틴 월리는 공식적으로 베이징 올림픽에 출전하려고 했는데 안타깝게도 예선 경기에서 탈락했다.

1999년 올림픽 경기에서 집단 성별 테스트를 폐지하기로 결정되었지만 만일의 경우를 대비해서 즉각 전문적인 방법으로 조사하기 위한 전문가 팀이 항시 대기하고 있다. 아주 복잡한 문제를 잘못된 간단한 테스트로 처리하는 것보다는 이 편이 낫다. 2011년 5월 1일, 국제육상경기연맹IAAF은 이 문제와 관련해 가장 논리적이면서도 간단한 방법을 채택했다. 즉, 테스토스테론의 혈중 함량만이 중요하다는 것이다. 여성의 테스토스테론 농도가 남성의 정상적인 수치 이하이면 여성 경기에 참여할 수 있다. 마리아 파티노처럼 안드로겐 불감 증후군에 걸린 경기 참가자들에게만 예외가 허용된다. 마침내 어느 날 갑자기 자신이 여성이 아니라 남성이라는 사실에 접하게 되는 일이 일어나지 않는 논리적인 해결책이 마련된 것이다. 또한 테스토스테론이 우리에게 미치는 모든 영향은 결국 근육에 국한된다는 점에서도 이 방법이 가지는 이점이 있다. 그러나 국제육상경기연맹이 정상범위를 어떻게 다룰 것인지는 자못 궁금하다.

12.3 운동은 살인이다

신체적 운동이 건강에 이롭다는 생각은 어디에서 왔을까?

지난 100년 동안 우리의 신체적 활동이 점점 줄었음에도 불구하고, 우리의 평균 수명은 45세에서 거의 80세로 상승했다. 이런 측면만 본다면 〈쓰지 않으면 녹이 슨다〉는 속담은 틀렸다고 생각할 수 있지만 사실은 그 반대다. 의견의 일치를 보기가 매우 힘든 현대 사회에서 우리가 몸을 충분히 움직이지 않는다는 생각은 어디에나 팽배해 있다. 우리는 운동을 해야만 건강을 유지할 수 있다는 것이다. 그 결과 이제는 괴롭게 숨을 헐떡이고 땀을 뻘뻘 흘리며 뛰는 사람들 때문에 평온하게 숲을 산책하기도 어려워졌다.

이미지 관리에 신경을 쓰는 기업들은 모두 운동선수들을 후원한다. 암에 걸린 어린이들을 후원하기 위해서 마라톤 경기가 개최되고, 상황을 더 잘 이해하고 있을 암스테르담 대학 병원은 해마다 자선 달리기 대회를 주최하기도 한다. 아침 7시 15분 운동을 선도하는 한 사람이 노인들과 함께 몸에 꽉 끼는 원피스를 입고 뛰는 텔레비전 프로그램을 온 나라에 전파한다.

운동이 건강을 지켜 준다는 오해는 도대체 어떻게 이리 널리 퍼지게 되었을까? 여기에서 운동은 나처럼 일요일에 병원 응급실에서 이리저리 움직이는 것을 포함하지 않는다. 2009년 1월 초, 다시 때가 왔다. 얼음이 얼기 시작했으며, 곧이어 네덜란드 사람들의 절반이 깊숙이 숨어 있던 스케이트를 꺼내서, 말 그대로 얼음을 지치기 시작했다. 병원이란 병원은 모두 골절상이나 저체온증으로 찾아온 환자들로 넘쳐 났다. 그것이 건강함을 뜻할까? 해마다 겨울 스포츠 지역에서 다리가 부러진 네덜란드 사람들을 실어 나르기 위한 전용 비행기가 운용되는 사태도 운동을 하는 것이 특별히 건강함을 말해 주지 않는다. 운동 중 몸을 다치는 일은 네덜란드에서만 1년에 약 150만 건에 이르며, 그중 절반은 의사의 진료를 받아야 한다. 반대로 운동을 금지한다면 병원의 대기 순번이라는 것이 하루아침에 사라질 것이다. 우리는 복싱 선수들이 결국은 장기적 뇌 손상을 입게 된다는 사실을 잘 알고 있다(12.1 참조). 하물며 킥복싱 선수들의 상황은 10배나 더 나쁠 것이다. 많은 헤딩을 하고 종종 팔꿈치로 얼굴을 얻어맞는 축구 선수들도 뇌세포의 손상을 그 대가로 치른다. 장거리 경주의 경우에, 그리스에서 최초의 마라톤 경기가 개최된 이래 급사자가 나오고 있었다. 하반신 마비의 15퍼센트는 운동을 하는 도중 발생했다. 슈퍼맨 역으로 유명해진 미국의 영화배우 크리스토퍼 리브가 대표적인 사례다. 리브는 말에서 떨어져 목이 부러졌으며 남은 생을 마비 상태에서 보냈다.

운동에 대한 강박적인 욕구도 질병일 수 있다. 예를 들어 격렬한 운동 충동은 신경성 거식증의 전형적인 증상이다(5.9 참조). 보통 거식증 환자들은 강박적으로 운동을 한다. 몇십 년 전, 그러니까 조깅이 〈유행〉을 타기 오래전에 신경과 의사 프란스 스탐은 암스테르담의 발레리우스플레인에 있는 자신의 서재 창문 밖을 바라보고 있었다. 그때한 남자가 집 밖으로 나오더니 미친듯이 빠르게 발레리우스플레인을 몇 바퀴 돌고 다시 집 안으로 들어가는 모습을 보고서 그는 어안이 벙벙했다. 이런 일이 때로는 하루에 몇 번씩 벌어지기도 했다. 그 남자가 몇 개월 후 병원에 나타났을 때, 피크병을 앓고 있는 것으로 판명되었다. 피크병은 전전두 피질이 퇴화되는 치매의 한 형태로 종종 행동 장애를 수반한다. 나는 스탐에게서 그 이야기를 들은 후로 조깅하는 사람들을 보면 미심쩍은 생각이 든다. 게다가 운동으로 의한 루게릭병[2]의 높은 위험성이나 네덜란드에서 해마다 100명이 운동을 하는 도중 급사한다는 사실에 대해서는 아무도 걱정하지 않는 듯 보인다. 보디빌딩을 하는 사람들은 아나볼릭 스테로이드를 스스로에게 주사하기도 한다. 예전에는 성장 호르몬 제제를 이용하기도 했는데, 이 제제는 진행이 매우 빠른 치매 형태인 크루펠트 야콥병에 감염시키는 것으로 판명되었다. 언젠가 네덜란드 잡지 『프레이 네덜란드』에 농담조로 쓰여 있던 것처럼, 실제로 인구의 절반이 운동을 하고 있고, 나머지 절반에 의해 병원으로 실려 가는 게 아닌가 싶은 생각이 든다.

물론 일련의 사건들은 생활방식에 존재하는 약간의 위험 요소일 뿐 전반적으로 운동은 사람들을 건강하게 오래 살도록 도와준다고 이의를 제기하는 사람도 있을 것이다. 그러나 이런 견해도 전혀 근거가 없는 듯 보인다. 운동의 장점을 주장하는 입장을 지지하는 연구와 통계들은 제대로 통제된 실험에 의한 것이 아니라 자발적으로 운동을 하거나 운동을 하지 않는 집단의 비교에 토대를 두고 있기 때문이다. 이런 자발적인 선택에 의한 집단의 연구를 통해서는 어떤 유효한 결론을 내릴 수 없다. 이에 반해서 이미 1924년에 레이몬드 펄은 과도한 신체적 활동이 생명을 단축시킨다는 것을 발견했다. 이는 전체 동물계에 적용되는 것으로 보인다. 미셀 호프만은 네덜란드 뇌연구소에서 비교 연구를 통해, 두 가지 요인이 우리의 수명을 결정짓는다는 사실을 보였다. 즉 신체의 신진대사와 뇌의 크기가 그것이다. 신체의 신진대사 양이 많을수록 수명은 짧아진다. 하버드의 일류 운동선수들이 그들의 동료들에 비해서 일찍 사망한다는 보고와 일치한다. 그러므로 스포츠 훈련 과정에서의 무리한 신체적 노력이 심지어는 우리의 생명을 단축시

2 근육이 위축되는 질환의 일종으로, 근위축성 측삭 경화증이라고도 불린다.

키는 역할을 한다고 볼 수 있다. 미국의 연구자 라진더 소할은 날갯짓을 더 많이 하는 파리일수록 더 빨리 바닥에 죽어 나동그라지는 사실을 발견했다. 파리를 두 개의 플라스틱 판 사이에 가두어서 날지 못하게 함으로써 에너지 소비를 억제하면 파리는 세 배까지 더 오래 산다는 것이 연구 결과이다. 그러나 우리에게 단 하나밖에 없는 기관인 뇌는 반대 방향으로 우리의 수명에 영향을 미친다. 뇌가 더 크고 더 많이 활동할수록 수명은 길어진다. 이와 반대로, 소두증이나 다운 증후군의 예에서 보이는 것처럼 뇌가 너무 작은 경우에도 수명이 짧아진다. 뇌를 자극하는 것은 알츠하이머병의 시작을 지연시키며, 이 병이 일단 발병한 경우에는 병의 증상도 약화시키는 것으로 보인다(18.3 참조). 저명한 과학자들은 뇌가 일반인들보다 더 크고 더 오래 산다고 한다. 아이들에게 풍부한 환경을 제공하는 예(1.5 참조)와 마찬가지로 새롭고 항상 변하는 형태의 자극을 뇌에 공급함으로써 뇌의 크기를 확대시킬 수 있다. 이런 이유에서 고도의 기량이 요구되는 운동을 — 좋아한다면 — 직접 하기보다는 관람하는 편이 훨씬 더 건강에 이로울 듯 보인다. 그런데도 무조건 운동을 하고 싶다면, 체스를 두는 것은 어떨까?

13장
도덕적 행동

13.1 전전두 피질: 추진력, 계획 수립, 언어, 인격, 도덕적 행동

전전두 피질의 기능은 뇌 손상과 질환의 결과를 통해 드러났다.

인간의 전전두 피질(그림 15), 즉 대뇌 피질 앞 부위의 기능은 다른 많은 뇌 구조들처럼 사고나 수술, 뇌 질환을 통해 드러났다. 1848년 철로 공사장 노동자였던 피니어스 게이지는 심각한 부상을 입었다. 철근으로 바위 구멍 속에 다이너마이트를 넣어 바위를 폭파하는 일을 책임지고 있던 그는 모래로 다이너마이트를 덮기 전에 폭약이 폭발하면서 철근이 게이지의 머리를 관통한 것이다. 이 사고로 찻잔 반 정도 양의 뇌가 땅에 쏟아졌지만 그는 목숨을 잃지 않았다. 놀랍게도 이 심각한 사고에도 불구하고 그는 완전한 의식 상태를 유지할 수도 있었다. 하지만 게이지는 완전히 다른 성격의 사람이 되어 버렸다. 열심히 일하고 책임감이 투철했던 그는 변덕스럽고 공격적이고 입이 거친 사람이 되었고 결국에는 해고되었다. 동료들의 표현을 빌리자면

〈게이지는 더 이상 게이지가 아니었다〉. 사고를 통해 게이지가 손상을 입은 부위인 전전두 피질 기능 중의 하나가 사회적 규범을 따르도록 하는 것이다.

그러고 나서 얼마 안 있어 전전두 피질의 또 다른 기능이 밝혀졌다. 1861년 파리에 있는 병원에서 일하던 한 내과 의사 폴 브로카는 〈탄〉이라고 불리던 한 남자를 부검했다. 〈탄〉은 그 남자가 하는 말 중에서 오로지 〈탄〉이라는 말만 알아들을 수 있었기 때문에 붙여진 별명이었다. 그의 언어 장애는 대뇌 좌반구에 있던 전전두 피질에서 발생한 경색에서 기인하는 것으로 확인되었다(그림 8). 다른 무엇보다도 문법적으로 올바른 문장을 구성하는 데 중요한 역할을 하는 이 뇌 영역은 현재 브로카 영역이라고 알려져 있다. 이 브로카 영역이 뇌졸중에 의해 손상되면 언어 장애, 즉 실어증이 발생한다.

게이지의 사고 이후 백 년 동안 정신 외과의 〈황금시대〉에 의도적으로 전전두 피질을 손상시키는 전두엽 절제술이 이루어졌다. 동물 실험을 잘못 해석한 결과로, 특히 정신 분열증 환자들과 심하게 공격적인 환자들에게 이 수술이 효과적이라고 여겨졌다. 영화 「뻐꾸기 둥지 위로 날아간 새」는 반항적이고 성가신 환자가 수술을 통해 그저 하릴없이 의자에 앉아서 멍하니 앞만 바라보는 맥 빠진 좀비로 변해 가는 모습을 절실하게 보여 준다. 당연히 이런 환자가 돌보기는 한결 수월하다. 그리고 이 점이 전두엽 절제술을 고려할 때 중요하게 여겨지는 점이기도 하다. 하지만 결국 이 수술이 공격성을 보이는 환자를 치료하는 데 정말 효과적인지에 대한 논란이 증가했다. 전두엽 절제술을 고안했고 노벨상을 받았던 안토니오 에가스 모니즈[1]가 수술에 불만을 품은 자신의 환자에게 총을 맞아 말년을 휠체어에서 보내야 했던 사건은 의학계에 경종을 울렸다. 1951년에 미국에서만 1만 8,608건의 전두엽 절제술이 시행되었다. 주로 정신 분열증 환자들이 대상이었으며 〈뇌 절단자 잭〉이라고 불린 월터 잭슨 프리먼에 의해서 유명해지기 시작했다. 프리먼은 〈로봇 모바일〉이라고 스스로 이름을 지은 밴을 타고 미국 전역을 돌면서 열성적으로 수술을 시행했다. 환자를 전기 충격으로 기절시킨 후, 작은 망치로 아이스 픽을 안와 뒤를 통해서 전두엽에 박음으로써 다른 뇌 부위 사이의 연결을 파괴했다.

그 무렵에는 그것이 환자에게 어떤 해를 입히는지 짐작조차 하지 못했다. 교황 피우스 12세는 〈비록 성격이 약간 변하더라도 자유 의지가 남아 있는 한〉 전두엽 절제술에 반대하지 않는다고 공표했다. 가톨릭의 또 다른 고위 성직자는 〈영혼이 죽음을 견디어 낸다면 전두엽 절제술도 견디어 낼 것이다〉라고 덧붙이기도 했다. 그러나 이 수술은 훗날 〈부분적인 안락사〉라고 불리게 되었는데, 이는 환자의 성격이 무뎌지고 완전히 무관심한 사람으로 변했기 때문이었다. 의사들은 결국 이 시술을 중단했다. 이는 윤리적인 이유에서가 아니라 1955년경 새로운 향정신성 의약품의 등장으로 이런 시술이 쓸모없게 되었기 때문이었다. 전두엽 절제술이 그 모든 사람들의 직업과 사생활에서 어떤 피해를 야기했는지는 한 번도 제대로 기록되지 않았다. 그러나 그 수술로 인해서 전전두 피질이 개인적인 성격의 표현과 자발적인 추진력에 얼마나 결정적 역할을 하는지는 충분히 분명해졌다.

윌리엄 H. 캘빈[2]은 저서 『산을 거슬러 흐르는 강물』에서, 전전두 피

---

1 António Egas Moniz(1874~1955). 포르투갈의 신경학자. 전두엽 절제술의 치료적 효과에 대한 발견으로 노벨 생리·의학상을 수상했다.
2 William H. Calvin(1939~). 미국 워싱턴 대학교의 신경 생리학과 교수.

질이 계획 수립에 어떤 의미가 있는지 명료하게 보여 주는 일화를 소개한다. 〈몬트리올의 유명한 신경외과의 와일더 펜필드에게는 누나가 한 명 있었다. 누나는 타고난 요리사였다. 네 시간에 다섯 종류의 코스 요리를 준비할 수 있었으며 또 그렇게 만들어진 음식은 모두 훌륭했다. 차갑게 식은 음식도 없었고 너무 푹 익은 음식도 없었다. 모든 음식이 조리대나 오븐에서 정확하게 시간을 맞추어 나왔기 때문이었다. 마치 타이밍이 정확하게 맞아떨어지는 시나리오 같았다. 그런데 언제부터인가 펜필드 누나의 이런 능력이 소실되기 시작했다. 평상시 저녁 식사를 준비하는 데는 별문제가 없었으나 온 가족을 위해 요리하는 커다란 모임이 있을 때는 펜필드 누나의 근심도 커지게 되었다. 예전처럼 능숙하게 음식을 장만할 수 없었기 때문이다. 대부분의 의사들은 그런 미묘한 징후를 눈치 채지 못한다. 그러나 경험 많은 의사로서 펜필드의 직감은 누나의 문제가 전두엽 종양 때문일 수 있다고 말하고 있었고, 그것은 사실이었다. 펜필드가 수술을 집도했고, 누나는 다시 건강해졌다.〉 그러나 우측 전두엽 피질의 상당 부분과 종양 조직을 제거한 후에도 계획을 수립하는 능력에는 여전히 문제가 있었다. 수술 15개월 후, 누나는 손님 한 명과 가족 네 명을 위해 만찬을 준비했지만 완전히 실패로 돌아가고 말았다. 결단력을 발휘해 결정을 내릴 수 없었기 때문이었다. 이것이 바로 전두엽 피질의 전형적인 기능이다.

그 밖에도 전전두 피질은 우리가 사회적 규범에 잘 따르도록 한다. 희귀한 신경 퇴화 질병인 피크병 및 다른 형태의 전두측두엽 치매에서 전전두 피질은 상당히 손상된다. 이런 질환에 걸리면 전전두 피질이 호두껍질 안에 들어 있는 호두처럼 될 때까지 줄어든다(그림 30).

피크병의 초기 단계에서는 기억력 장애보다 행동 장애가 전면에 부각되고, 몇 년이 흐른 후에야 비로소 전반적인 치매 증상이 나타난다. 예를 들어 피크병에 걸린 한 교수가 질병의 초기 단계에서 예절 감각을 상실하고 살롱 피아노에 소변을 보았다는 유명한 일화가 있다. 병원에서 피크병을 진단받은 환자들의 뇌를 그들의 사후에 네덜란드 뇌은행에서 분석한 결과, 상당수 환자들의 뇌세포 속에서 〈피크체〉가 나타나지 않은 점이 주목을 끌었다. 여기에서 〈피크체〉란 신경 세포 안에 존재하는 단백질이 엉켜서 형성된 질병을 특징짓는 물질이다. 지난 10년 동안 피크병에 걸렸다고 여겨진 환자들의 일부는 사실 〈17번 염색체의 타우 유전자의 돌연변이에 기인한 전두 측두 치매〉에 걸렸던 것으로 드러났다. 그들도 병세의 초기 단계에서 사회적 행동 장애, 성욕 과다나 성욕 감퇴, 알코올 중독, 공격성, 우울증, 정신 분열증적인 증상을 포함한 행동 장애를 나타냈다. 새로운 형태의 치매는 여전히 계속 발견되고 있다.

이렇게 뇌 손상과 질병 그리고 그들의 역추론을 통해서 전전두 피질의 기능들이 서서히 밝혀졌다.

13.2 도덕적 행동: 동물 속의 인간

이 장의 목표는 정신적인 능력과 관련해서는 인간과 고등 포유동물 사이에 어떤 근본적인 차이도 없다는 것을 보여 주는 것이다.

— 찰스 다윈

〈지적 설계론〉 운동의 추종자들은 도덕성이 생물학적 원칙에 토대를 두는 것이 아니라 하느님의 은총에 의해 인간에게 부여되고 도덕성을 분배받는 과정에서 신도들이 맨 앞에 서 있다고 가정한다. 분자 생물학자이자 신칼뱅 철학과 교수인 헹크 요헴슨은 특히 나노 기술자인 케이스 데커에 의해 편집된 지적 설계론에 관한 책 『웅장한 불운인가, 기획의 흔적인가? *Schitterend ongeluk of sporen van ontwerp?*』(2005)에서 이렇게 주장한다. 〈이타주의적 행동은 인간의 진정한 본성에 모순되기 때문에 사회 생물학 및 진화 윤리의 관점에서는 이타주의적 행동이 생물학적으로 왜곡된 병적인 것이라는 데 반박의 여지가 없다. 그러나 대부분의 문화와 거대 종교에서 진정한 이타주의적 행동은 그야말로 최고의 이상으로 여겨진다.〉 다윈이나 네덜란드의 영장류 동물학자인 프란스 드 발의 책을 읽은 사람은 누구나 요헴슨의 말이 허무맹랑하다는 것을 알고 있다. 이미 백 년전에 다윈은 우리의 도덕 의식이 어떻게 집단의 생존에 중요한 사회적 본능으로부터 발달했는지 상세하게 묘사했다. 이와 같은 행동은 서로 협동해야 하는 영장류, 코끼리, 늑대 같은 모든 종에서 관찰할 수 있다.

감정 이입, 즉 다른 사람의 감정을 인식하고 공감하는 능력은 모든 도덕적 행위의 토대를 이룬다. 우리 집 개의 친구는 우리 딸의 개다. 그런데 그 친구가 발 수술을 받은 후 우리 개가 친구의 심정에 공감하는 것을 지켜보면서 나는 크게 감탄했다. 그 개들은 평소에 서로 상대방을 부추겨 거친 놀이를 즐겼다. 그러나 수술 후 우리 개는 아주 조심스럽게 코를 쿵쿵거리며 친구에게 달려가서는 무척 주의 깊은 눈빛으로 오래오래 친구 곁을 떠나지 않았다. 그러면서 이따금 낮게 낑낑거리며 친구의 운명에 얼마나 큰 충격을 받았는지 알리더니 친구의 수술 받은 발을 조심스럽게 핥기 시작했다. 이와 비슷한 행동을 코끼리에서도 발견할 수 있다. 한 코끼리가 총이나 마취 화살에 맞으면 다른 코끼리들이 크게 소리를 내며 쓰러진 코끼리를 코로 밀어서 다시 일으켜 세우려고 종종 몇 시간씩 애쓴다. 이렇듯 동물들의 세계에서도 진실로 도덕적인 행동의 놀라운 사례들이 이미 많이 보고되었다. 어느 동물원에서 늙고 병든 원숭이 한 마리를 보노보 무리 속에 집어넣었다. 그 원숭이가 새로운 환경에서 어찌할 바를 몰라 어리둥절해하자 다른 보노보들이 그 원숭이의 손을 잡고서 그가 있어야 할 위치로 데리고 갔다. 그 원숭이가 무리에서 벗어나 도움을 외치자 다른 원숭이들이 달려와 진정시키며 다시 무리에게로 데려갔다. 암스테르담의 거리에서 이처럼 문명화된 행동을 접하려면 아주 운이 좋아야 할 것이다.

영장류들에게 도덕적 의식이 있다는 사실은 그들이 다른 종에게 보여 주는 공감에서도 드러난다. 보노보가 상처 입은 새를 위로하는 것도 확실히 순수한 공감 이입에서 출발한다. 1966년 암컷 고릴라 빈티 주아는 시카고 근방에서 5.5미터 깊이의 영장류 우리로 떨어진 3세 남아를 구했다. 다른 종의 동물들도 이따금 인간을 위해 희생한다. 캘리포니아에서는 래브라도[3] 한 마리가 방울뱀에 물릴 뻔한 자신의 주인을 보호하려고 뛰어들었을 때 그 개는 새로운 의미에서 〈인간의 절친한 친구〉가 되었다. 돌고래들이 그물에 걸린 동료들을 풀어 줄 뿐만 아니라 때로는 사람도 구해 준다는 사실은 널리 알려져 있다. 타인의 마음을 공감하고 도움을 주는 것이 인간 사회에 존재하는

3 영국 원산의 사냥개.

도덕의 핵심을 이루는 것은 사실이지만, 그것은 진화의 오랜 역사를 바탕으로 생겨난 것이지 인간에게만 한정된 것이 아님은 분명하다. 이런 사례들 몇 가지만 보아도 극단적인 기독교 신자이며 네덜란드에서 지적 설계론의 가장 잘 알려진 지지자인 케이스 데커가 도덕성은 오로지 기독교의 특징이라고 한 주장은 완전히 틀렸다는 것을 분명히 알 수 있다. 그는 네덜란드의 일간지 「데 폭스크란트」와의 인터뷰(2006년 3월 4일)에서 이렇게 말했다. 〈예수님은 우리에게 그 무엇보다도 하느님을 사랑하고 네 이웃을 네 자신처럼 사랑하라고 말씀하십니다. 이것은 도덕적인 임무이고 자연 과학의 방법으로는 이해하거나 규명할 수 없는 율법입니다. 그런데도 선악에 대한 의식은 존재합니다.〉 지적 설계론 추종자들은 자신이 비판하는 사람들의 글을 읽지 않는 것이 분명하다. 그래서 종교가 도덕적 규범들을 내세운 것이 아니라 인간을 포함해 사회생활을 하는 동물들의 진화 과정에서 발달한 도덕적인 규범들을 나중에 받아들였을 뿐이라고 결론지어야 하는 상황을 인식하지 못하는 것이다.

13.3 무의식적인 도덕적 행동

인류 역사의 가장 큰 비극은 도덕이 종교에 의해 장악된 것이다.

— 아서 C. 클라크[4]

---

4 Arthur C. Clarke(1917~2008). 영국 출신의 세계적인 과학 소설가이며, 대표작으로 『2001 스페이스 오디세이』 등이 있다.

도덕적 규범은 사회생활을 하는 집단 안에서 상부상조를 장려하는데 기여하고 전반적으로 사회 집단의 이익을 위해서 개개인에게 제약을 가하는 일종의 사회계약과 같은 기능을 한다. 그러므로 다윈이 제시한 도덕 심리학 이론(1859)은 개개인의 이기적인 경쟁이 아니라 집단 안에서의 사회적인 결합을 위한 윤리적 행동을 낳았다. 인간은 진화 과정을 거치면서 자식에 대한 부모의 애정 어린 보살핌에서 보이는 이타적인 행동을 발달시켰다. 이런 식의 이타적인 행동은 〈자신이 받고 싶은 방식으로 상대방을 대하라〉는 원칙에 따라 나중에 주변 사람들에게로 확대되었다. 그러다 다른 사람들과 더불어 사는 것은 언젠가 독자적인 가치로 발전했다. 이런 행동은 수백만 년에 걸친 진화의 산물로써 결국 인간 속에 자리잡은 도덕의 버팀목이 되었으며, 비로소 최근에야, 즉 몇 천 년 전에야 종교에 의해 수용되었다. 그 밖에 공통의 적의 존재는 연대감을 가장 강력하게 자극한다는 사실을 냉소적으로 인정하지 않을 수 없다. 수많은 강대국의 통치자들은 바로 이 기제를 악용했다.

도덕이 추구하는 생물학적 목표 — 협동의 장려 — 가 내포하는 의미는 자신이 속한 집단의 성원들을 우대한다는 것이다. 내 가족, 내 친지, 내 공동체에게 충성해야 하는 도덕적 의무가 무엇보다도 우선이다. 가장 가까운 주변 사람들의 생존과 안전이 보장되어야만 충성의 범위가 사회 집단으로 확대될 수 있다. 베르톨트 브레히트의 말처럼 〈일단 배가 불러야 도덕도 있는 것이다〉. 얼마 전부터 우리의 상황은 아주 좋아져서 우리는 유럽 공동체, 서방 사회, 제3세계, 동물들의 안전, 그리고 1949년의 제네바 조약 이후에는 심지어 우리의 적들까지도 충성의 범위에 포함시키고 있다. 그러나 이와 같은 접근 방식에 대한 필요성은 훨씬 이전부터 제기되었다. 기원전 3세기에 중국의 철학자 묵자는 전쟁의 참상 앞에서 탄식했다. 〈다른 나라를 내 나라처럼 여긴다면 사람들은 서로 해치지 않고 사랑할 것이다.〉

여러 테스트의 결과, 무신론자들과 신앙심이 깊은 사람들의 도덕적 결정은 뚜렷한 차이를 보이지 않는 것으로 밝혀졌다. 그런데도 지적 설계론을 지향하는 사람들은 도덕적인 행동이 종교, 특히 기독교에서 유래하는, 특별히 인간에게만 존재하는 것이라고 주장한다. 데커에 의해 출간된 지적 설계론에 대한 책(2005)에서 기독교 대학에서 생물학을 가르치는 판 데르 미어는 이를테면 이렇게 말한다. 〈(……) 인간은 도덕적인 사고를 할 수 있는 유일한 영장류이다.〉 그러나 영장류 동물학자인 프란스 드 발은 인간이 자신의 도덕적 행위에 대해 대부분은 전혀 생각하지 않는다는 것을 보였다. 대신 우리는 강력한 생물학적인 충동에 의해서 빠르게 본능적으로 도덕적 행위를 하며, 왜 한순간에 무의식적으로 그렇게 행동했는지에 대한 이유는 나중에 생각한다. 우리의 도덕적 가치들은 수백만 년에 걸쳐 발달했고 우리가 의식하지 못하는 보편적인 가치들에 근거한다. 도덕적인 행동은 개인의 초기 발달 과정에서 자체적으로 나타난다. 이런 행동이 동물들에게서도 보이는 것으로 보아, 이는 아마도 본능적인 행동일 것이다. 어린아이들은 말을 배우기 전에 또는 도덕적인 규범에 대해 생각할 수 있기 전에, 가족 중에 누가 아프면 마치 유인원들이 서로 위로하듯 위로한다. 어른들이 마치 마음 상하는 일이 있는 것처럼 행동한 실험에서 한두 살짜리 아이들은 위로의 반응을 보였다. 이런 행동은 아이들에게만 국한된 것이 아니다. 같은 실험에서 애완 동물들도 위로하는 강한 본능을 보였다. 단기적 또는 장기적 보상을 전혀 기대할 수 없는 상황에서도 침팬지는 한 살 반의 어린아이들처럼 이타적으로 행동할 수 있다. 침팬지는 막대기나 연필이 다른 침팬지나 어린아이의 손에 닿지 않으면 자신이 직접 건네준다. 아무런 대가를 바라지 않고서 몇 번씩 그렇게 할 수 있다. 그러므로 우리의 이타주의의 뿌리는 아주 멀리까지 거슬러 올라간다. 따라서 〈선한 행동은 생물학적인 원인에서 비롯되는 것이 아니다. 착한 행동은 선천적으로 확정되어 있지 않고 그래서 잘못될 수 있기 때문에 습득해야 한다〉는 지적 설계론 추종자 판 데르 미어의 말은 전혀 근거가 없다. 또 지적 설계론의 옹호자 요헴슨은 데커의 책에서 〈인문학과 사회학이 생물학의 특수 분야로 축소되었다〉고 말하는데, 사회적 행동의 생물학적 토대에 대한 프란스 드 발을 비롯한 영장류 연구가들의 탁월한 연구 성과들이 어째서 거기에 포함되는지도 이해할 수 없는 일이다. 오히려 지적 설계론의 추종자들이 자신들의 근거 없는 견해에 조금 거리를 두는 것도 전혀 해로운 일이 아닐 것이다!

13.4 도덕 네트워크

전전두 피질뿐만 아니라 다수의 다른 뇌 영역들도 우리의 도덕적인 결정에 관여한다.

우리의 뇌에는 도덕에 관여하는 〈네트워크〉가 있다. 이 네트워크의 신경 생물학적인 구성 요소들은 오랜 기간의 진화 과정을 거치며 단계적으로 발달했다. 우선 우리가 다른 사람들의 행동을 관찰할 때 거울 뉴런이 중요한 역할을 한다. 다른 사람이 손을 움직이는 것을 보면 우리 자신이 직접 손을 움직일 때 활성화되는 뇌세포들이 반응한다. 거울 뉴런은 우리가 모방을 통해 학습할 수 있도록 돕는 역할을 한다. 이런 모방 행동은 대체로 자동적으로 형성된다. 신생아들은 태어난 지 한 시간도 되지 않아서 이미 어른들의 입놀림을 모방할 수 있다. 이들 거울 뉴런은 감정을 표현하는 과정에서도 반응한다. 우리는 거울 뉴런을 통해 다른 사람들의 감정을 느낄 수 있다. 그러므로 거울 뉴런은 감정 이입의 토대를 이룬다. 거울 뉴런은 전전두 피질(그림 15), 즉 뇌의 앞 부위 및 대뇌 피질의 다른 부위들에서 발견되었다.

우리의 도덕 네트워크의 중요한 성분들을 포함하고 있는 전전두 피질은 인지된 감정이 도덕적인 관점에 합당한지를 확인하는 역할을 한다. 결과적으로 전전두 피질은 사회적 신호에 반응하는 과정에서 충동적이고 이기적인 반응들을 억제한다. 어떤 사안이 공정한지를 결정하는 데에도 전전두 피질이 결정적인 역할을 한다. 전전두 피질 영역의 종양이나 총상, 부상 같은 손상에 대한 연구 결과를 통해서 전전두 피질이 우리의 도덕의식에 얼마나 중요한 의미를 지니는지 드러난다. 이러한 손상들은 반사회적이고 정신병적이고 비도적적인 행동을 유발한다. 미국의 어느 판사는 유탄에 맞아서 전전두 피질에 상처를 입었다. 그 결과 더 이상 피고인의 상황을 마음으로 느낄 수 없었고, 그래서 불행하게도(하지만 지역 범죄 사회를 위해서는 다행히도) 은퇴해야 했다. 젊은 나이에 전전두 피질의 손상은 도덕적 관점을 이해하는 능력을 앗아 가기 때문에 정신 이상적 행동을 일으킬 수도 있다. 살인죄로 기소된 남자들은 종종 전전두 피질의 기능적인 장애를 보인다. 전두 측두 치매, 즉 전전두 피질에서 시작되는 뇌 질환의 첫 번째 징후는 성추행, 폭행, 절도, 교통 법규 위반 뺑소니, 소아 성애증 같은 반사회적이고 범죄적인 행동 방식의 형태를 띤다. 이런 형태의 탈선 행동이 이와 같은 치매의 시작으로 인식되기까지는 어느 정도 시간이 걸린다.

한 사람의 생명을 희생해서 여러 사람의 생명을 구해야 하는지를 결정하는 것과 같은 도덕적인 딜레마 상황에서 결정을 내려야 하는 경우에 전전두 피질이 중심 역할을 한다. 우리는 대부분 그런 결정을 내리기가 불가능할 정도로 어렵다. 그러나 전전두 피질이 손상된 사람들은 여기에서 완전히 냉정하고 냉담한 논리로 아주 냉혈하게 접근한다.

전전두 피질 이외에 측두엽의 제일 앞 부분과 그 안에 있는 아몬드 모양의 핵(편도체), 뇌실 사이의 격막(그림 26), 보상 회로(복측 피개 영역/측좌핵, 그림16), 뇌의 바닥 부분에 있는 시상 하부(그림18)를 포함한 다른 대뇌 피질이나 피질하 부위들도 우리의 도덕적 행동에 중요한 역할을 한다. 이런 모든 부위들은 도덕적 행동의 근본이 되는 동기 유발 및 감정에 결정적이다. 편도체는 얼굴 표정의 사회적 의미를 평가하고 거기에 적절하게 반응하는 데도 관여한다. 살인자들과 정신 질환자에게서는 비정상적인 측두엽과 함께 편도체의 기능 장애도 발견된다. 이런 기능 장애는 정신 질환자들이 희생자의 절망적이거나 겁에 질린 표정에 별로 반응하지 않는 이유를 설명해 준다. 인간은 본능적으로 사악한 의도에 의한 행동을 혐오한다. 그런 의도들은 일반적으로 유죄 판결을 받고 형량을 높인다. 그러나 (경두개 자기 자극을 이용해 측두엽과 두정엽이 만나는 위치에서 신호 처리를 방해함으로써) 도덕 행동에 관여하는 뇌 회로를 차단하면, 피실험자들은 누군가가 악한 의도를 품고 있는지에 대해 관심을 두지 않는다. 더 이상 다른 사람들의 행동 뒤에 숨어 있는 의도를 이해할 수 없기 때문이다.

그러므로 우리 뇌에 존재하는 도덕 네트워크는 진화 발달 과정에서 가장 나중에 생긴 대뇌 피질 영역, 즉 신피질에만 위치하는 것이 아니다. 진화상 오래된 뇌 부위들도 우리의 도덕적인 행동에 매우 중요한 역할을 한다. 죄책감과 연민, 감정 이입, 수치심, 자부심, 경멸, 감사하는 마음처럼 전형적으로 도덕적인 감정들뿐만 아니라 혐오감과 존경심, 분노와 노여움도 앞에서 말한 뇌 부위들의 상호 작용에 의해 좌우된다. 여러 사람의 목숨을 구하기 위해서 우는 아기의 숨통을 틀어막을 것인가와 같은 문제처럼 피실험자가 끔찍한 도덕적 딜레마에 직면한 상태에서 행해진 fMRI 연구는 이전에 뇌 손상과 종양의 연구를 통해서 우리가 익히 알고 있던 뇌 영역의 활동 양상에 변화가 일어나는 것을 보여 주었다.

그러나 우리의 섬세한 도덕적 충동에 대해서 생각할 때 우리는 감정 이입이 다른 사람들을 이해하고 공감하게 할 뿐만 아니라, 우리가 의도적으로 다른 사람들에게 상처를 입히거나 괴롭히면 그들이 어떤 고통을 겪는지도 헤아릴 수 있게 해준다는 것과 이런 감정들에 몰두할 수 있다는 것 또한 잊지 말아야 할 것이다.

13.5 자연이 우리에게 주는 더 나은 사회에 대한 교훈

인간은 자신의 신분을 망각한 침팬지다.

— 베르트 케이제르, 「알츠하이머, 희비극 오페라」

프란스 드 발은 네덜란드 출신의 세계적으로 유명한 동물학자로, 1981년부터 미국에서 연구 활동을 펼치고 있으며 그가 아홉 번째로 출간한 책은 대단히 흥미로우면서도 낙관적인 제목의 『공감의 시대 The Age of Empathy』다. 이 책에서 프란스 드 발은 동물의 행동과 인간의 행동을 새롭게 비교한다. 이 책의 메시지는 오늘날 바야흐로 공감의 시대가 도래했다는 것이다. 대처와 레이건은 자유 시장 경제를 스스로 조절하는 시스템으로 잘못 해석했고, 이런 사고방식에 의해 조지 W. 부시의 재임 기간에는 마침내 재정 위기의 악몽을 맞이했다. 이제 CEO들, 최고 경영자들, 기업의 간부진들, 은행가들이 제 배만을 채우는 문화는 끝이 나야 한다. 프란스 드 발은 〈탐욕의 시대는 한물가고 공감이 대세〉라고 주장한다. 2005년 허리케인 카트리나와 2008년 중국의 지진이 발생했을 때 각국의 도움이 증명하듯, 인간은 가장 공격적이면서도 가장 공감 능력이 뛰어난 영장류다. 모든 것은 균형의 문제인데, 이 균형이 최근 눈에 띄게 자취를 감추었다. 다른 사람의 입장이 되어 보는 것, 공감이 오늘날 다시 주도권을 쥐어야 한다고 프란스 드 발은 말한다. 포유류의 진화 과정에서 공감은 200만 년이라는 기나긴 역사를 가지고 있고, 이 역사가 그런 변화를 위한 확실한 근거를 제공할 것이다. 물론 여기에서 프란스 드 발 자신의 소망이 이런 생각을 낳은 것이 아니냐고 문제를 제기할 수 있을 것이다. 그러나 2009년 G20 정상 회담에서 성과급 제도를 제한하기로 합의한 이래, 프란스 드 발의 생각이 옳다는 것이 드러나기 시작했다. 드 발은 감정에 관련된 모든 행동 요소들이 이미 동물계에도 존재하는 것을 보인 완고한 다윈주의자이다. 드 발도 다윈처럼 명료하고 마음을 움직이는 글을 쓴다. 그는 자신의 논거에서 중요한 대목마다 전체 동물계에서 채택한 흥미진진한 사례들을 들어 가며 설명한다. 그뿐만 아니라 아주 다양한 독창적인 실험을 통해 자신의 이론을 증명한다. 그러나 드 발에게 다윈보다 유리한 점이 하나 있다. 그는 타의 추종을 불허할 유머 감각을 가지고 있다.

공감은 본래 어미들이 새끼들을 돌보는 것에서 유래했다. 이것은 비교적 최근에 발달한 뇌 영역인 전전두 피질뿐만 아니라 진화상으로 오래된 뇌 부위들도 관여하는 무의식적인 반응이다. 실제로 몇몇 정신 질환자들을 제외한 모든 인간이 공감을 느낀다. 원숭이 사회와 인간 사회에서 경쟁이 중요한 것은 분명하지만, 공정하게 분배하고 다른 이들을 위해 뭔가를 한다는 편안한 감정과 협동도 그에 못지않게 중요하다. 같은 임무를 수행한 원숭이 두 마리에게 똑같이 오이를 주면 두 마리 원숭이 모두 행복해한다. 하지만 한 마리에게는 오이 대신 훨씬 더 달콤한 포도를 주고 다른 한 마리에게는 계속 오이를 주면, 오이를 받은 원숭이가 이 사실을 알아채는 즉시 협력을 그만두고 오이를 우리 밖으로 내던지며 항의할 것이다.

『공감의 시대』에서 프란스 드 발은 특정 행동의 원리를 설명하기 위해 신경 과학 분야에서의 사례들을 예전에 출간한 책들에서 보다 더 많이 인용한다. 실제로 신경 과학 분야에서 많은 새로운 사실들이 밝혀져서, 프란스 드 발이 행동과 신경 생물학의 통합을 주제로 하는 새로운 책을 발표할 때가 온 것으로 보인다. 다른 사람들의 감정에 반응하고 그래서 공감의 토대를 이루는 거울 뉴런들도 물론 드 발의 책에서 언급된다. 이와 더불어 드 발은 성별의 차이에 대해서도 설명한다. 예를 들어 여자들은 사기꾼이 벌을 받을 때도 공감하는 반면에 남자들은 이런 상황에서 전혀 공감하지 않으며 보상 회로(그림 16)

를 활성화시키는데, 이것은 남자들이 정당한 징벌을 실제로 즐긴다는 것을 보여 준다. 그러나 나는 폰 에코노모 뉴런(VEN 세포 또는 방추세포)[5]이 거울 속에 비친 자신을 알아보는 능력으로 나타나는 자의식의 토대라는 드 발의 주장은 아직까지 설득력이 없다고 본다.

어떤 동물이라도 자신과 외부 세계를 구분하지 않고서는 공감 능력을 소유할 수 없다. 거울을 이용한 〈표식 실험〉에서 이런 능력을 시험해 볼 수 있다. 〈표식 실험〉이란 동물의 이마에 물감으로 표식을 해두고 거울에 제 모습을 보게 하는 실험이다. 만일 이 동물이 제 모습을 알아본다면 자신의 이마에 묻은 물감 얼룩을 지우려고 할 것이다. 개와 고양이는 이 실험에서 실패한 반면, 만 두 살 이후의 어린이들과 유인원, 돌고래, 그리고 드 발이 거대한 거울을 이용해 증명한 바와 같이 코끼리들도 이 테스트에 합격한다.

서구 사회에서 동물에게도 감정이 있다는 견해는 비로소 최근에야 받아들여졌다. 1835년 런던 동물원에 최초로 침팬지와 오랑우탄이 도착했을 때, 빅토리아 여왕은 그들을 〈무섭고 고통스럽고 불쾌하게 인간적〉이라고 일컬었다. 그러나 젊은 다윈은 인간이 유인원에 비해 우월하다고 생각하는 사람은 누구라도 가서 유심히 살펴봐야 할 것이라고 말했다. 프란스 드 발은 동물의 감정을 쉽게 인정하지 못하는 이유가 우리 문화의 기반이 되는 종교에서 비롯된다고 본다. 유대교와 기독교에 따르면 오로지 인간에게만 영혼이 있으며 인간만이 신의 모습과 똑같이 창조된 유일한 지성적인 존재다. 나는 프란스 드 발의 이런 이론에 동의하지 않는다. 중국에서도 동물들의 감정은 얼

---

5 사물을 직관적으로 파악할 수 있게 해주는 직관 세포.

마 전까지 공감의 사정거리 밖에 있었다. 동물들은 다만 식량으로서 관심의 대상이었다. 중국에서도 이제 삶이 윤택해지면서 동물들에 대한 관심과 공감이 증가하고 있다. 그곳에서도 애완동물을 기르는 사람들이 점차 늘어나고 있으며, 동물 학대는 공공연하게 격렬한 반응을 불러일으킨다. 그리고 우한 대학교에는 중증 급성 호흡기 증후군SARS 연구에 희생된 붉은털원숭이들을 위한 커다란 추모비가 세워졌다.

프란스 드 발은 어느 종교 잡지로부터 만일 당신이 신이라면 인간을 어떻게 변화시킬 것이냐는 질문을 받았을 때 잠시 깊은 생각에 잠겼다. 드 발은 사회 다윈주의, 마르크스주의, 과격한 페미니즘처럼 위로부터 인간을 변화시키려고 하는 운동에 대해 응분의 불신을 품고 있었다. 드 발은 사회 안정을 확보하기 위해서는, 인간의 양면성, 즉 섹시한 보노보의 우호적이고 아주 공감적인 측면과 침팬지의 공격적이고 지배적인 측면이 동시에 필요하다고 지적했다. 그러므로 프란스 드 발이 신에게 원하는 것은 인간을 근본적으로 바꾸는 것이 아니라 〈형제애〉를 증가시키는 것이라고 결론지었다. 그런다고 이 세상의 커다란 문제들이 해결될 것인지에 대해서는 심히 의심스럽다. 사실 드 발도 반대 논거를 제시한다. 누군가가 윌리엄스 증후군 환자들처럼 모든 사람에게 마음을 열고 모든 사람들을 믿으면, 사람들은 그의 행동을 이상하게 여길 것이며 그를 따돌릴 것이다. 게다가 공감에는 어두운 측면도 있다. 인간이 고문에 뛰어난 이유는 다른 사람들이 느끼는 것을 매우 잘 상상하기 때문이다. 더 많이 공감할수록 잔인한 특성은 더욱더 강화될 것이다. 프란스 드 발은 낮에는 강제 수용소에서 잔인하게 굴다가 저녁에 수용소 밖에서는 자상한 가장이 되는 나치 교도관들의 예를 든다. 우리는 많은 공감 능력을 가질 수 있지만, 동시에 이것을 아주 선택적으로 이용한다. 히틀러, 스탈린, 마오쩌둥을 열광적으로 추종한 수백만의 사람들이 우리보다 공감 능력을 덜 소유한 것은 아니다. 그러므로 프란스 드 발이 카리스마적인 주동자 뒤를 무비판적으로 쫓아가는 우리의 성향에 제동을 걸어 주시라고 신에게 청하는 편이 나을 것이다. 그러면 종족 말살과 문화 혁명이 되풀이되는 것을 저지할 수 있을 뿐만 아니라 기업 경영진들과 은행가들이 무모하게 제 배만 불리는 성향이 되살아날 위험도 감소시킬 수 있을 것이다.

14장
기억

14.1 기억과 오스트리아인들의 집단 기억 상실에 대한 캔들[1]의 연구

정신 활동은 정신 활동에 이용되는 뇌 영역에 있는 신경 세포와 그 돌기를 자극해서 발달시킨다. 이런 방식으로 세포군들 사이에 존재하는 기존의 결합이 축삭 끝 가지 개수의 증가에 의해 강화될 수 있다.

— 산티아고 라몬 이 카할[2]

25년 전 참석했던 국제 위원회에 대해서 유일하게 기억나는 것은 전염성 강한 에릭 캔들의 웃음소리다. 물론 캔들의 웃음소리는 행복한 어린 시절로부터 비롯된 것이 결코 아니었다. 그는 1929년 빈에서 에리히 캔들이라는 이름으로 태어났다. 에리히 캔들은 아홉 번째

---

1 Eric R. Kandel(1929~). 오스트리아 출신의 미국 신경 생리학자. 2000년 노벨 생리·의학상을 수상했다.
2 Santiago Ramón y Cajal(1852~1934). 스페인의 신경 조직학자. 1906년 노벨 생리·의학상을 수상했다.

생일에 원격 조정기가 딸린 근사한 파란색 자동차를 선물받았다. 그리고 이틀 후 〈수정(水晶)의 밤〉[3]에 두 명의 나치 경찰은 유대인 캔들 가족에게 집을 비우라는 명령을 내렸다. 에리히 캔들의 부친은 칫솔을 들고 길거리에 쓰인 자유로운 오스트리아를 위한 구호를 지우라는 강요를 받기도 했다. 며칠 후 가족이 돌아왔을 때 그들의 집은 깡그리 약탈당하고 아무것도 남아 있지 않았다. 그가 선물로 받았던 파란색 자동차도 사라지고 없었다. 캔들 가족은 입국 비자를 받기 위해 1년이라는 시간을 기다린 뒤 마침내 미국으로 이주하는 데 성공했다. 미국에서 에리히는 이름을 에릭으로 바꿨고 정신과 의사가 되기 위한 교육을 받았다. 그의 첫사랑은 프로이트와 함께 일했던 유명 정신 분석가 부부의 딸이었는데 그 사랑이 정신과 의사가 되고자 하는 데 영향을 미친 것이 분명했다. 그는 정신 분석에 매료되어 있었다. 컬럼비아 대학교의 저명한 전기 생리학자 해리 그런드페스트 아래에서 일하던 1955년, 프로이트의 정신 이론에 대한 생물학적 기틀을 발견하고 싶다는 생각을 표명했다. 프로이트는 정신을 세 부분으로 나누었다. 첫 번째는 쾌락 원칙에 의해 작동하는 무의식적이고 원시적 요소인 이드, 두 번째는 이드의 욕망과 현실 사이에서 균형을 잡아 주는 에고, 세 번째는 양심과 도덕적 지침에 의해 행동하는 슈퍼에고다. 하지만 프로이트는 자신이 가정한 이런 요소들이 뇌의 어디에 위치하는지에 대해서 아무 언급도 하지 않았다. 캔들을 신경 과학으로 인도한

---

3 1938년 11월 9일 나치 대원들이 독일 전역의 수만 개에 이르는 유대인 상점을 약탈하고 250여 개 유대교 회당에 방화했던 날을 일컫는다. 당시 유대인 상점 진열대의 유리창 파편들이 반짝거리며 거리를 가득 메웠다고 해서 〈수정의 밤〉 사건으로 불린다.

그런드페스트는 그 실현 불가능해 보이는 연구 계획을 끈기 있게 경청하고는 캔들의 경력에 아주 중요한 충고를 했다. 「자네가 정신에 대해 뭔가 이해하려 한다면, 뇌세포 하나하나를 연구해야 할 걸세」 먼저 세포 생물학의 측면에서, 이어서 분자 생물학의 측면에서 기억을 연구하는 이러한 접근 방식은 결국 2000년 캔들에게 노벨상을 안겨 주었다. 캔들의 자서전『기억을 찾아서*In Search of Memory*』는 이런 학문적인 시도를 흥미진진하게 묘사한다. 기억은 정보를 저장하고 다시 불러내는 능력으로 정의된다. 기억은 우리에게 과거로의 의식적 접근을 가능하게 한다. 캔들은 처음에 해마, 즉 기억에 중요한 역할을 하는 뇌 구조에 대해 연구했다. 하지만 해마는 너무 복합적이었다. 캔들은 좀 더 간단한 연구 대상을 찾았고 결국 거대한 바다 달팽이, 군소[4]를 선택했다. 그는 아내 드니스와 결혼하기로 결정했을 때처럼, 중요한 결정을 할 때는 자신의 본능에 의지한다고 말했다(그가 군소를 〈크고 자랑스럽고 매력적이고 굉장히 지적인 동물〉이라고 묘사한 사실은 주목할 만하다). 군소와 같은 원시적인 동물의 경우에 기억의 다양한 면이 단순한 반사 반응으로 나타난다. 이 반사 반응은 비교적 소수의 신경 연접을 이루는 아주 커다란 몇몇 신경 세포들에 의해서 시작된다. 이들 신경 세포들이 이루는 단순한 신경 회로 덕분에 신경 세포들이 학습하는 방식을 비교적 쉽게 연구할 수 있는 것이다. 캔들은 신경 세포들의 연결 강도가 전기 자극에 의해 더 약할 수도, 더 강할 수도 있다는 것을 보여 주었다. 따라서 신경계는 구식 전화 교환국처럼 완전히 고정된 결합으로 이루어진 것이 아니라 가소성이 있는 결

4 aplysia. 군숫과의 연체 동물. 몸의 길이는 30~40센티미터이며, 검은 갈색 바탕에 회색빛의 흰색 얼룩무늬가 있다.

합으로 이루어져 있는 것이다. 개중에는 발달 과정에서 형성되어 고정된 선천적인 행동 패턴을 유도하는 신경 회로도 있다. 그러나 대부분의 신경 체계는 학습에 의해서 변할 수 있다.

학습은 시냅스 연접의 강도 변화에 기인한다는 것이 밝혀졌다. 신경 세포들이 반복된 학습을 할수록 시냅스 연접은 더 강해진다. 이는 〈연습을 통해서 완벽해진다〉는 말의 증거이기도 하다. 이것이 또한 기억을 이루는 토대다. 신경 세포들에 함유되어 있는 수많은 다양한 화학 전달 물질들이 여러 뇌 영역에 존재하는 시냅스 연접에 영향을 미침으로써 다양한 형태의 학습, 기억, 사고, 그리고 망각을 가능하게 한다. 그렇게 〈우리〉의 정신은 생겨나는 것이다. 군소는 단기 기억뿐만 아니라 인간의 경우처럼 시간을 두고 반복되는 훈련을 요구하는 장기 기억도 소유하고 있다. 전화번호를 누를 때까지 전화번호부에 적힌 전화번호를 기억하는 데 필요한 단기 기억의 경우에는 기존 시냅스의 강도만이 변화한다. 즉 기능적인 변화가 발생하는 것이다. 단기 기억의 용량은 매우 한정되어 있어서 인간의 경우에 12개의 단어나 숫자를 넘지 않는다. 그리고 정보가 반복되지 않으면 단기 기억은 겨우 몇 분 동안만 저장된다. 장기 기억의 경우에는 신경 세포 사이에 새로운 결합이 형성되기 위해서 새로운 단백질이 합성되어야 한다. 이는 구조적 변화를 이루게 되고 이를 위해서 아교 세포, 특히 성상 세포[5]가 필요한 연료인 젖산을 제공한다. 장기 기억은 정보들이 지속적으로 저장되는 컴퓨터의 하드 디스크에 비교되기도 한다. 단기 기억은 작업 기억 또는 램과 유사하다. 여기에서는 어떤 프로그램이 활

5 중추 신경계에서 아교 세포의 다수를 이루는 세포.

성화되느냐에 따라서 정보들이 매 초마다 변한다.

초기 단계에서는 뇌진탕, 심장 마비 후의 산소 결핍, 우울증 환자에게 행해지는 전기 충격 치료에 의해서도 기억 저장이 방해를 받을 수 있다. 그러면 이전에 발생한 모든 것을 더 이상 기억하지 못할 수 있는데, 이것을 역행성 기억 상실증이라고 부른다. 이 경우 정보들이 나중에 서서히 다시 돌아올 수 있는 것으로 봐서 뇌에 저장된 기억에 문제가 생긴 것이 아니라 저장된 정보에 접근하는 데 문제가 생기는 것으로 보인다. 수년이 지난 후에는 저장된 정보들이 이런 종류의 침해에 영향을 덜 받는다. 결국 장기 기억은 자신과 세계에 대한 개인의 모든 경험과 지식을 함유하고 있다.

라몬 이 카할이 이미 1894년에 발견한 것처럼(앞의 인용문 참조), 학습은 뇌의 구조적인 변화를 야기한다. 예를 들어 아주 어렸을 때부터 바이올린을 연습한 전문적인 바이올리니스트는 왼손의 네 손가락을 조정하는 뇌 피질 부분이 현악기를 전혀 연주하지 않은 사람들에 비해 다섯 배나 더 크다. 어린아이들이 무척 빠른 속도로 문자 메시지를 보내는 것을 보면, 그 아이들은 아마도 뇌 피질의 엄지손가락 부위가 내 것보다 훨씬 더 클 것이다.

캔들은 시냅스 강도가 달라지고 새로운 시냅스가 형성될 때 발생하는 분자 생물학적 처리 과정을 밝혀냈다. 그 결과 인지 분자 신경 생물학이라는 완전히 새로운 연구 분야를 개척할 수 있었다. 그는 정보들이 훈련을 통해 단기 기억에서 장기 기억으로 넘어가는 데 결정적인 관여를 하는 분자 생물학적 원리를 발견했다. 여기에서 해마(그림 26)가 중요한 역할을 한다. 게다가 캔들은 어떻게 감정적으로 매우 흥분되는 사건들이 단기 기억을 통하지 않고 즉시 장기 기억에 저장되는지를 보여 주었다. 이 경우에는 편도체가 결정적이다(그림 26). 또한 그는 흔히 볼 수 있는 노년의 기억력 저하가 어디에서 기인하는 지도 발견하고 메모리 파머슈티컬즈라는 회사를 세웠다. 그러나 이 회사는 이상적인 기억력 강화제를 아직까지 시장에 출시하지 못하고 있다.

노벨상을 수상하기 직전 당시 78세였던 캔들에게 암스테르담에서 헤이네컨 의학상이 수여되었다. 시상식 점심 식사 자리에서 여전히 우렁찬 웃음소리가 들렸다. 캔들은 스톡홀름에서 노벨상을 수상하고 빈으로 돌아가 그곳에서 국가 사회주의에 열광했던 오스트리아에 대한 심포지엄을 기획했다. 자신의 조국이 집단적으로 부정하고 있는 나치 시대에 했던 역할을 자신만의 방식으로 비난한 것이다. 기억에 대한 연구로 유명해진 캔들은 오스트리아 학생들이 히틀러와 홀로코스트에 대해 전혀 모르고 있다는 것을 알고는 경악했다. 빈을 방문했을 때 캔들은 어린 시절 나치가 훔쳐 갔던 것과 똑같은 파란색 자동차를 선물로 받았다. 그 당시 자신이 파란색 자동차를 빈에 두고 떠날 수밖에 없었지만 나중에 생각하니 아주 다행이라며 간략하게 응답했다. 「나는 미국으로 건너갔고 그곳에서 아주 멋진 삶을 살았습니다. 그리고 지금은 벤츠를 타고 다닙니다.」

14.2 기억의 해부

기억이 어딘가에 있다면 그것은 모든 곳에 있다.

뇌세포들 사이의 연접은 신경 활동에 대한 반응으로서 변화한다. 이것이 기억이 기록되는 방식이고 모든 뇌세포의 특성이기도 하다. 이런 의미에서 기억은 신경계 도처에 위치한다고 말할 수도 있다. 그러나 물론 기억에 특히 더 많이 관여하는 몇몇 뇌 구조들이 있다. fMRI는 모종의 뇌 부위가 특정한 기능에 관련되는지 아닌지를 보여 줄 수 있지만 어떤 뇌 구조가 특정한 기능을 수행하는 데 실제로 필수적인지 알아보려면 국부 뇌 손상을 입은 환자들의 자료가 여전히 중요한 역할을 한다. 예를 들어 연구자들은 총상을 비롯한 뇌 손상이나 뇌 질환에 시달리는 환자들 및 뇌 수술을 받는 환자들을 체계적으로 연구함으로써 기억과 관련한 대뇌 피질 여러 부위의 역할에 대한 정보들을 얻었다. 미국 출신의 캐나다 신경외과의 와일더 펜필드는 환자들을 수술하기 전에 그들이 아직 의식이 있는 동안 환자의 측두엽을 전극으로 자극함으로써 수술할 정확한 위치를 확인했다. 이 전기 자극은 굉장히 상세한 기억을 떠올리게 했다. 예를 들면 어떤 환자는 수술대에 누워 있는 동안 노래 한 곡을 토씨 하나 틀리지 않고 끝까지 부를 수 있었다.

기억에 측두엽이 얼마나 중요한 역할을 하는지는 1953년 미국의 외과 의사 윌리엄 스코빌이 H. M.으로 잘 알려진 뇌전증 환자의 양편 측두엽을 제거한 후에야 비로소 분명하게 드러났다. H. M.은 자전거 사고 이후 심각한 뇌전증을 앓고 있었다. 수술 이후 뇌전증은 완전히 치료되었으나 심각한 기억 상실증이 발생했다. 그는 새로운 것을 배울 수도 없었고 뭔가를 오래 기억할 수도 없었다. 하지만 그의 단기 기억은 온전했다. 그는 숫자 7을 끊임없이 반복함으로써 잠시 기억에 담아 둘 수 있었다. 그러나 잠깐 한눈을 팔면 그는 무엇을 기억하려고 했었는지조차 완전히 잊어버렸다. 즉 단기 기억에서 장기 기억으로 넘어가는 경로가 절단된 것이었다. 그를 치료했던 여성 심리학자 브렌다 밀너가 잠시 그의 병실 밖을 나왔다가 들어가면 그는 항상 이렇게 말했다. 「이게 도대체 얼마만입니까!」 그의 개인적인 역사는 수술을 받은 순간부터 멈추었다. 그는 자신의 기억 속에서 언제나 서른 살 가량에 머물렀다. 나이가 들어 가면서 그는 사진 속의 자신을 알아보지 못하게 되었다. 2008년 세상을 떠날 때까지 그는 해리 트루먼이 미국의 대통령이라고 믿었다. 그리고 이사 후에도 번번이 전에 살던 집으로 돌아가는 바람에 다른 사람을 동반하지 않고서는 집을 나설 수도 없었다.

전전두 피질(그림 15)은 많은 기능을 수행하는데, 그중 하나가 작업 기억이나 단기 기억을 형성하는 여러 뇌 영역들을 조정하는 것이다. 작업 기억을 이용해서 인간은 걸려고 하는 전화번호, 세우려고 하는 계획, 해결해야 하는 문제들을 〈단기간 머릿속에〉 보존한다. 또한 작업 기억은 언어 처리에도 결정적인 역할을 한다. 난독증에 걸린 아이들은 바로 이 작업 기억의 발달에 문제가 있다고 여겨진다. 전전두 피질은 해마(그림 26)와의 긴밀한 협력을 통해 작업 기억에 중요한 기능, 즉 주의를 집중하고 자극들을 선택하는 기능을 수행한다. 기억을 테스트하는 실험에서 피실험자들은 전전두 피질과 해마 모두에서 높은 활동을 야기하는 낱말들을 가장 잘 기억한다. 우리가 전화를 거는 동안만 번호를 기억하기 위해서는 작업 기억을 활용하면 충분할 것이다. 그러나 그 전화번호를 여러 번 반복하면 장기 기억에 저장할 수도 있다. 작업 기억, 즉 일반적으로 활용할 수 있는 단기 기억 장치는 복잡한 과제의 해결과 기능을 수행하기 위해서 매우 중요하다. H. M.은 작업 기억을 이용해 몇몇 단어나 숫자를 기억할 수 있었지만 이들 정보를 반복을 통해 작업 기억에서 장기 기억으로 옮기지는 못했다.

H. M.의 경우에 뇌전증을 발생시킨 곳이 해마 가까이에 있었기 때문에 이 구조의 3분의 2가 수술을 통해 제거되었다. 해마는 바다 동물인 해마(海馬)를 따서 명명되었다. 이 뇌 구조가 해마의 꼬리처럼 둥글게 말려 있고 굴곡이 있기 때문이다. H. M.은 해마가 없는 상태에서, 수술받기 3년 전보다 더 오래 전에 일어난 일들을 똑똑히 기억할 수 있었다. 이는 해마가 〈먼〉 기억을 보관하는 곳이 아니라는 사실을 입증한다. 수술 후 H. M.이 새로운 기억을 형성하는 능력을 완전히 상실했던 사실은 해마의 기능을 이해할 수 있는 실마리를 제공했다. 신경 질환 환자들을 연구한 결과는, 가령 사고 탓에 해마의 일부만 손상되어도 새로운 기억을 형성하는 데 지속적이고 심각한 장애, 이른바 순행성 기억 상실증이 야기될 수 있다는 것을 보여 주었다.

해마는 여러 감각 기관에서 오는 정보들이 한데 합쳐지는 곳이기도 하다. 약속 장소로 정한 레스토랑의 위치, 그곳에서 만나는 사람의 외모, 주방에서 풍겨 오는 냄새와 들리는 소리, 음식이 준비된 테이블이 놓인 장소는 해마에 의해 우리의 자서전적 기억, 우리 삶의 연대기 안에서 일관성 있는 항목으로 잘 융합된다. 이후에 그곳에서의 저녁 식사가 인상적이었으면 그 정보는 장기 기억으로 옮겨지게 된다. 해마는 대뇌 피질 바로 안쪽에 위치한 해마방회라고도 불리는 내후각 피질(그림 26)과의 긴밀한 상호 작용을 통해 이 모든 작업을 수행한다. 윌리엄 스코빌은 H. M.의 뇌에서 내후각 피질도 제거했다. 해마와 내후각 피질 중 어느 곳에 정보가 먼저 도착할까? 이 물음에 대한 답은 뇌전증을 진찰할 목적으로 이 부위들에 전극이 투입된 환자들의 전기 활동을 기억력 테스트 통해 기록함으로써 얻었다. 내후 각 피질이 먼저 활성화된 뒤에 비로소 해마가 활성화되는 것으로 밝혀졌다. 알츠하이머병의 첫 번째 징후도 내후각 피질에서 나타나고, 발병 초기에 나타나는 기억 장애는 전형적으로 최근의 정보에 관련된다. 알츠하이머병 환자들은 한 시간 전에 일어난 일에 대해서는 모르지만, 초등학교 동창들에 대해서는 상세하게 이야기할 수 있다. 해마는 우리의 기억에만 중요한 것이 아니다. 공감각적인 방향 감각을 위해서도 없어서는 안 될 뇌 영역이다. 영국의 거대하고 복잡한 거리의 네트워크를 완벽하게 익히는 데 4년을 보낸 택시 운전기사의 뇌 영상은 해마 등쪽에 있는 회백질의 부피가 점차적으로 증가하는 것을 보여 주었다. 뇌의 양측에 있는 해마에 손상을 입은 환자들을 연구한 결과, 미래를 상상하기 위해서도 해마가 필요하다.

다행히도 최근의 모든 정보들이 장기 기억에 저장되는 것은 아니다. 누가 자신이 사는 동안 체험한 모든 세부적인 것, 즉 무엇을 먹었고, 무슨 대화를 했고, 책에서 읽은 단어들이 무엇이었는지를 전부 기억하고 싶겠는가? 만일 그렇다면 실제로 중요한 정보들을 저장하고 다시 찾아서 생각해 내는 것이 매우 어려울 것이다. 개중에는 한없이 긴 수열, 전화번호부, 기차 시간표처럼 엄청난 양의 사소한 정보들을 기억에 담아 두었다가 재생할 수 있는 사람들이 있다. 그러나 이런 능력은 다른 많은 기능들을 대가로 치른다. 그런 능력을 가진 〈서번트〉들은 대부분 사회적 상호 관계나 추상적인 사고 능력 같은 다른 분야에서 심각한 장애를 수반하는 자폐증을 앓는다(9.3 참조).

그렇다면 현재의 정보로부터 일반적으로 무엇이 선별되어서 장기 기억에 저장되는 것일까? 여기에서 결정적인 요소는 정보의 중요성과 그 순간에 어느 정도의 감정이 연루되어 있느냐는 것이다. 누구나 2001년 9월 11일 뉴욕의 쌍둥이 빌딩이 무너졌다는 소식을 들었을 때, 자신이 어디에 있었고 무엇을 하고 있었는지 지금도 기억할 것이다. 측두엽의 해마 바로 앞에 위치한 편도체(그림 26)는 감정적으로 강하게 충전된 기억들을 각인시킨다. 이 과정에서 편도체는 스트레스 호르몬 코르티솔의 영향을 받는다. 결과적으로 큰 정신적 충격을 받은 경험은 즉시 장기 기억에 저장된다. 이는 다우어 드라이스마[6]가 밝혀냈듯이 우리 기억의 80퍼센트 이상이 부정적인 감정을 수반하는 이유를 설명한다. 물론 불안, 경악, 슬픔에 대한 기억은 편안한 순간들보다 생존에 더 중요하다. 하지만 이런 기제가 문제를 일으킬 수도 있다. 뇌전증 병소가 편도체인 측두엽 뇌전증을 앓던 어느 여인은 뇌전증 단계에서 번번이 같은 환각을 보았다. 그 여인은 환각 속에서 청소년 시절의 무시무시했던 시간과 그때 느꼈던 끔찍한 감정들을 다시 체험했고 그로 인해 심각한 고통을 받았다. 물론 전쟁 상황 같은 위험한 상황을 마음에 꼭 심어 놓는 데에는 명백한 진화론적인 이점이 있다. 이렇게 함으로써 다음번에 비슷한 일이 발생하면 즉각 대비할 수 있기 때문이다. 그러나 이런 자연적인 현상은 한 병사가 귀국한 후에도 위험 상황이 지나간 것을 분명하게 깨닫지 못하는 것처럼 병적인 형상이 될 수도 있다. 집에 돌아온 후에도 여전히 두려움에 시달리고 끊임없이 위협받는다고 느끼거나 전쟁의 광경들이 계속 머릿속에서 펼쳐지고 길거리에서 커다란 소리만 들려도 즉각 몸을 숨기려 들면 외상 후 스트레스 장애를 앓고 있는 것이다. 제1차 세계 대

6 Douwe Draaisma(1953~). 네덜란드의 심리학자.

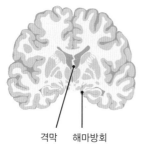

격막　해마방회

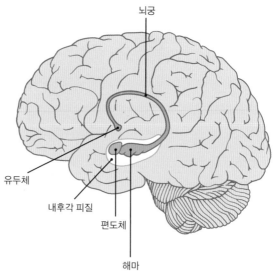

뇌궁

유두체

내후각 피질

편도체

해마

그림 26 정보들이 우리의 뇌를 지나 장기 기억에 이르는 길은 뇌의 안쪽 해마방회에 위치한 내후
각 피질에서 시작된다. 그런 다음 정보들은 전전두 피질의 통제하에 단기간 해마에 저장된다. 이
어서 정보의 일부는 장기 저장을 위해 해마로부터 대뇌 피질로 돌아가고 다른 일부는 멀리 돌아
서 격막 위에 걸쳐 있는 뇌궁을 지나 시상 하부로 이동한다. 시상 하부로부터 신경 섬유들은 유두
체로 이어진다. 거기에서 정보들은 시상을 지나 여러 피질 부위로 이동한다. 해마 바로 앞 측두엽
에 위치한 편도체는 감정적으로 강하게 충전된 기억들을 각인시킨다.

전 동안에는 이런 증상을 셸 쇼크shell shock라고 불렀다. 그 당시 이 장애에 걸려서 전선으로 돌아가길 거부한 영국 병사 306명이 탈영병으로 몰려 계엄령에 의해 총살당했다. 외상 후 스트레스 장애는 편도체가 전전두 피질이 퇴역 군인에게 더 이상 위험이 존재하지 않는다는 신호를 보내지 못하게 하는 역할을 완벽하게 수행해서 생기는 장애다.

편도체는 화학 전달 물질인 노르아드레날린에 의해서 위험한 상황에 반응한다. 그러므로 외상 후 스트레스 장애를 앓고 있는 퇴역 군인들이나 고통스러운 기억에 사로잡혀 있는 사람들을 치료하기 위해서 노르아드레날린의 반대 작용을 하는 베타 차단제가 사용된다. 베타 차단제는 편도체에 의해서 외상성 체험이 지나치게 강하게 각인되는 것을 저지한다. 감정적으로 불안하고 인지적으로 충동적인 생활 양식의 특징을 보이는 경계성 인격 장애에 시달리는 환자들에게서도 편도체가 부정적인 자극에 지나치게 강한 반응을 보인다. 경계성 인격 장애에서 부정적인 감정들은 아주 강한 스트레스 반응을 수반해서 심지어 순행성 기억 상실증과 역행성 기억 상실증의 위험성도 높아진다. 윌리엄 스코빌은 환자 H. M.에게서 기억에 중요한 측두엽의 다른 구조들과 함께 편도체도 제거했다.

H. M.의 뇌는 샌디에이고 대학교에서 아주 얇게 잘려졌는데, 그 과정을 온라인으로 확인할 수도 있다. H. M.이 55년 전에 받은 수술에서 정확하게 어떤 뇌 구조가 제거되고 손상되었는지 나중에 현미경 연구에 의해 탐구될 것이다.

14.3 장기 기억에 이르는 길

복싱, 킥복싱, 럭비, 축구 같은 모든 접촉 스포츠에서 뇌 손상이 발견된다.

수면 중에도 해마는 기억을 계속 활성화시키고 대뇌 피질로 보낸다. 이것이 렘수면 중에 일어나는지 아니면 깊은 수면 중에 일어나는지는 아직 명확하지 않다. 정보가 장기 기억으로 가는 길은 내후각 피질에서 시작되어 전전두 피질의 지휘를 받아 잠시 동안 해마에 저장되고 그중 일부가 장기 저장을 위해 대뇌 피질로 돌아간다. 다른 일부는 더 오래 저장되기 위해 멀리 길을 돌아 격막 위에 떠 있는 뇌궁을 따라 시상 하부 방향으로 이동한다. 여기에서 일부 신경 섬유들은 유두체(그림 26)로 가고 나머지는 시상 하부(그림 18)로 간다. 복싱 선수들은 지속적으로 머리에 타격을 받아서 이런 연결들이 상당히 자주 손상된다. 이로 인해 선수들은 치매, 몸의 떨림과 불안정한 걸음걸이, 〈펀치 드렁크〉 또는 권투 선수 치매로 알려진 극단적인 행동의 변화 등을 보인다. 이런 증상들을 보이는 전직 복싱 선수들의 뇌를 검사한 결과 종종 격막이 찢어져 있고, 뇌궁이 수축되어 있으며, 뇌궁의 신경 섬유들에 절연체 역할을 하는 미엘린 수초를 지나치게 적게 함유되어 있고, 유두체가 상당히 작고 뇌 조직 손상으로 인해 제3뇌실이 확대되어 있는 것이 발견되었다. 게다가 그들의 뇌는 알츠하이머병에서 전형적으로 볼 수 있는 변화를 보였다. 대뇌 피질이 수축되고, 무엇보다도 측두 영역과 해마에서 죽은 세포들이 발견되었다(12.1 참조). 그러므로 전직 권투 선수들이 심한 기억 장애와 기능 장애들에 시달리는 데에는 충분한 이유들이 있다. 이런 종류의 장애는 복싱에 국한된 것이 아니라 킥복싱, 럭비, 축구 같은 다른 접촉 스포츠까지 확장된다. 또한 위에서 말한 뇌 영역들과 연결 부위에서 발생하는 뇌경변이나 출혈도 기억 장애나 심지어 치매를 유발할 수 있다. 비타민 B1의 결핍과 알코올 남용의 조합에서 발생하는 코르사코프 증후군의 경우에 유두체에서 작은 출혈과 상처 자국이 발견된다. 코르사코프 증후군 환자들은 측두엽 손상을 입은 환자들과 비슷한 기억 장애를 보인다. 그들은 이야기를 꾸며 내어 기억의 틈을 메운다.

유두체가 기억에 중요한 역할을 한다는 사실이 비단 권투, 종양, 수술 등과 연결된 문제에서만 나타나는 것은 아니다. 당구 게임에서 기이한 사고를 입은 한 남자의 경우에서도 비슷한 상황이 발견되었다. 상대방의 큐가 이 남자의 콧구멍을 찌르고 들어가 뇌 기저를 관통해서 유두체에 손상을 입히는 사고가 났는데, 사고 후유증으로 이 불쌍한 남자는 심각한 기억 장애를 앓았다.

유두체는 정보를 시상으로 전달한다(그림 2). 따라서 이 뇌 영역에서 발생한 뇌경색은 그 정도가 미미하더라도 심각한 기억 장애와 심지어는 치매를 유발할 수 있다. 그 후 정보들은 시상에서 대뇌 피질 영역으로 전송되고 거기에서 사실이나 사건에 대한 기억들이 의식적으로 다시 상기될 수 있다. 이런 기억들은 서술 기억, 혹은 명시적 기억이라고 알려져 있다.

14.4 기억의 분리된 저장

한 남자가 있었다. 그는 자신의 자동차는 알아보았지만 자신의 아내는 더 이상 알아보지 못했다.

사건의 여러 측면들은 각기 다른 뇌 부위에 저장된다. 나중에 그 사건을 회상하기 위해 우리는 그 다양한 면들을 다시 짜맞추어야 한다. 기억의 틈은 우리가 의식하지 못하는 사이 뇌에 의해 메워진다. 따라서 우리의 기억을 뭐든지 정확하게 복사해 내는 컴퓨터 하드 디스크에 비교하는 것은 그리 정확한 표현이 아니다. 오히려 고고학자들이 몇 개의 작은 뼛조각으로부터 전체 골격을 추측하는 — 물론 종종 실수를 범하기도 하지만 — 것과 비슷하다고 할 수 있다. 법정에서 어렵지 않게 볼 수 있듯, 우리의 기억은 믿을 만한 것이 못 된다.

음악이나 이미지, 얼굴 같은 다른 형태의 정보들이 대뇌 피질의 각기 다른 부위에 저장된다는 사실은, 정보를 상기해 내는 데 특히 문제를 가진 환자들의 경우를 통해서 알려졌다. 예를 들면 측두엽에 손상을 입은 어떤 사람은 사고 이후에 친숙한 얼굴들, 심지어는 아내의 얼굴조차 알아보지 못한다. 시력에는 아무 문제가 없는데도 말이다. 그에 반해 그들은 자신의 자동차 같은 사물들은 잘 알아본다. 자동차와 관련된 기억은 뇌의 손상된 부위와 다른 위치에 저장되어 있기 때문이다. 어떤 남자가 자신의 자동차는 알아보면서도 자신의 아내는 알아보지 못했다면 가족들이 꽤나 흥미로운 장면을 연출했을 것이 분명하다. 이와 같은 상황은 안면 실인증 또는 안면 인식 장애라는 명칭으로 알려져 있다. 올리버 색스는 그의 저서 『아내를 모자로 착각한 남자』와 『마음의 눈』에서 이런 문제들에 대해서 묘사하고 있다. 이 책에서 문제의 남자인 P 박사는 너무 고통을 받은 나머지 모자 대신 아내의 머리통을 붙잡아 머리에 쓰려고 했다. 평소에 음악 학교에서 뛰어난 교사로 일했던 그가 어떻게 이런 행동을 했는지 이해하기 어렵다. 극단적인 예로는 거울 앞에서 자신의 모습을 알아볼 수 없는 경우와 휴가 도중 길에서 우연히 어머니와 마주쳤지만 어머니를 알아보지 못하는 군인도 있다. 다행히 내 경우는 그리 심각하지 않지만 예전부터 얼굴을 잘 알아보지 못하는 것이 내 약점 중의 하나였고 이는 번번이 나를 난처한 상황에 빠트리곤 했다. 내가 처음 만나는 사이인 양 내 이름을 말하며 인사하면 사람들은 깜짝 놀란 표정으로 나를 바라보며 〈그래요. 저는 선생님이 누구인지 알고 있어요. 우리는 3년 전부터 같은 위원회에서 일하고 있지요〉라거나 〈저는 선생님을 잘 알고 있어요. 제 박사 학위 논문 심사위원이셨으니까요〉라고 말하곤 했다. 우리 아버지도 이 점에서 많은 어려움을 겪었던 것으로 봐서 이것은 집안 내력인 듯하다. 그러므로 그것은 내가 물려받은 돌연변이 가운데 하나인 셈이다. 그러나 내가 얼굴을 잘 기억하지 못한다고 해서 모든 양식을 기억하지 못하는 것은 아니다. 나는 현미경으로 본 표본들에 대해서는 뛰어난 기억력을 자랑하기 때문이다. 몇 년이 지난 후에 표본을 다시 현미경으로 보면서 이렇게 생각하는 일이 자주 있다. 〈아, 이건 그때 그 미스터 X 아니면 미시즈 Y잖아.〉 그리고 내 생각은 실제로 맞다. 미스터 X 아니면 미시즈 Y를 실제 삶에서 같은 시간차를 두고 다시 만났다면 나는 그들을 틀림없이 알아보지 못했을 것이다. 뇌전증 때문에 측두엽에 전극을 심은 환자들에게 수백 명의 다양한 얼굴들을 보여 주면서 뇌 세포의 반응을 살펴보았는데, 일부 뇌세포들이 빌 클린턴 같은 유명 인사의 사진에서만 강하게 반응했다. 얼굴을 잘 알아보지 못하는 내 결점은 뇌의 이 부위 어딘가에 자리하고 있음이 틀림없다. 원숭이들에게 컴퓨터로 합성된 얼굴을 보여 주는 경우 즉시 강하게 반응하는 뉴런들은 측두엽 바닥 쪽에 자리한다. 잘 아는 얼굴들을 보게 되면 그 뉴런들은 더욱 강하게 반응한다. 그러나 그 얼굴의 특징적인 점들을 과장해서 희화시켜 묘사한 그림들을 보여 주면 그 신경 세포들은 가장 강한 반응을 보인다. 그러므로 내가 만화를 유난히 좋아하는 이유는, 얼굴들을 잘 알아보지 못하는 내 저조한 능력을 강력하게 자극하기 위한 것이다. 그 밖에 카프라스 증후군에서는 안면 인식 장애와 완전히 다른 문제를 관찰할 수 있다. 이 질환에 걸린 환자는 가족의 얼굴을 알아보기는 하지만 감정적으로 가까운 사람들에게서 그에 상응하는 온기를 더이상 느끼지 못한다. 그래서 그 사람과 닮은 제3의 인물이라고 믿는다. 가끔은 가족들이 로봇이나 외계인과 바뀌었다고 생각하는 이런 행동은 편집증적인 행동을 불러일으킨다. 카프라스 증후군은 뇌 손상 후 또는 알츠하이머병의 징후로 나타날 수 있다.

시각 정보의 다양한 측면이 다양한 뇌 부위에서 처리된다는 사실은 특정한 시각 장애를 낳을 수 있다. 심리학자인 에드 드 한은 움직임을 전혀 감지하지 못하는 여성의 사례에 대해 보고했다. 그 여인은 달리는 자동차는 보지 못하고 정차한 자동차만 알아봤다. 색채를 보기는 하지만 그 색채를 다시 알아보지 못하는 사람들이 있는가 하면, 색채는 알아보지만 모양은 알아보지 못하거나 밝음을 인지하지 못하는 탓에 불을 끈다고 생각하면서 불을 켜는 사람들도 있다.

기억을 저장하기에 가장 안전한 곳에 우리가 언어와 음악에 대한 지식을 보존하는 먼 기억의 정보들이 보관되어 있다. 알츠하이머병에서 이 부위는 가장 나중에 피해를 입는다. 말하기 능력은 라이스버그 등급[7](18.2 참조)의 말기인 7단계에 이르러 비로소 소실된다. 알츠하이머병 환자들은 음악적인 능력도 다른 능력들에 비해 아주 오랫동안 보존된다. 어느 피아니스트는 58세에 기억 장애에 걸렸고 63세에는 치매에 걸려서 귀로 듣거나 눈으로 읽은 어떤 것도 기억에 담아둘 수 없었다. 그러나 전혀 모르는 새로운 음악을 한 번 듣고서 바로 기억할 수 있었으며 뛰어난 음악성을 발휘해 연주할 수 있었다. 그 피아니스트는 이듬해 인지 능력이 현저하게 약화되었는데도 자신이 연주했던 곡들의 멜로디를 여전히 연주할 수 있었고 이런 활동이 그녀에게 커다란 행복을 주었다. 음악에 대한 기억은 뇌의 측면(두정 피질, 그림 1)에 위치하는 장기 기억의 하위 체계에 의해 조절되는 듯하고, 그녀에게 이 영역이 비교적 온전하게 남아 있었던 것이다. 어느 화가는 알츠하이머병에 걸리고도 예술적 능력을 그대로 유지했는데, 이것은 아마 뇌 후두의 하위 체계(시각 피질, 그림 1)가 알츠하이머병에 의해 덜 손상되고 또 맨 나중에 손상된 덕분이었다고 여겨진다.

14.5 소뇌의 암묵적 기억

알코올만 갈지자걸음을 야기하는 것은 아니다.

소뇌(그림 1, 2)는 뇌의 뒤쪽에 위치하며 대량의 대뇌 피질 아래에 있다. 비교적 작은 크기의 이 뇌 구조에는 뇌 세포의 80퍼센트가 분포되어 있고 우리의 움직임과 말하기가 매끄럽고 조화롭게 기능하게

---

7 치매의 정도를 판단하기 위해 7등급으로 분류한다.

한다. 예를 들어 우리가 부정의 의미로 고개를 격렬하게 내저으면서도 눈으로는 한 지점을 응시할 수 있는 것은 소뇌가 있기 때문이다. 소뇌는 〈어떻게 하는가〉에 대한 기억을 저장한다. 소뇌는 발달 과정에서 일어나는 기어 다니기, 걷기, 서 있기뿐만 아니라 나중에 배우게 되는 자전거 타기, 수영, 피아노 연주, 자동차 운전 등의 운동 학습을 저장하고 이미 학습된 움직임의 수행을 끊임없이 조절한다. 암묵적 기억이라고도 불리는 복잡한 운동 프로그램이 이 신기한 컴퓨터 속에 저장되어 완성되고 나중에는 그런 모든 움직임이 자동적으로 진행될 수 있도록 한다. 연습을 통해서 완벽해진다는 말은 소뇌에도 적용된다. 우리가 자동차 운전을 배울 때, 처음에는 동작 하나하나에 대해 생각해야 한다. 〈자동차가 너무 빨리 달리잖아. 기어를 바꿔야겠어. 먼저 클러치 페달을 밟아야지. 3단 기어가 어디 있더라?〉 이 과정에서 우리는 사실이나 사건에 대한 서술 기억이나 명시적 기억이 이용되는데, 이것은 시간도 걸릴 뿐만 아니라 굉장히 비효율적으로 진행된다. 우리가 같은 행위를 반복해서 훈련하면 언젠가는 완전히 자동적으로 그 행위가 일어나게 되는데 이는 이들 행위가 소뇌에 존재하는 암묵적 기억이나 절차 기억으로 넘어가기 때문이다. 심지어 자동차 운전 연습을 많이 해서 자동적으로 운전을 하게 되면 정확히 어떤 행동들을 수행하고 있는지를 다른 사람에게 (서술 기억이나 명시적 기억으로부터 불러내어) 의식적으로 설명하기가 어려워진다. H. M.의 경우에는 이런 암묵적 기억이 온전하게 남아 있었다. 그가 여전히 새로운 운동 기능을 습득할 수 있었기 때문이다. 그는 거울에서 별을 보고 그것을 본떠 그리는 솜씨가 나날이 좋아졌지만 자신이 연습했었다는 사실은 기억하지 못했다. 솜씨의 진전은 무의식적으로 일어났다. 의식적인 기억 훈련에서 가장 먼저 볼 수 있는 명시적 단계는 H. M.에게서 일어나지 않았다. 그런데도 그의 소뇌는 무의식적으로 새로운 움직임을 연습하고 습득했다.

또한 소뇌는 우리가 하는 동작이 다른 뇌 부위에 주는 영향을 억제하기도 한다. 이 때문에 우리는 스스로를 간지럽힐 수 없다. 우리의 뇌는 위급한 반응이 필요한 예견되지 않은 감각 정보에 우선권을 주는데, 이렇게 스스로를 간지럽히려는 시도는 미리 예견할 수 있고 따라서 그 작용이 다른 뇌 부위들을 흥분시키지 못하도록 소뇌가 억제하는 것이다. 소뇌에 손상을 입은 사람들은 이런 기제를 상실하여 스스로를 간지럽힐 수 있다.

소뇌에 손상을 입는다고 몸이 마비되지는 않지만 움직임이 매우 서툴러진다. 건강한 사람들은 눈을 감은 채 집게손가락으로 코끝을 만지는 데 전혀 어려움이 없다. 그러나 뇌경색이나 뇌출혈에 의해 소뇌가 손상되면 집게손가락이 코 이쪽저쪽으로 자꾸 엇나가며 심지어는 눈꺼풀로 향하기도 한다. 이런 손상은 걷는 행위도 어렵게 만들어 넘어지지 않으려고 두 다리를 넓게 벌리고 비틀거릴 것이다. 내 동료 한 명은 언젠가 비행기에 오래 앉아 있어서 소뇌로 통하는 혈관이 막히는 바람에 이런 식으로 비틀거리며 비행기에서 내려야 했다. 알코올과 대마초 복용도 소뇌 기능을 손상시키고, 그래서 뱃사람처럼 갈지자로 걷게 된다.

소뇌에 있는 커다란 뇌세포인 퍼킨지 세포는 태아가 자궁 안에서 발달하는 동안 이미 형성된다. 그러나 작은 뉴런들인 과립 세포의 대부분은 출생 후에 형성된다. 그래서 자폐증과 소아 성애증 같은 모든 발달 장애는 소뇌에 흔적을 남긴다. 자폐증 환자의 소뇌에서 관찰할 수 있는 모든 세포 유형과 화학 전달 물질에서 발견되는 많은 비정상적인 요소들은 유연성이나 운동의 조정, 운동의 속도, 구두끈을 제대로 묶지 못하거나 자전거를 잘 타지 못하는 등의 특정 운동성 장애를 설명해 줄 수 있다. 최근 들어 소뇌가 운동에 결정적인 역할을 할 뿐만 아니라 상위 인지 기능에도 관여하고 있다는 사실도 드러나고 있다. 소뇌의 발달 장애와 국부적인 손상, 소뇌의 뇌경색이나 종양은 난독증, ADHD, 언어 지능과 학습 능력 장애 같은 일련의 심리적인 문제들을 수반할 수 있다.

이렇게 소뇌는 복잡한 과제와 운동의 학습에 적합한 구조를 가지고 있다. 그러나 소뇌는 오르가슴 중에 일어나는 불수의근의 움직임처럼 힘들게 배울 필요가 없는 동작도 조절한다. 흐로닝언 대학에서 해부학을 가르치는 헤르트 홀스테허는 오르가슴을 경험하는 피실험자들의 뇌 영상을 연구한 결과에서 남녀 모두에게서 소뇌의 왕성한 활동을 확인했다. 만일 오르가슴 동안 일어나는 근육의 움직임이 피아노를 배울 때처럼 많은 자잘한 연습, 인내심, 노력을 요구한다면 세상은 어떻게 될까? 아마도 인구 과잉, 지구 온난화, 환경 오염과 같은 문제들은 결코 발생할 일이 없을 것이다.

15장
신경 신학: 뇌와 종교

진부한 행동 규범들과 종교 분야들이 어떻게 발생했는지, 또 그것들이 어떻게 세계 각지에서 사람들의 영혼 깊숙이 각인될 수 있었는지 우리는 알지 못한다. 그러나 뇌의 수용 능력이 가장 왕성한 시기에 잠깐씩이지만 지속적으로 주입된 신앙이 결국 본능의 성격을 취한다는 점에 대해서는 언급할 필요가 있다. 본능의 가장 핵심은 사람들이 깊은 생각 없이 따르는 데 있다.

— 찰스 다윈

15.1 왜 그토록 많은 사람들이 종교를 믿는가?

우리는 무언가를 즉각 이해할 수 없을 때마다 신을 찾는다. 이를 통해 뇌 조직의 소모와 손상을 줄일 수 있다.

— 에드워드 애비[1]

---

1 Edward Abbey(1927~1989). 미국의 생태주의 작가, 자연 연구가, 철학자.

모든 종교가 옳을 수는 없다는 사실에 입각해서 내릴 수 있는 가장 타당한 결론은 모든 종교가 옳지 않다는 것이다.

— 크리스토퍼 히친스[2]

나에게 신앙과 관련한 가장 흥미로운 질문은 신이 존재하느냐가 아니라 왜 그토록 많은 사람들이 종교를 믿느냐는 것이다. 지구상에는 약 1만여 개의 다양한 종교들이 존재한다. 각각의 종교들은 오로지 단 하나의 진실만이 존재하고 그 진실이 바로 자신들의 종교 안에 있다고 확신한다. 다른 종교를 믿는 사람들에 대한 증오심 또한 믿음의 한 부분인 듯하다. 1500년경 종교 개혁자 마르틴 루터는 유대인들을 〈독사의 족속〉이라고 비방했다. 수 세기에 걸친 기독교인들의 유대인 증오는 대학살을 낳았으며 결국 홀로코스트를 가능하게 만들었다. 영국령 인도가 힌두교를 믿는 인도와 이슬람교를 믿는 파키스탄으로 분리되는 과정에서 100만 명 이상이 학살되었다. 이후 다른 종교 사이의 증오심은 줄어들지 않고 있다. 2000년 이후 일어난 모든 내전의 43퍼센트가 종교적인 배경에서 비롯되었다.

세계 인구의 거의 64퍼센트는 가톨릭과 개신교, 이슬람교, 힌두교를 믿고 있고, 신앙이라는 것은 절대 쉽게 사라지는 것이 아니다. 중국에서는 오래전부터 오로지 공산주의에 대한 믿음만이 허용되었다. 카를 마르크스의 신념 아래 종교는 〈인민의 아편〉으로 여겨졌다. 그러나 2007년 현재 16세 이상의 중국인 3분의 1은 자신을 신자라고 자처하고 있다. 이 수치는 중국 정부의 검열을 받는 신문 「차이나 데

2 Christopher Hitchens(1949~2011). 영국 출신의 미국 작가, 저널리스트, 문학 비평가.

일리」에서 인용한 것이기 때문에 실제 신도 수는 적어도 이보다 더 많을 것이다. 미국인의 약 95퍼센트는 신을 믿고, 90퍼센트는 기도를 한다고 말하며, 82퍼센트는 신이 기적을 일으킬 수 있다고 확신하고, 70퍼센트 이상은 사후의 생을 믿는다. 하지만 이상하게도 그들의 50퍼센트만이 지옥을 믿는데, 이는 일관성이 확실히 떨어지는 부분이다. 세속화된 네덜란드에서는 이 비율이 더 낮다. 2007년 4월에 발표된 연구 「네덜란드에서의 신」의 결과에 따르면 교회에 발길을 끊은 사람들의 비율이 40년 만에 33퍼센트에서 61퍼센트로 높아졌다. 네덜란드인들의 절반 이상이 종교를 회의적으로 바라보고 있으며, 따라서 그들은 불가지론자이거나 불특정의 〈무엇〉을 믿는다. 14퍼센트만이 무신론자이지만, 그 비율은 개신교도의 비율에 맞먹는다. 가톨릭교인의 수는 16퍼센트로 조금 더 많다.

정년 퇴임한 생물 정신 의학과 교수 헤르만 반 프라흐는 2006년 이스탄불의 심포지엄에서 미국 인구의 95퍼센트가 종교를 믿기 때문에 무신론은 〈비정상〉이라며 나를 비난했다. 그에 대해 나는 누구를 비교 대상으로 삼느냐에 따라서 달라진다고 대답했다. 1996년 미국의 과학자들을 대상으로 한 설문 조사에서 그들 중 39퍼센트, 즉 전체 인구에서의 비율보다 훨씬 낮은 비율만이 신을 믿는 것으로 나타났다. 미국 국립 과학아카데미의 석학들은 단지 7퍼센트만이 신을 믿었으며, 노벨상 수상자들은 거의 대부분 종교가 없었다. 런던의 왕립 과학협회 회원들도 단 3퍼센트만이 종교를 믿는다. 게다가 무신론의 출현과, 교육 수준과 지능 지수 사이의 상관관계를 제시한 메타 분석도 있다. 그러므로 대중들 사이에서도 커다란 차이가 있고 무신론의 정도는 지성, 교육, 학문적인 능력, 자연 과학에 대한 긍정적인

관심과 관계 있는 것이 분명하다. 이 문제와 관련해 과학자들의 견해
는 각기 분야에 따라 다르다. 생물학자들은 물리학자들보다 신과 내
세에 대한 믿음이 적다. 그래서 뛰어난 진화 생물학자들의 절대 다수
(78퍼센트)가 스스로를 물질주의자(물질만이 실제로 존재하는 것이라고
믿는 사람들)라고 칭하는 것은 놀라운 일이 아니다. 그들의 거의 4분의
3이 종교를 호모 사피엔스로의 진화와 더불어 발달한 사회적 현상으
로, 즉 진화의 일부로 여겼다.

　실제로 종교가 우리에게 진화적 이점을 가져온 것으로 보인다. 곧
종교에 대한 수용력은 영성(靈性)에 의해 결정된다. 쌍둥이들을 상
대로 한 연구에 의하면 이런 영성이 유전적으로 이미 결정될 확률은
50퍼센트에 이른다. 형식적으로 특정 종교 집단에 속해 있지 않더라
도 영성은 인간이라면 누구나 어느 정도 가지고 있는 특성이다. 종교
는 이러한 영적인 감정들이 주변 환경의 영향을 받아 만들어지는 것
이다. 종교를 가질 것인가 말 것인가 하는 문제는 〈자유로운〉 결정에
따른 것이 아님이 확실하다. 인간은 성장 환경에 영향을 받아서 부모
의 종교가 모국어처럼 유아적인 발달 단계에 우리의 뇌 회로에 각인
된다. 세로토닌 같은 화학 전달 물질들이 우리의 영성 강화에 일익을
담당한다. 뇌의 세로토닌 수용체 수치는 영성의 정도와 관련 있다.
LSD, 메스칼린(페요테 선인장에서 얻은 물질), 사일로사이빈(환각 버섯
의 성분)처럼 세로토닌에 영향을 미치는 물질들은 신비적이고 영적인
경험들을 불러일으킬 수 있다. 또한 뇌의 아편 체계에 영향을 미치는
마약들도 영적인 경험을 유발할 수 있다.

　딘 해머[3]는 그의 저서 『신의 유전자 The God Gene』에서 기술한 것처럼
자신이 영성의 정도를 결정짓는 유전자를 발견했다고 믿었다. 그러

나 그 유전자는 여기에 관여하는 많은 유전자들 가운데 하나에 지나지 않을 가능성이 다분하기 때문에 책의 표제를 〈하나의 신의 유전자 A God Gene〉라고 붙였으면 더 좋았을 것이다. 해머에 의해 발견된 유전자는 VMAT2(vesicular monoamine transporter 2)라는, 뇌에서 신경 섬유의 수송을 위한 화학 전달 물질(모노아민)을 수포로 감싸고 있는 단백질의 코드를 포함하고 있는데, 이 단백질은 많은 뇌 기능에 결정적인 역할을 한다.

어린아이의 뇌에서 일어나는 종교적 각인은 출생 후에 진행된다. 영국의 진화 생물학자 리처드 도킨스가 〈기독교 아이들, 이슬람교 아이들, 유대교 아이들〉이라는 말에 몹시 화를 낸다면 극히 당연하다. 어린아이들에게는 그들 자신만의 신앙심이 전혀 없기 때문이다. 신앙심은 아이들의 감수성이 매우 예민한 초기 발달 단계에 기독교나 이슬람교나 유대교 부모들에 의해 아이들에게 각인된 것이다. 또한 도킨스는 4세의 아동들에게 무신론적이거나 인도주의적이거나 불가지론적이라고 말하는 것을 사회가 절대 용인해서는 안 된다고 지적한다. 그리고 아이들에게 자신이 무엇을 생각해야 하는지가 아니라 어떻게 생각해야 하는지를 가르쳐야 한다고 주장한다. 도킨스는 아이들에게 주입된 신앙심을 진화의 부산물로 여긴다. 아이들이 부모와 다른 권위적인 인물들의 경고를 즉각 이의 없이 받아들이고 그 지시에 따르는 것은 그들이 위험에 빠질 수 있는 상황에서 보호한다. 결과적으로 아이들은 사람들의 말을 쉽게 믿고, 그로 인해 세뇌시키기가 쉽다. 전 세계적으로 부모의 신앙이 아이들에게 깊이 뿌리내리는

---

3 Dean Hamer(1951~). 미국의 유전학자, 분자 생물학자.

이유는 바로 여기에 있을 것이다. 사회적 학습의 토대를 이루는 모방은 매우 효율적인 기제다. 게다가 우리의 뇌에는 이것을 담당하는 〈거울 뉴런〉이라는 고유의 체계가 있다. 그래서 사후에 삶이 존재하고, 순교는 천국에 이르는 길이고, 천국에서 그에 대한 보답으로 72명의 동정녀들에게 영접받고, 신앙심 없는 자들은 박해받아 마땅하고, 하느님에 대한 믿음은 온갖 보물 중에서도 최고의 보물이라는 종교적인 관념들이 대대손손 전수되고 우리의 뇌 회로에 각인되는 것이다. 우리 모두는 초기 발달 단계에 주입된 이런 관념들로부터 벗어나기가 얼마나 어려운지 주변의 사례들을 통해 알고 있다.

15.2 종교의 진화적 이점

종교는 국민을 진정시킬 수 있는 뛰어난 도구이다.

— 나폴레옹 보나파르트

모든 문화에서 발견되는 다섯 가지의 특징적인 표현 방식은 현생 인류의 진화 과정에서 생겨났다. 언어, 도구 제작, 음악, 예술, 그리고 종교가 그것이다. 종교를 제외한 네 가지 모두는 이미 동물계에서 그 선례가 존재한다. 오직 종교의 경우만 선례가 없는 것이다. 하지만 인간에게 있어서 종교의 진화적인 이점은 명백하다.

첫 번째, 종교는 집단을 결속시킨다. 그래서 유대인들은 고향을 떠나 방랑하고 종교 재판을 받고 홀로코스트를 겪는 와중에도 신앙을 통해 단결되어 있었다. 이런 이유에서 종교는 권력자들에게 뛰어난 도구다. 세네카의 말처럼 〈평범한 사람은 종교를 진실로, 현자는 거짓으로, 지배자는 유용한 것으로 여긴다〉. 종교는 집단을 결속시키기 위해 다양한 수단을 이용한다.

집단 결속을 보장하는 이런 보편적인 기제 중의 하나는 신앙이 없는 사람(또는 다른 신앙을 가진 사람)과 결혼하는 것은 죄악이라는 메시지다. 〈하나의 베개에서 두 개의 신앙이 잠자면 악마가 그 사이에 끼어 잔다〉와 같은 금언들이 네덜란드 곳곳에 알려져 있다. 이 원칙은 이에 따르는 징벌이니 경고와 함께 모든 종교에 존재한다. 종교별로 분리해 실시하는 수업은 다른 종교를 거부하는 태도를 부추기기 쉽다. 〈무지는 경멸을 낳기 때문이다.〉

또한 종교는 집단을 유지하기 위해서 신의 이름으로 개개인에게 많은 사회적 규범을 부과한다. 그리고 규범을 지키지 않는 경우에는 종종 아주 무서운 위협을 가하기도 한다. 그래서 십계명 중에는 무려 4세대까지 저주가 이어진다고 위협하는 계명도 있다. 구약 성서에서 신을 모독한 자들은 중벌의 위협을 받고, 파키스탄에서 신성 모독은 여전히 사형감이다. 이런 식의 위협들은 교회가 부를 쌓고 권력을 휘두르는 발판이 되기도 하였다. 중세 사람들은 지옥불에서 시달리는 날수를 며칠이라도 확실하게 줄이기 위한 〈면죄〉의 대가로 엄청난 액수의 돈을 지불했다. 이것은 종교 개혁 시대에 이런 말로 표현되었다. 〈돈이 상자 속에서 쩔렁거리면 영혼은 천국으로 펄쩍 뛰어오른다.〉 지난 세기 초반에 가톨릭 성직자들은 가톨릭의 위계질서에서 차지하는 위치에 따라 지옥불에 시달리는 날수를 자동적으로 일정량씩 면제받았다. 그리고 협박과 위협의 수단은 지금도 여전히 이용되고 있다. 미국의 콜로라도 주에서 한 목사는 〈지옥의 집〉을 열어 미션

스쿨의 아이들을 그곳으로 보냈다. 교회의 가르침을 따르지 않는 경우 아이들이 사후에 겪을 일에 대한 두려움을 미리 알아야 한다는 것이 이유였다.

더 나아가, 종교는 가령 검은 의상, 모자, 십자가, 두건, 부르카 같은 외적 표징이나 소년·소녀의 할례 같은 신체적 표징뿐만 아니라 성서에 대한 지식, 기도, 제식을 통한 교인들의 식별 가능성을 크게 강조한다. 집단 성원들의 보호를 받으려면 그 집단에 속하는 사람으로 식별되어야 하기 때문에 두건 같은 표징의 착용을 금지하려 드는 것은 부질없는 짓이다. 집단 안에서의 사회적 교류는 오늘날에도 많은 이점을 가져오며 미국의 교회에서는 특히 중요한 요인으로 작용한다. 이미 수백 년 전부터 〈우리라는 감정〉은 집단이 숭상하는 성유물(聖遺物)에 의해 강화되어 왔다. 석가모니의 유골이 중국과 일본의 사찰 여기저기에 존재한다는 것은 중요하지 않다. 예수 그리스도의 십자가 조각들이, 에라스무스의 표현을 빌리자면, 함대의 배를 건조할 수 있을 만큼 많이 보존되어 있다는 것도 아무런 문제가 되지 않는다. 중요한 것은 이런 것들이 집단을 결속시킨다는 것이다. 현재 스무 개의 교회가 그리스도의 음경 포피를 보관하고 있다고 주장하는 것도 마찬가지다. 예수는 유대 전통에 따라서 생후 여드레 날에 할례를 받았다고 전해진다. 그러나 몇몇 신학자들은 예수가 부활했을 때 음경 포피가 완전히 다시 재생되었다고 말한다. 그와 반대로 17세기에 신학자 레오 알라티우스는 그리스도의 사후 성스러운 포피가 그리스도와는 무관하게 하늘로 올라가 토성 주위의 띠를 형성했다고 주장했다.

마지막으로 대부분의 종교에는 종족 번식의 장려를 목적으로 하는 계명이 있다. 정확히 말하면 피임을 금지하는 계명이다. 아이들을 낳아 교리를 주입함으로써 신앙은 널리 퍼지게 되고, 그렇게 집단은 확대되고 힘을 얻게 되는 것이다.

두 번째, 신앙에서 유래하는 계명과 금기는 집단 보호의 측면에서 다양한 이점을 제공한다. 사회적인 접촉과 정결한 음식 섭취를 장려하는 규정은 건강을 유지하게 했다. 일련의 연구를 통해 증명된 바와 같이, 오늘날에도 신앙심은 보다 나은 정신 건강의 지표를 제시한다. 즉, 신앙심을 가진 사람은 삶에 대해 만족하고, 기본적으로 더 유쾌한 기분을 유지하고, 더 행복하다는 감정을 맛보고, 우울증과 죽음에 대해 더 적게 생각하고, 중독증에 걸릴 위험이 더 적다는 것이다. 그러나 이들 사이의 인과성은 증명되지 않았으며, 그 상관관계도 뚜렷하지 않다. 게다가 우울증의 경우에 신앙심의 유익한 점은 여자들에게만 해당된다. 여자들과는 반대로 예배에 규칙적으로 참석하는 남자들은 우울증에 걸릴 확률이 더 높다. 이스라엘의 한 연구는 — 연구자들의 가설과는 반대로 — 종교적인 생활 양식이 35년 후에 치매에 걸릴 위험을 두 배로 높인다는 것을 보였다. 그 밖에 기도가 정신과적인 문제들과 비례 관계가 있음을 보이는 연구들도 있다.

세 번째, 어려운 시기에 종교적인 신념이 신자들에게 위로와 도움을 주는 반면에, 무신론자들은 신의 도움 없이 문제를 스스로 해결해야 한다. 그 밖에 종교를 믿는 사람은 신에게 분명한 뜻이 있어서 자신에게 이런 곤경을 주는 것이라고 스스로를 위로할 수도 있다. 그것이 일종의 시련이나 징벌일 수 있지만, 분명 무슨 까닭이 있다는 것이다. 스피노자의 말에 의하면, 인간은 자신이 목표를 가지고 있는 것처럼 신도 목표에 따라 행동을 한다고 믿는다고 한다. 스피노자는 인간이 자신을 에워싸고 있는 모든 유용한 일들이 자연을 지배하는 자에 의해 창조된 것이라고 가정했기 때문에 인격신에 대한 믿음이 생겼다고 주창했다. 따라서 인간은 지진, 사고, 화산 폭발, 전염병, 홍수 같은 모든 불행을 이 전능한 지배자의 응징으로 해석했다. 종교는 신의 노여움을 피하기 위한 필사적인 노력이라고 스피노자는 말한다.

네 번째, 신은 우리가 알지 못하거나 이해하지 못하는 모든 것에 답변을 한다. 그리고 종교에 대한 믿음은 사람을 낙천적으로 만든다(기쁘다, 기쁘다, 기쁘다, 오, 오, 오! 주님과 함께라서 나는 무서울 것이 없다). 신앙은 지금 여기에서의 삶은 힘들지라도 나중에 내세에서는 모든 게 더 좋을 것이라는 확신을 심어 준다. 기이하게도 종교를 지지하는 사람들은 항상 종교가 자신의 삶에 〈의미 부여〉를 한다고 주장한다. 마치 신의 도움이 없이는 자신의 삶에 의미를 부여할 수 없는 양 말이다.

다섯 번째, 게다가 종교는 사후의 삶을 약속하면서 죽음에 대한 두려움을 덜어 주는 듯하다. 인간은 이미 10만 년 전에 사후의 삶을 믿었다. 무덤에서 발견된 부장품들을 보면 그것을 알 수 있다. 식료품, 물, 공구, 사냥 도구, 아이들을 위한 장난감. 크로마뇽인들은 현재 아시아에서 행해지는 것과 마찬가지로 죽은 사람을 묻을 때 아주 많은 장신구도 함께 매장했다. 내세에서도 멋지게 보이고 싶었음이 틀림없다. 그러나 신앙심이 언제나 죽음에 대한 두려움을 덜어 주지는 않는다. 그저 적당히 종교적인 사람들은 아주 독실하거나 또는 신앙심이 별로 없는 사람들보다 죽음을 더 두려워한다. 종교가 계속 두려움을 결속 수단으로서 동원하는 것을 보면 충분히 이해가 가는 일이다. 리처드 도킨스는 다음과 같은 적절한 물음을 던졌다. 〈그들이 실제로 정직하다고 (그리고 사후의 삶을 믿는다고) 가정하면, 모두 앰플포스의 수도원장처럼 행동해야 하지 않을까? 베이질 흄 추기경이 자신이 지금 죽어 가고 있다고 말했을 때 수도원장은 열광했다. 《진심으로 축하드립니다! 정말 멋집니다. 저도 마음 같아서는 당장 따라가고 싶습니다.》〉

여섯 번째, 내가 믿는 신의 이름으로 다른 집단을 죽여도 되는 것은 항상 종교의 아주 중요한 요소였다. 〈야훼는 용사, 그 이름 야훼이시다.〉(출애굽기 15장 3절). 종교로 식별되는 한 집단의 공격과 다른 집단에 대한 치별 대우의 조합에는 진화론적으로 명백한 이점이 있다. 수백만 년 동안 인간은 자신이 속한 집단에게도 먹을 것이 빠듯한 환경에서 발달했다. 그러므로 사바나에서 마주친 〈다른〉 집단은 자신이 속한 집단의 존재를 위협하는 것이었으며 따라서 죽어 마땅했다. 중앙난방의 삶을 영위한 몇 세대가 자신의 집단에 대한 결속과 다른 집단에 대한 공격의 조합에서 발생하는 진화론적인 이점을 말소하기에는 역부족이다. 그 때문에 여전히 우리 사회에 외국인 혐오증이 만연한 것이다. 세계는 서로 다른 종교를 믿는 집단들 사이의 갈등으로 가득 차 있다. 유사 이래 지구 상 곳곳에서 살인과 살해를 수단으로 제각기 상대방에게 〈신의 평화〉를 강요한다. 그리고 이런 일은 그렇게 빨리 끝이 나지 않을 것이다.

어느 정도 대가를 치뤄야 하더라도 한 집단에 속하면 많은 이점을 누릴 수 있었다. 다른 집단의 위협으로부터 보호받았고, 그래서 생존의 가능성이 높아졌다. 그러나 종교가 한 집단의 구성원들, 특히 생각이 다른 사람들에게 가하는 피해는 엄청나다. 이런 상황이 지속될 것 같지는 않아 보이지만 말이다. 영국의 정치가 에반 루아드는 중세 이후 전쟁의 특성이 바뀌었으며 전쟁의 발생 빈도와 기간이 점차 줄어들었다고 말한다. 그러므로 우리는 조심스럽게 낙관적인 예상을 해 봐도 될 것이다. 집단 결속의 수단으로서 종교와 다른 집단을 파괴하기 위한 동력으로서 공격은 앞으로 세계화되어 가는 경제와 정보 사회에서 진화적인 이점을 유지하지 못할 것이기 때문에, 수십만 년 후에는 그 의미를 상실할 것이다. 그래서 결국에는 생각이 다른 사람들과 종교를 믿지 않는 사람들에게도 구태의연한 종교적 규범의 강요를 넘어 진정한 〈자유〉와 〈인도 정신〉이 가능할 것이다.

15.3 종교적인 뇌

인간은 차, 담배, 아편, 위스키, 종교에서 감정적인 흥분을 얻는다.

— 조지 버나드 쇼

영적인 체험은 뇌의 활동에 변화를 일으킨다. 뇌의 활동 변화는 우리가 행위하고 생각하고 체험하는 모든 것에서 관찰되며, 따라서 신의 존재를 증명하는 증거도, 그것을 반박하는 증거도 제공하지 않는다. 이런 종류의 연구는 다만 〈평범한〉 종교적 경험과 특정 신경 정신과적 질병의 징후로써 나타나는 종교적 경험 모두에 중요한 역할을 하는 다양한 뇌 구조와 체계에 대한 이해를 도와줄 뿐이다.

일본 승려들의 뇌 영상은 다른 종류의 명상이 전전두 피질(그림15)이나 두정 피질(그림1)의 일부 중 서로 다른 뇌 영역을 자극한다는 것을 보여 준다. 이와 동시에 종교적인 신념은 정치적인 보수주의와 마찬가지로 전측 대상 피질(ACC, 그림 27)의 활동을 감소시킨다. 이들 상호 관계의 인과성은 증명되지 않았지만, 종교적 신념과는 반대로 결단력의 발휘는 전측 대상 피질의 활동 증가와 연관되어 있다는 사실은 흥미롭다. 카르멜 수도회 수녀들은 신과 하나가 되는 것을 느끼는 신비적인 체험 동안 뇌전도 신호에 주목할 만한 변화를 보였다. 이와 같은 상태에서 인간은 궁극적인 진실을 발견했으며, 시간과 공간에 대한 감각을 상실했고, 인류 및 우주와 하나이고 평화와 기쁨과 조건 없는 사랑을 느낀다는 믿음이 들 수 있다. 신경 약리학 연구는 그런 경험에서 도파민 보상 체계(그림 16)의 활성화가 얼마나 중요한지를 보여 준다. 뇌 질환들도 이런 맥락에서 중요한 정보들을 제공한다. 예를 들어 알츠하이머병의 진행과 더불어 종교적인 관심이 차츰 줄어든다. 알츠하이머병이 느리게 진행될수록 종교성과 영성은 덜 침해받는다. 이와 반대로 과종교증hyperreligiosity은 전두 측두엽 치매, 조증, 강박 행동, 정신 분열증, 측두엽 뇌전증과 연관되어 있다. 상당수의 이런 질환들은 도파민 보상 체계의 활동을 증가시키는 것으로 알려져 있다.

fMRI 검사 동안 카르멜회 수녀들은 신비적인 종교적 경험을 회상하라는 요청을 받았다. 수녀들이 신비적인 경험을 떠올렸을 때, 여러 뇌 부위에서 복잡한 활동 패턴이 나타났다. 우선 측두엽 중앙 부분이 활성화되었는데, 이것은 신과 하나라는 감정과 관련 있을 가능성이 있다. 이 부위는 가끔 격렬한 종교적 경험을 일으키는 측두엽 뇌전등에서도 활성화되기 때문이다(그림 28). 그 밖에 감정을 처리하는 영역인 미상핵(그림 27)도 활성화되었는데, 이것은 아마도 조건 없는 사랑의 감정이나 기쁨과 연관 있을 것이다. 또한 뇌간(그림 21), 뇌섬엽 피질(그림 27), 전전두 피질(그림 15)도 활성화되었는데, 이것은 그런 감정들에 따르는 신체적 자율적 반응과 그 감정들에 대한 대뇌 차원에서의 의식과 관련이 있을 것이다. 마지막으로 두정 피질이 활성화되었는데, 이 활성화는 아마 임사 체험에서 일어난 것과 비슷한 신체상의 변화를 느끼는 것과 관계 있을 것이다(그림 28).

영적 경험과 질병의 징후 사이에 경계선을 긋는다는 것은 아주 어려운 일이다. 영적 경험이 통제 불가능해져서 정신 질환에 이를 가능성도 있다. 강렬한 종교적 체험은 이따금 정신병적인 발작을 초래할 수 있다. 그래서 지역 라디오 방송국의 쇼 진행자 파울 페르스페이크는 2005년 크리스마스 다음 날 몇몇 정신과 의사에게, 예수 그리스도가 다시 지상에 재림한다면 어떻게 그리스도를 알아볼 수 있느냐는 물음을 던졌다. 다시 말해 어떻게 진짜 그리스도와 자신을 그리스도라고 주장하는 정신병 환자들을 구별하겠느냐는 질문이었다. 이에 대해 정신과 의사들은 분명한 대답을 하지 못했다. 명상 및 초자연적인 현상에 대한 관심이나 마약 복용이 유행했던 1960년대에 많은 사람들이 정신과적인 질병을 일으켰다. 그들은 영적인 경험을 제어하지 못했고, 그들의 심리적, 사회적, 그리고 직업적 삶은 완전히 혼란에 빠졌다. 그러나 많은 문화와 종교에서 자유 의지에 기인하는 명상, 최면, 이인증, 현실감 상실은 정상적인 것에 속했으며, 따라서 정신과적인 질병의 징후로 볼 수 없었다. 마법이나 부두교, 요술처럼 서구 문화에서는 사기나 허무맹랑한 짓으로 여겨지는 일들이 다른 문화에서는 정상적인 것으로 여겨지기도 한다. 또한 성모 마리아의 발현이나 신의 목소리를 듣는 것처럼 종교적인 배경에서 일어나는 환각과 환청도 일부 사람들에게는 종교적인 경험의 정상적인 요소다. 어떤 이유에서든 정신 질환이 환자들에게서 영성에 대한 관심을 높이는 경우가 잦다.

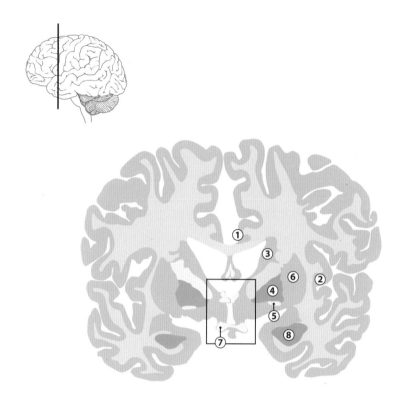

그림 27 감정에 관련된 몇몇 뇌 체계들. ① 대상 피질. 뇌의 경보 영역. ② 뇌섬엽 피질. 감정적인 체험 동안에 활성화되며 신체적인 자율 반응을 조정한다. ③ 미상핵. 운동 기능과 정서. ④ 담창구. 운동 기능. ⑤ 배쪽 창백/측좌핵. 보상. ⑥ 피각. 운동 기능. ⑦ 시각 교차 ⑧ 편도체. 두려움과 공격, 성적 행동. 박스 안에 보이는 부분이 시상 하부다.

따라서 정신 질환자들 가운데는 종교에 심취한 사람의 비율이 높다. 그들은 자주 종교의 힘을 빌어 병을 물리치려고 한다. 그러므로 〈순수하게〉 종교적이고 영적인 문제들을 신경 정신과적인 문제와 구별하기 위해서는 그 시대와 문화적 환경에서 정상적이라고 여겨지는 것이 무엇인지를 고려해야 할 필요가 있다.

15.4 종교가 없다면 더 나은 세계가 가능할까?

신앙심 없는 사람들이 신을 아무런 권능도 내려 보내지 않는 존재로 치부한 대가로, 우리는 그들의 마음에 두려움을 불어넣을 것이다. 그들이 정착할 곳은 불길이다. 부당한 짓을 한 자들은 나쁜 곳에 머물러야 한다.

— 코란 3장 151절

인간이 오늘날 구약 성서의 가르침을 좇는다면 범죄자일 것이다. 그리고 신약 성서의 가르침을 정확히 그대로 좇는다면 정신병자일 것이다.

— 로버트 잉거솔[4]

나는 우리 모두를 감시하는 존재가 있다고 믿는다. 유감스럽게도 그것은 정부(政府)다.

— 우디 앨런

기독교의 전통은 모든 종교들처럼 언제나 자유와 인도주의 정신의 종교로 표현된다. 개신교도들과 다른 교인들이 제2차 세계 대전 동안 도피해야 했던 유대인들을 위해 감탄스러울 정도로 열심히 애쓴 것은 사실이다. 게다가 그들은 아이들을 입양하는 문제에 있어서도 단연코 모범을 보이고 있다. 그러나 인도주의 정신, 인내심, 용기는 물론 신자들만이 아니라 사회주의자들, 공산주의자들, 무신론자들에게서도 찾아볼 수 있다. 그 밖에 신앙의 의도가 아무리 좋아도 때로는

---

4 Robert G. Ingersoll. 미국의 정치가.

그 결과가 유감스럽게도 기대한 것과는 다르게 나타나기도 한다.

인간은 종교가 없다면 더 행복할까? 나는 그렇다고 생각한다. 여기서 몇 가지 사례를 들어 그 이유를 설명하고자 한다. 역사를 통틀어 셀 수 없이 많은 사람들이 기독교나 다른 종교의 이름으로 자유를 빼앗기고 목숨을 잃었다. 구약 성서는 살인에 대한 이야기로 넘치고, 이것은 자극적 효과를 가져올 수 있다. 실험 심리학은 살인을 허락하는 성경 구절을 읽을 때 신자들 사이에서 공격성이 현저하게 상승하는 것을 보여 주었다. 신약 성서도 사랑과 평화에 대해서만 말하지 않는다. 빌라도가 예수를 십자가에 못 박기로 결정하고 손을 씻는 동안 군중들의 반응이 마태오의 복음서 27장 25절에 이렇게 쓰여 있다. 〈그 사람의 피에 대한 책임은 우리와 우리 자손들이 지겠습니다.〉 이것은 기독교의 반유대주의를 합법화시켰고 수많은 유대인들에게 차별, 박해, 죽음을 불러왔다. 마태오의 복음서 10장 34절, 〈내가 세상에 평화를 주러 온 줄로 생각하지 말아라. 평화가 아니라 칼을 주러 왔다〉라는 대목 역시 그다지 평화적으로 들리지 않는다. 교황 요한 바오로 2세는 십자군 전쟁과 유대인 박해에 대해 (그저 마지 못해) 사과했다. 그러나 가톨릭교회는 제2차 세계 대전 동안에 벌어진 홀로코스트에 대해 잘 알고 있었으면서도 침묵을 지킨 교황 피우스 12세에 대해 아직 공개적으로 비난한 적이 없다. 비난받을 상황이라는 것을 매우 잘 알고 있으면서도 말이다. 게다가 사람들은 (네덜란드에 엄청난 부를 가져온) 노예 매매에 관여한 일과 종교 재판에 대해서도 가톨릭교회가 사과하길 기다리고 있다. 여성과 동성애자와 성전 환자에 대한 차별 및 남아메리카에서 수백만의 사람들을 빈곤에 빠트리고 아프리카의 수많은 사람들을 에이즈에 감염시킨 피임 금지에 대해서도 마찬가지다. 2005년 300만 명이 에이즈로 목숨을 잃었으며, 500만 명은 인간 면역 결핍 바이러스에 감염되었다. 그런데 가톨릭교회는 무엇을 하고 있는가? 가톨릭교회는 콘돔의 사용을 비난한다. 〈콘돔은 10~20퍼센트 정도에서 투과성이 확인되기도 했으며 오로지 풍기문란만을 조장할 뿐이다.〉 2004년 교황청 가정평의회 의장인 로페스 트루히요 추기경의 주장이다. 분명 자신의 경험을 토대로 하는 소리가 아니라고 추정되지만 말이다. 2009년 교황 베네딕트 16세는 모든 통계 조사에 맞서서, 콘돔을 사용하면 아프리카에서 에이즈 확산이 심해질 것이라고 주장했다. 또한 가톨릭 사제들에 의한 아동 성폭행이 전 세계적으로 얼마나 광범위하고 구조적으로 자행되었는지 지난 몇 년 동안 명확하게 볼 수 있었다. 이때 교회는 마치 이것을 처음으로 알게 된 양 굴었다. 「우리는 그런 일이 있는 줄 몰랐습니다」 네덜란드의 추기경 시모니스의 논평은 이렇듯 몰염치했다. 당연히 이미 오래전부터 알려진 사실이기 때문이다. 앨프리드 히치콕은 언젠가 스위스를 방문했을 때, 어떤 사제가 소년과 대화를 나누며 소년의 어깨 위에 손을 올려놓은 것을 자동차 안에서 보고 차창 밖으로 외쳤다고 한다. 「얘야, 도망쳐라! 살려면 도망쳐라!」 교회에서 벌어지는 성폭행의 문제와 관련해 교황이 뭔가 해결해 주길 기다리는 것도 그다지 분별 있는 일은 아닌 성싶다. 〈우리가 도대체 왜 섹스의 문제에서 교황의 충고를 받아야 하는가? 교황이 설사 섹스에 대해 뭔가를 안다면, 그것은 원래 몰라야 할 것을 아는 것이다.〉 조지 버나드 쇼의 말이다.

이러한 비난들은 확실히 어느 하나의 종교에만 해당되는 것이 아니다. 거의 모든 종교에는 진실이라고 공표된 낡은 생각을 어떤 대가를 치르더라도 다른 사람들에게 강요하는 근본주의자가 있다. 종교적인 동기에서 비롯된 공격은 특정 종교의 극단주의자들에게만 국한되지 않는다. 그 사례로 예를 들어 우익 급진주의자이고 기독교 신자인 〈오클라호마 시 폭파범〉 티머시 맥베이가 연방 건물을 폭파시킴으로써 169명의 목숨을 앗아 간 사건, 또는 이스라엘 헤브론의 패트리아크 동굴에서 우익 시온주의자이고 인종주의자인 바루크 골트스타인이 이슬람교인 29명을 살해한 사건, 그리고 2001년 9월 11일 우리의 눈앞에서 벌어진 쌍둥이 빌딩의 파괴 등 끝없이 나열할 수 있다.

신에게 아이들을 제물로 바친 일도 인류사에서 끊임없이 벌어졌다. 멕시코 역사는 이에 대한 많은 잔혹한 사례들을 제공한다. 2007년 멕시코시티에서 4세에서 15세 사이의 아이들 24명의 유골이 묻혀 있는 무덤이 발견되었다. 유골은 모두 얼굴을 가지런히 동쪽으로 향하고 있었다. 아이들은 서기 950년과 1150년 사이에 톨텍족에 의해 목이 잘린 채 비의 신 트랄로크에게 제물로 바쳐졌다. 그런 일이 옛날에만 있었던 것은 아니다. 오늘날 네덜란드에서도 기독교 근본주의자들이 아이들에게 소아마비, 풍진, 유행성 이하선염, 뇌막염 같은 질병의 예방 접종을 거부함으로써, 손에 성경을 들고 아이들을 희생시킨다. 성경에는 예방 접종에 대한 말이 전혀 쓰여 있지 않다. 그런데도 그들은 예방 접종을 신의 섭리를 어기는 것으로 여긴다. 이와 비슷한 경우로 교회와 신앙의 압제하에서 여호와의 증인들도 위독한 아이들에게 수혈을 해서는 안 된다. 아이에게 심한 합병증이 발생하면, 그것은 분명코 신의 뜻이라는 것이다. 여판사 아니타 레이서 하산은 퇴임하는 자리에서 그럼에도 불구하고 판사가 의사와 상담한 후 아이에게 수혈할 것을 결정하면 부모들이 얼마나 고마워했었는지에 대해 이야기했다. 여호와의 증인들은 자신들의 행동 방식에 대한 근거로 신약 성서 사도행전 15장 28~29절을 끌어들인다. 〈다음 몇 가지 긴요한 사항 외에는 여러분에게 다른 짐을 더 지우지 않으려는 것이 성령과 우리의 결정입니다. 우상에게 제물로 바쳐진 음식을 먹지 말고, (……) 피를 멀리하고, (……) 교살된 짐승에서 얻은 고기를 먹지 말고, 음란한 행동을 하지 마시오.〉 도대체 어떻게 2000년 전에 작성된 문서에 있는 〈피〉가 〈수혈〉을 의미한다고 이해할 수 있을까? 이런 금지 사항으로 인해 여호와의 증인들은 출산 시에 여자들이 목숨을 잃을 위험이 다른 여자들보다 6배나 더 높다. 이 짧은 한 구절을 이렇듯 극히 의문스럽게 해석함으로써 생명을 구할 수 있는 중요한 처치를 금지한다는 것이 놀랍지 않은가?

이슬람과 관련해 우리는 명예 살인, 무죄한 사람들을 폭탄으로 날려 버리는 자살 테러범, 오른손 절단, 다른 종교로의 개종자들과 인질들의 참수를 종교에 의해 합법화된 사례로서 들 수 있다. 2007년 7월 이란에서 한 남자가 간음했다는 이유로 돌에 맞아 죽었다. 현지의 판사가 첫 번째 돌을 던졌다. 그리고 여성에 대한 가혹 행위도 짚고 넘어가야 할 것이다. 그 가운데는 음핵 할례도 있는데, 이 절단술 때문에 현재도 해마다 많은 어린 소녀들이 목숨을 잃고, 여전히 수많은 여자들의 삶이 파괴된다. 수단에서는 열 살 이하의 소녀들 중 거의 90퍼센트가 할례를 받고 있으며, WHO 보고에 의하면 2006년 전 세계적으로 100만 명의 소녀와 성인 여성들이 이 처치를 받았다고 한다. 엄밀히 말하자면, 이러한 처치는 코란에 의해 규정된 사항이 아니고, 이집트에서는 수많은 기독교 여자들도 할례를 받는다. 그러나 이런 관습은 오로지 이슬람 세계에서만 있는 일이다. 극단적으로 보수적인 사제들이 음핵 절단을 강력하게 옹호하는 동시에 왜 음핵을 절단해야 하는지 그 이유도 알린다. 카이로의 신학자 유수프 엘 바드리는 여성 할례에 의해 서구 사회의 많은 문제들이 해결될 것이라고 믿는다. 「서구의 여자들은 할례를 받지 않습니다. 그 결과가 어떤지 보십시오. 무절제한 사회입니다. 여자들은 항상 섹스를 원합니다. 아이들의 70퍼센트 이상이 사생아이지요. 이집트 여성들의 상당수가 3센티미터 이상의 음핵을 가지고 있습니다. 그들이 감정과 성적 욕구를 제이하기 위해서는 음핵을 절제해야 합니다. 그렇지 않으면 만족하지 못하기 때문에 수시로 흥분하고 좌절할 겁니다.」 음핵 절단의 결과는 머리털이 곤두설 정도다. 그것은 월경 중일 때 뿐만 아니라 소변을 보고 성교를 할 때도 극심한 통증을 야기하고, 성교가 때로는 진짜 고문처럼 체험되는 경우도 자주 있다. 아프리카에서 할례를 받은 여자들에게서 태어난 아이들의 근 절반이 출산 도중이나 직후에 죽고, 산모들은 종종 출산 도중 심한 출혈을 겪는다.

신앙심은 유감스럽게도 유머 감각을 통해서 사물을 보는 능력과는 관계가 없다. 성경을 통틀어 단 하나의 농담도 찾아볼 수 없다. 아주 작은 계기만 있어도 이슬람 정부들은 국민들의 분노를 조직적으로 선동한다. 2006년 9월, 덴마크의 일간지 「윌란스 포스텐」은 이슬람 극단주의자들에 대한 재치 있는 캐리커처 12개를 게재했다. 천국의 문에서 자살 테러범들은 약속한 처녀들이 하늘나라에 빠듯하기 때문에 기다려야 한다는 말을 듣는다. 그 캐리커처는 덴마크 이슬람교도들의 분노를 일깨웠고, 곧바로 중동의 이슬람 교인들을 움직였다. 요르단을 비롯한 중동 지방에서 덴마크 상품들이 진열대에서 제거되었다. 무슬림 형제단, 시리아, 이슬람 지하드 동맹, 아랍 국가들의 내무부 장관들, 이슬람 국제회의 기구는 마치 자신들이 다른 종교들에 대한 관용의 귀감인 양 굴며 사과를 요구했다. 그러자 「윌란스 포스텐」의 편집장은 회교도들이 모욕받았다고 느꼈다면 사과한다고 말했다. 그러나 이 말은 성난 마음들을 결코 진정시키지 못했다. 그야말로 많은 군중들이 거리로 쏟아져 나왔으며, 몇몇은 캐리커처에 목숨을 바쳤다. 2006년 베네딕트 16세는 독일 레겐스부르크 대학교의 강연에서 이슬람과 폭력을 연결시켰다. 그에 이어 이슬람 근본주의자들은 자신들의 평화에 대한 사랑을 보여 주기 위해 서요르단의 기독교 교회들을 잿더미로 만들었고, 이탈리아의 수녀 레오넬라 스고르바티를 소말리아에서 살해했다. 이렇듯 비방이나 비난을 접했을 때, 이슬람 세계는 지적인 논쟁으로 반응할 준비가 아직 되어 있지 않은 듯 보인다.

아프가니스탄의 탈레반, 팔레스타인 지역의 하마스, 레바논의 헤즈볼라 같은 과격 단체들은 빠른 속도로 대중의 인기를 얻어서 점점 더 강해지고 있다. 그리고 다시 말하건대 이것은 회교도에만 국한된 문제가 아니다. 광신적인 프로라이프 운동과 반다윈주의적인 생각, 동성애 혐오증에 사로잡힌 미국의 근본주의적 기독교인들은 부시 정권 동안 종종 여론을 불러일으켰다. 이스라엘의 극단적인 우익 진영의 유대인들도 마찬가지다. 종교들은 당분간 계속 전 세계적으로 무의미한 대가를 요구할 것이다. 이것은 유감스러운 일이다. 아이들에게 종교를 가르칠 필요가 없기 때문이다. 아이들은 예술, 학문, 환경, 또는 단순히 비특권층 사람들의 삶을 위해 영성을 멋지게 활용할 수 있다.

15.5 불결한 융합과 불결한 여자

종교적 규율 중 어떤 것들은 합리적인 근거를 가지고 있다. 우리는 다만 어떤 규율이 그러한지 모를 뿐이다.

첫눈에 언뜻 기이해 보이는 종교적인 규정들에는 매우 합리적인 근거가 있을 수 있다. 육류가 소비자에게 제공되기 위해서 위생검사관의 심사를 통과해야 할 필요가 없던 시기에는 유대인들과 이슬람교도들에게 돼지고기를 먹지 말라는 규정은 합리적이었다고 할 수 있다. 반면, 성경과 코란 모두에 표현되어 있는 생리하는 여자들은 〈불결하다〉는 개념은 이해가 잘 되지 않는다. 구약 성서 레위기(15장 19절 이하)는 이에 대해 의심의 여지없이 명확하게 표현한다. 〈(……) 그 여인이 누웠거나 걸터 앉았던 자리는 불결하다. 누구라도 그녀의 침대를 건드린 사람은 (……) 저녁 때가 되어야 불결함에서 벗어난다. (……) 그 여자와 잠자리를 같이한 남자는 그 여인의 불결이 묻었으므로 칠 일간 불결하다.〉 그래서 여자들은 월경이 끝날 때마다 제물을 바치고 목욕재계, 즉 미크베[5]를 해서 몸을 깨끗이 한다. 이 규정의 위생적인 이유에는 공감할 수 없지만, 이 규정 자체는 종족 번식에 아주 유리하게 작용한다. 규정에 따르면 보통 5일 동안 지속되는 월경이 끝난 여인은 7일을 더 기다렸다가 8일째에 드디어 〈몸을 깨끗이〉해야 했는데, 사실 그 8일째 되는 날은 월경 주기 중 13일째, 즉 얼추 임신할 가능성이 가장 높은 시기이다. 이렇게 성적인 금욕 시간의 끝이

5 유대교인들의 정결 의식.

수태할 가능성이 가장 높은 시기라는 점은 집단의 생존을 촉진할 것이 분명하다. 하지만 동시에 이런 식의 추론이 여성 혐오적인 규정들에 이론적인 힘을 실어 주고 있는 것은 아닐까? 어쨌든 월경의 피를 조심해야 한다는 생각은 많은 문화에서 찾아볼 수 있다. 마오쩌둥 이전의 중국에서 월경을 하는 여자들은 불결하게 여겨졌을 뿐만 아니라 마법적인 힘 때문에 종종 전투에도 동원되었다. 그들은 대포의 위력을 중지시키기 위해 성벽 위에 서서 생리대를 흔들었다. 월경의 피에 대한 두려움은 레위기 시대 이후 별로 의미를 상실하지 않은 듯 보인다. 뱅상 드 보베[6]는 1473년에서 1474년 사이에 인쇄된 백과사전 『거대한 거울Speculum Maius』에서, 월경의 피는 곡식이 싹트는 것을 방해하고 포도를 시큼하게 만들고 향료 식물을 시들게 하고 나무의 열매를 떨어뜨리고 쇠에 녹이 슬게 하고 청동을 검게 만들고, 광견병을 일으킨다고 주장했다. 이것은 절대 시대에 뒤떨어진 중세적인 생각만은 아니다. 우리 장모님은 생리 중이면, 장모님의 할머니가 뜰에서 딴 과일로 잼을 만드는 동안 부엌에 들어가서는 안 되었다. 할머니는 그다지 신앙심이 깊지 않았던 분이었음에도 말이다. 수리남의 여인들은 지금도 생리 기간 중에 부엌에 들어가서는 안 된다. 지금도 민간 신앙에서는 월경 중인 여인들이 손길이나 눈길로 빵에 곰팡이가 슬게 하고, 고기가 썩게 하고, 식물의 성장을 멈추게 할 수 있다는 믿음이 팽배해 있다. 과거 전통적인 중국에서는 오로지 월경을 하지 않는 여자들만이 조상을 위한 제사 음식을 준비할 수 있었다. 이 관습 역시 수많은 다른 관습들처럼 문화 혁명의 희생물이 되었지만 말이다.

6 Vincent de Beauvais(1190~1264?). 프랑스의 대학자, 수도사.

좀 더 이성적인 토대에서 생겨난 규정들도 있다. 유대의 식사 율법에서만 홍합과 같은 조개를 불결하게 여기는 것이 아니라 북아메리카 인디언들의 경우에도 조개를 먹는 것이 금지되어 있었다. 여기에는 나름의 이유가 있는 것 같다. 1987년 100여 명의 사람들이 캐나다 동부의 카디건 강 하구에 위치한 프린스에드워드 섬에서 난 조개를 먹은 지 하루 만에 심하게 앓아누웠다. 그들은 메스꺼움에 시달리고 구토했을 뿐만 아니라 정신 혼란, 두통, 마비 같은 심각한 신경과적인 증상도 보였다. 네 명이 사망했고, 일곱 명은 혼수 상태에 빠졌으며, 몇몇은 일 년 후까지도 격심한 기억 장애에 시달렸다. 그들은 가령 딸의 결혼식처럼 일반적으로 절대 잊어버리지 않는 사건들을 기억하지 못했다. 사망한 네 명의 뇌를 부검한 결과, 기억에 매우 중요한 역할을 하는 뇌 구조인 해마와 편도체가 심하게 손상된 것으로 판명되었다. 그해 여름 캐나다에서는 이상 기후 탓에 플랑크톤이 극단적으로 과다하게 번식했었다. 플랑크톤은 조개에 의해 물에서 걸러져 저장되는데, 신경 체계에 유독한 물질 도모산을 함유하고 있던 것으로 나타났다. 이 물질은 세포의 과다 활성화를 일으키는데, 이로 인해 세포들이 파괴되는 것이다. 이런 작용은 인간에게만 국한된 것이 아니다. 1961년 캘리포니아의 산타크루즈에서 검은 슴새 무리들이 기이한 행동을 보였다. 새들은 전속력으로 창문이나 가로등 기둥을 향해 날아들었고, 사람들을 쪼아 대거나 구토 증상을 보였다. 거리에는 죽은 새들이 가득했다. 앨프리드 히치콕은 새들의 이런 기이한 행동에 대한 기사를 자신에게 보내 줄 것을 지역 신문사에 문의했다. 그리고 2년 후, 그 내용과 대프니 듀 모리에[7]의 단편 소설에서 영감을 받아서 영화 「새」를 촬영했다. 1991년 캘리포니아의 같은 지역에서 비슷한 전염병이 발병해 가마우지와 갈색 펠리컨 무리들이 별 안간 기이한 행동을 보였을 때도, 죽은 새들에게서 실제로 높은 농도의 도모산이 검출되었다. 우리는 성경의 많은 규정들에 유의해야 할 것이다. 다만 정확히 어떤 규정들에 유의해야 하는지 몰라서 유감일 뿐이다. 만일의 경우에 대비해서 레위기의 모든 규정을 준수하는 것은 오늘날 우리의 시대에 불가능한 일이다. 형벌 규정을 읽으라, 그러면 전율할 것이다!

15.6 타인을 위한 기도: 자신을 위한 위약 효과

나는 하느님께서 하신 모든 일을 보았다. 그리고 하느님께서 하늘 아래서 하시는 일은 아무도 이해할 수 없음을 깨달았다. 아무리 찾으려고 노력해도 그것의 의미는 누구도 찾을 수가 없다. 의미를 안다고 장담할 현자가 있을지는 몰라도 그것을 참으로 아는 사람은 아무도 없다.

— 전도서 8장 17절

나는 지금까지 하느님께 오로지 단 하나의 짧은 기도만을 드렸다. 〈오 주님, 저의 모든 적들을 웃음거리로 만들어 주십시오.〉 그리고 하느님은 내 기도를 들어주셨다.

— 볼테르

7 Daphne du Maurier(1907~1989). 영국의 여류 소설가.

다윈의 사촌인 프랜시스 골턴 경(1822~1911)은 세계 최초로 기도의 효과를 통계학적으로 고찰한 인물이었다. 그는 많은 영국인들이 날마다 〈하느님, 왕과 여왕 폐하를 지켜 주소서〉라고 기도해도 군주의 수명은 연장되지 않는다는 결론을 내렸다. 그 이유는 그들의 평균 수명이 다른 계급이나 직업을 가진 사람들보다 길지 않았기 때문이었다. 마찬가지로 선교사들과 순교자들이 무사히 항해를 마치도록 많은 사람들이 기도를 했다고 해서, 그들의 배가 평균보다 덜 침몰하는 것도 분명 아니었다.

최근의 여러 연구들은 기도가 백혈병과 류머티즘을 앓는 환자들, 또는 신장 투석에 의존해 살아가는 사람들에게 아무런 도움도 주지 못한다는 것을 보여 준다. 심장 개복 수술을 하기 위해 마취를 하는 동안 환자를 위해서 이어폰을 통해 기도한 것도 효과를 나타내지 않았다. 기도의 효과를 주장하는 특정 논문들이 있기는 하지만 그들의 실험 절차에는 근본적인 결함이 있다. 예를 들어 심장 모니터 병동에서 환자들을 배치한 직원이 환자들을 위한 기도의 결과도 기록한 것으로 밝혀졌다(맹검법이 아니었다). 더 나아가 기도를 받는 그룹으로 배정된 환자들은 이미 처음부터 건강 상태가 더 좋은 사람들이었다(선발 집단). 2006년에 14개의 믿을 만한 연구를 종합한 결과, 다른 사람들을 위한 기도가 치료 효과를 가지지 않는다는 결론을 내렸다. 게다가 기도가 심장병 환자들에게 해로운 작용을 미친다는 것을 보인 대규모 비교 임상 실험도 있었다. 이 실험에서는 관상 동맥 우회술을 받은 1,802명의 환자들을 세 그룹으로 나누어 관찰했다. 첫 번째 그룹과 두 번째 그룹에 속한 환자들에게는 기도를 할 수도 있고, 하지 않을 수도 있다고 말해 주었다. 그러고나서 첫 번째 그룹을 위해서는 기도했으며, 두 번째 그룹을 위해서는 기도하지 않았다. 이 두 그룹의 합병증 빈도수에는 전혀 차이가 없었다. 역시 기도를 받은 세 번째 그룹은 이미 자신들을 위해 기도하는 것을 알고 있었다. 그런데 의외로 이 그룹에서 가장 많은 합병증이 발생했다. 이는 아마도 환자들이 자신들을 위해 기도한다는 말을 듣고서 상태가 상당히 심각할 것이라고 불안해했기 때문일 수도 있다. 또 다른 연구 결과는 정신 질환의 증세가 많이 나타나는 환자일수록 기도를 더 많이 하는 것으로 나타났다. 그러나 여기에서 기도가 정신 질환적인 문제를 야기한다는 결론을 이끌어 낼 수는 없다. 이 환자들의 경우에 기도는 자신들이 처한 정신 건강 문제에 대해 필사적으로 도움을 구하는 한 방법이었을 것이다. 어떤 경우든지 간에, 다른 사람들을 위한 기도가 효과가 있음을 보이는 확실한 증거는 어디에도 없다. 예를 들어 절단된 사지가 기도 후에 다시 자라난 사람을 결코 본 적이 없었다.

기도의 효과에 대해 부정적인 글들이 발표되었는데도, 일반 대중들에게서는 그 효과를 의심하는 모습을 찾아보기 어렵다. 미국인의 82퍼센트는 기도를 통해 중병에서 나을 수 있다고 믿고 있으며, 73퍼센트는 다른 사람들을 위한 기도가 병을 낫게 할 수 있다고 믿는다. 그리고 64퍼센트는 의사들이 자신을 위해 기도해 주길 원한다. 기도의 효과를 증명하는 연구 결과들이 전혀 없는데도 왜 많은 사람들이 기도에 효과가 있다고 믿을까? 나는 사람들이 습관적으로 기도하면서 스스로 마음 편하게 느낀다고 생각한다. 그것은 신앙인들에게서 긴장 완화를 유도하고 스트레스 호르몬 코르티솔의 혈중 농도를 떨어뜨린다. 그러므로 사람들은 스스로 긴장을 풀기 위해서 타인을 위해 기도한다. 이런 생각은 새로운 것이 아니다. 스피노자는 하늘에서

기도에 반응하는 인격신의 존재를 믿지 않았기 때문에 청원 기도의 의의를 알 수 없었다. 그런데도 그는 기도를 정신 집중과 명상을 위한 수단으로 여겼다. 실제로 기도를 통해 요가 수행이나 명상, 또는 좋아하는 음악을 들을 때와 같은 효과를 얻을 수 있다. 요가 수행을 하면 스트레스 호르몬 코르티솔의 농도가 내려가고, 요가 수행이나 명상을 한 후에는 수면 호르몬 멜라토닌의 수치가 상승한다. 게다가 요가 수행 후에는 자율 신경계의 교감 신경 부분이 덜 활성화되어 스트레스가 억제된다.

그 밖에 기도의 효과를 연구하는 과정에서 방법론적으로 독특한 일련의 문제점들이 있다.

첫 번째, 때로는 누구를 위해 기도해야 할지 이름만을 알려 주었고, 때로는 사진 한 장만을 보여 주었다. 그런데 신은 그것만으로 누구를 위한 기도인지 충분히 알아낼 수 있을까?

두 번째, 비교 집단의 사람들을 위해 누군가가 기도하는 것을 어떻게 저지할 수 있는가? 많은 사람들이 파트너나 친구, 병원에서 알고 지내는 사람들을 위해 기도한다.

세 번째, 게다가 신자로서, 신이 그야말로 모든 사람들의 기도를 들어 주는가, 신이 과연 평범한 사람들의 일에 개입할 용의가 있는가, 그리고 실제로 개입할 수는 있는가 하는 물음들을 제기할 수 있다.

네 번째, 또한 신자로서, 신의 행로를 연구 대상으로 삼는 것이 정당한가, 그리고 신이 스스로를 테스트하게 용인할 수 있는가 하는 물음들도 제기할 수 있다. 〈너희가 (······) 너희 하느님 (······) 그분을 시험해서는 안 된다(신명기 6장 16절).〉

이런 모든 방법론적인 문제들에 주목하면, 다른 이들을 위한 기도가 효과적인지 확인하기 위한 유일한 방법은 잘 통제된 동물 실험일 것이다. 하지만 나는 아직까지 이런 실험을 단 한 건도 보지 못했다.

15.7 종교적 망상

한 사람이 망상에 시달리면 사람들은 그를 미쳤다고 한다. 수많은 사람들이 동일한 망상에 시달리면 그것은 종교라고 불린다.

— 리처드 도킨스

특정 신경 정신 질환은 종교광religions mania을 일으키기도 한다. 적어도 어린 시절에 뇌에 각인되었다면 말이다. 뇌전증 환자들은 발작 후 현실과 동떨어지게 되고, 이들 환자들이 가진 정신 질환의 4분의 1이 종교적인 것이다. 종교적인 망상은 조증과 우울증 또는 정신 분열증에 기인하기도 할 뿐 아니라, 전두·측두 치매의 초기 증상으로서 나타난다. 예를 들어 2003년 스웨덴의 외무부 장관 안나 린드는 〈예수의 명령〉을 받은 25세의 정신 분열증 환자 미하일로 미하일로비치에게 살해되었다. 그 당시 그는 정신 분열증 약을 중단한 상태였다. 그는 예수에게 선택받았다고 느꼈고, 살해 명령을 내리는 목소리에 저항할 수 없었다. 1994년 노벨 경제학상을 수상한 존 내시는 29세의 나이에 편집성 정신 분열증을 진단받았다. 그는 종교적인 색채의 망상에 시달렸으며, 그 망상 속에서 자신을 비밀스러운 메시아나 구약 성서의 인물 에사오로 여겼다. 임사 체험도 종교적인 경향이 있을 수 있다. 그래서 폐색전증에 걸린 어느 여인은 예수가 지상에서 자녀들을 낳아 돌보라며 직접 하늘에서 자신을 돌려보냈다고 주장했다.

헤어 클레인은 자신이 직접 경험한 종교적인 망상을 생생하게 묘사했다. 1975년 나는 그를 처음 알게 되었다. 그 무렵 그는 네덜란드의 수상 요프 덴 아윌의 정부에서 교육과 과학을 담당하는 장관으로 일했으며, 1975년 여름 일주일 만에 예산 2억 길더를 삭감해야 했다. 그는 그 당시 신임 연구소장을 기다리고 있던 네덜란드 뇌연구소, 역사학자 루 드 용이 이끌던 제국전쟁문서연구소, 네덜란드 천문위성 프로젝트 ANS를 비롯한 다른 몇몇 시설들을 주저 없이 즉가 폐쇄시켰다. 그때 나는 서른한 살의 젊은 연구자로서 행정 문제에 아무런 경험도 없는 상태였지만 연구소 팀과 함께 정부의 결정을 철회시키려고 노력했다. 국회의 모든 교섭 단체와 대화를 나누고 대대적인 캠페인을 벌인 끝에, 결국 1975년 12월 17일 하원에서 신청서와 수정안이 만장일치로 채택되는 데 성공했다. 그에 이은 협상 과정에서 클레인과 나는 서로 대립된 이해관계와 출신 및 성격 차이에도 불구하고 개인적으로 좋은 관계를 맺었다. 1978년 11월 6일 루 드 용은 기자 회견을 열어, 네덜란드의 새로운 기독교민주당CDA 의원 빌럼 안처스가 제2차 세계 대전 중 독일 나치 친위대 대원이었다고 흥분한 표정으로 발표했다. 그러자 빌럼 안처스는 의원직을 사퇴했다. 그 일 년 전부터 헤어 클레인은 하원으로 자리를 옮겨 일하고 있었지만 그전에는 제국전쟁문서연구소의 책임자였다. 그는 루 드 용의 발표에 당황했으며, 드 용이 모든 합의를 어기고 일종의 즉결 재판을 했다고 주장했다. 이미 국장 재임 시절 드 용과 불화를 빚었던 클레인은 드 용이 더 철저한 조사를 위해 그 문건을 정부에 위임했어야 마땅하다고 생각했다. 클레인은 점점 더 흥분했으며, 마치 미친 사람처럼 의회의 질의

와 토론에 대비했다. 꼭두새벽에 일어나 아침이면 벌써 4시간 일했으며 독한 커피를 3리터나 마셨다. 그러나 노동당은 빌럼 안처스에 대한 토론에서 대변자로서 다른 사람을 지목한 데다가 교육부 장관 아리 파이스에게 무자비한 집중포화를 받았다. 1978년 11월 17일 그는 토론을 끝내고 집에 돌아왔을 때 별안간 이마에 강타를 받은 느낌을 받았다. 그와 더불어 클레인이 1994년 저서 『궤도를 벗어나다』에서 아주 설득력 있게 묘사한 조증 단계가 시작되었다. 그는 자신이 뇌수술을 받았으며 외부의 조종을 받는다는 느낌을 받았다. 쩌렁쩌렁 울리는 목소리가 클레인에게 말했다. 〈너는 단순히 신이 아니다. 아니 너는 신들의 신이다.〉 그에 이어서 클레인은 슈퍼마켓 앞에 서서, 행인들에게 인도주의적인 구원이 다가왔다고 선포했다. 사람들이 걸음을 멈추지 않고 오히려 더 재촉했을 때, 그는 전혀 놀라지 않았다. 자신의 메시지의 심각성을 받아들여서 그리 빨리 움직이는 것이라고 생각했기 때문이었다. 그러다 언젠가 클레인은 얼음장처럼 추운 날씨에 알몸으로 자신의 집 주변을 뛰어다녔다. 이 조증 단계 후에 그는 1979년 2월 16일 끔찍한 우울증에 빠졌다.

나는 그 조울증에 걸린 정치가의 무척 흥미로운 책을 읽고서 짧은 서신을 그에게 보냈다. 먼저 나라는 사람을 기억하느냐고 묻고, 19년이란 세월이 흐른 지금에 와서 우리는 또다시 조울증이라는 공동의 관심사에 직면했다고 말했다. 그리고 그것이 무슨 의미인지를 알리는 약간의 힌트로써, 비슷한 증상을 보인 환자들의 사후 뇌 조직을 연구한 내용이 발표된 논문 몇 편을 편지와 함께 보냈다. 1994년 10월 20일, 나는 매우 친절한 내용의 긴 답장을 받았다. 그 편지는 지금도 클레인의 저서에 고이 끼워져 있다. 〈나는 물론 연구소를 폐쇄

하는 문제를 놓고 선생님 측의 대리인과 우리 관청 사이에 있었던 협상에 대해 거의 세세히 기억하고 있습니다. (……) 그 사건에서 내가 부여받은 예산 삭감 정책은 내 정치적인 인생을 거의 앗아 가려고 위협했지만 선생님은 그때 달성한 것에 만족하실 것이라고 확신하고 있습니다. (……) 조울증에 대한 연구에는 나도 당연히 아주 많은 관심이 있습니다. 하지만 저는 그 분야에 문외한으로서 거의 아는 것이 없습니다. 가까운 시일 안에 한번 만나서 그 분야에서의 의학적 진전에 대해서 설명해 주셨으면 하는데요. 가능하시겠습니까?〉 물론 나는 그 즉시 클레인을 뇌연구소에 초대했다. 그러나 헤어 클레인은 내 초대에 응하지 않은 채 1998년 12월에 세상을 떠났다.

15.8 측두엽 뇌전증: 신의 교시

하늘나라에 가고 싶지 않다. 그곳에는 내가 아는 사람이 하나도 없을 것이기 때문이다.

— 하름 에던스.[8] 『*HP/De Tijd*』.[9]

주문을 외는 자, 도깨비 또는 귀신을 불러 물어보는 자, 혼백에게 물어보는 자가 있어서도 안 된다. 이런 짓을 하는 자는 모두 야훼께서 미워하신다.

— 신명기 18장 11~12절

측두엽 뇌전증을 앓는 환자들은 때로는 자신들이 하느님과 직접

---

8 Harm Edens(1961~). 네덜란드의 극작가, 방송인.
9 네덜란드의 잡지.

접촉해서 임무를 부여받는다는 망아적(忘我的) 체험을 한다. 밝은 빛과 함께 예수를 닮은 인물을 본 남자가 있었는데, 그 남자의 측두엽에 생긴 종양이 뇌전증적인 활동을 유발하는 것으로 판명되었다. 종양이 제거되자 망아적인 뇌전증 발작들도 사라졌다. 〈신의 발현〉으로 이루어진 발작들은 대개 30초에서 몇 분 동안 지속될 뿐이지만 사람의 인품을 영원히 변화시킬 수도 있다. 그런 환자들은 종종 감정의 변화를 겪고 광신도가 되기도 한다. 발작과 발작 사이에서 그들은 특히 병적인 글쓰기, 성적 관심 부족, 뚜렷한 종교적 성향을 특성으로 하는 〈게슈빈트 증후군〉을 드러낸다. 상당수의 역사적 인물들이 이런 희귀한 형태의 뇌전증에 걸렸을 가능성이 매우 높다.

사도 바울이 아직 사울이라는 히브리 이름으로 불리고 있었을 때, 기독교인들을 잡아들일 목적으로 다마스쿠스를 향해 가는 도중, 망아적인 경험이 덮쳤다. 〈사울이 길을 떠나 다마스쿠스 가까이에 이르렀을 때에 갑자기 하늘에서 빛이 번쩍이며 그의 둘레를 환히 비추었다. 그가 땅에 엎드러지자 《사울아, 사울아, 네가 왜 나를 박해하느냐?》 하는 음성이 들려왔다. 사울이 《당신은 누구십니까?》 하고 물으니 《나는 네가 박해하는 예수다》. (……) 사울은 사흘 동안 앞을 못 보고 먹지도 않고 마시지도 않았다(사도행전 9장 3~9절).〉 측두엽 뇌전증이 맹시 현상에서 정점에 이르는 망아적 체험과 기독교로의 개종을 유도한다는 다른 경우들을 고려해 보면, 바울이 측두엽 뇌전증에 걸렸을 가능성이 농후하다. 또한 코린토 신자들에게 보낸 둘째 서간 12장 1~9절 및 바울의 연대기 작가인 루가에 의해 보고된 시각적인 환각도 이런 진단에 무게를 실어 준다. 환각 속에서 바울은 예수가 자신을 격려하는 모습을 보기도 했고, 또 다른 환각에서는 예루살렘에서 기도하는 동안 최면에 빠진 상태에서 예수가 나타나기도 했다.

이슬람교의 창시자인 마호메트는 여섯 살 때부터 종교적인 경험에 관련된 뇌전증 발작을 일으키곤 했다. 서기 610년 마호메트는 최초의 환영을 보았다. 마호메트가 메카 근처의 외딴 산중에서 잠을 자고 있는데 갑자기 목소리가 들린다. 그는 나중에 그 목소리를 대천사 가브리엘의 목소리라고 여긴다. 그 목소리는 마호메트에게 명령한다. 〈읽어라.〉 마호메트는 대답한다. 〈저는 글을 읽지 못합니다.〉 목소리는 다시 말한다. 〈세상을 창조하신 네 알라의 이름으로 읽어라.〉 마호메트는 자신이 미쳤다고 생각하고 산에서 뛰어내리려고 한다. 그때 다시 하늘에서 목소리가 들려온다. 〈오, 마호메트. 너는 알라의 사도이다. 그리고 나는 가브리엘이다.〉 이것은 처음으로 히라 동굴에서 있었던 일이었으며, 그때부터 마호메트는 세상을 떠날 때까지 계시를 받았다. 가브리엘의 계시들은 마호메트 사후에 글로 기록되어 코란의 내용으로 편집되었다.

잔 다르크는 1412년 프랑스의 작은 마을 동레미에서 농부의 딸로 태어났으며, 1431년 5월 30일 방년 열아홉 살의 나이로 루앙에서 화형에 처해졌다. 뇌전증 발작을 포함한 잔 다르크의 일생은 종교 재판소와 교회에 의해 면밀하게 문서로 기록되었다. 잔 다르크는 열세 살의 나이에 처음으로 신의 목소리를 들었다. 목소리는 오른쪽에서 들렸으며, 그전에 이미 오른쪽에서 밝은 빛이 비쳤다. 목소리가 들린 뒤 곧바로 성자들이 나타나서 그녀가 투쟁하는 동안 날마다 조언을 했다. 때로는 교회의 종소리가 잔 다르크의 발작을 야기하기도 했다. 발작은 잔 다르크를 격렬하게 흥분시켰고, 그러면 그녀는 심지어 전장에서도 그 즉시 털썩 주저앉아서 기도를 했다. 망아적인 발작은 강렬한 행복감을 동반했으며, 발작이 지나가면 잔 다르크는 울음을 터트렸다. 발작과 발작 사이에 그녀는 감정의 고양, 행복감, 임무를 수행해야 한다는 생각, 유머 결핍, 예의 바른 태도와 강한 도덕감, 성적 무관심, 초조, 공격성, 의기소침, 자살에 대한 생각, 깊은 신앙심 같은 게슈빈트 증후군의 18가지 모든 특징들을 보였다.

빈센트 반 고흐는 1889년 뇌전증 때문에 생 레미 드 프로방스의 정신 병원에 수용되었지만, 그 밖에도 많은 다른 문제들이 있었다. 그의 정신병적인 발작들은 환각과 환청, 종교적이고 편집증적인 기괴한 망상들을 수반했다. 한번은 그런 발작을 일으켰을 때 자신의 한쪽 귀를 잘라서 인근에 사는 매춘부 라첼에게 선물이라며 보냈다. 고흐는 발작 사이에서 게슈빈트 증후군의 증세를 드러냈다. 그의 병적인 창작력은 동생에게 보낸 600통 이상의 편지와 다른 많은 글들 그리고 왕성한 예술 활동에서도 나타났다. 이틀에 하나씩 새로운 유화가 탄생했다. 반 고흐는 20세부터 신앙심이 고조되었고, 강박적으로 성경을 읽었다. 그는 성직자가 되려고 했지만, 성품 탓에 받아들여지지 않았다. 1887년 고흐는 성경을 프랑스어, 독일어, 영어로 번역하는 데 시간을 보냈다. 일요일에는 네 개의 교회에 다녔으며, 아를의 집 벽에는 이렇게 쓰여 있었다. 〈나는 성령이다.〉

러시아의 작가 도스또예프스끼는 1849년 급진적인 정치 토론 단체의 일원으로 체포되어 사형 선고를 받았다. 그의 형량을 사형에서 시베리아에서의 4년 강제 노동으로 바꾸는 소식이 도착했을 때는 발사 명령이 내려지기 직전이었다. 도스또예프스끼는 수백 번의 뇌전증 발작을 겪었으며, 발작 직전의 망아적인 단계에서 겪은 종교적인 경험에 대해 그의 소설 『백치』에서 서정적으로 묘사했다. 그는 그런 경험들을 절대 포기하려고 하지 않았다. 〈너희들 모든 건강한 사람들아! 너희들은 우리 간질병 환자들이 발작 직전의 1초 동안 누리는 행복이 어떤 것인지 알지 못한다. 코란에서 마호메트는 자신이 파라다이스를 봤으며, 거기에 다녀왔다고 말한다. 유식한 척하는 사람들은 모두 마호메트가 거짓말했으며 모든 게 사기였다고 확신한다. 오, 아니다! 그는 거짓말하지 않았다. 그는 정확히 나처럼 간질병 발작을 일으켰을 때 실제로 파라다이스에 있었다. 나는 이런 행복감이 몇 초 아니면 몇 시간 아니면 몇 개월 계속되는지 모른다. 하지만 내 말을 믿어라, 나는 그것을 삶이 주는 그 어떤 기쁨하고도 바꾸지 않을 것이다.〉

이 말은 기껏해야 몇 분 정도 지속되는 망아적인 단계가 훨씬 더 길게 느껴질 수도 있다는 것을 보여 준다. 도스또예프스끼는 자신의 종교적인 내용에 대해서도 묘사했다. 〈나는 천국이 지상으로 내려와서 나를 빨아들였다고 (……) 느꼈다. 나는 실제로 신의 현존을 느꼈으며 신에 의해 완전히 충만되었다. 그렇다, 신은 존재한다. (……) 나는 울었다. 그리고 더 이상은 아무것도 기억할 수 없다.〉 이것은 도스또예프스끼가 연이어서 전신 발작을 일으켰음을 암시한다. 발작은 때로는 3일에 한 번, 때로는 1주일에 한 번 일어났으며, 그의 책 『악령』에는 이렇게 묘사되어 있다. 〈몇 초 동안 다녀가는 그것들이 한번에 대여섯 개가 찾아온다. 그런데 별안간 영원한 조화, 완벽하게 달성된 조화의 현존을 느낀다. 그것은 (……) 지상적인 것이 아니다. (……) 오, 그것은 사랑보다 더 고귀한 것이다! 가장 무서운 것은 그것이 너무 섬뜩하게 투명하며 그 자체로 기쁨이라는 사실이다. 그것이 5초 이상 지속된다면, (……) 영혼은 견뎌 내지 못하고 소멸할 것이다. 이 5초

동안에 나는 삶을 속속들이 체험한다. 나는 그것을 위해서라면 내 인생을 송두리째 바칠 것이다. 그만큼 가치 있기 때문이다.〉

비서구적인 사회에서는 이런 증후군에 시달리는 사람들이 발작을 일으키면서 예수나 서구 사회의 신상을 보았다는 이야기는 단 한 번도 보고된 적이 없다는 것을 들으면 많은 사람들이 실망할 것이다. 아이티에서 측두엽 뇌전증은 죽은 사람들의 영혼의 소유 및 부두교의 저주로 해석된다. 초기 발달 단계에서 우리의 뇌에 각인된 신상이 예술적, 문학적, 정치적, 종교적인 창조물 그리고 우리의 정신적 생각 및 신념과 더불어 뇌전증 발작 동안에 다시 나타나는 것처럼 보인다.

15.9 내 종교관에 대한 반응

오, 주님. 제가 주님에게 한 작은 농담을 용서해 주십시오. 저는 주님이 제게 한 엄청난 농담을 용서할 것입니다.

— 로버트 프로스트[10]

모든 것은 우호적으로 시작되었다. 2000년 9월 30일, 내가 뇌와 종교에 대해 강연한 것을 계기로 내 강연 제목을 그대로 본떠서 〈우리는 우리 뇌다〉라는 표제의 전면 기사가 신문 「트라우」에 실렸다. 그에 이어서 곧바로 루어몬트의 몬시그노어 에버라트 드 용 보좌 주교가 장문의 감동적인 편지에 자신의 비판을 담아 그 신문사에 보냈다.

10 Robert Frost(1874~1963). 미국의 시인.

그 비판의 핵심은 우리가 우리의 육신 이상의 존재라는 주장으로 귀결되었으며, 이런 물음에서 절정에 이르렀다. 〈스왑 교수의 부인께서는 단순히 — 또는 우선적으로 — 남편의 덧없는 뇌만을 사랑하는 것은 아니시겠지요?〉 그 얼마 후 어느 토론회장에서 그는 휴식 시간에 내게 다가와 자신이 그 독자 편지를 쓴 사람이라고 소개했다.

「마침 잘 되었습니다」 나는 말했다. 「그 물음에 대한 답변을 지금 할 수 있지 않을까 생각합니다. 제 집사람은 제 뇌가 스티브 매퀸의 몸에 이식되어도 전혀 이의가 없다고 말했습니다」 내 예상과는 전혀 다르게 에베라르트 드 용 박사는 눈썹 하나 까딱하지 않고 무표정하게 나를 응시했다. 그는 스티브 매퀸이 누구인지 몰랐던 것이다. 케이스 데커가 자신의 저서 『평지에서 올려다보기』를 네덜란드의 문화교육부 장관 로날트 플라스테르크에게 증정한 후, 나는 2007년 에버라트 드 용 보좌 주교와 함께 데커와의 토론에 초대받았다. 나는 그를 보자마자, 그에게 이제 스티브 매퀸이 누구인지 아느냐고 즉각 물었다. 그는 지금도 모른다고 고백했다! 그 후 그 보좌 주교는 마리오 뷰르가드와 데니스 오리어리의 책 『영적인 뇌: 영혼의 존재를 보여주는 한 신경과학자의 사례』를 내게 보내어 아주 친절하게 나를 다시 올바른 길로 유도하려고 했다. 그러나 그 책은 나의 신앙 없음을 동요시킬 수 없었다.

2005년 프로듀서 두 명이 나를 찾아와 뇌와 종교에 대한 텔레비전 방송에 참여하지 않겠느냐고 물었다. 그들은 자신들을 롭 문츠와 파울 얀 반 드 윈트라고 소개했다. 나로서는 처음 듣는 이름들이었지만 우리는 이야기가 아주 잘 통했다. 나는 그들의 악명에 대해서도 전혀 알지 못했다. 내 동료들이 그들을 즉시 알아본 것으로 보아서, 나만 그들을 모르는 게 분명했다. 판 드 윈트는 다섯 명의 신앙인들을 각자의 집에서, 그리고 다섯 명의 무신론자들을 교회에서 인터뷰할 계획이었다. 그리고 인터뷰 사이사이에 문츠가 지나가는 사람들에게 의견을 묻기로 되어 있었다. 그 프로그램은 교육방송 RVU에 의해 방영될 예정이었다. 그럴싸하게 들렸다. 우리는 즐겁게 대화를 나누었고, 나는 프로그램에 참여하기로 약속했다. 나중에 그들은 신앙인들의 인터뷰를 잘라냈다. 너무 지루했기 때문이었다.

나와의 인터뷰가 첫 순서였으며, 암스테르담의 성 니콜라스 교회에서 이루어졌다. 나는 잔 다르크, 사도 바울, 마호메트, 그리고 자신이 신이라고 믿는 많은 조증 환자들과 이따금 신에게서 임무를 부여받는 정신 분열증 환자들의 망아적 체험에 대해 이야기했다. 또한 대뇌 피질에 전기 자극을 가함으로써 임사 체험에서 묘사되는 것과 같은 느낌, 즉 자신의 몸에서 벗어난 듯한 느낌을 유도할 수 있다는 것에 대해서도 설명했다. 그 밖에 우리는 공격적인 행동 같은 요소들이 이미 발달 초기 단계에 확정되며, 이런 사실이 스스로의 행위에 대한 도덕적 책임과 관련해 어떤 의미가 있는지에 대해서도 대화를 나누었다. 그리고 끝으로 신앙, 천국, 사후의 삶에 대한 내 개인적인 견해도 이야기했다.

나는 그 프로그램이 〈신은 존재하지 않는다〉는 표제로 방영된다는 것을 나중에야 알게 되었다. 그 시리즈가 방영되기 직전에 열린 시사회에서, 나는 인터뷰에 삽입·편집된 허무맹랑한 내용을 처음으로 보고 기겁했으며 일이 시끄러워지겠다고 생각했다. 그러나 상황을 바꾸기에는 이미 너무 늦은 상황이었다. 상연 후 나는 연단으로 올라와서 논평을 해달라는 요청을 받았다. 나더러 그 방송을 어떻게 생각하느냐는 것이었다. 나는 의연한 태도를 견지했으며 이렇게 말했다. 「상당히 좋은 프로그램입니다. 다만 필름 사이에 이 허무맹랑한 잡담이 끼어 있어서 유감일 뿐입니다」 유쾌한 저녁이었다. 그러나 우리 가족은 2005년 6월 7일에 방송될 인터뷰에 대해 걱정을 했고, 그 예상은 적중했다.

6월 4일 성 니콜라스 교회에서 그 방송을 금지할 것을 긴급히 요청했다. 그러나 RVU는 교회와의 합의를 고집했고, 시간당 50유로라는 장소 사용료는 이미 지불된 상태였다. 교회는 이 방송과 무관하다는 자막을 프로그램 방영을 전후해서 삽입하겠다는 RVU의 제안은 판사에 의해 수용되었지만, 방송 금지에 대한 요청은 받아들여지지 않았다. 그 사이에 수천 명의 기독교인들이 문츠와 반 드 윈트에게 항의 편지를 보내기 시작했다. 방송 전에 네덜란드의 가톨릭교회와 개신교는 힘을 모아 항의했지만, 방송은 금지되지 않았다. 어쨌든 방송 시간은 6월 7일 시청률이 아주 낮은 시간으로(자정을 몇 분 앞둔 시간으로) 옮겨졌으며, 일요일로 예정되어 있던 재방영은 취소되었다. 내 주변에서는 인터뷰에 긍정적인 반응을 보였지만, 많은 이들이 중간에 삽입된 내용들을 상당히 지나친 것으로 여겼다. 6월 9일 하원의 기독교적인 정파인 정치개혁당SGP과 기독교연합 CU은 〈노골적으로 신을 모독하는 방송을 금지할 것〉을 요구했다. 그들은 발커넨더 총리와 도너 법무장관, 반 데어 란 문화 언론 차관에게 청원서를 제출했다. 네덜란드의 주요 뉴스 통신사인 ANP에 따르면, 그 당파들은 〈방송에서 고의적으로 하느님과 기독교 신앙을 극히 파괴적인 방식으로 조롱했다〉고 여긴다는 것이었다. 그 후 나는 공식적인 비난에 대한 이야기는 더 이상 듣지 못했다. 저주에 대항하는 동맹이 2005년

6월 23일 RVU를 상대로 〈신성 모독과 명예 훼손으로〉 고소한 일도 마찬가지였다. 관대한 네덜란드에서의 반응은 그 정도였다.

16장
하늘과 땅 사이에 더 이상의 것은
존재하지 않는다

16.1 영혼 대 정신

오늘날까지 그 누구도 뇌가 정신을 생산한다는 이 평범한 사실을 걷잡을 수
없는 혼란 없이 표현하는 데 성공하지 못했다.

— 베르트 케이제르, 『설명할 수 없는 삶』

프로이트가 말한 바와 같이, 죽음 이후에도 비물질적인 〈무엇〉이
계속 존재한다는 생각은 문화와 종교를 불문하고 널리 퍼져 있다. 이
〈무엇〉은 보통 영혼이라고 불린다. 사람들은 이 영혼이 사후에 잠
깐 몸 근처에 머물다가 어딘가 영원히 지낼 다른 곳을 찾아 떠난다
고 생각한다. 나는 수리남 출신 사람들에 의해 실시되는 부검에 여러
번 참여한 적이 있는데, 그들은 부검실에 들어가기 전에 영혼에게 미
리 경고하기 위해서 문을 세 번 두드린다. 오스트레일리아 원주민들
사회에서는 영혼의 안식을 방해하지 않기 위해서 (가족들에 의해 정해
진) 일정 기간 동안 죽은 사람의 이름을 부르거나 글로 쓰지 않는다.

원주민이 사고나 범죄로 갑자기 사망하게 되면, 그에 대한 침묵의 기간이 시작된다는 경고가 뉴스를 통해 알려진다. 중국에서는 죽은 사람의 영혼을 위해 아름답게 꾸민 화살집을 무덤 속에 함께 넣어 주는 전통이 있었다. 하지만 이 화살집들은 항상 비어 있는 채로 발견된다. 유명한 유대인 학자이자 의사인 마이모니데스(1135~1204)는 영혼의 불멸에 대한 글을 남겼다. 또한 코란에서도 의심의 여지없이 인간은 영혼에 대한 주제를 인정하며 그 영혼이 완벽하다면 천국으로 직행한다고 명시하고 있다.

새로 태어나는 아이에게 언제 〈영혼이 불어넣어지느냐〉는 문제를 놓고 수 세기 전부터 논쟁이 끊이지 않고 있다. 오늘날에도 이 테마에 대한 종교적인 관점들이 낙태, 줄기세포 연구, 태아 선별에 관련한 정치적 토론에 반향을 불러일으키고 있다. 탈무드 학자들은 임신 40일 이후에 태아에게 영혼이 불어넣어진다고 규정했다. 이것은 아마 이 시점에 태아의 존재를 인식할 수 있기 때문일 것이다. 40일 이전에 태아는 〈물〉이라고 묘사된다. 논란이 분분한 이 시점 덕분에 이스라엘에서는 인간 태아의 줄기세포 연구가 가능하다. 고대 그리스인들에 따르면, 영혼이 불어넣어지는 시점은 성별에 따라 다르다. 히포크라테스(기원전 460~370)는 남성 태아는 임신 30일째에, 여성 태아는 42일째에 비로소 영혼이 불어넣어진다고 믿었다. 아리스토텔레스(기원전 382~322)에 따르면 이 차이는 훨씬 더 컸다. 남성 태아는 약 40일째에, 여성 태아는 80일을 기다려야 비로소 영혼을 받는다는 것이었다. 이탈리아의 신학자이자 철학자인 토마스 아퀴나스(1225~1274)에 의해서 이런 편견이 어디에 기초를 둔 것인지 마침내 설명되었다. 여자는 〈마스 오카시오나투스mas occasionatus〉, 즉 불완전한 남자로 여겨졌기 때문에 영혼을 발달시키는 데 더 오랜 시간이 필요하다는 것이었다(『신학대전』, I장 92).

1906년 미국의 의사 던칸 맥두걸은 죽어 가는 환자들을 침대 채 저울 위에 올려 그들의 몸무게를 시소의 원리를 이용해 측정했다. 환자의 숨이 끊어지면, 환자의 머리가 놓인 쪽이 평균 21그램 정도 가벼워졌다. 이것을 토대로 맥두걸은 〈영혼〉의 무게를 측정했다고 결론지었다. 맥두걸의 실험은 실제로 앞뒤가 맞지 않는 듯하다. 일반적으로 영혼은 비물질적인 것으로 무게가 존재하지 않는 것이기 때문이다. 인간의 심장 박동이 멈추었을 때 발생하는 몸무게 손실은 여러 기관 사이에 혈액이 재분배되는 것에서 비롯되었을 것이다. 그러나 〈21그램〉이라는 정확한 숫자는 대중의 상상력을 붙잡았으며 심지어 영화 제목으로도 등장한다. 맥두걸은 연이은 다른 실험을 통해서 개는 죽은 뒤에도 몸무게가 변하지 않는다는 것을 보였는데, 이는 1637년에 신앙심 깊은 가톨릭교도인 데카르트가 동물들이 영혼 없는 기계라고 한 주장과 일치했다. 하지만 맥두걸이 연구결과를 발표한 지 얼마 후, 미국의 라번 트와이닝 교수는 정확한 측정을 토대로 다른 동물들도 죽음과 함께 몇 그램 내지는 몇 밀리그램의 몸무게가 줄어듦을 확인했다. 따라서 동물들도 마찬가지로 약간의 영혼을 가지고 있다는 것이었다.

역사를 통틀어 모든 문화는 〈영혼〉이 존재한다고 가정해 왔다. 오늘날 대학에는 적어도 명목상으로는 영혼을 다루는 학문 분야, 즉 심리학psychology[1]이 있다. 그러나 실제 심리학은 영혼이 아니라 오로지

---

1 psychology는 영혼을 뜻하는 ψυχή(psyche)와 학문을 뜻하는 λόγος(logos)라는 고대 그리스어에서 유래한다.

행동을, 보다 최근에는 뇌를 연구한다. 〈사이콘Psychon〉²이 아니라 오로지 〈뉴런〉만이 존재한다. 인간이 숨을 거둔다는 것은 영혼을 내보내는 것이 아니라 단지 뇌가 활동을 멈춘 것이다. 나는 〈정신〉이 천억 개에 이르는 뇌세포들의 활동에 의해 발생한 것이며 〈영혼〉은 단순히 오해라는 내 간단한 추론을 설득력 있게 반박하는 논거를 아직까지 듣지 못했다. 〈영혼〉이라는 개념의 보편적인 사용은 죽음에 대한 불안, 세상을 떠난 사랑하는 이를 다시 만나고 싶은 염원, 우리는 아주 중요한 존재라서 죽음 후에 우리의 뭔가가 남아 있을 것이라는 교만한 생각에 기인한다고 추정된다.

16.2 심장과 영혼

너희 가운데 죽은 사람의 혼백을 불러내는 사람이나 점쟁이가 있으면, 그가 남자이든지 여자이든지 반드시 사형에 처해야 한다. 그들을 돌로 쳐라. 그들은 제 피를 흘리고 죽어야 마땅하다.

— 레위기 20장 27절

우리의 감정, 정서, 성격, 사랑, 심지어는 우리의 영혼과 관련해서, 지금까지도 여전히 심장이 이러한 것들에 특별한 역할을 한다고 믿는 사람들이 있다. 나는 네덜란드의 유력한 일간지 「NRC 한델스블라트」의 편집부를 통해 다음과 같은 내용의 독자 편지를 받았다. 〈교

2 심령적 메시지를 지닌 것으로 생각되는 이론상의 입자.

수녀님께서는 여전히 끈질기게 뇌에 대한 이야기만을 하십니다. 하지만 심장, 우리의 감정이 자리잡은 심장은 뇌에 정확히 대응되는 것입니다.〉물론 나는 흥분을 하게 되면 심장이 고동치는 것을 우리가 느낀다는 사실을 부정하지 않는다. 그러나 그것은 뇌의 명령에 따라 자율신경계를 통해 우리의 몸이 도망치거나 싸우거나 사랑할 준비를 하도록 하는 데서 오는 반응일 뿐이다.

심장에 대한 미신적 믿음은 기증자의 성격이 심장을 이식받은 사람의 몸속에 이식된다는 것을 〈증명하는〉 일화들에 의해 강화된다. 네덜란드 일간지 「드 텔레그라프」는 2008년 기이한 기사를 실었다. 소니 그라함이라는 미국인은 12년 전에 한 기증자에게서 심장을 이식받았다. 이식 시술에 기증된 심장은 33세의 나이에 권총으로 자신의 머리를 쏘아 자살한 테리 코틀의 것이었다. 소니 그라함은 다시 얻게 된 삶에 감사해서 테리의 미망인, 체릴과 서신을 주고받기 시작했다. 한 편지가 다음 편지를 낳는 식으로 계속해서 편지들이 오갔다. 「마치 우리가 벌써 오래전부터 알고 있는 듯한 느낌이 들었어요」 그라함은 한 지역 신문과의 인터뷰에서 말했다. 「그 부인을 처음 보는 순간, 부인에게서 눈을 뗄 수 없었어요」 미국의 뉴스 채널 폭스 뉴스가 2004년 보도한 것처럼, 그 미망인은 첫 남편의 심장을 받은 남자와 결혼했다. 그녀의 새 남편, 소니 그라함은 심장의 〈주인〉과 같은 방식으로 스스로 목숨을 끊었다. 그래서 그 당시 39세의 체릴은 두 번째로 미망인이 되었다. 「드 텔레그라프」는 체릴과 함께 산다는 것이 그리 간단하지 않았을 것이라는 결론을 내리지 않았다. 아니, 그 대신에 신문에는 이렇게 쓰여 있었다. 〈심장과 같은 장기를 이식하면 죽은 사람의 영혼도 장기와 함께 수혜자에게로 옮겨 간다는 추측이 이 사건을 통해서 새롭게 힘을 얻었다.〉「드 텔레그라프」는 이런 종류의 이야기를 꽤나 좋아하는 것 같다. 한번은 주말 판 부록에 다음과 같은 제목이 붙어 있었다. 〈영혼은 심장에 있을까? 47세의 여성 클레어 실비아는 한 소년의 심장을 이식받았다. 그 여인은 이제 휘파람을 불며 젊은 아가씨들의 뒤를 쫓아다니고 맥주를 마신다.〉 1997년 자신의 경험에 대한 책을 발표한 클레어 실비아는 자신에게 심장과 폐를 이식해 준 젊은 오토바이 운전자에게서 성격상의 특성을 물려받았다고 확신했다.

내가 얼마 전까지 한 번도 들어보지 못한 잡지 『임사 연구 저널』에는 심장 이식 수술을 받은 환자의 취향과 능력이 기증자의 것과 일치한다는 많은 이야기들이 실려 있다. 어떤 이야기는 환자의 음악에 대한 취향이 변했다고 하고, 여자의 심장을 기증받은 어떤 남자는 수술 전에 핑크빛이라면 질색했는데 이제 갑자기 핑크빛이라면 사족을 못 쓴다고도 했다. 체스 선수의 심장을 이식받은 한 여성은 지금 체스를 마스터했다고 주장하고, 살해된 어떤 사람의 심장을 이식받은 어떤 남성은 꿈속에서 살인범의 얼굴을 보았다고 말을 한다. 이런 보고들의 문제점은 심장 수혜자들이 기증자에 대한 정보를 알고 있다는 사실이다. 수혜자들은 기증자의 성별, 나이, 죽음의 원인을 비롯해 다른 많은 사실들에 대해 세세히 알고 있다. 이런 이야기들을 진지하게 받아들일 수 있기 위해서는 먼저 심장 수혜자가 기증자에 대한 정보를 전혀 알지 못하는 상황에서 행해진 잘 통제된 연구가 필요하다. 심장 이식 수술은 몹시 어렵고 스트레스를 많이 일으키고 생명을 위협하는 수술로서, 몇 년 동안 성격에 결정적인 영향을 미칠 수 있다. 심장 이식 수술을 받은 많은 사람들이 영적인 것에 더욱 관심을 보이고, 죽은 기증자에게 죄책감을 느끼고, 기증자가 자신의 몸속에서 계속 살아 있다는 감정을 떨쳐 버리지 못한다. 또한 이식된 장기의 거부 반응을 억제하는 강한 약품 역시 수혜자의 행동에 영향을 미친다. 전체적으로 보아서 이식받기 전과 다르게 느낄 이유가 충분하다. 다른 한편 수혜자의 뇌와 신경 결합이 없는 이식된 심장이 어떻게 기증자에 대한 복잡한 정보를 수혜자의 뇌에 전달하여 행동 변화를 야기할 수 있는지 이해하기 어렵다.

잘 통제된 연구를 통해 그게 아니라는 사실이 증명될 때까지 우리는 유용한 인상 및 실험 문헌들을 토대로, 우리의 모든 성격은 오로지 뇌에 자리하고 있고 심장은 다만 대체 가능한 펌프일 뿐이며 기증자의 성격상의 특성들은 좋든 나쁘든 심장과 함께 전이될 수 없다고 가정해야 한다.

16.3 임사 체험에 대한 사이비 학문적 설명들

육신을 떠나는 자는 자신의 오감을 몰래 가져가서는 안 된다.
— 베르트 케이제르, 『설명할 수 없는 삶』

내 박사 과정 학생들 중 한 명은 두 번에 걸친 자신의 임사 체험에 대해 학문적 관심하에서 분석한 보고서를 나에게 주었다.

제가 처음으로 임사 체험을 했을 때는 열한 살이었어요. 그때 저는 폐렴과 늑막염을 앓고 있었는데, 열이 42.3도까지 오르고 땀을 엄청 많이 흘렸어요. 돌팔이 주치의는 저더러 엄살이 심하다고 말했지만요. 그때 저는 말하자면 터널

안으로 미끄러져 들어가는 듯한 느낌을 받았어요. 터널 끝에서 빛이 보였어요. 제 마음은 아주 고요했어요. 의식하지 못한 사이에 배경 음악이 들려왔는데, 소름끼치는 근사한 음악이라는 느낌이 들었어요. 그래서 왜 저는 사람들이 임사 체험 중에 천사의 노랫소리를 들었다고 생각하는지를 상상할 수 있었어요. 빛이 따뜻한 욕실처럼 주변을 에워싸고 있었어요. 무척 밝았지만, 심하게 눈부실 정도는 아니었어요.

제가 서른네 살 때 경험한 두 번째 임사 체험은 더 흥미로웠어요. 누워 있는 제 모습을 〈보았거든요〉. 나중에 그것이 부정맥에 의한 것으로 밝혀졌어요. 식사 도중 뭔가를 집으려고 자리에서 일어났다가 그만 별안간 현기증이 일면서 마치 〈의식을 잃은〉 사람처럼 바닥에 쓰러졌어요. 하지만 저는 제 자신을 분명히 의식하고 있었고 방바닥에 누워 있는 제 모습을 〈보았어요〉. 집사람이 허둥지둥 달려와서 겁에 질려 저를 불렀어요. 저는 아무 이상 없고 다 괜찮다고 말하고 싶었는데, 도대체 말이 나오지 않는 거예요. 그런 상황에서는 보통 겁에 질리거나 아니면 최소한 서서히 걱정에 사로잡히기 마련이지만, 저는 그때 방 안을 유유히 떠돌면서 전혀 그렇지 않았어요. 하지만 저는 그 상태가 현실일 리 없고 방 안을 떠도는 것은 다만 제 상상일 뿐이라고 똑똑히 의식하고 있었어요. 또 집사람이 제 아래가 아니라 제 옆에 있다는 것도 소리를 통해 알 수 있었어요. 그때 저는 제 상황을 머릿속으로 분석했어요. 나는 여기 바닥에 누워 있다. 창문은 여기 있고, 문은 저기 있다. 3미터 거리에는 소파가 있고, 나는 여기 문 앞에 누워 있다. 소리는 여전히 잘 들리지만, 아무것도 보이지 않고 반응할 수가 없다. 이렇게 떠도는 것은 부분적으로 시각적인 투사인 것 같다고 생각했어요. 참 이상한 일이지만, 공포심이나 걱정하는 마음은 들지 않았어요. 얼마 후 제 몸에 대한 통제력을 되찾았다는 걸 느꼈어요. 떠도는 듯한 느낌이 사라지고, 다시 정상적으로 앞을 볼 수 있었어요. 그 상태가 얼마나 지속되었는지 정확히 알 수는 없지만, 아마 30초에서 1분 정도였지 않았나 싶어요. 하지만 저한테는 〈영원히〉 계속되었던 것 같았어요. 그러니까 모든 시간 감각을 잃어버렸던 거에요. 저는 평소에 절대 시계를 차고 다니지 않는데도 대개는 5분도 안 틀리고 정확하게 시간을 맞추거든요. 그런데 그 영원의 느낌이 임사 체험 중에 느껴지는 황홀한 느낌에 기여하는 것 같아요. 어쨌든 우리는 평소에 언제나 되도록 많은 것을 처리하려고 허겁지겁 서두르잖아요. 그런 순간에는 거기에서 완전히 벗어나게 돼요. 이 두 번의 경험에서 지는 누군가를 〈만나지는〉 않았어요. 목소리도 들리지 않았고요.

오늘날 많은 사람들이 임사 체험에 대해서 들어본 적이 있다. 이 현상은 2007년에 핌 반 로멜[3]이 그의 베스트셀러 저서 『삶 너머의 의식: 임사 체험의 과학』을 출판한 이후 많은 대중들에게 더 친숙해졌다. 임사 체험은 산소 결핍, 격렬한 불안, 고열, 화학 물질의 영향으로 발생할 수 있다. 심장 마비를 앓은 환자들의 20퍼센트는 심장 박동 정지 후 평온과 평화의 감정을 느꼈다고 이야기한다. 고통이 사라졌으며, 자신이 죽었다는 생각이 들었다는 것이다. 또한 일부 사람들은 자신의 육신을 떠나서 거기 누워 있는 자신의 모습을 본다고 느낀다. 또 다른 사람들은 어두운 공간을 벗어나 저 끝에서 밝은 빛이 비치는 터널을 빠르게 통과해서 아름다운 풍경 속에 있는 자신을 발견하거나, 더러는 음악을 듣는 느낌을 받기도 한다. 몇몇 사람들은 죽은 친지들과 친구들을 다시 만나거나, 잘 아는 종교적인 인물들을 만났거나 자신의 삶이 아주 빠른 속도로 스쳐 지나가는 것을 보기도 한다.

3 Pim van Lommel(1943~). 네덜란드의 의사, 임사 체험 연구가.

이 모든 일들이 1분 이내에 일어난다. 뇌는 자신이 처한 불리한 상황에 대한 반응으로서 언젠가 경험했던 기억, 생각, 형상, 표상 들을 엄청나게 빠른 속도로 끌어낸다. 기독교인들은 예수를 보고, 힌두교도들은 자신을 데려가려고 온 죽음의 신 야마의 사자들을 본다. 기억을 회상하는 과정이 평소보다 훨씬 빠르게 진행되는 듯하며 어떤 사람에게는 미래도 보인다. 임사 체험은 모종의 경계에 이르는 것으로 끝나고, 거기에서 자신의 몸으로 돌아온다. 자녀들을 돌보라며 예수께서 직접 자신을 돌려보냈다고 주장하는 사람들도 있다.

반 로멀의 공적은 환자들이 한 임사 체험을 2001년 영국의 저명 의학 저널 『랜싯 The Lancet』에서 상세하게 설명했다는 것이다. 그것을 계기로 의학계에서 이 현상에 대한 토론에 불이 붙기 시작했다. 반 로멀은 환자들이 임사 체험을 통해 어떤 극심한 변화를 겪는지, 그리고 그런 변화가 어떻게 이혼까지 이르게 하는지를 연결시켰다. 당사자들은 더 이상 죽음을 두려워하지 않았으며, 더욱더 영적이거나 종교적이 되었으며, 초감각적인 것에 대한 믿음이 증가했다. 임사 체험은 많은 이들에게 압도적인 인상을 남겨서, 그들은 이 현상이 신경학 용어로 설명되는 것을 원하지 않는다. 그들은 내세를 엿보았다고 믿으며, 영적이고 종교적인 일에 몰두하는 것으로 여생을 보낸다. 이 점에서 내 박사 과정 학생은 예외였다. 그는 임사 체험을 하는 동안에도 그리고 그 후에도 비판적인 과학자로 남았다.

버려진 네 개의 노벨상

반 로멀은 유감스럽게도 임사 체험에 대한 합리적인 분석보다는 초감각적으로 설명하려는 환자들의 믿음에 휩쓸린다. 책의 판매 부수를 보면 그의 사이비 과학적인 해석이 많은 사람들의 호응을 얻고 있다는 것을 알 수 있다. 반 로멀은 임사 체험에 대한 신경 생물학적인 설명을 단정적으로 거부하고 임사 체험만이 아니라 예언적인 꿈, 윤회, 원격 투시, 생각의 힘으로 물건들을 움직이는 것 등을 비롯한 다른 모든 영적이고 초감각적인 현상들을 단 하나의 이론으로 설명하려고 한다. 반 로멀의 견해에 따르면, 우리 〈근시안적이고 유물론적이고 환원주의적인 뇌 연구가들〉이 가정하듯이, 의식은 뇌로부터 나오는 것이 아니다. 아니, 반 로멀의 논지에 따르면, 의식은 〈우주 곳곳에 존재하며, 라디오나 텔레비전이 방송 프로그램을 받아들이듯〉 다만 우리의 뇌가 그 의식을 받아들일 뿐이다. 또한 반 로멀은 생각이 물질적인 기반을 가지고 있지 않다고 여긴다. 그는 그 반대의 경우를 증명하는 최근의 실험들에 대해 모르는 것이 분명하다. 한쪽 팔이 절단된 환자의 경우를 들면 뇌세포의 전기 활동을 기록하는 기기를 이용해서 생각의 힘으로 컴퓨터 마우스나 인조 팔을 조정할 수 있다. 다른 말로 표현하자면 반 로멀은 거꾸로 이해하고 있는 것이다. 〈라디오〉라고 일컬어진 뇌가 자기 자신의 프로그램을 만들어 낸다.

반 로멀은 우리 뇌가 장기 기억을 수용할 만한 충분한 용량을 가지고 있지 않기 때문에 자신의 영적인 이론이 반드시 필요하다고 주장한다. 이것은 허튼 소리다. 반 로멀은 에릭 캔들이 〈단기 기억과 장기 기억이 분자 차원에서 어떻게 형성되는지를 설명한〉 공로로 2000년 노벨상을 받았다는 사실을 모르는 것 같다. 반 로멀은 또한 우리 유기체들이 가지고 있는 태아의 발달과 면역 반응을 위한 정보들이 부족하다고 주장하고, 모든 정보들은 우주에 저장되어 있다고 믿는다. 다시 말하지만, 1995년 태아의 초기 발달 단계에 관여하는 유전자를 발견한 공로로 노벨상이 수여되었으며, 또 도네가와 스스무가 1987년 다양한 항체를 생산하는 데 필요한 유전자를 알아낸 공로로 노벨상을 수상한 사실도 그는 모르는 것 같다. 그는 DNA가 유전 정보의 담지자가 아니라 오로지 우주의 의식으로부터 전해지는 정보의 수신자라고 주장함으로써 대단원의 막을 내린다. 제임스 왓슨과 프랜시스 크릭이 1962년 DNA의 구조를 결정 지은 공로로 노벨상을 수상한 것이 부당했다고 진지하게 주장할 사람은 아무도 없을 것이다. 단 하나의 학문적인 논거도 없이 네 개의 노벨상을 무시함으로써, 반 로멀은 자신의 저서 또는 적어도 그 안에 있는 과학적 허구를 격추시킨 것이다.

임사 체험의 유발

뇌의 기능을 손상시키는 어떤 것도 임사 체험을 유발할 수 있으며, 그 결과 인간은 의식과 꿈 수면과 의식 불명 사이의 단계에 빠질 수 있다. 자의식이 붕괴되고, 에피소드가 지속되는 시간은 아주 길게 느껴진다. 임사 체험은 과다 출혈, 패혈 쇼크나 과민성 충격, 치명적인 감전, 뇌 손상이나 뇌혈관에 생긴 문제에 의한 혼수상태, 자살 시도, (특히 어린이들의 경우에) 익사 직전의 상태, 우울증 등의 경우에서 보고된다. 또한 임사 체험은 높은 이산화탄소 농도, 전투기 조종사들의 지나치게 빠른 상승 비행, 과호흡 증후군, LSD, 사일로사이빈, 메스칼린에 의해서도 야기될 수 있다. 더불어 마취제로 사용되는 케타민과 임사 체험의 연관 관계도 보고되었다.

레이던 대학 병원의 신경과 전문의이면서 임상 신경 생리학자인 헤르트 반 데이크 교수는 매주 수차례씩 환자들을 의식 불명 상태에 빠뜨린다. 그러면 환자들은 번번이 임사 체험에 대해 보고한다. 그들은 마치 모든 것들이 소리를 지르는 듯하고 쾌적한 감정이나 완전히 다른 세상에 있는 듯한 감정이 일었다고 말한다. 이 모든 증상들이 뇌 혈액 순환의 일시적 손상에 기인한다는 것은 잘 알려진 사실이다. 반 데이크가 기록한 EEG는 마치 죽은 사람들의 경우처럼 아무 변화가 없는 수평선을 보였다. 환자들이 계속 숨을 쉬는 것으로 봐서 뇌간이 기능을 하고 있음에도 불구하고 말이다. 그러나 반 로멀은 자신의 저서에서 임사 체험이 뇌의 산소 결핍에서 기인할 수 없다고 거듭 주장한다. 만일 그렇다면 심장마비를 경험한 사람은 누구나 임사 체험을 겪어야 한다는 것이다. 그러나 반 로멀은 『랜싯』에 발표한 논문에서 언급했던 산소 결핍이 더 오래 지속될수록 임사 체험을 했다는 것조차 더 이상 기억할 수 없을 정도로 뇌가 손상된다는 사실을 잊은 듯하다. 게다가 반 로멀의 연구는 다른 사람들에 비해서 임사 체험을 경험하거나 기억해 내는 사람들이 있는 것도 보여 준다. 이는 미국의 신경학자 케빈 넬슨Kevin Nelson이 보여 준 것처럼, 렘수면이 의식이 있는 동안 어느 정도 겉으로 드러나는 것과 관련이 있다. 임사 체험 동안 렘수면이 시작되면 꿈을 꿀 때처럼 근육이 완화되어 수면 발작이 일어나는 것을 막아 준다. 즉 몸을 움직이거나 말을 하지 못하게 된다(5장 참조).

이렇게 렘수면 동안에 일어나는 마비 현상은 마치 죽은 듯한 느낌에 기여한다. 반 로멀이 임사 체험의 원인으로서 산소 결핍을 부인하는 또 하나의 이유는 심한 스트레스도 임사 체험을 유도한다는 것이다. 그러나 이것 또한 스트레스 호르몬 코르티솔과 다른 스트레스 신호에 대한 뇌의 반응으로 여겨진다. 통증이나 스트레스가 참을 수 없을 정도이거나 목숨이 위험한 상황을 피할 수 없는 경우에 뇌는 자포자기하게 되고, 렘수면이 시작된다. 그러면 스트레스 체계가 봉쇄되고, 임사 체험의 꿈 단계가 평온한 감정과 더불어 시작된다. 반 로멀은 의식 불명의 상태에서 뇌의 모든 활동이 정지된다고 어떻게 그렇듯 확신할까? 헤르트 반 데이크 교수는 이를 정기적으로 반증한다. EEG는 대뇌 피질 상부 부위의 활동을 주로 측정하기 때문에, 그가 발견한 변동이 없는 EGG가 뇌의 모든 활동이 정지된 것을 의미하지는 않는다. 게다가 심장마비가 왔을 때, 뇌가 여전히 정상적으로 기능하는 시점과 의식 불명의 상태가 시작되는 시점 사이의 간격은 임사 체험을 경험하기에 충분할 정도로 길다. 의식 불명의 상태 후에 정상적인 상태로 돌아오는 시점 사이에도 마찬가지로 적용되는데, 이 사이에 도스또예프스끼는 측두엽 뇌전증 발작 동안에 마치 끝이 없을 것 같은 경험을 했던 것이다. 일부 사람들은 다시 소생하는 순간 자신의 몸속으로 미끄러져 들어간다고 느끼는데, 이 느낌 또한 의식 불명으로부터 깨어날 때 임사 체험이 나타날 가능성을 뒷받침한다.

반 로멀의 기괴한 가설은 완전히 비과학적이다. 반대로 뇌 연구는 임사 체험의 모든 양상에 대해 설득력 있게 설명할 수 있다. 측두엽과 두정엽이 만나는 부위를 자극함으로써 유체 이탈 체험을 유발할 수 있다. 만일 여기 측두엽과 두정엽이 만나는 지점인 각회(그림 28)에서 근육, 평형 기관, 시각 지각으로부터 오는 정보들을 처리하는 데 방해를 받게 되면, 자신의 몸에서 벗어나 떠도는 듯한 느낌이 든다. 뇌의 많은 화학 전달 물질에 영향을 미치는 대마초 복용 시에도 유체 이탈 체험이 발생한다.

뇌궁(그림 26) 가까이의 시상 하부 뒷부분에 전기 자극을 받은 한 환자는 내측두엽이 활성화되는 부작용으로 인해 30년 전에 있었던 사건들을 새롭게 체험하게 되었는데(11.3 참조), 마치 임사 체험에서처럼 지난 인생이 눈앞을 스쳐 지나갔다. 이내 측두엽은 일화적이고 자전적인 기억의 저장, 우리 인생의 연대기에 관여한다. 게다가 이 뇌 영역은 산소 결핍에 극히 민감하게 반응하는 탓에 쉽게 활성화될 수 있다. 해마를 자극하면, 이미 세상을 떠난 사람에 대한 기억을 포함해서 매우 명확하고 매우 자세한 기억이 떠오른다. 생명이 위험한 절박한 상황에 처하게 되면 이 모든 기억들은 순서대로 떠오르는 것이 아니라 말하자면 모두 한꺼번에 동시에 떠오르면서 〈삶의 파노라마〉라고 불리는 현상이 일어난다. 우리가 이미 측두엽 뇌전증 및 다른 형태의 측두엽 자극을 통해 이미 알고 있는 것처럼(15.8 참조) 이런 현상은 아주 강한, 영적이고 종교적인 감정들을 수반할 수 있다. 자신들이 우주나 세계, 신과 하나로 융합했다는 믿음이 들고 천상이나 내세에서 신이나 예수, 다른 종교적인 인물과 직접 접촉한다는 생각이 든다.

임사 체험에서 경험하는 평화와 평온의 감정, 고통의 사라짐은 뇌 안에 존재하는 아편류 물질의 방출이나 보상 체계의 자극으로 설명할 수 있다. 터널이 보이는 것은 안구의 혈액 순환이 감소하기 때문에 일어나는 현상으로 ,시야의 외곽에서 시작된다. 그 결과 시야의 외곽은 어두워지는 반면에 시야의 중심은 밝게 유지된다. 이것이 터널 끝의 빛처럼 보이는 것이다. 대형 원심기 안에서 훈련을 받은 탓에 눈의 혈액 순환이 원활하지 못한 전투 조종사들도 저 멀리 빛이 나는 터널

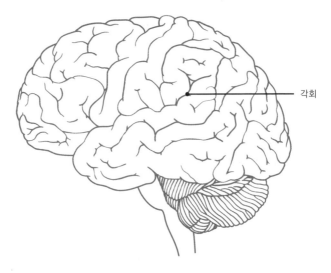

각회

그림 28 유체 이탈 체험은 산소 결핍에 매우 민감한 측두엽과 두정 피질이 만나는 부위, 즉 각회
가 자극받을 때 유발될 수 있다. 여기 각회에서 근육, 평형 기관, 시각 지각으로부터 오는 정보들
을 처리하는 데 방해를 받게 되면, 자신의 몸에서 벗어나 떠도는 듯한 느낌이 든다.

을 본다. 터널 끝에서 보이는 더없이 아름다운 색채와 매혹적인 빛은,
마치 꿈을 꿀 때처럼 시각 피질이 자극을 받으면 생기는 현상이다. 그
리고 꿈속에서처럼 임사 체험자들은 자신이 기괴한 사건 속에 있다고
느끼는 것이다. 꿈을 꿀 때처럼 사람은 기괴한 사건의 일부이다.

결국 반 로멀의 이론은 우리의 뇌와 우리의 DNA가 〈의식파(波)〉
를 받아들인다는 것으로 귀결되는데. 그는 〈의식파〉에 대한 정의도
내리지 않았다. 반 로멀의 설명에는 양자 역학에서 차용한 얽힘entan-
glement이나 비국소성nonlocality 같은 개념들이 자주 사용된다. 이것은
내 전공 분야가 아니기 때문에, 나는 반 로멀 저서의 이 부분에 대해
서는 논평하고 싶지 않다. 그 대신 현재 네덜란드 왕립 학술원 회장이
며 이론 물리학자인 로버트 데이크흐라프의 견해를 소개한다. 데이

크흐라프는 자신의 견해를 이렇게 명백히 표현했다. 〈설명할 수 없는 문제들에 접하게 되면, 인간은 양자 물리학이 그에 대한 답을 줄 것이라고 믿는 경향이 있다. 그러나 양자 체계의 모든 특성들은 유감스럽게도 두 개 이상의 입자들을 같이 놓는 즉시 순식간에 사라져 버린다. 입자들이 서로 연결되어 있음을 의미하는 얽힘과, 멀리서도 상호 영향을 미칠 수 있는 현상을 의미하는 비국소성은 오로지 특별한 상태, 다시 말해 절대 영도보다 10억 분의 1도 높은 기온과 완벽하게 외부와 차단된 환경에서만 나타난다. 양자 세계는 인간의 뇌나 뇌를 에워싸고 있는 세계처럼 따뜻하고 복잡한 체계와 공존할 수가 없다. 이 사실은 5분 안에 편지봉투 뒷면에 증명해 보일 수 있다.〉

무책임한 공갈 협박

학문적 근거가 없는 영적 이론을 제안하는 것은 반 로멀의 자유다. 그의 이런 생각들이 새로운 것도 아니다. 수천 년 전부터 많은 문화와 신비적인 운동과 종교가 그런 생각들을 표명해 왔다. 그러나 반 로멀은 〈임사 체험의 과학〉이라는 부제를 가진 자신의 책으로 독자들을 우롱해서는 안 된다. 게다가 의사인 그가 전혀 과학적이지 않은 이론으로 잠재적 장기 기증자들에게 두려움을 불러일으켜서도 안 된다. 장기를 기증한 사람의 특성이 기증받은 사람에게 전이된다는 (16.2 참조) 말도 안 되는 거짓을 진실인 양 주장하는 것은 도저히 이해할 수 없다. 반 로멀은 자신이 원칙적으로 장기 이식에 반대하지 않는다고 말은 하지만, 잠재적인 기증자와 그 가족들에게 고의적으로 불필요한 겁을 주고 있다.

현재 여러 병원에서 임사 체험 동안의 유체 이탈 현상이 실제로 일어나는지에 대한 증거를 수집하려 시도하고 있다. 환자의 방 안에 있는 캐비닛 위에 눈에 띄는 물건을 올려 두고, 유체 이탈을 경험했다고 말하는 환자들에게 그 물건들을 보았는지 물어보는 것이다. 예상할 수 있겠지만, 유체 이탈을 경험했다는 환자들은 그런 물건을 알아보지 못했다고 한다. 그렇다면 요컨대 임사 체험을 뇌 외부의 지각이나 사후의 삶에 대한 경험의 증거로 여겨야 할 하등의 이유가 없다. 그런 환자들 가운데 누구도 내세에 가본 적이 없을 것이기 때문이다.

간단히 말해서 임신할 뻔한 것과 실제로 임신한 것은 다르듯이, 죽음에 가까이 간 것과 죽은 것은 다른 것이다.

16.4 효과적인 위약

자연이 환자를 치유하는 동안 환자를 즐겁게 하는 것이 의사가 가져야 할 능력이다.

— 볼테르

가장 흔하게 처방된 우울증 치료제가 임상적으로 위약보다 더 효과적이지 않다는 발견은 모두를 당황시켰다. 이상하게도 의사들은 위약의 효능에 대해 긍정적으로 말하기를 꺼리는 것 같다. 위약 효과란 본질적으로 아무런 효능을 가지지 않는 조제약이나 치료가 환자들에게서 효과를 보이는 현상을 말한다. 일반적으로 약 자체에는 특별히 효과적인 성분이 들어 있지 않은 경우에도 약이 빨간색, 노란색,

오렌지색일 경우에는 자극하는 효과가 있다고 여겨지는 반면, 파란색과 초록색 약일 경우에는 진정시키는 효과가 있을 것으로 인지된다. 위약도 메스꺼움이나 복통을 일으키는 부작용이 있을 수도 있다. 심지어 위약에 중독될 수 있어서, 위약을 끊은 후에 금단 현상이 나타나기도 한다. 그러므로 위약 효과와 신경 생물학적인 작용 기제는 매우 흥미있는 연구 과제이다.

위약 효과는 무의식적인 뇌 활동의 변화를 통해 병의 증상들이 완화되면서 나타난다. 이러한 변화는 환자들이 치료에 거는 기대에 의해서 일어난다. 위약의 성분은 약리학적으로 효력이 없지만, 그 효과는 굉장히 클 수 있다. 위약 효과는 약품뿐만 아니라 상담 치료, 외과 처치, 또는 다른 치료법에서도 나타난다. 수년 동안 정신과 환자들에게 공황 발작이 일어나려고 하면, 비닐봉지 속에 숨을 내쉬라는 조언을 했었는데, 이 방법이 상당히 성공적인 것으로 판명되었다. 이는 과호흡 시 이산화탄소를 많이 내뿜게 되면 공황 발작이 야기된다는 이론에 근거했다. 그러나 사실 과호흡은 공황 발작의 원인이라기보다는 결과이며, 이론적으로 비닐봉지를 이용해 추가로 흡입되는 이산화탄소가 공황 발작을 진정시키기보다는 오히려 공황 발작을 유도한다는 사실이 나중에 밝혀졌다. 그러나 환자들이 비닐봉지에 숨을 내쉬면 효과가 있다고 믿었기 때문에 그 방법이 통했던 것이다.

화학 전달 물질 도파민의 결핍에서 비롯되는 파킨슨병의 경우에 위약은 뇌에서 도파민 분비의 증가를 야기하고 증상의 완화를 유도할 수 있다. 시상 하부핵을 억제하기 위한 목적으로 뇌에 심어진 전극을 이용해서도 비슷한 효과를 얻을 수 있다. 의사가 환자에게 전극 자극기를 켜거나 끈다는 말만 하고 실제로 그런 행동을 취하지 않아도,

환자의 증상은 의사의 말에 따라 완화되거나 강화된다. 마취하지 않은 상태에서 심부 전극을 뇌에 심는 수술을 받는 동안, 파킨슨병 환자들에게 새로운 파킨슨병 치료제라는 말과 함께 아무 효과도 없는 물질을 주입했다. 그러자 약 절반 이상의 환자에게서 같은 뇌 부위의 전기 활동이 감소했고 결과적으로 증상이 약화되었다. 위약에 반응하는 환자들의 뇌는 증상을 완화시키기 위해 어떤 부위의 활동을 변화시켜야 하는지 분명히 〈알고 있다〉는 생각이 든다. 이른바 새로운 약품이 효과가 있다는 환자들의 기대를 토대로 뇌는 그런 활동의 변화를 더욱 성공적으로 실행한다.

위약 치료를 받은 우울증 환자들은 진짜 항우울제를 복용한 환자들과 마찬가지로 6주가 지난 후, 병세의 차도를 보였다. 뇌 영상 연구는 위약을 복용한 환자 집단과 진짜 항우울제를 복용한 환자 집단 모두에서 활동 패턴의 변화가 매우 비슷했음을 보여 주었다. 그러므로 뇌는 위약에 의해서 우울증 증상을 약화시키는 데 필요한 정확한 기능적 변화를 유발할 수 있다. 이때 뇌는 전전두 피질의 활동을 증가시키고 시상 하부의 활동을 억제한다.

통증에 시달리는 환자가 위약 처치를 받으면, 뇌는 어떻게 통증을 억제하는지 〈알고〉, 엔돌핀(모르핀 같은 물질)과 대마초 성분의 분비를 증가시키고 뇌와 척수의 특정 부위에서 활동을 변동시켜야 하는 것을 변화시킨다. 값이 비싼 위약이 저렴한 것보다 더 효과가 좋다. 그러나 알츠하이머병 환자들은 진통제가 도움이 될 것이라는 기대를 하지 못한다. 그래서 다른 환자들보다 통증 극복의 효과가 적다. 알츠하이머병 환자에게서 다른 환자들과 같은 효과를 얻기 위해서는 진통제 양을 훨씬 더 많이 늘려야 한다.

위약 효과는 뇌의 무의식적인 자기 치유 능력에 근거한다. 이 기제는 암 치료에는 거의 도움이 되지 않지만 그러나 몇몇 뇌 질환의 경우에는 그야말로 아주 효과적이다. 위약 효과의 기제와 왜 다른 사람에 비해 위약에 유독 더 강하게 반응하는 사람들이 있는지, 또 여기에서 영성의 정도가 일익을 담당하는지 등의 문제들에 대한 연구는 중요한 임상 결과를 가져올 수 있을 것이다. 그때까지 물론 우리는 고풍적이고 인상적이고 믿음직한 의사의 모습을 〈걸어 다니는 위약〉으로서 과소평가해서는 안 될 것이다.

16.5 중국의 전통 의술: 때로는 위약보다 더 효험 있다

위약보다 더 나은 결과를 내는 침술.

유사 이래 중국의 전통 의학은 헤아릴 수 없을 정도로 많은 물질들과 음식이 건강에 좋다는 견해를 유지하고 있다. 실제로 중국에서는 맛있는 모든 것이 건강에 좋고 오래 살게 해준다는 주장을 즐겨 한다. 물론 발효되지 않은 녹차가 심혈관 질환과 특정 암에 걸릴 위험을 떨어뜨린다고 시사하는 진지한 연구 결과들도 있다. 열일곱 번에 걸친 국가 검진 결과를 토대로, 녹차를 커다란 잔으로 하루에 세 잔 마시면 심근 경색의 위험이 10퍼센트 줄어든다는 예상을 할 수 있다. 녹차는 고혈압과 과체중에 도움이 될 뿐 아니라 우리의 뇌도 보호한다고 알려져 있다. 일련의 전통적인 중국 약초들은 치매 증상을 개선한다고 알려져 있으며, 지금 현대적인 기술을 이용해 그 활성 성분과 작용 기제를 찾는 연구가 진행되고 있다. 예를 들어 조구등Uncaria rhynchophylla[4]은 베타아밀로이드[5]의 응집을 저지시킴으로써 알츠하이머병을 예방할 수 있다. 그러나 녹차가 파킨슨병과 알츠하이머병에 효능이 있다는 주장은 아직 더 많은 증거가 요구된다. 다족류와 갑충류, 지렁이는 중국의 전통 의학에서 치매에 효과가 있는 것으로 알려져 있다. 이것들의 추출물은 서구 사회에서 알츠하이머병 환자들에게 처방되어 때로는 긍정적인 효과를 나타내는 약제들처럼 아세틸콜린 가수 분해 효소의 활동을 억제하는 듯 보인다. 현재 중국에서 전통 약초에 대한 연구가 완전히 새로운 작용 물질의 발견으로 이어질 가능성을 완전히 배제할 수는 없다.

침술 치료와 관련해 제기되는 첫 번째 물음은 침술이 주는 효과가 단순히 위약 효과가 아니냐는 것이다. 이 이국적인 치유법의 인상적인 절차는 환자들에게 높은 기대감을 불러일으키고, 확실히 위약 효과가 있기 때문이다. 문제는 이 위약 효과가 침술 치료의 모든 효력을 다 설명할 수 있는지 아니면 수백 년 동안 중국에서 중요하게 여긴 경락과 혈자리에 대한 생각이 실제로 타당성이 있느냐는 것이다. 나는 이 문제가 얼마나 복잡한지 명확히 설명하기 위해 여기에서 몇 가지 연구를 예로 들어 설명하려 한다.

한 연구에서 편두통에 대한 침술의 효과를 시험하기 위해 임의적으로 환자들을 세 그룹으로 나누었다. 첫 번째 그룹은 고전적인 혈자리에 침을 놓는 진짜 침술 치료를 받았다. 이 침술 치료에서 의사들

4 꼭두서니과의 덩굴성 떨기나무. 중국이 원산지이고 혈압 강화의 효과가 뛰어난 것으로 알려져 있다.
5 뇌 속에 침착되어 알츠하이머병을 유발하는 것으로 알려진 단백질.

은 〈기(氣)〉, 즉 환자들이 침의 효과에 대한 표시로서 힘이 뻗치는 것을 느끼는 상태에 이르도록 해야 한다. 두 번째 그룹은 〈혈자리가 아닌 곳〉을 찾아서 침을 놓는 〈가짜 침술 그룹〉이었다. 세 번째 그룹은 치료를 기다려야 했다. 그 결과, 진짜 침술 그룹이 가짜 침술 그룹보다 치료 효과가 더 좋다는 결과가 나오지는 않았다. 그러나 두 그룹 모두 기다리는 그룹보다는 더 강한 효과를 나타냈다. 이러한 사실을 토대로, 한편으로는 침술이 효과가 있는 것은 사실이지만 다른 한편으로는 적어도 편두통의 경우에 고전적인 혈자리에 과연 의미가 있는지 의심스럽다는 결론을 이끌어 낼 수 있다. 그렇다고 이런 연구로부터 침술의 효능이 생리적인 기제에 따른 것인지, 아니면 매우 효율적인 위약 효과에서 비롯된 것인지 단정지을 수 없다. 긴장성 두통 환자들을 세 그룹으로 나눈 연구(멜샤르트를 외, 2005)에서도 비슷한 결과가 나왔다.

다음 연구에서 행해진 무릎 골관절염 환자들을 대상으로 한 비슷한 실험에서는 침술이 더 좋은 결과를 얻었다. 이 연구는 진짜 침술 치료를 〈혈자리가 아닌 곳〉에 슬쩍 침을 놓는 〈최소〉 침술 치료 및 치료를 기다리는 그룹과 비교했다. 8주간의 치료 후, 실제로 침술 치료를 받은 환자들은 〈최소 침술 치료를 받은〉 환자들에 비해 무릎의 기능 및 통증 면에서 증상이 현저히 호전된 것으로 드러났다. 시간이 흐르면서 그룹들 사이의 차이가 줄어들긴 했지만, 임상적으로 유용한 효과를 확인할 수 있었다. 만성적인 기계적 경부통의 경우에 침술이 통계상으로는 효과가 있는 것으로 드러났지만, 실제 임상적 효과는 없었다. 여기에서는 전기 침술과 가짜 전기 침술을 비교했는데, 두 침술의 차이는 침에 흐르는 전기의 유무일 뿐, 그 외 조건들은 같았다.

그러므로 혈자리를 벗어난 곳에 슬쩍 침을 놓는 식의 대조군이 없는 이 상황에서는 침 자체에 어떤 효과가 있었는지는 말할 수 없다.

PET 영상 연구에서는 통증이 심한 골관절염 환자들의 뇌가 각기 침술에 어떻게 반응하는지, 특히 환자들이 침술에서 무엇을 기대하는지 알아보았다. 〈단일 맹검 교차〉 시험에서는 세 가지 경우, 즉 진짜 침술, 진짜 위약 침술, 공공연한 위약 침술의 세 가지 치료 형태를 조사했다. 진짜 위약 침술에는 슈트라이트베르거 바늘을 사용했는데, 이 바늘로 환자의 피부를 누르면 바늘이 바늘집 속에 도로 들어가면서 환자에게 바늘이 피부를 찔렀다는 느낌을 준다. 세 번째 그룹에서는 끝이 뭉툭한 침으로 피부를 누름으로써 환자로 하여금 침술이 행해지지 않은 사실을 알도록 했다. 세 가지 침술 형태 중 어느 것도 환자들의 통증을 완화시키지 못했다. 반면에 진짜 침과 슈트라이트베르거 침이 환자들에게서 동일한 기대감을 일으켰음에도 불구하고 몸의 무의식적인 반응을 조절하는 부위인 뇌섬엽 주위가 슈트라이트베르거 침보다 진짜 침에 의해 더 강하게 활성화된 것을 PET 영상에서 확인할 수 있었다. 이 두 가지 치료법은 환자들이 전혀 치료 효과를 기대하지 않은 세 번째 방법, 즉 공공연한 위약 침술보다 전전두 피질과 전측 대상 피질, 중뇌에서 더 강한 활동을 야기했다. 이 실험은 침이 특정한 생리적 효과를 유발할 수 있으며, 치료에 거는 환자의 기대가 보상 체계와 관련 있는 뇌 부위를 자극한다는 것을 보여 준다. 그러므로 침술은 치료에 대한 기대에서 비롯되는 위약 효과보다 더 많은 것을 야기할 수 있다. 그러나 침술이 증거에 입각한 의학의 형태로 정립되기 위해서는 위에서 예로 든 경우들과 비슷한 실험을 모든 질병에 적용할 필요가 있다. 여기에서 동물 실험이 중요한 역할을 할 것이다. 쥐에게 전기 침술을 이용해 통증을 억제하는 동안 실방핵의 바소프레신 농도는 증가한 반면 옥시토신과 아편 유사 펩타이드에서는 어떤 변화도 나타나지 않았다. 바소프레신은 혈중에서도 측정할 수 있으며, 혈중 바소프레신의 농도는 침술의 효과와 침술이 사람에게 미치는 기능적 기제를 평가하는 데 도움이 될 수 있다.

16.6 약초 치료

약초는 활성 물질만이 아니라 독성 물질도 함유할 수 있다.

약초는 대안 치료로서 엄청난 인기를 누리고 있다. 미국에서 3만 종류의 약초 상품이 시장에서 판매되고, 1년에 약 40억 달러 규모의 상품이 유통되고 있다. 만성 질병에 시달리는데도 의사들이 별 도움을 주지 못하면, 대부분 〈대안〉 치료를 시도해 보고 싶은 시점이 한 번쯤은 찾아온다. 주변을 둘러보면, 모두들 이런 방식으로 갑자기 건강해진 사람을 아는 사람을 알고 있다. 다만 아무도 질병이 저절로 나을 수 있다는 사실을 언급하지 않는다는 것이 이상할 뿐이다. 치료의 성공에 기여하는 가장 중요한 요소는 아마도 대안 의사들이 보통 의사들보다 훨씬 더 친절하며 환자들을 위해 훨씬 더 많은 시간을 할애한다는 점일 것이다. 대안 치료의 효능에 대한 믿음은 종종 치료하는 의사와 치료받는 환자들에게서 아주 강해서 그보다 더 나은 위약을 발견할 수 없을 정도다. 약초 치료를 시도하는 환자들은 종종 다음과 같은 말로 자신의 치료 방식을 합리화한다. 〈설령 도움이 되지 않더라도 절대 해될 일은 없어요.〉어쨌든 약초는 〈천연〉 물질이기 때문에 당사자에게 나쁠 리 없다는 것이다. 나는 이런 오해를 불식시키고 싶다. 약초는 주장하는 바와 달리 아무런 치료 효과가 없을 수 있고, 심지어 생명을 위협할 만큼 대단히 위험할 수도 있다. 우리에게 잘 알려진 대부분의 독성 물질들도 사실은 〈천연〉 물질이다. 이것은 또한 논리적으로 타당한 사실이다. 화학 물질이 우리의 신체 기관에 영향을 미치려면, 대부분 단백질로 이루어진 수용체를 통해야만 하는데 우리에게는 천연 물질이나 그와 유사한 화학 물질들에 반응하는 수용체밖에 없기 때문이다.

이 〈안전한〉 약초들이 혹시 어떤 유해한 영향을 미칠 수 있는지 알아보려고 의학 서적들을 자세히 살펴본다면 모골이 송연해질 것이다. 뇌혈관 염증, 뇌부종, 섬망, 혼수 상태, 정신 혼란, 환각, 뇌출혈, 운동 장애, 우울증, 근육 약화, 가려움증, 뇌전증 발작 등 아주 다양한 신경 질환과 정신 질환이 약초 복용에서 비롯될 수 있다. 인삼은 불면증, 질 출혈, 조증 상태를 유발할 수 있다. 길초근은 오심을 야기하고, 이 때문에 나중에 후유증에 시달릴 수 있다. 독말풀은 방향 감각 상실을, 시계꽃은 환각을 일으킬 수 있다. 스트레스 치료제로 판매되는 카바카바Piper methysticum는 치명적인 간염에 이어 간경변증을, 마황은 정신 질환을 유발할 수 있다. 특히 약제는 에페드라 알칼로이드[6]를 함유하고 있다. 이런 물질들은 다이어트 제재, 각성제, 〈지능 향상제smartdrugs〉에 함유되어 있으며, 그 밖에도 운동선수들에게 도핑 물질로 사용된다. 그러다 스포츠 훈련 도중 자칫 목숨을 잃는 사

6 고혈압, 부정맥, 심근 경색, 뇌졸중 등의 부작용이 있는 것으로 알려져 있다.

태가 벌어질 수도 있다. 이런 이유에서 네덜란드 보건부 장관 호허포르스트는 재임 시절 이 제재들의 사용을 금지했다. 중국에 널리 유포되어 있는 은행잎은 부채 모양의 잎으로 20세기 초 유럽에서 유겐트슈틸[7] 디자인에 영감을 준 것으로 널리 알려졌다. 은행나무는 기억력 장애와 치매의 치료제(이 물질은 효능이 있기는 하지만, 그것은 서구의 별로 효험 없는 약품의 효능에도 미치지 못한다)로 처방되고 있지만 두통과 어지럼증을 유발할 수 있다. 유칼립투스는 섬망을 야기할 수 있다. 우울증 치료제로 복용되는 요한초Hypericum perforatum는 실제로 기분에 긍정적인 영향을 미치는 것으로 증명되지만, 불안 상태와 피로감도 야기할 수 있다.

심지어 일부 약초들, 특히 아시아에서 수입되는 약초들은 중금속에 오염되어 있다. 그러니 허황된 말에 현혹되지 말라. 가령 중국의 전통 의학에서 수백 년 동안 한약이 사용되어 왔다고 해서, 그것이 효능이 있다거나 무해하다는 것을 보장하지는 않는다. 게다가 약초를 일반 약품과 동시에 복용하면 전혀 예상하지 못한 뜻밖의 위험한 상호 작용을 일으킬 수 있다. 예를 들어 요한초는 피임약의 효과를 상쇄시키고, 에이즈 억제제와 우울증 치료제 프로작의 효능을 저하시킬 수 있다.

이제 이런 기본 지식과 비판적인 자세로 무장하고서 인터넷을 살펴보자. 인터넷에서 〈약초 치료〉를 검색하면, 온갖 질병을 치료하는 약초와 관련해 2,000만 개 이상의 항목과 더불어 그것들을 파는 사

---

7 19세기 말부터 20세기 초까지 독일 예술계를 풍미했던 예술 사조. 유겐트Jugend는 청춘, 젊음을 뜻하며, 유겐트슈틸Jugendstil은 젊음의 생동감 넘치는 예술 양식을 뜻한다.

기꾼들에 의해 내뿜어진 온갖 허튼 소리가 뜬다. 그것들을 읽다 보면 소름이 끼친다. 혹시 부작용이 전혀 없다고 하면서 당신에게 뭔가를 팔려고 하는 사람이 있으면 정신을 바짝 차려라. 효과가 있는 의약품에는 반드시 부작용도 따르기 마련이다. 그러므로 누군가가 부작용이 없다고 주장하면, 여기에는 세 가지 가능성이 있다. 1) 아무런 효과가 없다. 2) 결코 부작용을 테스트해 본 적이 없다. 3) 이것이 가장 확률이 높은데, 앞의 두 가지 모두가 해당된다. 인터넷에서 칭송하는 약초들로 이익을 보는 유일한 사람은 약초 공급자이다.

이 말이 약초들에 치유 효과가 있는 화학 성분들이 함유되어 있지 않다는 뜻은 결코 아니다. 중국에서는 학문적인 연구를 토대로 중국의 전통 의학을 확립하기 위해 열심히 노력하고 있다. 그들은 이미 수백 년 전부터 중국 전통 의술에서 사용되고 있는 약초들에 있는 활성 화학 물질들을 규명하기 위해 노력하고 있다. 그러나 중국 전통 의학은 활성 물질들의 혼합물이 최상의 효과를 낸다는 개념을 근거로 하고 있기 때문에, 중국의 과학자들은 힘든 상태에 직면해 있다. 오늘 날 개개의 작용 물질들이 추출되어 그들의 효능이 세포 배양과 동물 실험 등의 서구적인 방법에 따라 연구되고 있다. 이런 방식으로 예를 들어 베이징 칭화 대학교의 곽 교수를 중심으로 하는 인상적인 연구팀도 전통적인 치료제로부터 새로운 활성 화학 물질들을 추출하려고 시도하는 중이다. 중국 내에서는 전통 의학에 과학적 근거를 불어넣으려는 상당한 압력이 존재하고 있고, 중국 전통 의학을 단순히 수백 년에 걸친 중국 전통에 따라서 적용하는 의사는 격렬한 비판을 받는다.

약초로부터 화학 물질들을 추출하는 과정에서 때로는 오래전부터 알려진 친숙한 물질들이 나오기도 한다. 이를테면 전통적으로 노인병 치료제에 사용되는 식물들이 많은 멜라토닌을 함유하고 있는 것으로 나타났다. 서구에서도 멜라토닌을 노화 과정을 지연시키는 항산화제라고 주장하는 사람들이 있기는 하지만 그 사실을 뒷받침해 줄 결정적인 임상적 증거는 아직까지 없다. 순수한 화학 물질로서의 멜라토닌은 치매 환자들의 수면 각성 주기를 회복시키고 밤의 불안을 예방하고 또한 기억력을 근소한 범위에서 개선시킨다. 내가 알고 있는 바에 따르면, 멜라토닌을 다량 함유하고 있는 약초의 효능에 대한 비교 임상 시험은 아직까지 시행되지 않았다. 중국의 전통 의학에서 인삼은 성 기능 장애의 치료제로 처방된다. 미국의 동물 실험에서 인삼이 실제로 성욕을 증가시키고 발기를 순조롭게 하고 성 행동을 자극하는 것을 보였다. 다만 임상 분야에서 이것을 증명하는 일만이 남아 있다.

전통적인 식물 추출물의 효능은 서구의 의약품 연구에서 흔히 그렇듯이 점점 더 자주 비교 임상 실험을 통해 테스트되고 있다. 그러나 모든 의약품 연구에서 그렇듯이 이따금 모순된 결과들이 나오곤 한다. 예를 들어 은행잎의 추출물이 노인이나 치매 환자의 기억력에 실제로 근소하게 영향을 미치는 것을 보이는 연구들이 있는가 하면, 그와 반대로 기억력의 개선에 관여하지 않는다는 것을 보이는 연구들도 있다. 한 비교 분석 연구에서 은행잎과, 서구에서 효과는 별로 없이 심한 부작용을 야기하지만 여전히 치매 치료제로 사용되는 제제(아세틸콜린 가수 분해 효소 억제제)를 비교한 결과, 서구 약품이 은행잎보다 더 높은 점수를 받았다. 이처럼 은행잎은 치매의 묘약이 아니다.

여러 연구 결과들이 일치하지 않는 이유가 어디에 있고 또 어떤 연구가 옳은지 시간이 지나면 차차 밝혀질 것이다. 여기에서 가장 중요한 점은, 중국 전통 의학이 오늘날 통제된 서구의 방식으로 연구되고 있다는 사실이다. 그래서 우리는 중국 의학이 지나치게 많은 부작용이나 독성 물질의 위험 없이, 효험 있는 의약품을 개발하는 데 실제로 사용될 수 있는지 앞으로 알게 될 것이다. 독성 물질의 위험은 순전히 상상력에 기인하는 것이 아니다. 2006년 영국에서 판매된 중국 전통 의학의 알로에 제제로부터 허용 기준치의 1만 1,700배에 이르는 수은이 발견되었다. 이와 같은 발견은 현재 중국의 전통 의학을 현대화시키도록 더욱 압박하고 있다.

17장
자유 의지 — 아름다운 환상

의식적인 심적 표상은 뒤늦은 생각, 즉 주도권을 쥐고 있는 것처럼 보이기 위해서 나중에 생각해 낸 개념일지도 모른다.

— 어빈 얄롬[1], 『니체가 눈물을 흘릴 때』

17.1 자유 의지 대 선택

여기에 나는 서 있다. 나로서는 달리 어쩔 도리가 없다.

— 마르틴 루터가 1521년 보름스 제국의회에서 한 말로 전해진다.

인간은 선택을 하기 때문에 사람들은 흔히 인간에게 〈자유 의지〉가 있다고 믿는다. 하지만 이것은 잘못된 논리다. 모든 유기체는 끊임없이 선택을 한다. 여기서 논쟁이 되는 요점은 이 결정이 완전히 자

---

1 Irvin D. Yalom(1931~). 미국의 정신과 의사.

유로운가 하는 것이다. 그래서 미국의 연구원 조지프 프라이스는 자유 의지를 내·외부적 제약이 없는 상태에서 무언가를 하거나 하지 않기로 결정할 수 있는 능력이라고 정의했다. 이러한 정의에 따르면 우리가 자유로운 결정을 내린다는 말을 할 수 있을까? 다윈은 이미 1838년에 인간은 자신의 동기를 별로 분석하지 않으며 대부분 본능적으로 행동한다고 주장하면서 인간의 자유 의지를 환상이라고 기술했다. 실제로 자유 의지는 아주 복잡한 사안으로, 철학자들도 아직 자유 의지의 정확한 개념에 대한 합의점에 이르지 못하고 있다. 보통 자유 의지에 대해서 세 가지 사항이 거론된다. 첫째, 어떤 행동이 자유롭다고 표현되기 위해서는 그렇게 행동하지 않을 가능성(대안 가능성)도 있어야만 한다. 둘째, 행동을 실행하는 것에 대한 이유가 있어야 한다. 셋째, 스스로의 결단에 따라 행동이 실행되어야 한다. 물론 여기에서 판단은 전적으로 주관적이다.

순식간에 정열적인 사랑에 빠져 본 사람이라면 그 누구도 파트너의 선택이 〈자유 의지〉 또는 〈심사숙고한 결정〉이라고 분류하지는 않을 것이다. 사랑은 가슴 두근거리고, 진땀 나고, 밤에 잠 못 이루고, 상대방에게 감정적으로 매달리고, 상대방에 대한 관심과 생각에서 벗어나지 못하고, 상대방을 보호하고 싶은 소원에 휩싸이고, 엄청난 힘이 솟구치는 감정을 느끼는 등의 온갖 신체적인 반응 및 행복감과 함께 그냥 사람을 덮치는 것이다. 플라톤은 이미 오래전에 이런 과정의 자율성에 대해 정확히 똑같은 생각을 가지고 있었다. 그는 성적 충동을 배꼽 바로 아래에 자리한 네 번째 종류의 영혼이라고 생각했으며, 마치 동물이 이성에 복종하지 않듯이 반항적이고 제멋대로라고 묘사했다. 스피노자 역시 자유 의지는 존재하지 않는다는 견해를 표방했다. 그는 『윤리학』의 제3부 명제 2에서 다음과 같은 명료한 예를 들어 설명한다. 〈아이는 자신이 자유 의지로 우유를 원한다고 믿는다. 화가 난 소년은 복수를, 겁 많은 자는 도주를 자유로운 결정에 의해서 원하는 것이라고 믿는다. 흥분한 사람, 수다쟁이, 소년 등은 말하고 싶은 충동을 다스리지 못하면서 자신들이 정신의 자유로운 결정에 의해 말한다고 믿는다.〉 이로써 스피노자는 그런 성격상의 특성들이 타고나는 것이고, 결코 변화시킬 수 없음을 분명히 한다.

현재까지의 신경 생물학적 연구 결과에 의하면, 완전한 자유라는 것은 없다. 많은 유전적 요인들과 발달 초기 단계에서의 주변 환경이 뇌의 형성에 영향을 미침으로써 우리의 일생 동안 뇌의 구조와 기능을 결정짓는다. 결과적으로 우리가 삶을 시작할 때 많은 능력과 재능을 부여받을 뿐만 아니라, 선천적으로 중독에 빠지기 쉬운 성향과 다소간의의 공격성, 우리의 성 정체성과 성적 취향, 그리고 주의력 결핍 및 과잉 행동 장애, 경계성 인격 장애, 우울증이나 정신 분열증에 걸릴 수 있는 성향 같은 다수의 한계점도 부여받는다. 그러므로 우리의 행동은 이미 출생 시에 결정되어 있다. 모든 것을 원하는 대로 만들 수 있다는 1960년대의 믿음을 정면으로 반박하는 이런 견해는 〈신경칼뱅주의Neurocalvinism〉라고 불리기도 한다. 이 명칭은 칼뱅주의자들의 생각을 형성한 예정설을 떠올리게 한다. 오늘날에도 엄격한 개신교도들은 하느님이 우리 모두가 어떤 삶을 살 것인지, 영겁의 벌을 받을 것인지 아니면 구원받을 것인지, 그래서 지옥에 떨어질 것인지 아니면 천국에 오를 것인지 등 모든 것을 이미 출생 시에 결정지었다고 믿는다.

인간과 관련된 많은 것들이 발달 초기 단계에서 결정된다는 말은 정신 질환에만 해당되는 것이 아니라 우리의 일상적인 기능에도 해당된다. 우리가 이론적으로는 같은 성별이나 다른 성별 중 하나를 파트너로 선택할 수 있는 듯 보이지만, 이미 자궁 안에서 각인된 우리의 성적 취향은 이 이론적인 가능성 사이에서 자유롭게 선택할 여지를 허용하지 않는다. 게다가 우리가 태어난 언어적인 환경 속에서 우리의 뇌 구조와 기능이 형성되는 것이지, 우리 스스로 우리의 모국어를 선택하는 것은 아니다. 마찬가지로 영성의 정도는 유전적으로 예정되어 있더라도, 우리가 어떻게 영성을 형성할지는 출생 후에 접하게 되는 종교적 환경에 의해 결정된다. 이에 따라 우리가 우리의 삶에서 종교적인 믿음이나 유물론 또는 열성적인 환경 보호 운동 등에 주안점을 둘지 말지가 결정되는 것이다. 다르게 표현하자면 우리의 유전적인 성향들 및 뇌의 초기 발달에 지속적인 영향을 미치는 다수의 요인들이 우리에게 많은 〈내적 제한〉을 부여하기 때문이다. 우리에게는 우리의 성 정체성이나 성적 취향, 성격, 종교적인 입장, 모국어 등을 바꿀지를 결정할 자유가 없다. 마찬가지로 우리는 별안간 어떤 특정한 재능을 소유하거나 어떤 특정한 생각을 하지 않겠다고 결정할 수도 없다. 니체의 말처럼 생각은 내가 원할 때가 아니라 생각이 원할 때 찾아오기 때문이다. 우리는 도덕적인 선택에서도 제한을 받는다. 우리가 특정한 일을 승인하거나 거부하는 것은 그 문제에 대해 깊이 생각했기 때문이 아니라 달리 어쩔 도리가 없기 때문이다. 윤리는 우리의 아주 오래된 사회적 본능, 이미 다윈이 말한 바와 같이 집단에 이로운 행위를 지향하는 사회적 본능의 산물이다. 그러므로 우리에게는 자궁 안에서 이제 막 발달하기 시작하는 태아만이 유일하게 ── 유전적인 제약을 제외하면 ── 아직 약간의 자유를 소유하고 있다는 역설만이 남는다.

반면에 태아는 신경 체계가 아직 너무 미숙한 탓에 그 한정된 자유를 활용할 수 없다. 우리가 훗날 성인이 되면 우리의 뇌는 아주 제한된 범위에서만 수정 가능하고 그래서 우리의 행동도 아주 좁은 한도 내에서만 달라질 수 있다. 그때쯤이면 우리는 특정한 〈성격〉을 소유하게 된다. 우리에게 남아 있는 약간의 마지막 자유마저도 사회가 우리에게 부여하는 의무와 금지 등에 의해 더욱더 축소된다.

17.2 뇌 ─ 무의식적인 거대한 컴퓨터

덜 중요한 사항에 대한 결정을 할 경우, 모든 장점과 단점을 고려해 보는 것이 유용하다고 생각한다. 그러나 아주 중요한 사항일 경우에는 그 결정이 우리 안에 어딘가 존재하는 잠재의식으로부터 나온다.

― 지그문트 프로이트

우리는 의식적으로 생각하지 않고도 〈찰나의 순간에, 직감적으로〉 또는 〈직관〉을 토대로 아주 많은 결정을 내린다. 우리는 첫눈에 반한 파트너를 〈선택〉하고, 범행 용의자는 법정에서 자신도 의식 못하는 사이 사람을 죽였다고 너무나도 솔직한 태도로 말한다. 과학 저널리스트 맬컴 글래드웰은 저서 『블링크』에서 우리의 무의식적인 뇌에 의해서 불과 몇 초 만에 중요하고 복잡한 결정이 내려지는 멋진 상황을 묘사한다. 그러나 그런 일은 뇌 안에 내재되어 있는 컴퓨터가 엄청나게 많은 분석을 한 후에야 비로소 일어난다. 인간 조종사가 직접 손을 움직이지 않아도 자동 조종 장치에 의해서 비행기가 이륙하고 착륙하듯이, 우리의 뇌도 의식적인 생각 없이 광범위한 기능을 잘 수행할 수 있다. 그러기 위해서는 어느 정도의 훈련이 필요하다. 아주 노련한 〈미술품 감정가〉는 무의식적인 뇌에 오랫동안 거대한 양의 정보들을 저장함으로써 위조품을 즉각 식별할 수 있는 감각을 개발하고, 의학 전문가는 많은 환자들을 진찰함으로써 환자들이 방에 들어서는 즉시 진단을 내릴 수 있는 〈임상 치료의 안목〉을 개발할 수 있다. fMRI는 우리가 의식적이고 논리적인 사고를 내릴 때 직관적인 결정을 내릴 때와는 다른 뇌 회로를 사용함을 보여 준다. 오로지 직관적으로 결정을 내릴 때에만 뇌섬엽 피질과 전측 대상 피질이 활성화되는데 이는 이 두 대뇌 피질이 자율적인 조절에 중요한 역할을 하기 때문이다. 더불어 이 두 뇌 영역은 위장 계통을 조절하는 역할도 하는데, 직관을 종종 장에서 오는 느낌gut feeling이라고도 하는 것은 적절한 표현인 것이다.

우리 뇌는 대부분 자동 조종 장치와 같은 기능을 해야 한다. 계속해서 엄청나게 많은 정보들이 우리에게 쏟아지기 때문에 우리는 무의식적으로 선택적 주의력을 발휘해 우리에게 중요한 것들을 골라낸다. 나체 사진을 의식적으로 인지할 수 없을 정도로 잠깐 보여 주더라도, 이성애 남자의 시선은 벌거벗은 남자가 아니라 벌거벗은 여자에게로 향한다. 동성애 남자와 이성애 여자의 눈은 벌거벗은 남자의 에로틱한 사진에게로 옮아가는 반면, 레즈비언 여자와 양성애적 여자의 반응은 이성애적 남자들과 이성애적 여자들의 반응의 중간에 위치한다. 발달 초기 단계에서 뇌의 프로그래밍을 통해 성적 취향 역시 무의식적인 과정이 된다.

감정들은 이런 무의식적인 과정에서도 중요한 역할을 한다. 더욱이 도덕적인 판단에서 감정들은 결정적인 역할을 한다. 가령 한 사람의 생명을 희생해서 여러 사람의 생명을 구해야 하는지와 같은 도덕적인 딜레마 상황에서 복내측의 전전두 피질이 매우 중요한 역할을 한다. 우리 대부분은 그렇게 극도로 감정적인 결정을 내리는 것이 거의 불가능하다고 본다. 그러나 이 전전두 피질 부위가 손상된 사람들은 이런 상황에서 완전히 냉담하게 비인간적으로 판단한다. 그들은 그런 끔찍한 결정을 내리면서 연민도 공감도 느끼지 못한다. 사회적 규범과 가치에 근거하는 판단을 내리는 경우에는 이성적인 판단이 가능함에도 불구하고 분명히 감정에 기반을 둔다. 의식적인 고려들이 물론 무의식적인 결정보다 항상 더 나은 것은 아니다. 사실 의식적 고려들은 심지어 적절한 결정에 걸림돌이 될 수도 있다. 심리학과 교수 에드 드 한의 견해에 따르면, 집을 구입하는 등의 중요한 재정적인 결정들은 직관적으로, 즉 의식적인 고려 없이 내리는 편이 더 낫다. 자폐증 환자 서번트 대니얼 태멋은 영화 「레인맨」의 더스틴 호프먼처럼 라스베이거스에서 카드 카운팅으로 약간의 돈을 벌려고 했다. 그는 상당한 액수의 돈을 잃고 난 후에야 비로소 자신의 직관에 따라 결정을 했고 그러고 나서는 마침내 돈을 딸 수 있었다(9.1 참조). 우리는 출근하는 동안 밀리는 도로의 복잡한 상황에서 완전히 자동적으로 수백 가지 생사가 걸려 있는 결정을 내린다. 그러다 보면 문득 〈와, 벌써 다 온 거야?〉 하며 목적지에 도착한 것을 깨닫는다. 또한 어떤 문제를 한참 동안 염두에 두고 있으면서도 의식적으로는 생각하지 않을 수도 있다. 그러다 뭔가 다른 일을 하는 동안 돌연히 해결책이 떠오르기도 한다. 그러므로 우리의 행동은 많은 부분 무의식적인 과정에 의해 조종된다. 이것은 프로이트를 향한 끝없는 경의를 불러일으킨다. 100년 후 우리는 다시 잠재의식으로 귀환했다. 그러나 이번에는 억압되고, 유아적이고, 성적이며, 갈등과 공격적인 충동이라는 프로이트의 모호한 주장들과는 다르다.

문화적이고 사회적인 요인들이 무의식적인 결정을 내리는 데 중요한 역할을 한다. 역사적으로 온 국민이 잘못된 통치자를 맹목적으로 뒤좇은 사례가 많이 있지 않은가? 더불어 온도나 햇빛 같은 물리적 요인들도 우리의 행동에 큰 영향을 줄 수 있다. 길고 무더운 여름은 공격성의 표출을 자극할 수 있다. 지난 3,500년 동안 벌어진 2,131번의 전투를 분석한 결과 북반구와 남반구 모두에서 전쟁의 발발로 이어지는 중대한 결정들은 여름에 내려진 데 비해, 적도에서는 계절에 상관이 없었다는 것을 알 수 있다. 다시 말해서 전쟁의 개시라는 그야말로 중차중대한 결정이 군사적인 전략이나 〈이성〉 혹은 〈자유 의지〉에 따른 것이라기보다는 일광이나 기온에 따라 결정된 듯 보인다.

이렇게 많은 무의식적인 결정을 내리는 것에는 물론 단점이 따르기 마련이다. 예를 들어 우리 무의식 속의 인종 차별적이고 성차별적인 입장들이 취업 면접에서 종종 예기치 못한 영향을 주기도 한다. 그러나 우리의 뇌는 가능한 한 효율적으로 기능해야 하는 것 외에는 다른 방법이 없다. 어쨌거나 이성적인 결정을 하는 무의식적인 컴퓨터처럼 말이다. 무의식적이고 〈묵시적인〉 연상들이 우리로 하여금 엄청나게 많은 복잡한 결정들을 신속하고 효과적으로 내리도록 도와준다. 우리가 매번 신중하게 의식적으로 찬찬히 모든 찬반의 논거를 고려한다는 것은 불가능한 일일 것이다. 그런 모든 무의식적인 결정에 전적으로 의식적인 자유 의지가 들어설 여지는 없다. 이것은 커다란 의미를 내포한다. 우리가 누군가에게 행동의 책임을 물을 때, 대부분 우리 행동에 존재하지 않는 자유 의지를 전제로 하기 때문이다.

17.3 무의식적 의지

우리가 무엇인가를 왜 알고 있는지 모르면서도 알 수 있다는 사실을 받아들여야 한다.

— 맬컴 글래드웰

과중한 부담을 받고 있는 우리의 뇌는 무의식적인 과정을 통해 끊임없이 결정을 내리기 때문에, 미국 하버드 대학교의 심리학자 댄 웨그너는 〈자유 의지〉보다 〈무의식적 의지〉에 대해 말한다. 무의식적 의지는 주변에서 벌어지는 일들을 토대로 극히 신속하게 결정을 내리는데 그 결정 과정은 우리의 뇌가 발달 과정을 거쳐 형성된 방식과 그때까지 습득한 것들에 의해 결정된다. 우리가 살고 있는 끊임없이 변하는 복잡한 환경은 우리가 우리의 삶을 절대로 예견할 수 없다는 것을 의미한다. 또한 우리의 뇌가 발달한 방식으로 보아서 완전한 자유 의지같은 것은 존재할 수가 없다. 그런데도 우리는 끊임없이 자유로운 선택을 하고 있다고 믿으면서 그것을 〈자유 의지〉라고 부른다. 웨그너에 따르면 이것은 환상이다. 그는 그의 이론을 뒷받침할 실험을 수행했다. A라는 사람이 거울 앞에서 두 팔을 시야에 보이지 않도록 숨기고 서 있으면, 그 뒤에 서 있는 B라는 사람이 양팔을 A의 겨드랑이 아래, 즉 원래 팔이 있는 자리로 밀어 넣는다. 이때 B의 팔이 큰 소리로 부여받은 (예를 들어, 코를 긁어라, 오른손을 흔들어라) 명령을 실행하면, A는 거울을 통해서 그 움직임을 보고 마치 자신이 의도적으로 행동을 조절하고 있는 듯 느끼게 된다. 웨그너의 실험은 행동뿐만 아니라 행동을 시작하려는 〈의식적인〉 생각도 뇌의 무의식적인 과정에 의해서 일어난다는 것을 분명하게 보여 준다. 이런 무의식적인 과정들을 환히 꿰뚫어 볼 수는 없지만, 무의식적인 과정에서 비롯되는 행동을 해석할 수는 있다. 우리가 어떤 행동을 수행할 때 우리의 뇌가 표현하는 〈의식의 형상〉은 우리로 하여금 우리가 그 행동을 지각하고 있다는 느낌을 갖게 한다. 그러나 이러한 감정은 원인의 인과 고리를 이루는 사건들이 그 행동을 이끈다는 것에 대한 증거에 해당되지는 않는다. 암스테르담의 심리학자 빅토르 라머의 견해에 의하면, 의식적인 의지의 환상은 실행된 행동에 대한 정보가 대뇌 피질로 다시 보내지는 단계에서 비로소 일어난다. 웨그너는 자유 의지의 환상은 자신의 행동을 합리화하기 위해 필요하다고 생각한다. 이것은 마치 〈내가 이것을 했다〉라는 도장을 찍는 것과 마찬가지라는 것이다.

벤저민 리벳은 유명한 실험을 통해 우리는 행동을 개시하는 데 걸리는 시간이 우리의 뇌가 그 행동을 의식적으로 받아들이는 데 걸리는 시간보다 0.5초 빠르다는 것을 알 수 있다. 〈의식적인〉 경험이 무의식적인 뇌 활동(준비 전압)에 0.5초 뒤진다는 리벳의 결론은 자유 의지에 의한 행동 가능성에 상당한 의구심을 불러일으켰다. 리벳의 관찰 내용은 아직까지 격렬한 논쟁의 대상이 되고 있지만, 최근의 fMRI 실험은 운동 행위를 의식적으로 인식하기 약 7~10초 전에 이미 이를 준비하는 대뇌 피질 부위가 존재한다는 사실을 보여 준다. 그리고 행동과 의식 사이의 시간차는 다양한 실험에서 입증되었다. 한 실험에서는 피실험자들에게 컴퓨터 화면에서 불빛이 들어오는 지점을 빠르게 누르라는 요구를 했다. 그들의 시각 피질은 굉장한 속도로 반응했다. 불빛이 들어오고 나서 0.1초 만에 불빛이 들어오는 곳으로 움직이기 시작하기 위한 신호가 이미 운동 피질에 도착했다(그림 22). 이때 만일 자기 자극을 이용해 시각 피질에서의 처리를 방해하면, 행동은 실행되지만 피실험자는 화면에서 들어온 불빛을 의식하지 못한다. 이런 모든 관찰 결과들은 행동이 〈자유 의지〉에서 야기되는 듯 보이는 것은 환상이라는 생각을 뒷받침한다. 리벳이 생각하는 것처럼, 행동을 의식하는 즉시 그에 대한 거부권을 행사할 수 있는지는 앞으로 더 연구되어야 한다. 물론 여기에서도 무의식적인 뇌 활동이 거부권에 선행할 수 있다.

그러나 의식은 현실을 조금 늦게 뒤쫓아 갈지라도 여전히 유용하다. 우리는 의식적으로 계획을 세우고(13.1 참조), 의식적으로 자동차 운전을 배우고 많은 시간 동안 연습한 후에는 그렇게 습득한 것을 자동적으로 활용한다(14.5 참조). 그리고 우리가 상처나 염증의 통증을 의식하지 못한다면, 거기에 반응하는 기회와 더불어 생존의 가능성도 낮아질 것이다. 게다가 의식은 우리로 하여금 비슷한 위험 상황을 다음번에는 피하도록 한다. 대부분의 우리 행동이 무의식적으로 일어난다고 해서 우리가 뭔가에 주의를 집중해서 의식적으로 행동할 수 있는 가능성이 없다는 뜻은 아니다. 자동 조종 장치에 의존해서 운전을 하는 것은 예기치 못한 상황이 벌어져서 주의를 요하기 전까지는 괜찮다. 그러다 예기치 못한 상황이 벌어지는 순간, 의식적인 행동이 거기에 수반되는 모든 위험과 더불어 지휘권을 떠맡는다.

17.4 자유 의지가 아닌 것

모든 뇌는 특별하다. 그러므로 특별하다는 것은 결코 특별한 게 아니다.

프랜시스 크릭은 자유 의지의 존재에 대한 의구심을 가지고 있으면서도 전전두 피질의 일부인 전측 대상 피질이 〈의지〉의 신경 생물학적 토대를 제공할 것이라는 가설을 세웠다. 여기에서 크릭이 말하는 〈의지〉는 〈주도권을 쥔다〉는 의미를 가지고 있을 뿐 프라이스가 정의한 〈자유 의지〉, 즉 〈내적 또는 외적 제한 없이 뭔가를 하거나 하지 않는 자유 의지〉를 의미하지는 않는다. 안토니오 다마시오[2]도 전측 대상 피질과 내측 전전두 피질이 우리의 외적 행동(운동)과 내적 행동(생각과 추론)의 원천이라고 생각한다. 알츠하이머병 환자들에게서 실제로 무감각한 증상의 정도와 전측 대상 피질의 축소 사이에 나타나는 뚜렷한 상관관계가 발견된다. 그러나 이것이 〈자유 의지〉가 이곳에 위치한다는 것을 뜻하지는 않는다.

자유 의지가 환상이라는 이론에 일격을 가하기 위한 많은 사례들이 뇌 연구가들에게 제시되었다. 예를 들어 무엇인가에 저항하려는 결정이 자유 의지의 존재에 대한 증거로 종종 거론된다. 어려서부터 세뇌받은 종교적 극단론자들이 그들의 행동을 같은 관점에서 본다는 것을 감안하면 이것이 과연 적절한 사례인지 의심하지 않을 수 없다. 마르틴 루터가 1521년 보름스 제국의회에서 했다고 전해지는 말, 즉 〈여기에 나는 서 있다. 나로서는 달리 어쩔 도리가 없다〉라는 말도

---

2 Antonio Damasio(1944~). 포르투갈 출신의 미국 신경학자.

완전히 자유로운 결정을 표현하는 것처럼 들리지 않는다.

또한 자유 의지의 존재를 〈증명하기〉 위해서 종종 과학과 예술이 인용된다. 오스트레일리아의 전기 생리학자이며 노벨상 수상자인 존 에클스는 과학자들의 창의성을 자유 의지의 존재에 대한 명백한 증거라고 주장했다. 그리고 실제로 우리의 뇌는 유일무이하다. 그래서 유일무이한 시와 그림을 창작하거나 유일무이한 실험을 고안할 수 있다. 그러나 그것으로 자유 의지의 존재가 증명된 것은 아니다. 독립적으로 세계의 다른 곳에서 일하는 창조적인 연구가들이 종종 동시에 〈유일무이한〉 발견들을 하는 것은 그럴만한 이유가 있다. 이것은 과거에도 현재에도 언제나 그래 왔다. 다윈은 자신의 원래 의도와는 달리 진화론을 세상에 내놓을 수밖에 없었다. 앨프리드 러셀 월리스가 완전히 독자적으로 자신과 같은 개념에 이르렀기 때문이었다. 두 사람은 이 사실을 공동 논문의 형식으로 세상에 알렸으며, 이 발표문은 1858년 7월 1일 런던 린네 학회에서 낭독되었다. 하지만 다윈은 그 자리에 없었다. 그날 부인과 함께 아들의 장례식을 치렀기 때문이었다. 월리스도 머나먼 극동 아시아에 있었기 때문에 그 자리에 참석하지 못했다. 공동 논문은 더 이상 논쟁을 부추기지 않았다. 다윈이 비글호를 타고 항해 중이었을 때, 스코틀랜드의 어느 원예사가 이미 자연 선택의 개념을 내놓은 사실은 더욱 주목할 만하다. 그 원예사는 자신의 생각을 책으로 출판했기 때문에 전혀 주목받지 못했다. 더욱이 오늘날에도 이런 상황은 마찬가지다. 학문적인 논문이 학술 잡지가 아니라 책의 일부로서 출판되면 논문 발표로 인정되지 않는다. 이런 예들은 그 당시 상황이 완전히 새롭고 유일무이한 이론을 받아들일 만큼 무르익었음을 알려 준다. 앞에서 말한 세 사람이 이 이론을 주창하지 않았더라도 곧 다른 사람이 같은 주장을 했을 것이다. 그렇다고 그런 상황이 이 이론을 정립하고 논거의 각 단계마다 수많은 사례를 들어 학문적으로 뛰어날 뿐만 아니라 굉장히 읽기 쉽게 설명한 다윈의 탁월함을 깎아내리는 것은 아니다.

이처럼 독립적이지만 동시다발적으로 나타나는 현상은 예술에서도 발견된다. 예술적 발전의 시초는 이미 16만 4,000년 전 아프리카로 거슬러 올라가지만, 인간은 약 3만 5,000년 전에 프랑스의 아르데슈, 오스트레일리아, 아프리카에서 동시에 예술을 〈발명한〉 듯 보인다. 독일에서 발견된 세계에서 가장 오래된 조각품이자 매머드 상아로 조각된 여성상도 마찬가지로 같은 시기에서 유래한다. 인간 창조성의 이런 〈유일무이한〉 표현 형식들은 뇌의 진화론적인 발달 단계에 좌우된 것이 분명하다. 마찬가지로 연구자들의 〈유일무이한 실험〉에서 가장 영향력 있는 요소는 무엇보다도 학문적 사고의 진보 및 새로운 기술과 자재의 발달로 보인다. 이로써 연구자들은 논리적으로 일관성 있게 다음 발걸음을 내딛을 수 있는 가능성을 얻게 된다. 그러므로 〈유일무이한〉 학문적 또는 예술적 발견이 〈자유 의지〉의 존재를 증명하기에는 충분하지 않다.

17.5 자유 의지와 뇌 질환

뇌 질환과 관련된 경우 확실히 자유 의지는 환상이다.

자유 의지는 내적, 외적 제약이 없는 상태에서 어떤 행동의 실행 여부를 결정할 수 있는 능력이다. 게다가 자유 의지는 스스로 하는 행동의 결과를 통찰할 수 있어야 한다. 뇌 질환에 걸린 환자의 경우에 한편으로는 〈내적 제한〉이 나타날 수 있으며, 다른 한편으로는 〈자신이 하는 행동의 결과를 통찰하기가 불가능할〉 수도 있다. 이것은 법적인 결과를 초래할 수 있다. 어쨌든 네덜란드의 형법은 발달 장애나 정신 질환 탓에 책임을 질 수 없는 범죄를 저지른 사람은 처벌할 수 없다고 정하고 있기 때문이다. 2003년 어느 요양원에서 극심한 치매에 걸린 81세 할머니가 마찬가지로 치매에 걸린 80세 할머니를 살해하는 사건이 벌어졌다. 검찰은 당연히 공소하지 않았다. 정신 분열증 환자들은 이따금 공격적인 범죄를 저지른다. 존 힝클리는 1981년 레이건 미국 대통령을 암살하려 시도했고, 2003년에는 정신 분열증 약을 복용하지 않은 미하일로 미하일로비치가 〈예수의 지시〉를 받았다고 믿는 상황에서 스웨덴의 외무부 장관 안나 린드를 살해했다. 분명 이런 행위들이 자유 의지에 의한 것이라고 주장하는 사람은 거의 없을 것이다. 점잖은 옷차림으로 핸드백을 무릎 위에 올려놓고 앉아서 의사와 대화를 나누는 도중, 틱장애 탓에 별안간 음란한 말(씹, 씹, 씹)을 내뱉는 투렛 증후군[3] 환자의 행동도 마찬가지로 자유 의지에 의한 것이 아니다. 소아 성애증자들의 성적 성향이 유전적인 성향과 비정상적인 뇌 발달에 기인한다는 것에 주목하면, 과연 그들에게 도덕적인 책임을 물을 수 있을까? 소아 성애증은 확실히 자유로운 선택이 아니다. 유전적 성향과 임신한 어머니의 흡연 탓에 ADHD에 걸려서 사법권과 갈등을 빚게 되는 사람은 자신의 행동에서 얼마나 자유

3 신경증적인 질환의 하나로 흔히 틱 장애라고도 불린다.

로운가? 우리는 임신 중의 영향 결핍이 아이에게 반사회적인 태도의 위험성을 높인다는 것을 알고 있다. 그런 행동 때문에 경찰과 악연을 맺게 되는 사람은 과연 얼마나 자유로운가? 성호르몬 때문에 기능적으로 완전히 달라진 자신의 뇌에 아직 익숙해지지 않은 사춘기의 청소년이 자신이 저지른 범행에 전적으로 책임이 있을까?

〈자유 의지〉의 개념이 얼마나 복잡한지는 우뇌와 좌뇌 사이의 소통이 원활하지 않을 때 나타나는 기이한 〈외계인 손〉(낯선 손) 증후군에서도 드러난다. 이 증후군은 양쪽 뇌 사이를 연결하는 뇌량이 손상받아서 나타날 수 있다. 이 손상 탓에 한쪽 뇌에서 일으킨 활동이 더 이상 다른 쪽 뇌의 조정을 받지 못하고, 이 병에 걸린 환자는 양손 중한 손의 통제력을 완전히 잃어버린다. 그들의 외계인 손은 정상적인 손에 비해 이상한 행동을 자신의 의지와는 상관없이 수행한다. 이를테면 한 손이 바지를 입는 동안 다른 한 손은 바지를 벗으려고 한다. 이런 경우에는 어느 정도의 〈자유 의지〉가 적용되는가? 외계인 손 증후군에 걸린 어느 여성 환자는 왼손이 자신을 목 조르려 했기 때문에 번번이 잠에서 깨어났다고 이야기했다. 영화 「닥터 스트레인지러브」에서도 그런 장면이 묘사된다. 이 영화에서 피터 셀러스는 한 손으로 자신의 목을 조르려 하고 다른 한 손으로는 끊임없이 그것을 저지한다. 위에서 말한 여성 환자가 깨어 있을 때면, 왼손은 오른손의 〈의지〉에 반해서 옷의 단추를 풀려고 했다. 또한 그런 식으로 그 환자의 왼손은 수화기를 들기 위해 오른손과 싸웠다. 자신의 사지를 더 이상 통제하지 못한다는 감정 및 스스로 사지를 움직일 수 있다는 감정의 상실은 당사자를 극도로 불안하게 만든다. 그러면 환자는 다른 사람 또는 다른 뭔가가 자신의 행동을 조정한다고 상상한다. 위에서 말한 여성 환자는 실제로 자신의 손을 더 이상 통제할 수 없다고 느꼈으며, 자신의 손이 〈달에서〉 조정당한다고 믿었다. 무슨 일이 일어나는지 의식은 하지만 그 일어나는 일에 대해 직접 결정한다는 감정(자유 의지)이 결여된 상황에서 우리의 몸을 낯선 물건처럼 느끼는 것으로 보인다. 자유 의지에 의해 행동한다는 환상은 아마 우리가 우리의 자의식을 위해 지불해야 하는 대가라는 논제 역시 여기에 근거한다. 외계인 손 증후군의 경우에, 서로 각자 다른 것을 원하는 〈두 개〉의 의지가 뇌에 존재하는 듯 보인다. 그러므로 자유 의지를 소유한다는 환상은 좌뇌와 우뇌 사이의 원활한 소통에도 좌우된다.

모든 것을 자유롭게 선택할 수 있다는 생각은 잘못된 것일 뿐만 아니라 또한 많은 불행을 야기하기도 한다. 예를 들어 우리의 성적 취향, 즉 이성애, 동성애, 양성애는 다만 〈선택〉의 문제일 뿐이라는 견해가 일반적으로 주창되었다. 그래서 모든 종교에서 동성애는 잘못된 선택으로 여겨지고, 얼마 전까지만 해도 형법의 제재를 받았으며 탈선으로 취급받았다. 이런 사고방식을 좇아서 의학 역시 질병으로 여겼다. 비로소 1992년에야 동성애는 ICD-10(국제 질병 분류)에서 삭제되었다. 그때까지 〈뇌 질환〉이라고 여겨진 동성애를 치료하기 위해서 그들을 감금하거나 그들에게 온갖 끔찍한 개입 및 수술이 시도되었지만 아무런 효과도 얻지 못했다. 이외에도 공격적인 행동, 소아 성애증, 도벽, 스토킹 같은 행동 방식들도 여전히 자유 의지에서 출발한다고 여겨지고 있다. 나는 사회가 이런 행동 방식들에 가진 생각이 달라지기까지 앞으로 얼마나 더 오래 걸릴지 자못 궁금하다. 이런 행동의 원인이 선천적이라는 것을 사회가 인정한다면, 이는 이들 범죄자의 처우에 커다란 영향을 줄 것이다. 다발성 경화증 같은 뇌 질환도 긍정적인 자세로 질병에 대처하려는 의지가 병의 치유에 도움이 된다고 거듭 주장되고 있었다. 이런 관점에는 아무런 증거도 없을 뿐만 아니라, 병세가 극적으로 악화되는 경우에는 가엾은 환자가 병을 다스리려고 충분히 〈노력하지〉 않았다는 비난을 받는 결과를 초래하기도 한다.

완전한 〈자유 의지〉가 환상이라는 사실을 받아들이는 편이 우리에게 더 이롭지 않을까? 이것은 새로운 생각이 아니다. 이미 스피노자는 『윤리학』 제2부, 명제 48에서 이렇게 말했다. 〈정신에는 절대 의지나 자유 의지가 존재하지 않는다.〉

18장
알츠하이머병

18.1 뇌의 노화, 알츠하이머병, 그리고 치매의 다른 형태들

자신이 모든 것을 망각했다는 사실조차 결국은 망각할 것이고 그런 일이 일어났다는 사실에 아쉬워하지 않을 것이라는 전망은 위로가 아니다. 이는 자신이 마침내 인격체로서 말소되었다는 것을 뜻하기 때문이다.

— 다우어 드라이스마

우리는 흔히 삶을 층계에 비유한다. 우리가 전성기에 이르며 성장과 발전을 하는 시기에는 한 계단씩 위로 올라가고, 그러다 나이가들어 50세 이후부터는 다시 아래를 향해 내려가는 층계말이다. 그러나 뇌의 노화 과정은 신체의 노화 과정과는 달리 아래를 향해 새로운 계단을 내려가지 않고 왔던 길을 그대로 다시 돌아간다. 정상적인 뇌의 노화 과정은 단지 몇 계단 정도 돌아갈 뿐이지만, 알츠하이머병의 경우에는 모든 계단을 돌아간다. 서서히 인품을 상실하다가 결국 병의 말기에 이르면 침대에 태아처럼 웅크리고 누워서 다른 사람들에게 완전히 의존하는 삶을 산다. 정신이 혼미해져서 사실상 뇌사 상태에 빠진다(18.2 참조).

뇌의 〈정상적인〉 노화와 알츠하이머병에는 많은 공통점이 있다. 첫째, 나이가 알츠하이머병의 가장 중요한 위험 요소다. 나이가 들면 알츠하이머병에 걸릴 위험 지수가 기하급수적으로 상승한다. 둘째, 알츠하이머병 환자들의 뇌에서 지금까지 발견된 모든 변화는 치매에 걸리지 않은 비교 집단의 노인들에게서도 나타난다. 단, 비교 집단의 노인들의 경우 그 정도가 훨씬 미미했으며 변화가 보이기 시작하는 나이가 더 많았다. 알츠하이머병은 여러 면에서 뇌가 너무 일찍, 빠르고, 심각하게 노화한 형태라고 볼 수 있다.

무엇이든 살아 있는 것은 노화하기 마련이다. 그런데 왜 그럴까? 그것은 아마도 원래의 개체를 온전한 상태로 유지하기 위해서 손상된 세포들을 끊임없이 회복시키는 것보다는 이따금 더 젊은 개체로 대체하는 편이 자연의 입장에서는 에너지를 덜 소모해도 되는 일이기 때문일 것이다. 진화는 항상 나이 든 개체보다는 번식에 더 많은 노력을 기울였으며, 이것은 〈일회용 개체 이론〉으로 알려져 있다. 유감스럽게도 이런 우선순위는 우리 사회가 노인들을 대하는 태도에도 반영된다. 우리 사회는 가능한 한 값싸게 노인들의 문제를 해결하려 한다.

치매의 다양한 형태들

알츠하이머병은 가장 빈번하게 나타나는 치매 형태다. 사회는 점점 더 고령화되고 이 질병의 가장 중요한 위험 인자는 나이이기 때문에, 알츠하이머병 환자의 수는 향후 30년 동안 두 배로 증가할 것이라고 예상된다. 치매 증상을 보였던 환자가 알츠하이머병에 걸렸었는지를 진단하는 유일한 방법은 그들의 사후 뇌 조직을 현미경으로 관찰해서 알츠하이머병에 관련된 표식적인 변화(그림 29)를 확인하는 것이다. 뇌 조직을 정밀하게 살펴봐야만 비로소 알츠하이머병과 구별될 수 있는 많은 다른 형태의 치매들이 있기 때문이다.

뇌경색과 뇌출혈은 다발성 경색 치매를 유발할 수 있는데, 이는 종종 알츠하이머병 유형의 뇌 변화를 동반한다. 또한 파킨슨병도 치매를 일으킬 수 있는데, 파킨슨병이 대뇌 피질까지 퍼지면 루이 소체 치매의 형태를 취한다. 전전두 피질에 기인한 다양한 형태의 치매들은 모두 피크병이라고 불리곤 했는데, 현재는 17번 염색체의 타우 유전자의 돌연변이 양상에 따라서 다른 형태의 전두측두엽 치매로 구분된다(그림 30). 이렇게 다양한 형태의 치매는 대부분 기억력 장애가 아니라 돌출 행동으로 시작된다. 알코올 남용은 환자들이 꾸며 낸 이야기로 기억의 빈틈을 메우고 이것을 사실이라고 철석같이 믿는 코르사코프 증후군을 야기할 수 있다. 그들이 아무것도 기억할 수 없다는 뜻이 아니다. 언젠가 내가 코르사코프 증후군 환자에게 나를 소개하려고 했을 때, 그 환자가 말했다. 「저는 선생님을 알아요. 스왑 박사님 아니신가요?」 그러니 얼굴과 관련한 기억력 면에서는 내가 코르사코프 증후군 환자보다도 못한 것이다! 과거에는 치매가 에이즈의 공통된 증상이었는데, 다양한 형태의 감염으로 인한 뇌 손상이 그 원인이었다. 오늘날에는 다중 치료법에 힘입어, 에이즈 환자에게서 치매는 더 이상 나타나지 않는다. 한번은 알츠하이머 카페(네덜란드에서 인기를 얻고 있는 알츠하이머병 환자들의 비공식적인 모임)에서 강연을

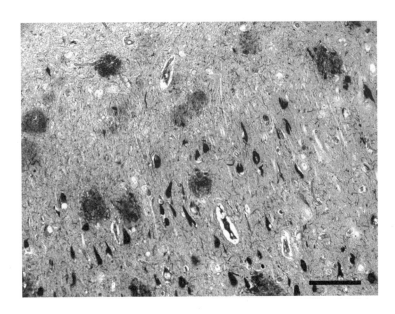

그림 29 85세 알츠하이머병 환자에게서 채취한 작은 뇌 조각(대뇌 피질)을 갈리아스 은염색을 사용해 현미경으로 살펴보면 알츠하이머병과 관련된 두 가지 전형적인 손상을 확인할 수 있다. 신경 세포들 사이에 크고 둥근 아밀로이드를 함유한 플라크와 신경 세포들 안에 검게 보이는 신경 섬유들이 엉켜 있는 양상이 그것이다. 오른쪽 아래의 검은 선 길이는 100마이크로미터를 나타낸다. (사진: 운하 운메호파 제공)

한 적이 있는데, 그때 휴식 시간에 45세가량의 남자가 내게 다가와 자신이 치매 초기라고 말했다. 나는 그에게 겉으로 봐서는 전혀 그렇게 보이지 않는다고 대답했다. 그 남자는 이미 몇 차례 작은 뇌출혈이 있었다고 했다. 그런 뇌출혈이 앞으로 되풀이될 것이며 그러다 결국 치매에 걸린다는 사실을 잘 알고 있었다. 나는 그 남자에게 카트웨이크[1]에 친척이 있냐고 물었다. 「그래요」 그 남자가 대답했다. 「훌륭한 진단입니다. 교수님!」 내가 그런 질문을 한 이유는 카트웨이크

---

1 북해에 면한 네덜란드의 휴양 도시.

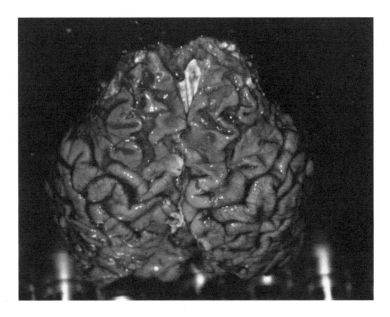

그림 30 전두측두엽 치매에서 뇌의 나머지 부분은 온전한 반면 뇌의 앞부분(사진에서 상부 가운데 부분)이 심하게 수축했다. (사진: 네덜란드 뇌은행 제공)

에는 돌연변이로 인해 혈관에 아밀로이드가 다량 침착되어서 뇌출혈을 일으키고 치매에 걸리는 가족들이 있기 때문이었다. 그들은 자신들에게 앞으로 무슨 일이 닥칠지 잘 알고 있다. 그런 방식으로 치매에 걸린 친척들을 많이 봐왔기 때문이다. 그러나 크로이츠펠트 야콥병처럼 이 병도 이상 단백질의 감염에 의해 야기되는 아주 희귀한 형태의 치매다. 크로이츠펠트 야콥병은 유전적인 원인에 의해서 발병할 수 있지만 과거에 의사들이 수술 도구들을 특정 방식으로 살균 소독해야 한다는 사실을 몰랐을 때, 뇌 수술에 의해서 전염된 적도 있었다. 또한 각질 이식 및 성장 호르몬이 결핍된 아이들에게 예전에 사용했던 뇌하수체 추출물을 통해서 전염된 적도 있다. 러시아에서 유래한 것이라고 추정되는 그 추출물은 성장 호르몬을 이용해 근육을 기르려고 하는 헬스클럽에서 현재도 이따금 발견된다. 이것은 심히 위험한 일이다. 단 하나의 크로이츠펠트 야콥병 인자로도 한 공정에서 생산된 추출물 전체가 생명을 위협하는 물질이 되기 때문이다. 크로이츠펠트 야콥병이 변형된 형태가 광우병인데, 소의 뇌에서 얻은 감염성 단백질이 다른 부위들과 함께 섞여서 햄버거로 만들어진 데에서 유래했다. 헌팅턴병도 유전적인 형태의 치매다. 발작적인 움직임이나 조정력 부족 등, 이 병의 특징인 운동 장애를 주변의 친척들에게서 본 사람들은 그 증상이 자신에게서도 시작되면 자신도 차츰 치매에 걸릴 것을 예상한다.

그러므로 치매는 그 형태가 아주 다양하지만 대부분은 알츠하이머병에서 비롯된다. 만일 이렇게 다양한 형태의 치매에 대해서 전혀 아는 것이 없어서 모든 치매 환자를 〈알츠하이머병〉이라고 추측하더라도, 대부분의 경우 그 추측은 옳다고 판명된다. 나중에 시행된 현미경 검사에서 알츠하이머병 아니면 알츠하이머병과 혈관 변형의 혼합 형태로 밝혀질 것이기 때문이다.

알츠하이머병의 원인은 무엇인가?

알츠하이머병은 뇌가 너무 일찍 빠르고 심각하게 노화한 형태로 볼 수 있다.

최근 수십 년 동안 알츠하이머병 연구는 이 질병의 몇몇 희귀한 유전적인 형태에 집중되어 왔다. 벨기에에는 35세의 나이에 알츠하이머병이 시작되어 40~50세에 사망하는 두 가족이 있다. 이런 가족들에게서 〈베타 아밀로이드 전구체 단백질〉 및 프레세닐린[2] 1과 2의 유전자에서 돌연변이가 발견되었다. 그러나 이런 돌연변이들은 모든 알츠하이머병의 1퍼센트도 안 되는 경우에 해당된다는 사실을 명심할 필요가 있다. 연령이라는 요소와 ApoE-ε4라는 이름의 유전자가 65세 이상 알츠하이머병 환자의 94퍼센트에서 나타나는 치매 형태의 단연코 더 위험한 주요 요소들이다. 모든 알츠하이머 질환의 약 17퍼센트가 이 ApoE-ε4 유전자에서 원인이 있다고 알려져 있다. 그러나 위에서 말한 세 종류의 돌연변이와는 달리, ApoE-ε4 유전자를 소유하고 있다고 해서 알츠하이머병에 걸리는 것은 아니다. 다만 알츠하이머병에 걸릴 가능성이 증가할 뿐이다. 이 ApoE-ε4 유전자를 식별하는 방법을 배운 학생들은 혹시 자신들도 이 유전자를 가지고 있는지 알고 싶어 했다. 그러나 우리는 학생들에게 자신의 유전자를 확인하지 못하도록 금지했다. 자신이 이 ApoE-ε4 유전자를 가지고 있다는 사실을 아는 것은 괜한 걱정만 낳을 뿐이기 때문이다. 실제로 알츠하이머병에 걸리지 않을 수도 있는데, 이 병에 걸리면 치료가 불가능하다는 것을 알고 있는 것만으로도 고통을 받을 것이다. 100년 전 최초로 알츠하이머병 진단을 받은 환자, 51세의 아우구스테 D의 문서 자료를 분자 유전학적으로 연구한 결과, 지금까지 알려진 어떤 돌연변이나 ApoE-ε4 유전자도 발견되지 않았다. 그러므로 그는 알츠하이머병 발병에 관련 있는 대부분의 유전자들과는 상관없이 매우 젊은 나이에 알츠하이머병에 걸린 환자의 사례였던 것이다.

유전적 배경과 환경 사이의 극히 복잡한 상호 작용이 알츠하이머

2 알츠하이머병의 유발에 관여하는 것으로 알려진 유전자.

병에 걸릴 위험에 일조하는 것은 분명하다. 그렇다면 그렇게 다양한 요인들이 어떻게 같은 형태의 치매를 일으킬 수 있을까? 가장 널리 알려진 가설에 따르면, 알츠하이머병 위험 요인들이 유독성 아밀로이드를 반점 형태로 축적시킨다. 아밀로이드의 유독한 작용이 수송 단백질을 변형시키고 덩어리(이른바 탱글)지게 함으로써 신경 세포의 기능을 저하시켜서 결국 신경 세포를 죽음에 이르게 한다고 생각된다. 치명적인 릴레이 주자들처럼, 공격받은 세포들이 유독성 아밀로이드를 다음 세포로 전달하는 식으로, 하이코 브라크[3]를 비롯한 연구가들에 의해서 표현된 6단계를 거쳐서 뇌 전체로 이 질병이 확산된다. 게다가 알츠하이머병은 특정 신경 해부학적인 경로를 따르는 것처럼 보인다. 언제나 같은 뇌 구조(내후각 피질, 그림 26)에서 시작해서 변연계를 지나 마지막으로 대뇌 피질에 이른다. 〈아밀로이드 연쇄 가설〉로 알려진 이 이론은 베타 아밀로이드 전구체 단백질 돌연변이를 지닌 희귀 가족의 경우에 적용될 수는 있지만, 유전되지 않으면서 가장 빈번히 나타나는 알츠하이머 질환의 경우처럼 이 이론을 반박하는 논거들도 그에 못지않게 많이 있다. 아직까지 형질 전환 생쥐들에서 행해진 어떤 연구도 아밀로이드 연쇄 반응이 산발적 형태의 알츠하이머병에서 형성된 탱글의 원인이라는 것을 보이지 못했다. 나는 알츠하이머병이 단순히 가속화된 뇌의 노화라는 이론에 무게를 둔다. 자동차 엔진도 사용하면 마모되는 것처럼, 모든 활성 뇌세포도 지속적으로 손상을 입는다. 그러나 자동차 엔진과는 다르게 뇌세포는 손상을 스스로 치유할 수 있다. 하지만 100퍼센트 성공하는 것은 아니

---

3 Heiko Braak(1937~). 독일의 의사, 해부학자. 알츠하이머병의 진행을 6단계로 체계화한 브라크 단계를 발표했다.

다. 그래서 세월이 흐르면서 복구되지 않은 손상들이 누적되면 퇴화하게 되는데, 이것이 노화 과정이다. 뇌가 손상을 스스로 치유하지 못하거나 프로 권투 선수처럼(12.1 참조) 자주 뇌 손상을 입는 사람들의 경우 이 퇴화가 더 심각하고 빠르게 진행되는데, 이 과정에서 플라크와 탱글이 만들어지고 결국 알츠하이머병으로 이어진다. 만일 이 이론이 옳다면, 알츠하이머 질환을 예방하기 위한 유일한 방법은 노화를 늦추는 것이다. 하지만 거기에 이르기까지 우리는 아직 먼 길을 가야 한다.

18.2 알츠하이머병: 악화 단계

자녀들에게 잘해라. 당신이 어떤 요양원에 가게 될지를 결정하는 것은 그들이기 때문이다.

— 내 딸에게서 선물받은 커피 잔에 쓰인 문구

알츠하이머병 환자의 3분의 1은 자신에게서 병이 시작되고 있다는 사실을 알아채지 못한다. 이렇게 자신의 병을 인식하지 못하는 것은 질병 불감증으로 불리며, 이는 알츠하이머병의 한 증상이다. 그들은 자신에게 아무런 문제가 없다고 생각하고, 반려자가 끌고 가야 의사를 대면한다. 나는 알츠하이머병을 주제로 하는 심포지엄을 주최한 적이 있는데, 그때 내 친구 하나가 치매 증세를 보이는 부인을 거기에 데려왔다. 걱정이 된 내 친구는 부인에게 물었다. 「저런 말 들으니까 당신 충격적이지 않아?」 그러자 부인은 대답했다. 「나는 괜찮아.

하지만 이 병에 걸린 사람들한테는 충격적일 거야.」 간혹 자신에게 이상이 있다는 사실을 조기에 알아채는 사람들도 있다. 해럴드 윌슨은 1974년 생애 두 번째로 영국 수상에 선출된 후, 자신의 완벽한 기억력에 문제가 생기기 시작한 사실을 알아챘다. 1976년 그는 놀랍게도 자진해서 사임하기로 결정했고, 2년 후 알츠하이머병의 초기 증상들이 그에게 나타났다. 알츠하이머병은 아무도 모르는 사이에 시작될 수 있으며, 이 병의 진행은 매우 더디다. 로널드 레이건은 1981년 거의 70세의 나이로 미국 대통령에 취임했을 때, 자신이 알츠하이머병에 걸린다면 퇴임할 것이라고 엄숙하게 선언했다. 돌이켜보면 레이건에게서 이미 1984년에 그 병이 진행되기 시작했다는 것을 암시하는 증거들이 있다. 그가 임했던 토론을 분석해 보면 그 당시 벌써 관사, 전치사, 대명사의 사용에서 실수가 있었음을 알 수 있다. 레이건은 예전보다 다섯 배나 더 자주 말을 쉬었으며 9퍼센트 더 느리게 말했다. 1992년 병의 증상들이 갈수록 더 눈에 띄었다. 토론 석상에서 처음으로 변화가 나타난 지 10년 후 1994년, 레이건은 자신이 이 병에 걸린 수백만 미국인들 가운데 하나라고 미국 국민들에게 알리는 편지를 썼다. 그러고 나서 10년 후, 즉 병이 발병한 지 20년 만에 그는 세상을 떠났다.

알츠하이머병은 뇌의 정해진 경로를 따른다. 사망한 환자의 뇌를 현미경으로 관찰하면, 측두엽의 대뇌 피질(내후각 피질, 그림 26)에서 알츠하이머병의 첫 번째 표시, 즉 탱글을 확인할 수 있다. 그다음 징후는 뒤를 이어 해마에서 나타나는 비정상적인 형태다. 이런 변화는 아직 어떤 증상을 일으키기 전에 나타난다. 그래서 뇌 연구를 위한 〈비교 대상〉으로서 사후에 자신의 뇌를 우리에게 기증한 사람은 자신의 뇌에서 이미 병이 진행되기 시작한 것을 인식하지 못했다. 살아 있는 사람에게서 이 병의 초기 징후를 확인한다는 것은 아직까지 불가능하다. 그러나 병이 진행되어서, 측두엽(그림 1)과 해마(그림 26)가 심하게 손상되면, 기억력 장애가 나타나기 시작한다. 이때 환자는 방금 일어난 일은 기억하지 못하는 반면, 초등학교 시절의 운동회처럼 무척 오래전에 일어난 사건들은 아주 세세히 묘사할 수 있다. 알츠하이머병이 결국 대뇌 피질의 나머지 부위들로 확산되면, 환자는 치매에 이른다. 뇌의 뒷부분에 위치한 시각 피질(그림 22)이 맨 나중에 손상된다. 알츠하이머병을 앓고 있는 몇몇 화가들에게 치매가 온 후에도 창조적이고 예술적이 능력이 온전하게 남아 있는 것은 주목할 만하다. 예를 들어 한 여류 화가는 자신의 그림의 가치를 정하거나 합당한 가격을 협상하지는 못했어도 여전히 뛰어난 초상화를 그릴 수 있었다. 그 화가들은 예술을 위해 마지막 순간까지 시각 피질을 사용했다.

병세가 진행되면 현미경으로 식별할 수 있는 변화들만 정해진 패턴을 따르는 것이 아니라 기능적 손실도 일정한 패턴에 따라 전개된다. 우리는 발달 과정에서 획득한 능력들을 거의 정확하게 역순으로 상실한다. 뉴욕의 배리 레이스버그 박사는 알츠하이머병을 7단계로 나누었다. 1단계에서는 아직 정상적인 기능을 한다. 2단계에서는 무언가를 잃어버리기 시작하고, 일을 수행하는 것이 순조롭지 않다는 것을 느끼지만, 겉으로 보기에는 아직까지 정상적으로 보인다. 3단계에서는 동료들도 그가 어려운 상황을 처리하는 데 문제가 있다는 것을 알아챈다. 4단계에서는 돈 관리 같은 복잡한 임무들을 더 이상 감당하지 못한다. 그런 다음 (5단계에서) 옷을 고르는 데 다른 사람의 도움을 필요로 한다. 나중에는 도움이 없이는 (6a) 옷을 입고 (6b) 몸을 씻고 (6c) 화장실에 가는 것도 힘들어진다. (6d) 요실금에 이어 (6e) 대변실금 현상이 나타난다 7a 단계에서는 아직 이해할 수 있는 말을 하루에 다섯 마디 정도는 할 수 있지만, 곧이어 (7b) 단 한 마디도 하지 못한다. 더 이상 걷지 못하고(7c), 나중에는 혼자 힘으로 앉지도 못한다 (7d). 결국 (7e) 아기였을 때 사람들 모두를 그토록 기쁘게 해주었던 기술인 미소 짓는 능력이 사라지고 (7f) 머리를 더 이상 혼자 들지도 못하게 된다. 마지막 단계에서 환자는 침대에 태아처럼 웅크리고 누워 있는다(그림 31). 그리고 입안에 손가락을 넣으면, 반사적으로 그 손가락을 빤다. 즉 환자는 다시 완전한 신생아의 단계로 돌아간다.

　언어와 음악은 알츠하이머병의 진행 과정에서 나중에 영향을 받는 기억 부위에 저장되어 있다. 언어 능력은 7단계가 되어야 상실되며, 음악적인 능력은 알츠하이머병 환자들에게 아주 오래 유지될 수 있다. 치매에 걸린 어느 여류 피아니스트는 더 이상 말로 표현되거나 악보를 포함한 글로 쓰인 그 어떤 것도 이해할 수 없었다. 그러나 잘 모르는 새로운 음악을 들으면 기억했으며, 풍부한 음악적 감정을 가지고 재현할 수 있었다. 그 피아니스트는 알츠하이머병의 말기 단계에서도 자신이 과거에 만족스럽게 연주하던 곡의 멜로디를 여전히 연주할 수 있었다. 또 치매에 걸려서도 음악적인 능력을 온전하게 발휘한 바이올리니스트에 대한 기록도 있다. 이처럼 음악적인 기능이 오래 유지되는 것에서 추측할 수 있듯이, 음악은 태아의 초기 발달 과정에 영향을 미치는 요소 중 하나다. 인큐베이터 안의 미숙아들에게 음악을 들려 주면, 아기들은 조용해지고 산소치가 개선되어서 더 일찍 인큐베이터를 떠날 수 있다. 신생아들은 어머니의 말보다는 노래에 더 흥미를 보이며 이미 리듬 감각을 소유하고 있다. 그러므로 알

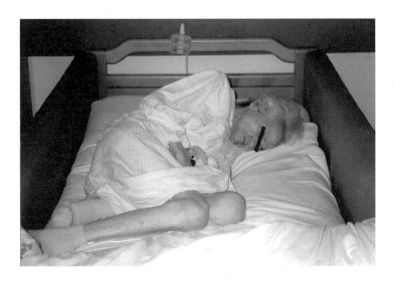

그림 31 알츠하이머병의 마지막 단계에서 환자는 침대에 태아처럼 웅크리고 누워 있는다. (사진: 암스테르담 자유 대학 임상 신경 심리학과의 E. J. A. 스케르더 교수 제공)

츠하이머병은 구조 조정의 원칙, 즉 맨 나중에 입사한 사람이 맨 처음 회사를 떠나고 가장 오래 근무한 사람은 머물러도 되는 원칙에 따른다. 그러나 알츠하이머병을 겪는 동안 뇌에서는 구조 조정이 이루어지는 것이 아니라 파괴가 일어나고 있는 것이다.

18.4 〈사용하라, 그렇지 않으면 잃어버린다〉
: 알츠하이머병에서 재활성화되는 신경 세포들

알츠하이머 질환을 앓고 있는 뇌에 신경 세포들이 존재하는 한, 그들이 위축되고 더 이상 기능하지 않더라도, 그 신경 세포들은 원칙적으로 재활성화될 가능성이 있다.

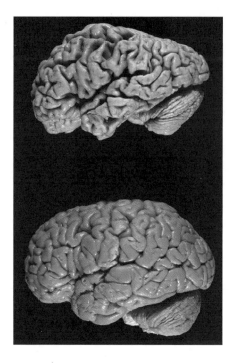

그림 32 알츠하이머 질환에서 보이는 특징적인 증상은 대뇌 피질 전체가(위쪽 사진) 심하게 수축 (위축증)되는 것인데, 이로 인해 뇌가 마치 호두처럼 보인다(아래쪽 사진과 비교하라). (사진: 네 덜란드 뇌은행 제공)

알츠하이머병에 걸린 환자의 대뇌 피질이 호두처럼 보일 정도로 심하게 수축되어도(그림 32), 그 안에 있는 총 뉴런 수는 감소하지 않는 다. 일반적으로 널리 알려진 것과는 반대로, 이 병에 걸렸다고 해서 세포들이 다량으로 죽는 사태는 벌어지지 않는다. 그런 일은 내후각 피질, 해마의 일부, 청반 같은 뇌 영역에 제한되어 일어나고, 병세가 상당히 진행된 후에야 나타난다. 그에 비해 뇌세포의 활동 감소와 이 에 따른 수축은(그림 33) 이미 질병의 초기 단계부터 뇌 전반에 영향

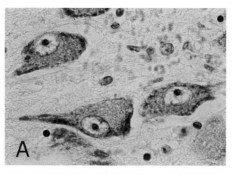

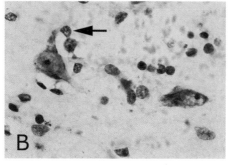

그림 33 현미경으로 본 위축된 마이너트 기저핵의 뇌세포 . A에서는 비교 집단(뇌 질환에 걸리지 않은 환자)의 커다란 뇌세포를 볼 수 있다. 이 뇌세포들은 신경 섬유를 대뇌 피질로 보내고, 신경 섬유는 대뇌 피질에서 신경 전달 물질 아세틸콜린을 방출한다(그림 25도 참조하라). B에서는 알츠하이머병이 어떻게 이 세포들을 수축시키는지 확인할 수 있다(화살표 옆에 아주 극단적으로 위축된 세 개의 신경 세포들이 보인다). (사진: 로날트 페어워 박사 제공)

을 미친다. 또한 이것은 질병의 초반에 나타나는 증상들에 왜 그렇게 변화가 심한지를 설명해 준다. 한순간 심한 치매 증상을 나타내는 환자가 다음 순간에는 다시 수준 높은 대화에 참여할 수 있다. 만약 질병 초기 단계에서 나타나는 기억력 장애가 실제로 뇌세포의 죽음에 기인한다면, 이런 증상 변화는 가능하지 않을 것이다. 세포의 죽음은 되돌릴 수 없기 때문이다.

활성화 대 알츠하이머병

물론 치매의 원인이 신경 세포의 죽음이든 저하된 신경 세포의 활성화든 환자 자신에게는 중요하지 않다. 그러나 이러한 차이가 치료 방법을 개발하는 데는 결정적인 역할을 한다. 만일 신경 세포들이 위축되고 기능을 하지 못하더라도 여전히 존재한다면, 이 신경 세포들을 재활성화시키는 것이 원칙적으로 가능하다. 그리고 여기에 우리 연구의 촛점이 맞추어져 있다.

성장기에 2개 국어를 구사하거나 적절한 교육을 받고 도전적인 직업을 갖고, 노년에 활동적인 삶을 영위할 수 있다면 알츠하이머병에 걸릴 위험이 감소한다. 이는 뇌를 최대한 활성화하는 것이 알츠하이머병을 예방하는 효과가 있다는 것을 말해 준다. 게다가 뇌세포들이 알츠하이머병에 영향을 받지 않는 뇌 부위들도 있다. 우리는 이런 부위들이 매우 활동적이며 때로는 노화 과정에서 특별히 더 활성화되는 것을 발견했다. 1991년 나는 뇌세포의 활성화가 노화와 알츠하이머병을 예방할 수 있다는 가설을 〈사용하라, 그렇지 않으면 잃어버린다Use it or lose it〉라는 말을 빌어 표현했다.

뇌의 활성화가 알츠하이머 질환의 병적 증상을 감소시킬 수 있다는 사실을 보여 주는 연구 결과들이 있다. 그중 한 연구에서 알츠하이머병의 한 증상인 독성 단백질 아밀로이드가 다량으로 뇌에 축적되어 있는 형질 전환 생쥐들이 풍요로운 환경에서 생활하도록 했다. 이 환경 속에서 생쥐들은 서로 어울려 놀 수 있고 또 정기적으로 새로운 장난감을 제공받았다. 생쥐들이 이 풍요로운 환경에 지내는 동안, 뇌 속의 아밀로이드 양이 감소했다. 그리고 이들이 더 많이 움직일수록 아밀로이드는 더욱더 감소했다. 유감스럽게도 암스테르담 자유 대학교의 에릭 스케르더 교수 연구팀은 추가로 행해진 육체적 운동이 알츠하이머병에 걸린 환자들의 기능적 향상과 연관이 있는 것을 확인할 수 없었다. 그러나 그전에 행해진 연구에서 에릭 스케르더는 피부에 전기 신경 자극을 가하는 방식으로 뇌를 자극하면 알츠하이머병 환자들의 인지 능력과 기분에 긍정적인 효과를 미치는 것을 발견했다. 샌디에이고의 마크 투진스키 팀은 알츠하이머병 환자들의 기억에 중요한 뇌 구조 중 하나인 마이너트 기저핵(그림 25)을 자극하는 데 유전자 치료법을 이용하고 있고, 이는 긍정적인 결과를 낳고 있다(11.7 참조).

빛을 통한 생체 시계의 자극

알츠하이머병에 의해 손상된 뇌세포들을 활성화시키는 것이 얼마나 효과가 있는지 연구하기 위해서, 우리는 생체 시계를 중심으로 하는 생체 주기 체계를 자극하기로 했다. 이 연구는 임상적인 중요성도 가지고 있다. 주로 밤에 나타나는 불안이 결국 치매 환자들을 요양원에 수용하게 되는 가장 빈번한 이유이기 때문이다. 이런 불안감으로 인해, 치매 환자들은 밤에 일어나 돌아다니거나 때로는 가스 불을 켜는 등 잠재적으로 위험한 행동을 한다. 아무리 금슬 좋은 배우자라도 그런 환자를 밤낮으로 보살피고 지키는 매우 어려운 일을 지속할 수는 없다. 낮과 밤의 리듬을 조절하는 우리의 생체 주기 체계는 알츠하이머병 발병의 초기 단계에서 이미 영향을 받는다. 송과체에서 분비되는 수면 호르몬 멜라토닌의 양은 일반적으로 밤에 최고조에 이

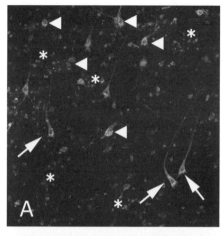

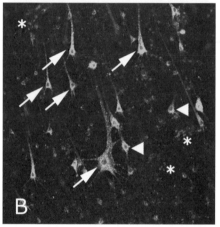

그림 34 알츠하이머병 환자의 사망 후 10시간이 지나지 않은 뇌에서 얻은 얇은 뇌 조직. 이 단계에서 뇌세포들을 몇 주 동안 배양할 수 있다. 이 실험 방법을 통해 줄기세포들이 배양된 신경 세포의 생존 가능성을 증대시키는 미지의 물질을 분비한다는 것이 입증되었다. 표준 배양 조건 A에서는 48시간 후에도 활동적이고 정상적인 뇌 신경 세포들이 극히 소수 발견되었다(화살표가 가리키는 세포들). 누수 세포들은 더 많이 있다(삼각형이 가리키는 세포들). 누수 세포들이 보이는 진한색의 핵에서 그 세포들을 식별할 수 있다. 게다가 죽은 세포의 핵들도 많이 보인다(작은 점 모양, 예를 들어 그중 몇 개를 별표로 표시했다). B에서는 얇은 뇌 조직 조각을 줄기세포와 함께 배양한 후, 더 많은 활동적이고 정상적인 신경 세포들(화살표)과 더 적은 수의 누수 세포들(삼각형)과 죽은 세포들(별표)을 보여 준다. (사진: 로날트 페어워 박사 제공)

르는데, 이 병의 초기 단계에는 이런 현상이 없어진다. 우리는 발병 초기에 발생하는 변화의 원인이 생체 시계, 즉 시각 교차 위핵에 있다는 것을 확립했다. 이 뇌 구조는 광선 요법light therapy을 이용해 쉽게 자극할 수 있다. 예상했던 대로 이 방법을 통해 실제로 생체 주기가 개선되었고, 알츠하이머병 환자들에게서 보이던 불안감이 감소했다. 그러나 환자들의 시력에 심각한 문제가 있으면 이 방법은 효과가 없었는데 이 사실은 빛의 효과를 입증하는 좋은 비교 집단의 역할을 했다. 네덜란드 신경과학연구소의 오우스 반 솜머른 박사팀이 수행한 3년 6개월에 걸친 면밀한 연구 결과, 추가로 제공하는 빛은 밤낮의 리듬을 안정시킬 뿐만 아니라 환자들의 기분을 향상시키고 심지어는 기억력 감퇴를 지연시킨다. 낮에 빛을 추가로 제공하고 취침 전에 멜라토닌을 투여하는 것이 어떤 면에서는 더 효과적이다. 이와 같은 간단한 시술은 전혀 부작용이 없이 현재 처방되는 알츠하이머병 치료 약품에 적어도 버금가는 결과를 낳는다. 생체 시계를 자극하는 것이 알츠하이머병 환자들과 그들을 보살피는 사람들의 삶의 질을 향상시킬 수는 있을지라도, 이것은 질병 자체에 대한 치료가 아니다. 그러나 이 치료법은 한 가지 중요한 원칙을 증명한다. 알츠하이머병에 의해서 신경 세포들이 손상될지라도, 자극을 통해 그 기능을 회복시키는 것이 가능하다는 것이다.

현재의 연구 상황

현재 네덜란드 신경과학연구소는 이처럼 신경 세포를 활성화시킬 수 있는 물질들이 뇌의 다른 부위에도 존재하는지 찾고 있다. 이를 위해 로날트 페어워 박사는 사망 후 10시간이 지나지 않은 뇌에서 얻은 얇은 뇌 조직들 속에 존재하는 신경 세포들을 몇 주일 동안 배양할 수 있는 방법을 고안했다. 이 방법은 환자에게 고충을 안겨 주지 않고서, 잠재적 활성 물질의 효과를 테스트할 수 있는 가능성을 제공한다. 이 실험 방법을 통해 줄기세포들이 배양 과정에서 신경 세포의 생존 가능성을 증대시키는 물질을 분비한다는 사실이 이미 증명되었다(그림 34). 그러나 우리는 여기에서 분비된 물질이 어떤 성질을 가지고 있는지에 대해서는 아직 전혀 알지 못하고 있다.

또 다른 연구 결과에 따르면 알츠하이머병의 초기 단계에서는 뇌가 이 질병에 성공적으로 저항하는 듯 보인다. 우리는 쿤 보서스 및 요스트 페르하헌과 공동으로, 아직 기억 장애가 발생하지 않은 발병의 최초 단계에서 이러한 현상을 발견했다. 이 초기 단계에서는 기억을 당분간 보존하기 위한 보상 작용으로 몇몇 뇌 부위의 활동이 증가하는 것으로 보인다. 알츠하이머병에 따른 전형적인 변화가 전전두피질에서 나타나기 전에, 수백 개의 유전자가 이 뇌 영역에서 활성화된다는 것을 발견했다. 이 연구의 결론은 전전두 피질(그림 15)이 알츠하이머병의 초기에 정상적인 기능을 계속하기 위해 할 수 있는 최대한의 노력을 한다는 것이다. 그러나 이 보상 기제는 결과적으로 실패하고 신진대사가 감소하고 기억 장애는 점점 더 심해진다.

알츠하이머병에 대항해서 뇌가 행하는 초기 방어 기제를 이해함으로써 우리는 새로운 약품을 개발할 수 있기를 바라 마지않는다. 연구의 진행이 때로는 좌절감을 느낄 정도로 느리게 진척되는 것이 유감천만이다.

18.4 치매의 고통

치매는 굴욕적인 상태로서 종종 우울증과 특히 병의 초반에는 불안감을 동반하는 경향이 있다. 많은 이들이 이 길을 가지 않겠다고 결심하는 이유는 바로 여기에 있다. 네덜란드 자발적안락사협회NVVE의 한 위원회와 공동으로, 우리는 병세의 진행 중 적절한 시기에 치매 환자에게 선택권을 줌으로써 환자가 스스로 안락사를 선택하는 것이 현재 네덜란드 법의 테두리 안에서 가능하다는 결론에 이르렀다(18.5 참조). 치매의 고통은 실로 커다란 압박을 안겨 줄 수 있다. 그런 압박은 서서히 붕괴한다는 것에 대한 두려움에서만 비롯되는 것이 아니다. 신경 심리학자 에릭 스케르더 교수는 치매를 야기하는 뇌 질환 자체가 통증의 진단과 치료를 매우 어렵게 한다는 사실을 지적한 몇 안 되는 사람들 중 하나다. 치매 환자들에 대한 적절하지 못한 통증 치료는 빈번히 발생하는 사태로서, 치매의 정도와 더불어 증가하고 있는 극히 우려되는 문제다. 가령 혈관성 치매 같은 일부 치매의 경우에는 병의 진행 자체가 〈중추성〉 통증을 야기한다. 게다가 많은 노인들은 관절염과 같은 만성 통증에 시달리고 있다. 치매가 노인성 질환이기 때문에, 치매에 걸린 많은 노인 환자들 역시 만성 통증에 시달리는 것은 당연하다. 그러나 진통제 처방 상황을 살펴보면, 이상한 상황이 발견된다. 이를테면 고관절 탈구 같은 병을 진단받은 치매 환자들은 치매에 걸리지 않은 환자들보다 더 적은 양의 진통제를 처방받는다.

이것은 치매 환자들이 통증을 덜 느끼기 때문이 아니다. 이렇게 부적절한 통증 치료가 일어나는 이유는 의사들이 이런 환자들이 받는 통증의 정도를 정확히 평가하기 어렵기 때문이다. 뇌가 정상적으로 기능하는 사람들은 통증이 얼마나 심한지 간단히 말할 수 있다. 게다가 혈압과 심장 박동수의 상승에 의해서도 통증의 정도를 추정할 수 있다. 이것은 자율 신경 체계의 반응인데, 알츠하이머병에 걸리면 이체계가 손상된다. 그 결과 알츠하이머병 환자들의 혈압과 심장 박동은 웬만한 통증의 경우에도 변함이 없다. 그러다 혈압과 심장 박동수의 변화를 발견하게 되면, 그때는 이미 환자들이 느끼는 통증이 심한 상태에 도달한 뒤다. 그럼에도 불구하고 아직 의사소통을 할 수 있는 치매 환자들뿐만 아니라 더 이상 의상소통이 불가능한 중증의 치매 환자들에게서도 통증의 정도를 산정하는 방법들이 있기는 하다. 치매의 초기 단계에 있는 환자들을 위해서는 환자들이 통증의 정도를 표현할 수 있는 통증 등급이 고안되어 있다. 의사소통이 불가능한 극심한 치매 환자들의 경우에는 아주 어린 아이들의 경우처럼 세밀한 관찰에 근거해서 통증의 정도를 판단해야 한다.

통증을 일으키는 자극은 두 가지 경로로 전달된다. 그중 하나인 외측 통증 체계에서는 통증이 척수의 옆 부분을 경유해서 감각 신호들이 처리되는 대뇌 피질에 이른다. 이 부분의 대뇌 피질은 알츠하이머병에 의해 별로 영향을 받지 않기 때문에, 이곳을 통한 통증 자극은 정상적으로 수용되고 처리된다. 알츠하이머병 환자들의 통증 역치[4] 역시 정상이다. 두 번째 경로는 통증을 일으키는 자극이 척수의 중앙 부위를 경유해서 신경 경보 시스템이면서 알츠하이머병에 의해 심하게 손상받는 뇌 영역인 대상 피질로 전달된다. 이것은 통증의 감정적인 측면을 처리하는 중앙 통증 체계이다. 알츠하이머병 환자들의 경

4 통증을 느끼게 하는 최소 자극량.

우 외측 통증 체계가 원활하게 기능하기 때문에 통증을 느끼지만, 중앙 통증 체계가 손상되어 있어서 자신들에게 무슨 일이 일어나는지는 파악하지 못한다. 그래서 그들은 우리가 흔히 통증에 대한 반응이라고 볼 수 없는 방식으로 통증에 반응한다. 이를테면 그들은 이마를 찌푸리고 겁에 질리고 흥분한다.

또한 치매 환자들이 느끼는 통증의 정도는 치매의 원인에도 좌우된다. 혈관성 치매 환자들은 뇌의 신경 섬유 체계가 끊겨 있는 탓에 더 많은 통증을 느끼는 반면에, 전두 측두엽 피질 치매 환자는 통증을 감정적으로 처리하는 능력을 상실한다.

물론 나 자신은 이런 선택을 하지는 않겠지만 치매 환자들 중에는 이런 길을 끝까지 받아들이기로 결정하는 사람들이 있다. 그런 사람들의 경우, 그들이 느끼는 통증의 정도는 전문적으로 진단되고 치료되어야 한다. 고통이 사람을 고상하게 한다는 개념을 지지하는 과학적 증거가 아직까지는 없기 때문이다.

18.5 알츠하이머병과 삶과 작별을 고하기에 적절한 순간

우리는 이분을 보내 드립니다. 당신의 기억에 영향을 미치는 뇌 질환에 앞서 가시겠다는 이분의 용감한 결정에 경의를 표하며, 우리는 우리의 결단력 있고 사랑이 넘치는 반려자이자 아버지, 장인어른, 아이들의 친구이며 어버이이신 분께 작별 인사를 드립니다.

— 「헷 파롤」[5]에 실린 부고. 2010년 3월 20일

5 네덜란드의 저명 일간지.

2008년 11월 11일 화요일 저녁, 사람들로 꽉 들어찬 암스테르담에 있는 로더 후트 문화센터에서 난 로전스Nan Rosens의 인상적인 영화 「내가 망각하기 전에」에 대해 토론이 벌어졌다. 이 영화에서 파울 반 에이르더는 알츠하이머병이 몰고 오는 굴욕과 품위 상실을 겪지 않겠다고 말한다. 그의 부인과 자식들은 이 어려운 결정을 사랑하는 마음으로 따르고, 그 가족은 자신들에게 남아 있는 시간을 함께 즐긴다. 그러나 파울의 주치의는 이 결정에 동의하지 않는다. 자신의 주치의가 이 문제에 대해 어떤 생각을 하고 있는지 모르는 사람은 비단 파울 하나만이 아니다. 네덜란드 인구의 절대다수가 자발적 안락사, 즉 〈최후 의지의 알약〉을 복용하고 스스로 목숨을 끊도록 도와주는 것에 긍정적인 반면, 네덜란드인의 91퍼센트는 자신의 주치의가 이 주제에 대해 어떤 입장을 취하는지 알지 못한다. 우리는 이 문제와 관련해 의사가 우리의 부탁을 들어주길 기대하는데도 말이다. 다른 방법도 있다. 내가 알고 있는 어느 80세 사업가는 이사를 하게 되었다. 그는 새 주치의를 찾아가서 단도직입적으로 물었다. 「의사 선생에게 묻고 싶은 게 두 가지가 있소. 그중 한 가지는 내게 시급한 일인데, 일단 낙태 수술에 대해 어떻게 생각하시오? 그리고 자발적 안락사에 대해서는 어떻게 생각하시오?」 유감스럽게도 이렇게 자신 있는 환자들은 소수에 지나지 않는다.

이 영화의 두 번째 교훈은 안락사에 협조할 마음이 없는 주치의가 안락사 부탁을 들어줄 다른 의사에게 파울을 보내지 않는 것에서 얻을 수 있다. 네덜란드 자발적안락사협회의 신임 회장으로 취임한 호전적인 페트라 드 용 박사는 환자들을 적절한 다른 의사에게 보내지 않는 의사들을 징계 재판에 회부할 예정이다. 우리는 의과 학생들에게 적절한 교육을 제공하는 한편, 의사들에게도 안락사와 같은 어려운 문제에 대처하는 방법에 대한 추가 교육을 받도록 해야 할 것이다. 안락사에 대한 부탁은 언제나 의사들에게 부담을 준다. 중요한 것은 의사와 오랫동안 좋은 관계를 맺어서 삶에 작별을 고할 적절한 순간을 의사와 환자가 모두 함께 예측할 수 있는 것이다. 이런 과정은 일찍 시작할수록 좋다. 그리고 건강할 때 안락사에 대한 의사를 서면으로 작성하는 것도 의사가 안락사에 대해 어떤 견해를 가지고 있는지 알 수 있는 좋은 방법이다. 그래서 의사와 좋은 관계를 계속 구축하거나 아니면 다른 주치의를 찾아야 할지 결정해야 한다.

초기 단계에서의 〈치매〉 진단은 오로지 기억력 전문 병원의 결과만을 신뢰할 수 있다. 당신이나 당신의 배우자에게 기억력이 우려되는 사태가 발생하면 기억력 전문 병원을 찾아가도록 하라. 만일 〈치매 초기〉라는 진단이 내려지면 적절한 순간을 염두에 두고 살아야 한다. 많은 이들이 가능한 한 오랫동안 행복한 삶을 영위하고자 한다. 그러나 너무 오래 기다리다 보면 자발적 안락사에 대한 의사를 입증할 수 있는 시기를 놓치게 된다. 그러면 의사로서는 자발적 안락사를 실행하도록 도와주는 것이 불가능하다. 알츠하이머병의 초기 단계에서는 아직 의사 결정을 내릴 수 있으며, 자신의 상황을 제대로 통찰할 수 있는 맑은 정신의 순간들이 있다. 그러나 이런 순간들도 언젠가는 사라진다. 네덜란드의 보건체육부 장관을 역임한 엘스 보르스트 에일러스 교수는 더 이상 자식들과 손자들을 알아볼 수 없게 되면 삶과 작별할 것이라고 말했다. 그러나 그런 순간은 병세의 진행 과정에서 아주 늦게 나타나기 때문에, 이런 결정은 의사를 딜레마에 빠뜨릴 수 있다. 세상과 작별을 고하기에 적절한 순간은 사람마다 다르며, 의사와의 긴밀한 협의하에 결정되어야 한다. 그리고 이것은 해당 의사에게도 극히 어려운 과제라는 것을 유념해야 한다. 그래서 이 분야의 선구자인 시츠커 판 데르 메이르는 환자 스스로 약을 복용하게 하는 방식에 이점이 있다고 말했다. 환자가 자신의 결정을 고수하고 있다는 사실을 끝까지 분명히 할 수 있기 때문이다. 죽음이 빨리 찾아오기 때문에 주사를 선호하는 사람들도 있다. 이런 결정도 의사와 함께 신중하게 고려해야 한다. 로더 후트에서 토론에 참여했던 사람들은 현재의 네덜란드 〈안락사법〉이 흔히 생각하는 것보다 치매 초기 단계에서의 안락사에 대해 더 폭넓은 결정의 자유를 제공한다는 데 동의했다. 현재까지 치매 환자가 스스로 목숨을 끊도록 도와준 사례는 서른다섯 번 있었다. 평가위원회가 이 사례들을 검증한 결과, 이들 모두 상당한 주의를 기울여 행해졌다고 평가받았다. 이것은 의사도 법의 보호를 받는다는 사실을 말해 준다. 그리고 다행히도 이런 사실에 대한 인식이 오늘날 점점 더 높아지고 있다.

19장
죽음

친애하는 박사님. 죽는 것, 그것은 틀림없이 제가 하게 될 최후의 것입니다.

— 팔머스턴 경. 영국 수상

죽음은 기이한 일이다. 처음에는 환상적인 유기체를 만들어 내고, 50년 후에는 그 유기체를 다시 간단히 내팽개쳐 버린다. 이것은 비열한 짓이다. 그러므로 신이 존재한다면, 나는 언젠가 어두운 뒷골목에서 신을 만나고 싶다.

— 미다스 데커스[1]. 「데 폴크스크란트」

19.1 삶과 죽음의 마력

죽었다는 것은 태어나지 않았다는 것과 아무런 차이가 없을 것이다.

— 마크 트웨인

---

1 Midas Dekkers(1946~). 네덜란드의 생물학자, 작가.

삶은 섹스를 통해 감염되고 항상 죽음으로 끝나는 치명적인 질병이다.

삶과 죽음을 정의하기란 어렵다. 삶은 가동성(可動性), 신진대사, 성장, 독립적인 번식(여기에는 DNA와 RNA처럼 정보를 지니는 분자들이 필요하다), 통합과 조절과 같은 일련의 기준을 충족시켜야 한다. 통합과 조절이라는 두 가지 특성은 단세포 생물에게도 존재하지만, 무엇보다도 신경 세포의 진화를 통해 그 중요성이 더 부각되었다. 이 기준들도 개별적으로는 삶에 대한 증거가 되지 못한다. 흐르는 물에는 가소성이 있고, 녹스는 쇠는 대사의 변화 과정을 겪고, 수정도 성장을 하고, 오늘날에는 번식하지 않는 삶을 더 가치 있게 여기는 많은 젊은 이들이 있다. 통합과 조절은 컴퓨터 프로그램을 통해서도 할 수 있는 특성들이다. 그러므로 삶의 존재에 대해 말하기 위해서는 이런 모든 기준들의 조합이 존재해야 한다.

이미 수백 년 동안 의사들은, 심장 박동과 호흡이 멈추었고 그 기능을 되찾을 수 없다는 전제하에 사망 선고를 하고 있다. 긴장되는 몇 분이 지나면 의사는 자신의 진단을 더욱더 확신할 수 있게 된다. 그래서 바렌트 셜펫의 「죽음」이라는 시에는 〈전혀 어떻게 해볼 도리가 없다〉는 구절이 있다. 우리는 항상 신경 세포들이 산소 결핍에 극히 민감하게 반응한다고 배웠다. 산소 공급이 4~5분만 끊겨도 뇌는 돌이킬 수 없는 상태가 된다고 들어 왔다. 이 말도 맞지만, 산소 결핍에 특히 더 민감한 세포는 신경 세포가 아니라 모세 혈관의 세포들이다. 산소 결핍으로 인해 이 모세 혈관 세포들이 심하게 팽창해서, 4~5분 후에 심장이 다시 뛰고 호흡이 재개되어도 적혈구가 더 이상 뇌의 모세 혈관을 지나지 못하게 되어서 뇌에 산소를 공급할 수 없게 되는 것이다. 더욱이 그다음 단계에 방출되는 유독성 물질들에 의해 결국 뇌세포들이 죽는다. 네덜란드의 작가이자 의사였던 벨캄포[2]는 아름다운 추억을 이식하는 감동적인 이야기 「롤러코스터」(1953)에서 2000년에 인간 뇌세포의 배양이 성공할 것이라고 예언했다. 그의 예언은 맞아떨어졌다. 오늘날 네덜란드 뇌은행이 기증자의 사후 10시간 이내에 부검 조직을 인수받으면 얇은 뇌 조직 안에 있는 뉴런(신경세포)을 몇 주일 동안 배양할 수 있다(그림 34). 2002년에 로날트 페이워 박사는 이 뇌 조직 안에 있는 세포들이 단백질을 생산하고 물질들을 수송할 수 있다는 사실을 발견했다. 또한 전기적 활동을 보이기도 한다. 실제로 신경 세포계의 구조를 유지하는 역할을 하는 아교 세포들은 심지어 사후 18시간이 지난 뇌 조직에서도 배양될 수 있다.

사후 뇌 조직에서 얻은 얇은 뇌 조직 조각들의 배양은 뇌세포가 산소 결핍을 10시간 동안 견디어 낼 수 있으며 환자의 죽음을 뇌세포의 죽음과 동일시할 수 없다는 것을 보여 준다. 삶과 죽음이 실제로 무엇이냐는 물음은, 이 살아 있는 세포들이 DNA와 RNA, 단백질, 지방 같은 죽은 분자들로 구성되었다는 사실에 주목하면 무척 흥미진진해진다. 죽은 분자들로 살아 있는 세포를 구성하는 것이 가능할까? 2003년 미국의 크레이그 벤터는 이미 죽은 물질들로 바이러스(Ph-X174)를 합성해 이 분야의 첫걸음을 내딛었다. 바이러스가 번식하기 위해서는 자신이 감염시킨 세포의 분자 구조 전체를 이용해야 한다. 바이러스가 독자적으로 번식할 수 없고 따라서 살아 있는 물질과 죽은 물질 사이의 경계에 자리매김되어야 하기 때문에 벤터의 실험이

---

2 네덜란드의 작가 헤르만 비헤르스Herman Wichers(1902~1990)의 별명.

생명을 합성했다고 볼 수는 없다.

완전한 재생이 분자 수준의 구성 요소에서는 존재한다고 말할 수 있다. 분자를 구성하는 원자들의 수명은 아주 길어서, 우리를 이루고 있는 원자들은 우리의 몸을 구성하기 전에 이미 수백만 개의 유기체를 거쳤다. 그러므로 이 글을 읽는 당신의 몸도 과거 언젠가 역사적인 인물의 몸속에 있었던 원자들이 자리 잡고 있을 가능성이 충분하다. 게다가 세포들은 또한 물 분자를 함유하고 있는데 이 물 분자들 역시 순환한다. 우리는 언젠가 강물이었던 물을 마신다. 그리고 이 물은 소변으로 우리의 몸을 떠나고, 이후 정화 장치에서 정화되어 바다로 흘러간다. 바다로 흘러간 물은 수증기로 증발하여 비와 강을 거쳐 다시 우리가 마시는 물컵으로 돌아온다. 생물학자 루이스 월퍼트는 물 한 컵에 있는 물 분자의 수가 바다에 있는 물을 모두 담은 컵의 수보다 훨씬 많을 정도로 아주 많아서, 과거 언젠가 나폴레옹 같은 역사적 인물의 방광을 지난 물 분자가 물컵 안에 있을 가능성이 실제로 존재한다고 추정했다. 그러므로 우리의 분자는 여러 번 재활용된 원자들로 구성되어 있으며, 이미 많은 몸들을 거친 물로 에워싸여 있다.

원칙적으로 생명을 이루는 분자 수준의 구성 성분들은 합성 가능하다. 이론에 따르면 만약 모든 필요한 분자들이 올바르게 조합되면, 생명은 창발적으로 나타나는 새로운 특성이라는 것이다. 이 이론의 정당성은 죽은 물질로부터 가령 살아 있는 박테리아를 합성하는 것을 통해서만 증명될 수 있다. 2008년 초 크레이그 벤터는 50만 개 이상의 성분으로 구성된 박테리아 미코플라스마 제니탈리움[3]의 완전한

---

3 성병의 원인균으로 알려져 있다.

DNA를 합성했다. 2010년 크레이그 벤터는 이 박테리아를 복제하는데도 성공했다. 서른 번의 세포 분열 후 원래의 단백질은 더 이상 확인할 수 없을 정도로 희석되었고, 세포 안에 있는 모든 단백질은 인공 게놈에 의해서 만들어졌다. 그 당시 크레이그 벤터는 완전한 박테리아의 합성 프로젝트를 2010년 말에 완성될 것이라고 전망했다. 죽은 물질에서 살아 있는 박테리아를 합성하는 작업이 기한 안에 성공하지는 않았지만, 그는 자신의 목표에 한걸음 더 성큼 다가갔다. 그러나 머지않아 이 목표에 도달한다 할지라도 노벨상을 수상하지는 못할 것이다. 창조론자들이 창세기(2장 7절)에 쓰여 있는 과거의 마법적인 실험을 끌어 대며 우선권을 주장할 것이기 때문이다. 〈야훼 하느님께서 진흙으로 사람을 빚어 만드시고 코에 입김을 불어넣으시니, 사람이 되어 숨을 쉬었다.〉

19.2 데이만 박사와 검은 얀

살아생전에 피해를 입힌 사람들이 이제 죽어서 쓸모가 있게 되었다.

비록 상황은 오늘날과 전혀 달랐지만, 뇌 연구는 이미 17세기 암스테르담에서도 실행되고 있었다. 범법자들이 사형 선고를 받으면 북 암스테르담이나 담 광장에서 교수형에 처해졌다. 처형 후 그들의 시신은 공개적인 해부를 위해 외과의사조합에 기증될 수 있었다. 시 당국은 1년에 한 번 겨울에 해부가 실행될 수 있도록 허가했다. 이는 3~5일 정도 걸리는 해부가 여름에 행해진다면 그 악취를 참을

그림 35 1656년 램브란트는 자신의 작품 「데이만 박사의 해부학 강의」에서 범죄자에 대한 공개 해부의 결정적인 순간을 담아냈다. 외과 의사인 얀 데이만이 해부용 사체의 주인공 〈검은 얀〉 뒤에 서 있다. 그는 플랑드르 출신의 재단사로, 절도 혐의를 얻어 교수형에 처해졌다. 보조 외과 의사인 헤이스베르트 칼쿤이 뇌를 덮고 있었을 두개골의 윗부분을 손에 들고 조용히 서 있다. 데이만 박사는 겸자를 이용해 대뇌겸(양쪽 대뇌 반구를 분리하는 낫처럼 생긴 막)을 들어 올려 송과체를 노출시키고 있다. 이는 부검의 마지막 단계에 하도록 되어 있는 과정이었는데, 당시에는 데카르트의 생각에 따라 영혼이 송과체에 자리한다고 믿었기 때문에, 이는 추가적인 형벌로써, 범죄자의 영혼으로 하여금 자신의 몸이 어떻게 해부되었는지를 보게 하는 역할도 했다. (암스테르담 박물관)

수 없었기 때문이다. 사체 부검은 처음에는 성 마거릿 수도원, 오늘날 플랑드르 문화센터 데 브라커 흐론트가 자리한 곳에서 실행되었다. 1578년부터 1619년까지, 그리고 1639년부터 1691년까지 외과 의사조합의원회와 해부실은 정육 시장 위층에 위치했다. 1619년에서 1639년까지 외과의사들의 해부실은 뉴마르트에 있는 암스테르담 화물 계량소 위층으로 옮겨졌다. 렘브란트는 「니콜라스 튈프 박사의 해부학 강의」에 대한 영감을 여기에서 얻었을 가능성이 아주 다분하다. 1632년에 그려진 이 그림은 현재 헤이그의 박물관 마우리츠하위스에서 관람할 수 있다. 공개적인 해부가 있는 날이면 입장료 20센트를 낼 수 있을 정도의 여유가 있었던 수백 명의 관중이 모여들었다. 심장, 간, 신장이 관중들에게 돌려졌다. 외과 의사를 교육시키기 위한 시신의 사용을 정당화하는 글을 그 당시 해부학 극장으로 사용되던 건물의 내벽에서 오늘날에도 읽을 수 있다. 〈살아생전에 피해를 입힌 사람들이 이제 죽어서 쓸모가 있게 되었다.〉

1656년에 렘브란트는 그런 부검의 결정적인 순간을 포착해서 「데이만 박사의 해부학 강의」에 담아냈다. 의학 박사 데이만 교수가 해부된 사체, 요리스 폰테인의 뒤에 서 있다. 플랑드르 출신의 요리스 폰테인은 재단사였다가 도적이 되었으며 검은 얀이라는 별명을 가지고 있었다. 그는 1656년 1월 27일 교수형을 선고받았고 같은 달에 처형되었다. 아마도 옛 시청 앞에 있는 담 광장에 임시로 설치된 교수대에서 처형되었을 것이다. 폰테인의 부검은 성 마거릿 수도원의 옛 예배당 자리에 있었던 외과의사조합에서 실행되었다. 렘브란트의 그림을 보면 보조 외과 의사였던 헤이스베르트 칼쿤이 두개골의 윗부분을 들고 조용히 서 있는 것을 볼 수 있다. 그동안에 데이만 박사가 우뇌와 좌뇌 사이에 있는 낫 모양의 막, 즉 대뇌겸을 핀셋으로 잡아 올리면 송과체(그림 2)가 드러난다. 이것은 부검 과정에서 필수적으로 행해졌던 절차였다. 그 당시에는 데카르트의 말을 좇아서 송과체가 영혼의 소재지로 여겨졌기 때문에 이런 행위는 추가적인 형벌로서 범죄자의 영혼으로 하여금 자신의 몸이 어떻게 해부되었는지를 보여 주는 역할도 했다. 데카르트는 약 19년 동안 네덜란드에서 살았다. 특히 암스테르담

에서는 칼버스트라트에서 거주했고, 그곳에는 데카르트가 연구 목적
으로 동물의 사체를 구입한 가축 시장이 있었다. 데카르트가 발견한
것들은 렘브란트가 살던 암스테르담에 뚜렷한 흔적을 남긴 듯 보인다.
　현재 암스테르담 박물관에 전시되어 있는 「데이만 박사의 해부학
강의」는 원래 그림의 가운데 부분이다. 원래 그림은 2.5×3미터 크기
로 화물 계량소에 소장되어 있었는데, 1723년 화물 계량소에서 일어
났던 화재로 상당 부분 파손되었다. 렘브란트가 이 작품을 위해 그렸
던 밑그림을 보면 현재 남아 있는 부분 주위에 저명한 외과 의사 7명
이 모여 있는 것을 볼 수 있다. 그들은 이름이 알려져 있었고 또 다른
그림에서도 묘사되었기 때문에 전자 복원이 가능했다. 그 복원된 그
림을 한번 보고, 일부 포퓰리즘 정치가들이 주창하는 사형 제도의 재
도입이 어떤 가능성을 낳을 것인지 상상해 보라! 포퓰리즘 정당보다
는 차라리 그 그림에 자부심을 느끼는 편이 더 낫지 않을까?

19.3 시민권 포기 강좌: 지극히 평범한 제안

스스로 내 인생에 대해 결정하고 싶다. 나는 〈내 뇌의 주인〉이려 한다. 태어나
던 날 나는 그렇지 못했다. 그러나 내 인생의 종말을 맞이할 때가 오면, 이 권
리를 완전하게 행사하고자 한다.

　인간은 죽음을 죽을 만큼 두려워한다. 이런 상황을 조금이나마
변화시키기 위해서는 죽음이 오기 오래전에 삶의 마지막 단계에 대
한 적절한 이해가 필요하다. 나는 시민권 획득 강좌의 필요성에 대

한 논쟁이 외국인을 향한 혐오 분위기로 치닫는 것을 보고, 모든 네덜란드인들을 대상으로 시민권 포기 강좌를 의무적으로 실시할 것을 2002년 네덜란드 건강자문위원회에서 주장했다. 그리고 위원장의 요청을 받아, 후세를 위해 655-84라는 번호로 등재된 토론 계획안을 작성했다. 우리는 흥미로운 토론을 벌였으나, 전혀 놀랍지 않게도 그 존경받는 위원회가 정부에 제출하는 공식적인 조언에 내 제안은 포함되지 않았다.

그런데도 나는 여전히 이런 식의 시민권 포기 강좌가 일반 대중을 위해 개설되고, 수련의들을 위해 수정안이 만들어지는 것을 보고 싶다. 여기에는 삶의 종말과의 관계에서 떠오를 수 있는 모든 문제들, 즉 안락사, 통증 치료, 완화적 진정, 단식 안락사, 벨기에 사람들이 주로 표현하는 〈음식과의 작별〉 등이 다루어져야 할 것이다. 바우데웨인 샤보트와 스텔라 브라암의 저서『출구 ― 자유 의지에 의한 우아한 삶의 종말』은 만일 적절한 준비가 되어 있고 입에 수분이 계속해서 공급되고 마지막 단계에 이르러 의사가 필요한 약을 제공한다면 단식 안락사가 끔찍한 형태의 자율 안락사는 아니라고 말한다.

더불어 〈스스로 선택하는 삶의 종말〉을 위한 도움에 대해서도 언급할 필요가 있겠다. 이 문제에 관해 네덜란드 자유의지생명재단은 다음과 같은 관점을 표명한다. 〈우리는 스스로 삶의 종말을 선택할 권리 및 이를 인간적인 방식으로 실현시킬 수 있는 도움을 받을 권리를 가진다.〉 네덜란드 자발적안락사협회는 네덜란드에서 통용되는 법적 규제가 아직 제대로 효력을 발휘하지 않는 세 집단이 존재한다고 말한다. 그 세 집단에는 치매 환자들, 만성 정신 질환자들, 자신들의 삶이 이제 다했다고 느끼는 노인들이 포함된다. 치매 환자들과 만성 정신 질환자들에 대한 안락사법이 현재 네덜란드에서 실행되고 있고 또 그 법이 유용하다고 여기고 있다. 의사들은 정신 질환 환자들의 경우 아주 특수한 경우에만 여기에 동참할 용의를 보인다. 그러나 자신들의 삶이 이제 다했다고 생각하지만 아직 죽을병에 걸리지 않은 노인들에 대해서는 법이 수정될 필요가 있다. 네덜란드 예술위원회의 사무총장을 역임한 이본 반 바알러는 개별적으로 이런 움직임을 보이던 여러 무리의 사람들을 한데 모아서 현재 이를 성취하기 위해 앞장섰다. 우리는 이 문제를 네덜란드 의회의 의제로 올리는 것을 목표로 인터넷에서 서명 운동을 시작했다. 놀랍게도 우리는 불과 나흘 만에 필요한 4만 명의 서명을 달성했다. 이처럼 긍정적인 반응이 쇄도했음에도 불구하고 서명 운동을 주도한 우리가 받은 〈살인 지휘대〉라는 부당한 매도에 대해서는 놀라움을 금할 수 없다. 환자가 치료 거부를 결정하는 것도 자주 논란이 되고 있다. 의사들은 치료 거부 규정을 따를 법적 의무가 있는데도, 그들은 거의 그렇게 하지 않는다. 다른 한편으로는 심폐 소생법도 때로는 적절하지 못할 수 있다. 또는 요양원 의사 베르트 케이제르가 표현했듯이, 심폐 소생법은 〈극단적인 형식의 학대〉일 수도 있다. 나는 의대 실습생 시절 한 번 심폐 소생법으로 환자를 구한 적이 있는데, 지금도 그 일을 유감스럽게 생각한다. 간호사가 그 환자를 침대에 눕힌 채 병실로 옮기는데 갑자기 심장 박동이 정지했다. 그 즉시 나는 배운 대로 실행에 옮겼으며 환자를 소생시키는 데 성공했다. 얼마 후 그 환자의 진료 기록이 도착했다. 그는 종양이 심장으로 번진 폐암종 환자였다. 그 후 며칠 동안 나는 밤낮으로 그 가 없은 남자의 침대 옆에 앉아서, 그가 약간의 공기를 호흡할 수 있도록 기도를 뚫어 주는 일을 했다. 내가 소생시키지만 않았더라도 그는 그런 큰 고통을 면할 수 있었을 것이다! 그러나 최근 들어 이런 상황은 변하고 있다. 암스테르담 아카데미의학센터의 심장 전문의 루트 코스터는 심폐 소생 후 생존 확률이 훨씬 증가했다는 결과를 보여 주었다. 게다가 그 확률은 지난 10년 동안 2배가 넘게 증가해서, 오늘날에는 심장마비로부터 살아나는 환자들이 전체 20퍼센트에 이른다. 최근 성능이 점점 개선되고 있는 자동 외부 재세동기[4]와 치료술의 발달에 힘입어, 심장 박동 정지 상태에서 살아난 환자들의 절반 이상이 심각한 뇌 손상 없이 위기를 넘길 수 있다. 심폐 소생 후 환자의 체온을 낮춤으로써, 산소 결핍에 따른 유독 물질의 방출에 의해 야기되는 뇌 손상의 상당 부분을 방지할 수 있다. 심장마비가 왔을 때 외부 재세동기가 손이 닿는 곳에 준비되어 있으면 더없이 유리하다. 네덜란드 자발적 안락사협회의 〈나를 심폐 소생시키지 말라〉는 구호는 그 근거를 점점 잃어버리는 듯 보인다. 이와 반대로 신생아의 경우에 심장 반응이 없는 상태에서 심폐 소생이 10분 이상 지속되면 십중팔구는 심각한 뇌 손상을 초래하고 결국은 포기해야 한다. 그러나 장차 부모가 될 사람들이 이런 사실을 알고 있을까?

더 이상 피할 수 없는 죽음 후에 자신의 육신을 학문을 위해 기증할 수 있는데, 그 기증된 사체는 외과 학생들이 해부학을 배우는 데 사용될 것이다. 여기에 대해서는 반대해야 할 하등의 이유가 없다. 그러나 학문에 이바지하고 싶다면 네덜란드 뇌은행에 뇌를 기증하는 것도 좋은 생각일 것이다. 네덜란드 뇌은행은 지금까지 3,000번 이상의 부검에서 얻은 뇌 조직을 전 세계의 500여 개 연구팀에게 제공했

---

4 박동이 멎은 심장을 정상적인 맥박으로 복원하기 위한 전기 기기.

으며, 이것은 신경 정신 질환의 증상에 대한 새로운 인식에 대한 수백 편의 논문을 생산했다(19.4 참조). 부검은 질병의 진단과 치료가 과연 적절했는지를 입증하기 위해 실행될 수도 있기 때문에 부검에 동의하는 것은 임상적으로 중요할 수 있다. 현재는 환자의 사망 직후 가족들이 슬픔으로 망연자실해 있을 때 비로소 부검에 동의해 달라고 부탁하는 실정이다. 나는 최근에 이런 일을 한 번 더 경험했다. 한 내과 의사가 유족들에게 부검에 동의할 것을 간청했는데, 그 의사의 태도에는 긍정적인 반응을 전혀 기대하지 않는 기색이 역력했다. 사실이 그랬다. 더욱이 그 의사가 하는 말들은 오히려 반대 효과를 가져왔다. 어쩌면 의사 입장에서는 그 부탁을 거부당하는 편이 자신에게 지워질 많은 업무로부터 자신을 구하는 것일 수도 있다. 의사들은 이런 주제에 대한 대화를 이끌어 나갈 수 있도록 충분한 훈련을 받지 못했다. 게다가 이런 대화가 일어나는 환자의 사망 직후는, 그런 심각한 주제에 대해 유족과 대화를 나누기에는 아주 최악의 시점이다. 이런 상황에서 부검의 수가 많이 줄어든 것도 전혀 놀라운 일이 아니다.

미리 논의되어야 할 주제들에는 뇌사, 피부 이식 및 장기나 각막의 이식 등이 있다. 물론 매장이나 화장과 같은 문제도 여기에 포함된다. 그 밖에 시민권 포기 강좌에서는 적극적인 기증자 등록, 시신의 염습, 알츠하이머 카페, 방부 처리, 혼수상태와 혼수상태와 유사한 상황들(7.2 참조), 임사 체험(16.3 참조), 안락사 상담, 삶의 종말에 대한 문제에서 문화적·역사적 차이점들, 법률적 측면, 삶과 죽음의 분자 생물학(19.1 참조), 미라화, 심장 박동 정지 시 기증, 삶의 종말에 대한 심리학적 문제, 유언과 같은 주제들이 포함되면 유용할 것이다.

사후의 삶이 존재하지 않을지라도 죽음은 우리에게 많은 생각거리를 던진다. 죽음에 대해 개인적으로 어떤 의견인지 알고 있고 또 이와 관련된 모든 것에 대해서 함께 충분한 시간을 가지고 이야기를 나누면 관계된 모든 사람들의 마음은 훨씬 더 가벼워진다. 나를 예로 들자면, 내가 죽으면 나의 뇌는 네덜란드 뇌은행으로 가게 되어 있다. 나에게 시간이 주어진다면, 동료들에게 특히 무엇을 찾아봐야 할지에 대한 지시 사항을 담은 메모와 함께 그 지시 사항을 따르는 방법 등 몇 가지 기술적인 힌트를 줄 것이다. 그것이 동료들을 짜증 나게 할 수는 있겠지만 말이다. 나의 나머지 장기와 조직들은 이미 꽤 오랫동안 사용되었지만, 아직 원하는 사람이 있을 경우 기꺼이 장기 이식에 사용될 수 있다. 그리고 부검이 유용하다고 생각하는 의사들이 있다면, 그들은 이미 그에 대한 나의 동의를 받았다. 그 밖에 나머지 것들에 대해서는 내가 관여할 바가 아니라 내 가족이 결정할 문제다.

당신이 시민권 포기 강좌와 관련된 좋은 생각이 있다면 나는 경청할 준비가 되어 있다. 어떤가, 당신은 그 강좌에 참여할 의사가 있는가? 내가 원하는 것은 당신이 원하는 만큼 오랫동안 건강하고 즐거운 삶을 누리는 것이다.

19.4 네덜란드 뇌은행

당신의 생각을 보관하는 은행.

뇌 질환의 원인을 연구하기 위해서는 사망한 환자들의 뇌 조직을 연구할 필요가 있다. 그러나 70년대 말에 나는 알츠하이머병 증상이 잘 기록된 환자 다섯 명의 뇌를 구하는 데 꼬박 4년이 걸렸다. 그 당시 네덜란드에는 10만여 명의 알츠하이머병 환자들이 있었는데도 말이다. 그 이유는 환자들이 대학 병원이 아니라 집이나 요양원에서 사망했기 때문이었다. 또한 비교 집단의 자료를 구하는 것은 불가능했다. 뇌 질환에 걸리지 않은 환자들의 뇌 부검을 실시하는 것을 아무도 이해하지 못했기 때문이었다. 그러나 뇌 질환 환자로부터 얻은 뇌 조직의 모든 조각은 연령과 성별, 사망 시각, 사망 후 경과 시간 등등이 정확히 일치하면서 뇌 질환으로 죽지 않은 사람의 뇌 조직 조각과 비교되어야 한다. 그래서 1985년 나는 증상이 잘 기록된 사례들의 뇌 조직을 학계에 제공하는 네덜란드 뇌은행의 창립을 발기했다. 암스테르담 자유 대학교의 신경 병리학자들은 처음부터 여기에 열정적으로 참여했다. 약 20년 만에 네덜란드 뇌은행은 전 세계 25개국의 500개 연구 프로젝트에 기증자 3,000명 이상의 뇌 조각 수만 개를 제공하였다(www.brainbank.nl). 1990년 네덜란드 뇌은행은 실험동물 연구에 대한 값진 대안으로서 표창을 받았으며, 2008년에는 그 당시 왕세자비였던 막시마가 친히 네덜란드 뇌은행을 방문하는 영예를 누렸다.

현재 네덜란드 뇌은행에는 연구 목적을 위해서 사후 뇌 부검 및 자신의 뇌 조직과 의학 자료들이 활용될 것에 동의한 기증자 2,000명의 기증자가 등록되어 있다. 기증자가 사망하면 네덜란드 뇌은행과 연관이 없는 의사가 사망을 확인하고, 그에 이어 곧바로 네덜란드 뇌은행에 연락이 취해진다. 사망자는 가능한 한 신속하게, 대부분 2~6시간 이내에 암스테르담 자유 대학 병원의 부검실로 이송된다. 한 번 부검할 때마다 70여 개의 뇌 조직 조각이 절취되는데, 그중 8개는 병의 진단에 사용된다. 나머지 조각들은 영하 80도로 냉동시키거나 배양 혹은 또 다른 방식으로 처리되어 연구팀들에게 보내진다. 네덜란드 뇌은행만이 가지는 장점은 기증자의 사망 후 몇 시간 안에 이미 뇌 조직의 사용이 가능하다는 것이다. 이것은 오로지 기증자와 그 가족들이 이미 모든 서류를 준비해 두었고, 기증자의 사망 후 어떤 일이 진행될지에 대해 정확하게 알기 때문에 가능한 것이다. 또한 장의사도 일이 처리되는 속도가 가장 중요하다는 사실을 잘 인식하고 있다. 한번은 시신을 되도록 빨리 병원으로 이송해야 한다는 과속한 장의사의 말을 믿지 못한 경찰이 나에게 전화를 한 적이 있었다. 나중에는 러시아워에 밀리는 도로에서 옴쭉달싹할 수 없었던 장의사를 오토바이를 탄 경찰이 갓길로 에스코트한 적도 있었다.

기증자들은 아주 열성적이다. 나는 다발성 경화증 환자에게 전화를 받은 적이 있다. 그 환자는 이렇게 말했다. 「나는 적을 보고 싶습니다.」 그의 요구에 우리는 그를 연구소로 초청했고, 그의 휠체어에 딸린 작은 테이블 위에 현미경을 설치해서, 현재 네덜란드 뇌은행장인 잉어 하위팅하가 그에게 다발성 경화증 환자들의 뇌 단면을 보여주었다. 우리는 수시로 아주 기이한 질문들을 받는다. 언젠가 자신의 가족에 관계된 일이라며, 네덜란드 뇌은행에 뇌를 기증하는 동시에 이식을 위해 장기도 기증하고 학문을 위해 시신도 양도할 수 있느냐고 문의한 사람이 있었다. 도대체 가족 중 누구의 이야기냐고 묻자, 그는 대답했다. 「우리 장모님요.」 그는 마치 장모의 그 어떤 것도 이 세상에 남기지 않으려고 작정한 것처럼 열성적이었다! 우리는 법률적인 문제들도 피해 갈 수 없었다. 1990년 우리는 다발성 경화증에 걸린 기증자들을 확보하기 위한 캠페인을 벌였는데, 그때 어느 여성 환자의 남편에게 고소당했다. 그는 다발성 경화증이 뇌 질환이 아니라 근육 질환이라고 생각한다면서 다음과 같이 물었다. 「내 아내가 정신 이상이란 말입니까?」 어느 여성 기증자는 자신의 아우라가 사라질 때까지 부검을 늦추어 달라고 부탁했고, 우리는 그 기증자를 안심시킬 수 있었다.

뇌은행의 기증자로서 등록하는 것이 물론 쉬운 결정은 아니다. 내가 살아생전에 어떤 어리석은 말을 했거나 또는 어떤 어리석은 짓을 했든 상관없이, 죽은 후 내 뇌가 네덜란드 뇌은행에 의해 유용하게 활용될 사실을 생각하면 나 자신에게 위로가 된다고 이야기하는 것이 때로는 도움이 된다.

19.5 사후의 장수를 위한 약초

결코 반복되지 않는 것, 이것이 인생의 매력이다.

— 에밀리 디킨슨[5]

중국의 전통 의학에는 수명을 연장시킨다고 하는 많은 요법들이 있다. 게다가 중국에서 맛이 좋다고 하는 모든 것은 몸이나 특정 장기에 유익해서 〈장수〉를 보장한다고 한다. 내가 오래 사는 삶보다는 의미 있고 즐거운 삶에 더 관심 있다고 말하면, 다들 어리둥절한 눈빛으로 나를 바라본다.

---

5 Emily Dickinson(1830~1886). 미국의 여류 시인.

그러나 나는 중국에서 몸을 오랫동안 보존할 수 있는 약초의 힘을 목격했다. 나는 허페이의 안후이 의과 대학에서 객원 교수로 근무했을 때 구화산이라는 이름으로 알려진 지역에 대해 처음으로 들었다. 그곳에는 명나라 시대에 불교 경전 81권을 28년에 걸쳐 자신의 혀에서 짜낸 피와 금가루로 필사한 무하선사라는 이름의 승려가 살았다. 그는 126살의 나이로 죽었으며, 사후 3년 후에도 몸에 전혀 부패의 흔적이 보이지 않았다고 전해진다. 무하선사를 부처의 환생이라고 여긴 다른 승려들이 그의 몸에 금을 입혔다. 그의 미라는 〈백세공〉이라는 이름으로 〈백세궁〉에 안치되었다고 한다. 구화산의 다른 수도원들에도 500년 된 미라들이 보존되어서 숭앙을 받고 있다. 나는 그런 일이 어떻게 가능한지 상상도 할 수 없었다. 거기 산중은 습도가 매우 높기 때문이다. 내 박사 과정 학생들 중 최초의 중국인인 조우 지앙닝은 지금 허페이에서 교수로 재직 중인데, 믿어지지 않으면 직접 내 눈으로 보라고 말했다. 대학 당국은 우리에게 운전기사와 함께 자동차를 제공해 주었다. 내 아내와 딸이 동행했으며, 중국인 의사 아이민 바오도 통역을 위해 우리와 동행했다.

우리는 6시간 동안 차를 달려서 이미 어두워진 시간에 산에 도착했다. 수도원과 많은 사원들은 이미 문을 닫은 뒤였다. 그래서 우리는 구화산의 작은 마을에서 묵었다. 이튿날 그 수도원을 다시 찾아갔고 그곳에선 불교의 승려들이 유리관 둘레에서 불공을 드리고 있었다. 관 속에는 실제로 금빛의 미라가 불공을 드리는 자세를 취하고 있었다. 우리가 미라를 볼 수 있도록 불공을 드리던 승려들이 상좌승의 지시를 받아 옆으로 비켜났다. 신체 구조가 완벽하게 온전히 남아 있어서 해부 시연에 사용해도 될 정도였다. 바짝 마른 얇은 피부를 통해 근육

하나하나가 잘 보였다. 구화산의 모든 수도원은 〈육신〉이라는 평범한 이름으로 불리는 그런 미라들을 하나 이상 소유하고 있었다. 나는 중국 통역사의 입을 빌어, 그 승려의 몸이 사후에 어떻게 그렇듯 오랫동안 온전하게 있을 수 있었는지 수도원장에게 물었다. 「성스러운 사람이기 때문이지요.」 수도원장은 명료하게 대답했다. 이후에 나는 허페이의 조우 지앙닝에게 전화를 걸어, 우리가 수수께끼를 풀었다고 빙긋이 웃으며 이야기했다. 「성스러운 사람이라는군.」 조우 지앙닝에 의하면 그 승려들은 최후가 가까이 온 것을 감지하면 일반적인 식사를 중단했다고 한다. 그 대신 그들은 오로지 특별한 약초만을 먹었으며, 약초와 숯과 석회로 가득 찬 커다란 항아리 속에 목까지 담그고 앉아 있었다고 한다. 그런 식으로 죽음을 앞두고 몸을 말려서 보존하는 데 이따금 성공한다는 것이다. 그렇게 성공한 사람들이 성자가 되었던 것이다. 그러는 동안 우리 딸은 승려들로부터 함께 불공을 드리지 않겠느냐는 권유를 받았다. 승려들은 딸아이에게 무척 친절했으며, 불공의 신비를 설명해 주었다. 머리를 박박 민 키 작은 중국 승려들과 금발을 길게 기른 키 큰 우리 딸과의 특이한 만남은 그 자리에 있는 모든 사람들을 즐겁게 해주었다. 딸아이의 불공이 미라의 보존에 얼마나 기여했는지는 시간이 알려 줄 것이다. 나는 유감스럽게도 그 약초물의 비결을 아직까지 이해하지 못했다.

20장
진화

인간은 다른 포유동물들과 같은 유형으로 만들어졌다고 알려져 있다. (……) 모든 신체 기관 중에서 가장 중요한 뇌는 헉슬리를 비롯한 해부학자들이 보여 준 것처럼 같은 법칙을 따른다. 반대 진영의 증인인 비쇼프는 인간의 모든 주요한 뇌주름과 뇌회에 유사한 것이 오랑우탄의 뇌에도 있다고 인정한다. 그러면서도 발달 주기 중 어느 한순간도 이들의 뇌가 완전히 일치한 적이 없다고 덧붙이면서, 완전한 일치 또한 결코 기대할 수 없다고 한다. 만일 그렇다면 정신적인 힘도 일치해야 할 것이기 때문이다.

— 찰스 다윈

20.1 협상과 뇌 크기의 증가

중혼은 아내가 너무 많은 것을 뜻한다. 일부일처제도 똑같은 뜻이다.

— 오스카 와일드

진화의 과정에서 우리의 뇌 크기와 지능은 크게 증가했다. 지능은 문제를 해결하는 능력, 민첩하고 합리적으로 사고하는 능력, 목표를 좇아 행동하는 능력, 그리고 주변에 효과적으로 대처하는 능력을 의미한다. 이를테면 언어적, 논리적, 수학적, 공간적, 음악적, 사회적 지능이나 운동 지능처럼 많은 종류의 지능이 있다. 그러므로 지능 지수 IQ는 지능을 측정하는 하나의 제한된 도구에 지나지 않는다. 뇌 크기와 지능의 관계에서 뇌의 절대적인 크기는 문제되지 않는다. 약 1.5킬로그램의 무게를 가진 인간의 뇌는 결코 가장 큰 뇌가 아니다. 향유고래의 뇌는 9킬로그램에 육박하고, 코끼리의 뇌 무게는 평균 약 4.8킬로그램이다. 뉴욕 코니아일랜드의 루나파크에 살았던 코끼리 앨리스는 심지어 6킬로그램의 뇌 무게를 자랑했다. 그러나 고래도 코끼리도 결코 인간과는 지능을 견줄 수 없다. 그에 비해 1871년 다윈이 이미 글로 확립했고 그 100년 후 네덜란드 신경 과학자 미셸 호프만이 증명한 바와 같이, 몸의 크기에 비한 뇌의 상대적인 크기는 정보를 처리하는 기계로서 뇌의 수준과 명백한 관련이 있다.

뇌의 진화 발달 수준을 평가할 수 있는 더 나은 척도는 대뇌화 지수EQ(encephalization quotient),[1] 즉 신체 조절에 필요한 부분에 추가되는 뇌 조직의 상대적인 양이다. 이 점에서 인간은 실제로 단연코 1위를 자랑한다. EQ는 무엇보다도 대뇌 피질의 발달에 의해 결정된다. 진화의 과정에서 우리 뇌의 크기 증가는 구성 성분(신경 세포)의 수 및 그 구성 성분들 간의 결합 증가에 의해 야기되었다. 그러므로 대뇌 피질의 신경 세포 수는 지능을 측정하는 좋은 수단이다. 이들이 모여서

---

1 체중과 뇌 중량과의 관계 지수.

작은 칼럼이라고 불리는 기능적 단위를 형성한다. 진화 과정에서 대뇌 피질의 크기는 엄청나게 증가했는데도, 이들 칼럼들의 직경은 약 0.5밀리미터에서 거의 변함이 없었다. 이것은 진화 과정에서 칼럼 수의 증가가 대뇌 피질의 확대와 이에 따른 주름을 야기했다는 것을 의미한다. 이 모든 변화에도 불구하고 발달 과정에서 뇌의 기본 구조는 변함이 없었다. 그러므로 인간과 다른 영장류 사이에서 뇌의 차이는 주로 크기에서 비롯된다. 뇌가 진화를 통해 커짐으로써 정보를 처리하는 능력이 엄청나게 확대되었다. 진화 과정에서 뇌 크기의 점진적인 증가는 임신 기간, 발달과 학습 기간, 수명이 연장되고 자손의 수가 감소하는 현상을 수반했다. 인간이 진화 발달하는 과정에서 〈불과〉 300만 년 만에 두개골의 용적은 세 배 이상 커지고 수명은 두 배로 늘어났다.

진화의 압박이 어떤 방식으로 뇌의 확대를 야기했을지에 대한 다양한 가설들이 차차 제기되어 왔다. 초기의 이론은 영장류의 커다란 뇌가 도구의 사용에 이어 보다 많은 식량의 확보를 가능하게 함으로써 진화상의 이점을 제공했다고 추정했다. 이후에 제기된 마키아벨리 가설에 따르면, 커다란 뇌는 개개인이 집단의 더 나은 생존 가능성을 촉진하는 사회적 전술에 노력을 쏟는 것 같은 사회적인 복잡성에 대응하기 위한 반응으로 나타났다. 실제로 영장류에게서 대뇌 피질의 크기와 사회적 집단의 크기 및 복잡성 사이의 명백한 상관 관계가 확인되었다. 영장류 사이에서 사회적 집단생활은 5,200만 년 전에 영장류가 야행성 동물에서 주행성 동물로 변하고 집단으로 생활하는 것이 더 안전해지면서 생겨났다. 집단생활은 짝짓기와 일부일처제에 의해 매우 복잡한 양상을 가지게 되었다. 이 두 가지 모두 뇌에 상당한 부담을 안겨 준다. 번식을 보장하기 위해 파트너를 심사숙고해서 선택하게 만들고 파트너 사이의 복잡한 협상을 불가피하게 만든다. 익히 우리가 잘 알고 있는 이런 관계의 복잡성과 강도는 뇌에 강력한 진화적 압박을 가함으로써 뇌의 크기가 증가할 수밖에 없었던 것처럼 보인다. 인류에게 일부일처제 파트너 선택의 기제는 이미 약 350만 년 전에 발달했다고 알려져 있고 가족을 보호한다는 차원에서 진화론적인 이점을 제공했지만 우리의 뇌에 지속적으로 엄청난 부담을 안겨 주고 있다.

20.2 뇌의 진화

우리 인간이 여기에 존재하는 이유는, 한 별난 물고기 집단이 육상 동물의 다리로 변환할 수 있는 매우 독특한 지느러미 구조를 가지고 있었고, 빙하기에 지구 전체가 얼지 않았고, 25만 년 전 아프리카에서 생겨난 작고 미미한 동물 종이 이래저래 생존하는 데 성공했기 때문이다. 우리는 〈초지상적인〉 답변을 갈망하지만, 그런 답변은 존재하지 않는다.

— 스티븐 제이 굴드[2]

우리 인간은 약 1,000억 개의 신경 세포로 이루어진 1.5킬로그램 무게의 놀라운 뇌에 의해서 특별한 존재가 된다. 이것은 지구상에 존재하는 사람 수보다 열다섯 배 더 많다. 각기 모든 신경 세포는 시냅

---

2 Stephen Jay Gould(1941~2002). 미국의 고생물학자, 진화 생물학자.

스라고 불리는 특별한 연결 방식으로 약 1만 개의 다른 신경 세포들과 접촉한다. 우리의 뇌는 약 10만 킬로미터가 넘는 신경 섬유를 포함하고 있다. 그런데도 자극의 수용, 전도, 처리, 전송 같은 신경 세포의 근본적인 특성들 그 자체는 신경 조직에만 국한된 것은 아니다. 이런 특성들은 원칙적으로 다른 종류의 많은 조직들, 모든 살아 있는 유기체, 심지어는 단세포 생물에서도 발견된다. 기억력과 주의력의 원시적인 형태들도 마찬가지다. 그러나 암스테르담 뇌연구소의 초대 연구소장을 역임한 아리엔스 카퍼스 교수가 발견한 바와 같이, 진화 과정에서 세분화된 신경 체계는 이들 기능면에서 엄청난 우위를 차지하게 되었다. 신경계 이외의 다른 조직들에서는 자극의 전달 속도가 초당 0.1센티미터를 넘지 못하는 반면에, 가장 단순한 신경 세포들도 초당 0.1~0.5미터의 속도로 자극을 전달할 수 있다. 실제로 카퍼스의 계산에 따르면, 우리의 뇌 안에 있는 신경 세포들은 심지어 초당 100미터의 속도로 정보를 전달할 수 있다고 한다. 그리고 이것은 진화의 막대한 이점이 불러온 신경 세포의 특성들 가운데 하나일 뿐이다.

가장 원시적인 동물인 해면 동물에는 단지 몇 종류의 세포만이 있을 뿐이며, 세분화된 기관이나 진정한 신경 체계는 찾아볼 수 없다. 그러나 그들도 신경 세포의 전구체들을 가지고 있으며, 그들의 DNA에는 신경 세포 연접 부위에서 신호를 받아들이는 시냅스후 막 postsynaptic membrane에 위치하는 단백질을 구성하는 데 필요한 거의 완벽한 세트의 유전자가 존재한다. 이는 불과 몇 번의 진화적 적응 과정을 통해 어떻게 화학 전달 물질의 수송을 위한 완전히 새로운 시스템이 만들어질 수 있는지를 보여 준다.

원시 신경 세포는 이미 약 6억 5천만~5억 4,300만 년 전 선캄브리

아기에 생성되었다. 강장동물은 그 당시에 벌써 진짜 신경 세포와 시냅스를 갖춘 확산된 신경망을 가지고 있었다. 우리는 그 신경 세포들이 사용한 화학 전달 물질에서 현재 우리의 뇌에서 발견되는 화학 전달 물질에 이르기까지 분자 수준에서의 점차적인 진화를 추적할 수 있다. 연구자들이 가장 많이 연구한 강장동물은 히드라인데, 이들은 도합 10만 개의 세포만을 지닌 작은 종이다. 이들의 신경망은 머리와 발에 집중되어 있는데, 이것을 뇌와 척수의 초기 진화 단계로 볼 수 있다. 히드라의 신경계에서는 아주 작은 단백질로 이루어진 하나의 화학 전달 물질이 사용되는데, 이는 우리의 바소프레신과 옥시토신에 유사하다. 이런 종류의 단백질은 〈신경 펩티드〉라고 불린다. 척추동물에게서는 이 신경 펩티드의 유전자가 처음에 두 배로 증가한 뒤, 두 군데에서 유전자 변이가 일어났다. 이를 통해 서로 아주 유사하지만 특성화된 두 종류의 신경 펩티드, 즉 바소프레신과 옥시토신이 생겨났다. 최근에 이 두 신경 펩티드에 관심이 집중되어 있는데, 그 부분적 이유는 이것들이 우리의 뇌가 가지는 사교적인 기능을 위해 중요한 역할을 하기 때문이다(9.2 참조). 그리고 이 전달 물질들은 생산, 분비, 그리고 정보가 수용되는 장소에 따라서 신장 기능(5.1 참조), 출산과 모유 생산(1.2, 1.3 참조), 낮과 밤의 주기(20.4 참조), 스트레스, 사랑(4.3 참조), 발기(4.4 참조), 신뢰, 통증과 비만(5.5 참조)에도 관여할 수 있다. 2001년 〈히드라 펩티드 프로젝트〉는 이미 823개의 펩티드를 분리해서 그 화학적인 특성을 밝혔다. 이들 펩티드에는 그 이후 처음으로 척추동물에게서 발견된 신경 펩티드가 포함되어 있었다. 히드라의 〈머리를 활성화시키는 펩티드〉는 인간의 시상 하부와 태반, 뇌종양에서도 발견되었다. 종(種)들 사이의 화학적 유사성은 아주 크다. 원시 뇌의 진화를 뒷받침하는 근거는 머리 신경절이라고 알려진 편충의 신경 세포들이 응집한 덩어리 형태에서 찾을 수 있다. 인간이 동물계에서 독특한 위치를 차지한다고 종종 주장되는데, 뇌의 진화 과정에서 일어나는 점차적인 구조적, 분자적 작은 변화들은 이런 주장을 다른 시각으로 볼 필요가 있음을 보여 준다. 다윈은 『인간의 유래 *The Descent of Man and Selection in Relation to Sex*』(1871)에서 이렇게 밝혔다. 〈뇌와 신체의 비율에서 인간의 뇌는 고릴라나 오랑우탄에 비해 월등하게 크다. 나는 이것이 고차적인 정신력과 밀접한 관계가 있다는 사실을 아무도 의심하지 않을 것이라고 생각한다. (……) 다른 한편으로 두 동물이나 두 인간의 지능이 두개골의 용적으로부터 정확히 추정될 수 있다고는 아무도 생각하지 않을 것이다.〉

그러므로 뇌의 크기는 우리의 지능을 결정하는 매우 중요한 요인이지만 유일한 요인은 절대 아니다. 분자 수준에서 일어나는 작은 차이들도 커다란 영향을 미친다.

20.3 분자의 진화

영국 상류 사회 출신의 그리 총명하지도 않은 한 청년이 어떻게 인류 전체를 통틀어 가장 중요한 개념을 생각해 낼 수 있었을까?
— 미다스 데케르스, 찰스 다윈에 대해, 「데 폴크스크란트」, 2010년 1월 2일

지난 몇 년 동안 네덜란드에서도 유행했던 지적 설계론 운동은 다윈의 진화론을 기를 쓰고 훼손하려 했지만 헛수고였다. 물론 진화론

을 인정하는 것은 법적으로 아무런 문제가 되지 않는다. 그러나 지적 설계론 운동가들이 흔히 그렇듯이 과학적으로 발견된 진실을 공공연히 부정하는 것은 여기에서 이중 잣대가 사용되고 있음을 분명하게 드러낸다. 신성 모독은 네덜란드에서 여전히 처벌 대상인 반면에, 다윈을 모독하는 것은 허용된다. 지적 설계론 운동가들은 분자 생물학이 진화를 이해하는 데 크게 기여한 바를 부정하려 하고 있다. 물리학자 아리 반 덴 뵈컬 교수는 지적 설계론에 대한 케이스 데커스의 책에서 이렇게 말한다. 〈지난 수십 년 동안 이룩한 분자 생물학의 성과들이 다윈의 이론에 결정적인 증거를 제공한다. 그러나 그 어떤 것도 사실이 아니다.〉 나는 지적 설계론 운동가들의 이런 모호한 단언들이 얼마나 허무맹랑한지 여기에서 몇 가지 사례를 들어 보여 주고자 한다.

분자 수준의 지식이 전혀 진보되지 않았던 1859년에 다윈이 이미 모든 생명체가 단 하나의 원시 조상으로 소급된다는 이론을 제안한 것은 거의 믿을 수 없는 일이다. 그 당시 다윈은 모든 살아 있는 조직들이 화학적 유사점을 가지고 있다는 사실을 알 수가 없었다. 최근에 들어와서 분자 생물학자들은 이 관념적인 개념에 단단한 토대를 제공할 수 있었다. 예를 들어 진화의 과정은 (1) 단백질을 코딩하는 유전자의 점차적인 분자 수준에서의 변화, (2) 유전자의 배가와 여기에서 비롯된 새로운 기능을 하는 유전자의 형성, (3) 유전자의 퇴화, (4) 단백질을 코딩하지는 않지만 세포의 기능을 조절하는 데 중요한 RNA의 진화적인 변화를 통해 발견될 수 있다. 분자 생물학 연구는 진화의 경로와 기제에 대한 새로운 정보와 이론을 끊임없이 제공한다. 신경계에 존재하는 유전자들도 마찬가지다. 분자 구조들이 상당 부분 일치하는 것으로 보아, 벌레와 곤충, 그리고 어류에서부터 인

간에 이르기까지 척추동물들의 신경계도 약 6억 년 전에 단 하나의
공통된 전구체에서 비롯되었음이 틀림없다. 불과 몇 센티미터 길이의
플라티네레이스 두메릴리Platynereis dumerilii[3]는 살아 있는 화석으로 볼
수 있는데, 이 벌레도 태아의 발달 과정에서 포유동물들과 동일한 분
자 단계를 거치는 것으로 보인다.

다윈은 자신이 비글호를 타고 탐험하던 도중 갈라파고스 섬에서
발견한 그 유명한 되새의 미토콘드리아 DNA의 분자 생물학적 연구
를 틀림없이 높이 평가했을 것이다. 그가 그 당시 짐작했던 것처럼,
실제로 13개 종의 새들이 같은 조상을 가지고 있다는 사실이 밝혀졌
다. 이 유일한 조상은 약 230만 년 전에 남미 대륙에서 갈라파고스
섬으로 이동했던 것이 분명하다. 인간의 조상들이 아프리카에서 왔
다는 다윈의 생각 역시 분자 생물학적으로 뒷받침되었는데, 어머니에
게서 물려받는 미토콘드리아 염색체와 아버지에게서 물려받은 Y 염
색체의 DNA가 아프리카 대륙까지 추적 가능하다는 증거가 발견되
었다. 인류가 아프리카를 떠나 유럽과 중국으로 대규모 이동을 했다
는 다윈의 이론 역시 옳은 것으로 판명되었다. 아프리카에서 시작된
인간의 대이주는 두 차례에 걸쳐 일어난 것으로 현재 알려져 있다. 첫
번째 이주는 160~200만 년 전 호모 에렉투스에 의해 이루어졌고, 두
번째 이주는 5~6만 년 전 현생 인류 호모 사피엔스에 의해 이루어졌
다. 아프리카 밖에 존재하는 인구들 사이에 유전자 변이가 거의 없다
는 것은 아프리카를 떠난 호모 사피엔스가 불과 수십 명에 지나지 않
는다는 사실을 보여 준다. 이렇게 아프리카를 떠난 두 인종들이 세계

3 갯지렁이와 유사한 다모류 동물.

의 다양한 지역에서 성관계를 가짐으로써 호모 에렉투스가 호모 사피엔스로 동화된 것으로 보인다.

최근 한 연구 분야에서는 침팬지에서 분화한 이래 30만 세대를 걸치며 결국 인간의 발생을 유도한 분자 유전자적 변이에 촛점을 맞추고 있다. 인간과 침팬지의 게놈이 약 3,500만여 개의 DNA 구성 성분에서 차이를 보인다는 사실이 가끔 언급되었는데, 이것을 백분율로 따지면 불과 1퍼센트에 지나지 않는다는 것이다. 이 1퍼센트라는 숫자는 그동안에 전설이 되었으나, 실제 차이는 6퍼센트 정도다. 그러나 이런 상당한 유사점은 사실 오해를 불러일으킬 수도 있다. 침팬지에서 분화한 후로 우리의 뇌 무게가 세 배 늘어난 것은 원칙적으로 오로지 몇몇 유전자의 책임일 수 있기 때문이다. 이런 가능성은 오늘날 일련의 관찰을 통해 뒷받침된다. 인간의 뇌와 침팬지의 뇌를 구분 짓는 특징들 중 하나는 뇌의 신진대사에 관여하는 유전자들이 인간의 뇌에서 훨씬 더 강하게 발달한다는 것이다. 이러한 차이는 겨우 몇 개의 유전자만 있으면 발생한다. 인간으로 발달하는 데 결정적인 영향을 미쳤을 요인을 찾는 노력이 뇌의 무게로부터 〈몇몇 유전자〉 주장으로 옮겨지고 있다. 이들 연구에는 돌연변이를 통해 소두증이나 정신 지체를 야기하는 유전자들을 찾는 것도 포함된다. 유전 질환인 〈일차성 소두증〉에 걸린 사람의 뇌는 일반적인 구조의 변화 없이, 크기만 대형 유인원들의 것만큼 작다. 이 병에 걸린 사람들은 정상적인 외모를 가지고 있으며 아무런 신경과적인 이상도 보이지 않는다. 이런 발달 장애의 원인은 DNA에서 적어도 여섯 군데의 상이한 부위에 위치할 수 있다. 이 모든 유전자들은 세포 분열에 관여하는데, 이 유선자들이 진화 과정 동안 뇌의 크기 증가에 기여한 듯 보인다. 그중 하나가 ASPM[4] 유전자다. 이 유전자는 약 550만 년 전 인간이 침팬지로부터 분화한 후 DNA 구성 성분에서 가속화된 돌연변이를 겪었다. 또한 인간의 뇌가 지금도 계속 진화하고 있다는 이론도 제기되고 있다. ASPM의 유전적 변이형 중 하나는 겨우 5,800년 전에 시작되었는데, 그 이후로 빠르게 유포되었기 때문이다. 소두증 유전자의 유전적 변이형 가운데 하나는 가장 최근의 빙하기인 약 3만 7,000년 전에 처음으로 호모 사피엔스의 DNA에 생겼다고 여겨지는데, 오늘날 전 세계 인구의 70퍼센트가 이 변이형을 지니고 있다. 이런 식의 빠른 유포는 이 변이형이 뚜렷한 진화적 이점을 수반할 때만 가능하다.

또한 그 돌연변이가 인간의 언어와 관련되는 유전자들도 발견되었다. FOXP2 유전자의 돌연변이들은 가족에 유전되는 언어 장애와 발화 장애를 유발한다. ASPM과 소두증 역시 언어와 관련 있는 듯 보인다.

진화 과정에서 새로운 기능을 가진 유전자들도 생겨난다. 가장 좋은 예는 영장류가 세 가지 색깔을 볼 수 있도록 하는 유전자다. 영장류에서 일어났던 〈초록〉 옵신[5]의 두 배 증가에 이어 돌연변이와 자연선택을 통해 〈빨강〉 옵신이 생겨났다. 이는 무르익은 붉은색 과일을 익지 않은 과일과 구분할 수 있는 진화적인 이점을 제공했다. 붉은색은 여전히 우리에게 흥분시키는 감정을 일으키는 반면, 자연에 존재하는 지배적인 색채인 초록색은 진정시키는 효과가 있는데, 심지어는 위약의 경우에도 마찬가지다(16.4 참조). 수술실을 초록색으로 칠하는 이유도 바로 여기에 있다. 시간이 가면서 상실되는 유전자들도 있

---

4 대뇌 피질의 크기를 결정하는 주된 유전자.
5 간상 세포의 시각 색소인 로돕신을 구성하는 막단백질.

다. 쥐는 1,200개의 후각 수용체 유전자를 가지고 있는 반면, 인간에게는 350개만이 남아 있다. 이 유전자들 중 하나인 MYH16의 상실은 인간의 뇌 크기에 간접적인 영향을 줄 가능성이 있다. 이 유전자는 우리 선조들이 강력한 턱 근육을 가지게 된 원인이었다. 이 유전자의 상실은 인간의 뇌가 커진 것에 대응하기 위한 방안으로써 인간 두개골을 확대시켰다고 여겨진다.

우리 뇌의 발달에 결정적인 영향을 주었던 유전자를 발견하는 다른 방법은, 인간의 진화 과정에 있었던 다양한 전구체들의 전체 게놈 지도를 만드는 것이다. 현재 라이프치히의 막스 플랑크 진화인류학연구소에서 스반테 패보는 3만 년 전에 사멸한 네안데르탈인의 게놈에 있는 모든 DNA 염기쌍의 총서열을 분석하고 있다. 그는 3만 8,000년에서 4만 4,000년 전에 살았던 네안데르탈인 여자의 화석 뼈 세 개에서 DNA를 채취했고, 박테리아와 현생 인류에 의해 야기된 오염과 심하게 조각난 네안데르탈인 DNA를 구별하는 기술을 개발했다. 이 연구자는 이런 방식으로 네안데르탈인의 전체 DNA와 현생 인류의 전체 DNA를 비교해서 진화 과정 동안 우리가 어떤 유전자 변이에 힘입어 엄청난 비약을 했는지 몇 년 안에 규명할 수 있기를 기대하고 있다. 현재 네안데르탈인의 DNA 60퍼센트의 지도가 작성되었는데 벌써 최초의 놀라운 성과가 얻어졌다. 유럽인들, 중국인들, 파푸아인들은 네안데르탈인과 성적 관계를 맺었으며, 그것은 약 8만 년에서 5만 년 전 중동에서 일어났을 것으로 추정된다. 이 그룹에 속한 사람들의 DNA의 1~4퍼센트는 네안데르탈인에게서 유래한다. 반면에 아프리카인들은 네안데르탈인과 어떤 유전 물질도 공유하지 않는다. 이런 연결 관계는 우리가 네안데르탈인에게서 어떤 특성을 물려받았을까 하는 의문을 불러일으킨다. 지금까지 호모 사피엔스와 네안데르탈인이 분리되고 나서 급속도로 발달한 51개의 유전자가 발견되었다. 또한 RNA를 코딩하고 조절 기능을 가진 일부 DNA에서도 많은 차이가 발견되었다. 그리고 모든 현생 인류에서는 동일한 반면 네안데르탈인에게서는 상이한 78개의 유전자들도 발견되었다. 이 차이들이 상대적으로 뇌와 관련된 많은 유전자에 영향을 주기 때문에 장차 현생 인류가 가진 유일한 특성의 발현에 대한 통찰을 가능하게 할 것이다.

인간의 DNA와 침팬지의 DNA 사이에서 나타나는 6퍼센트의 차이에 대해 언급해 보면, 다형성으로 알려진 유전자의 아주 미미한 변화도 단백질의 구조와 이에 따른 기능을 완전히 변화시킬 수 있다는 점을 꼭 기억해야 할 것이다. 게다가 하나의 유전자가 다양한 단백질을 만들 수도 있다. 우리 연구팀의 타트야나 이스후니나는 에스트로겐을 수용하는 단백질 가운데 하나인 〈에스트로겐 수용체 알파〉의 변이형이 우리 뇌에 40개 이상 존재하는 것을 발견했다. 이들 변이형은 연령과 뇌 부위, 세포 유형, 병세에 영향을 받아 만들어진다. 또한 우리가 뇌의 진화를 이해하는 데 있어서 단백질을 코딩하는 유전자에 집중할 필요가 없다는 사실이 최근 분명해졌다. 게놈의 98퍼센트는 단백질이 아니라 RNA만을 코딩하며, 특히 마이크로 RNA는 인간의 뇌가 커지는 과정에 영향을 주었을 것으로 생각된다. 일부 RNA는 수많은 세포 과정을 조절하며, 이런 점에서 인간과 침팬지 사이에 커다란 차이점들이 있다. 현재까지 인간과 침팬지 사이의 주요한 차이는 HAR1(Human Accelerated Region 1), 즉 최근에 발견된 RNA 유전자의 일부에서 발견된다. 초기 발달 단계에서 발현되는 이 RNA(HAR1F)는 특히 뇌 안에서 리일린이라는 단백질을 생상하는 카할-레치우스 세포에서 나타난다. 인간의 경우에 HAR1F은 임신 17~19주에 리일린이라는 단백질과 함께 나타난다. 임신 중 이 단계는 인간에게서 특히 잘 발달한, 여섯 층으로 이루어진 대뇌 피질 형성을 위해 매우 중요하다. 이 인간 유전자의 돌연변이는 아마도 100만 년보다 더 오래전에 발생했고, 현생 인류의 출현에 결정적인 역할을 했을 것이다.

진화 과정에서 우리의 DNA에 쓸모없는 것들이 엄청나게 쌓이고 또 수많은 것들이 반복되었다. 우리 진화사의 이런 흉터들에는 우리의 기원에 대한 중요한 정보들이 포함되어 있지만 지적 설계론자들을 지지하기 위한 논거라고 보기는 어렵고, 특히 DNA가 〈신의 언어〉라는 증거는 더욱더 될 수 없다. 적어도 자연 현상들을 야만인의 눈으로 보지 않는다면, 1871년 다윈이 진화의 주요한 원칙은 의심의 여지가 없다는 결론을 내린 이후로 변한 것은 아무것도 없다. 그로부터 130년 이상이 지난 지금, 지적 설계론 추종자들은 여전히 진화를 부정하는 소수의 〈야만인들〉 자리를 외롭게 지키고 있다.

20.4 왜 일주일인가?

우리는 주일(週日)을 성서에서 얻었는가 아니면 우리가 우리의 생물학적인 주일 리듬을 성서에 부여했는가?

이 책은 우리 뇌에 관련한 물음들에 대한 답변의 형식으로 네덜란드의 일간지 「NRC 한델스블라트」에 썼던 일련의 칼럼들을 기반으로 한다. 그런 물음들 가운데 하나는 〈도대체 왜 전 세계가 일주일이라는 시간 단위로 살아가는가?〉였다. 성경은 하느님이 엿새 동안 세상을 창조하고 이렛날에 모든 일손을 놓고 쉬었다고 말한다. 아마도 하느님이 인간을 창조하는 데 하루를 더 할애해도 나쁠 것은 없었을 거라는 생각이 들 것이다. 그러나 성경 말씀대로 창조하는 데 7일이 걸렸기 때문에 일주일이 7일이 되었는가 아니면 반대로 우리가 7일이라는 생물학적 리듬을 가지고 있기 때문에 천지창조에 7일이 걸렸는가 하는 물음을 여전히 제기할 수 있다.

단세포 생물에서부터 인간에 이르기까지 모든 살아 있는 존재들은 수백만 년이 넘는 시간에 걸쳐 진화하는 동안 규칙적으로 반복되는 지구의 변화에 대처하기 위해 생물학적인 리듬을 가지고 있다. 우리의 시상 하부에 있는 생체 시계는 약 24시간이라는 리듬을 가지고 있다. 생체 시계는 우리가 적시에 안전한 동굴로 돌아올 수 있도록 곧 밤이 온다고 우리에게 경고한다. 그리고 밤이 끝나 갈 무렵에는 스트레스 호르몬 코르티솔의 증대를 야기하는 등 몇 시간 후에 시작할 활동에 우리의 몸을 대비시킨다. 우리 생체 시계의 밤낮의 주기는 지구의 자전을 반영한다. 마찬가지로 뇌의 생체 시계는 지구의 공전에 토대를 둔 1년의 주기도 가지고 있다. 이 1년의 주기는 우리가 언제 씨를 뿌리고 수확을 하고 월동 준비를 할 것인지 가늠하도록 도와 주었다. 여성의 생리 주기에서 보이는 바와 같이, 우리는 달의 주기도 가지고 있는 듯 보인다.

우리는 일주일 주기의 생체 시계도 가지고 있지 않을까? 실제로 일주일 리듬은 우리의 혈액과 소변에 있는 물질의 농도에서 나타난다.

심장마비, 뇌경색, 자살과 출생의 빈도수와 혈압도 일주일 주기로 변한다. 그러나 이러한 변화는 우리 몸 안에 존재하는 일주일 주기의 리듬 때문이 아니라 우리의 사회적 활동이 가지는 일주일 리듬을 반영한 것일 수 있다. 무려 15년 동안 자신의 소변에 있는 호르몬 농도를 측정한 한 연구자는 일주일 주기의 생물학적인 리듬이 존재함을 보여 준다. 3년 동안 그 변화의 패턴이 대략 일주일의 리듬으로 나타났지만, 주중 근무일의 패턴과는 일치하지 않았다. 이처럼 〈자유롭게 흘러가는〉 리듬은 대략 일주일의 상응하는 주기를 가진 생체 시계의 존재를 암시한다. 낮과 밤의 변화를 알 수 없는 한 동굴에 100일 동안 머문 사람들을 상대로 한 실험에서도 마찬가지로 대략 일주일의 리듬이 나타났다. 장님마디톡토기folsomia candida라는 곤충 역시 지속적인 어둠 상태를 유지시켜도 일주일 주기로 알을 낳는 패턴을 고수했다. 이 두 가지 사례는 일주일 주기의 생물학적 변화가 사회적 환경에 기인한다는 주장을 약화시킨다. 그러나 일주일 주기의 생체 리듬에 대한 가장 강력한 논거는 동아프리카에서 발견된 원인(原人)의 화석 유물에서 찾을 수 있다. 〈투르카나 소년〉[6]의 두개골을 현미경으로 관찰한 결과, 치아의 법랑질에서 두 종류의 작은 성장선들이 발견되었다. 한 종류는 하루의 주기를 보였고, 다른 한 종류는 대략 일주일의 주기를 보였다. 이를 다르게 표현하면 이들 호미니드[7]의 법랑질이 6일 동안은 정해진 속도로 발달했지만 7일째에는 다른 속도로 발달했던 것이다. 이것은 다른 영장류에게도 적용되는 듯 보인다. 이런 약 일주일 주기는 태양 복사의 변화에 기인한다는 주장이 있어 왔으

6 케냐의 투르카나 호수 주변에서 발견된 약 150만 년 전의 소년 유골.
7 현생 인류를 이루는 직립 보행 영장류를 가리킨다.

나, 저명한 천문학자들은 이 이론에 동의하지 않는다. 우리의 일주일 주기 리듬은 유기체들이 바다에서 육지로 이동하여 해변에서 먹이를 찾기 시작했던 진화적 주기와 관계 있을 가능성이 훨씬 더 많다. 해와 달의 인력에 의해 매주 일어나는 만조와 소조는 해안에서 먹이를 찾는 모든 유기체에게 먹이의 양뿐만 아니라 먹이의 종류에 있어서도 현저한 결과를 낳았을 것이다. 이 리듬의 근원이 무엇이든지 간에, 성서가 쓰이기 360~380만 년 전, 즉 우리의 사회적인 일주일이 생기기 수백만 년 전에 이미 생물학적인 일주일이 존재했다. 이 생물학적인 리듬은 하느님이 이를테면 45억 년은 말할 것도 없고 8일이나 9일이 아닌 일주일만에 창조 작업을 마쳤다는 생각을 낳았을 수도 있다.

21장
결론

강의 흐름을 바꾸고 산을 옮기는 것은 쉬운 일이다. 하지만 사람의 성격을 바
꾼다는 것은 불가능하다.

— 중국 속담

우리는 유전적인 성향과 자궁 안에서 발달하는 동안 이루어진 프
로그래밍의 조합을 통해 형성된 유일무이한 뇌를 가지고 세상에 태
어난다. 그로 인해 우리의 성격 특성, 재능, 한계 등은 대부분 이미 결
정되어 있다. 이것은 지능 지수, 아침형 인간이나 저녁형 인간, 영성
(靈性)의 정도, 신경증적이거나 정신병적이거나 공격적이거나 반사회
적이거나 비타협적인 정도뿐만 아니라 정신 분열증, 자폐증, 우울증,
중독과 같은 뇌 질환에 걸릴 위험성도 포함된다. 우리가 일단 성인이
되면 우리의 뇌를 바꿀 수 있는 가능성은 매우 제한되며 우리의 특성
은 있는 그대로 굳어진다. 이런 방식으로 형성된 우리 뇌의 구조가 그
기능을 결정한다. 우리는 우리 뇌다.

우리의 유전적인 성향과 우리 뇌의 초기 발달에 영향을 미치는 다

수의 요인들은 다양한 방식으로 우리에게 〈내적 제한〉을 부과한다. 그래서 우리는 우리의 성 정체성이나 성적 취향, 공격성의 정도, 성격, 종교적인 입장, 모국어를 자유롭게 바꾸지 못한다. 이렇게 우리에게 자유 의지가 결여되어 있다는 것은 나 혼자만의 생각도 새로운 생각도 아니다. 스피노자가 벌써 다음과 같은 몇 가지 사례를 빌어 이런 생각에 대해 설명했다(『윤리학』, 제3부 명제 2). 〈아이는 자신이 자유 의지로 우유를 원한다고 믿는다. 화가 난 소년은 복수를, 겁 많은 자는 도주를 자유로운 결정에 의해서 원하는 것이라 믿는다. 흥분한 사람, 수다쟁이, 소년 등은 말하고 싶은 충동을 다스리지 못하면서 자신들이 정신의 자유로운 결정에서 말한다고 믿는다.〉 어떤 성격상의 특성들은 변할 수 없다. 찰스 다윈도 자서전에서 다음과 같은 이론을 제시하며 같은 결론에 이르렀다. 〈교육과 환경은 개인의 정신에 미미한 영향만을 미칠 뿐이며 우리 특성의 대부분은 선천적이다.〉

그러나 이러한 견해는 1960~1970년대를 풍미했던, 즉 모든 것을 원하는 대로 만들 수 있다는 믿음과 전적으로 대립된다. 성별 특유의 행동 차이는 그 당시 남성 위주의 사회에 그 원인이 있다고 여겨졌으며, 여성들이 우울증에 걸릴 위험이 두 배나 더 높은 것은 여성들의 더 고단한 삶에서 비롯된다고 여겨졌다. 사회적 환경이 이런 문제들을 야기했다는 생각은 이런 문제들이 해결될 수 있다는 것을 의미한다. 그러나 사회적 환경의 중요성과 진보에 대한 믿음에는 어두운 면도 있었다. 무엇인가 잘못되는 경우에는 교육, 특히 어머니의 탓으로 돌려졌다. 어머니의 강압적인 태도는 동성애의 원인이었고, 감정적으로 무관심한 어머니의 자녀가 자폐증을 앓게 되고, 모순되는 가르침은 자녀들의 정신 분열증을 야기한다고 여겨졌다. 따라서 〈파괴적인 가족의 손아귀로부터〉아이들을 구해야 했다. 성전환자들은 정신병 환자였고, 범죄 행동은 나쁜 친구들 때문이었고, 비쩍 마른 모델들은 젊은 아가씨들에게서 거식증이라는 전염병을 유발했으며, 학대와 유기는 경계성 인격 장애를 초래했다고 여겨졌다. 이런 믿음은 오늘날 거의 남아 있지 않다. 물론 우리의 성격 특징, 능력과 제한 들 가운데 많은 부분이 자궁 안에서 상당 부분 결정되었다는 것이 우리의 뇌가 출생 시에 이미 〈완성되었다〉는 뜻은 아니다. 아기의 뇌는 애정이 넘치고 안전하고 자극이 주어지는 환경의 영향을 받아 출생 후에도 계속 발달한다. 이는 끊임없는 배움과 모국어 습득 및 주위의 종교관 주입에 의해 일어나는 일이다. 그리고 자궁 안에서처럼 여기에서 문제가 되는 것은 뇌나 환경이라기보다는 이 둘 간의 강력한 상호 작용이다. 특히 환경의 영향을 더 일찍 받을수록 더 강력하게 더 지속적으로 힘을 발휘한다는 사실이 매우 중요하다. 아이의 발달이 많이 진행될수록 성격상의 특징에 영향을 미치기는 더 어렵다. 우리의 성격, 우리의 선천적 특성들은 유아기의 초기 발달 과정에서 점점 더 강하게 표출된다. 물론 우리가 배우는 것들은 우리의 기억 시스템에 저장된다. 기억 시스템은 여전히 어느 정도 유연성을 가지고 있기 때문이다. 게다가 초기 발달 과정 이후에도 사회는 우리의 행동을 변화시킬수 있지만, 우리의 성격을 바꾸지는 못한다. 임상 심리학자들과 정신과 의사들이 종종 힘들게 노력해 행동을 변화시켜 인격 장애처럼 초기 발생 과정에서 발생한 성격상의 문제들에 더 잘 대처하게 할 수는 있더라도 그 문제들을 제거하지는 못한다. 〈성격〉이라는 개념이 〈각인〉이라는 말에서 유래하는 데에는 이유가 있다.[1]

선천성 대 유전성

〈선천성〉은 〈유전성〉과 같은 의미가 아니다. 후자는 부여받은 성격을 가리킨다. 우리의 아버지와 어머니의 유전자가 섞이는 순간, 우리의 성격, 지능 지수, 뇌 질환에 걸릴 가능성 등의 상당 부분은 영원히 확정된다. 그러나 잉태 후 자궁 안에서의 환경 역시 뇌 발달에 결정적인 영향을 미친다. 이렇게 부여받은 성격과 자궁 안에서 뇌의 발달이 끼치는 영향이 모여서 선천적 특성을 만든다. 우리가 아이에게 유전적으로 부여된 짐을 덜기 위해 할 수 있는 일은 극히 드물다. 다운 증후군을 비롯한 염색체 결함의 경우에는 출생 전에 진단을 해볼 수 있고, 그래서 병을 유발하는 유전자가 발견되면 임신 중절을 선택할 수 있다. 경우에 따라서는 체외 수정을 통해 배아를 선별해서 특정 질병의 위험성이 없는 배아를 자궁에 이식할 수도 있다. 예를 들어 알츠하이머병이 가족력에 의해 이른 시기에 발병하는 경우 이런 조치가 취해질 수 있다. 신생아의 발뒤꿈치에서 채혈하는 방법으로 일련의 유전적인 질병의 유무를 검사해서, 그 질병을 치료함으로써 발달 과정에서 일어날 수 있는 뇌 손상을 예방할 수 있다. 이 방법이 적용되는 질병 중에는 선천성 부신 과형성, 즉 부신에서 스트레스 호르몬 코르티솔이 생성되는 것을 막음으로써 테스토스테론이 과다 생산되는 질병이 있다. 이 질병에 걸리게 되면 뇌의 성적 분화가 제대로 이루어지지 않을 뿐만 아니라 아이가 심각한 급성 질환에 걸릴 수도 있다. 이 진단법이 적용될 수 있는 다른 질병에는 갑상선 호르몬의 선

---

1 〈성격character〉을 뜻하는 그리스어 낱말 〈χαρακτήρ〉은 원래 〈각인〉을 의미했다.

천적인 결핍에 의해 뇌 발달이 손상되는 선천성 갑상선 기능 저하증 및 뇌에 손상을 줄 수 있는 대사 질환이지만 식이요법을 통해 다스릴 수 있는 페닐케톤뇨증이 있다. 분자 생물학 기술을 이용한 뇌 질환 치료는 아직까지 가능하지 않다.

환경이 뇌 발달에 결정적 요인이긴 하지만, 1960~1970년대에 생각했던 것과는 반대로 출생 후의 사회적 환경은 출생 전의 화학적 환경보다 훨씬 덜 중요하다. 그리고 발달 단계가 이를수록 그 영향은 더욱 크다. 아이의 건강에 아주 긍정적인 영향은 발달 초기에 얻을 수 있으며, 이는 아이의 남은 일생에 지속적이고 현저한 효과를 줄 것이다. 이를 위해서 산모는 의약품을 가능한 적게 복용하고, 뇌 발달에 영향을 미치는 다른 화학 물질에 아이를 노출시키지 않도록 조심해야 하며, 산모 자신과 아이의 갑상선 호르몬의 정상적인 기능에 필요한 요오드 및 영양분을 충분히 섭취해야 한다. 우리는 네덜란드인들이 1944년과 1945년 사이의 겨울에 시달렸던 기아 경험으로부터 자궁 안에서의 불충분한 영양 공급이 정신 분열증, 우울증, 반사회적인 인격 장애, 중독 및 비만의 위험을 높인다는 사실을 알고 있다. 1944년 어머니의 뱃속에 있던 나는 임신한 어머니의 친구들과 지인들에게서 약간의 먹을 것을 얻을 수 있는 행운을 누렸다. 그들이 대체 그 음식을 어디서 조달했는지는 아무도 모른다. 게다가 우리 어머니는 그 당시 숨어 지내던 다른 아이도 먹일 수 있을 만큼 젖의 양이 많았다. 그 아이들이 누구였는지 결코 알수 없다. 그 당시 우리 어머니의 젖은 여성 파발꾼 몇 명의 손을 거쳐 수송되었다. 오늘날에도 이런 행운을 누리지 못하고 결과적으로 악순환에 빠져들 위험에 처해 있는 아이들이 전 세계적으로 2억여 명에 이른다. 자궁 안에서 아이의 영양 부족은 뇌 기능을 침해하고, 그러면 훗날 성인으로서 다음 세대에게 충분한 영양을 공급하고 쾌적한 생활을 보장하기 어렵게 된다. 이 악순환의 고리를 끊을 수 있는 유일한 방법은 지구상의 식량 자원 분배 문제를 개선하는 것이다. 게다가 지구상에는 여전히 요오드가 부족한 지역이 있다. 요오드 결핍 시에는 치명적인 갑상선 장애를 유발하고 결과적으로 뇌 발달을 손상시키고 정신 장애를 일으키게 된다. 원칙적으로 만일 이들 지역에 구조적인 공급 체계만 확보된다면 이런 문제는 요오드가 첨가된 소금만으로도 간단히 해결될 수 있다.

기능적 기형학

아이가 초기 뇌 발달 단계에서 받은 화학 물질들의 지속적인 영향은 훗날 심리적이고 정신과적인 문제에 상당한 기여를 할 것으로 예상된다. 기능적 기형학[2]은 바로 이 분야에 대해 연구한다. 이들 장애는 초기 발달 과정에서 손상받은 뇌 체계가 요구될 때까지 드러나지 않는다. 출생 후 겉으로는 건강해 보이는 아이도 자궁 안에서 알코올이나 코카인, 납, 마리화나, DDT, 항뇌전증제 같은 물질에 노출된 탓에 훗날 학습 장애를 보일 수 있다. 산모가 디에틸스틸베스트롤DES을 복용하거나 흡연을 하면, 아이가 우울증이나 공황 상태, 또는 다른 정신과적인 문제에 시달릴 위험성이 높아진다. 임산부가 페노바비탈[3]이나 디판토인[4] 같은 제제를 복용한 경우에는 아이가 성전환증에

2 인간이나 동물의 기형에 대해 연구하는 생물학 분야.
3 수면제, 진정제, 항뇌전증제로 사용된다.

걸릴 가능성이 증가한다. 그 밖에도 화학 물질들은 정신 분열증, 자폐증, 영아 돌연사 증후군SIDS, ADHD 같은 복합 요인들의 영향을 받는 발달 장애에 기여할 것으로 추정된다.

건강 증진을 성취하는 일이 때로는 아주 간단해 보인다. 임산부의 25퍼센트가 가끔 술 한 잔 정도를 마시고, 8퍼센트가 담배를 피운다. 네덜란드의 모든 임산부들이 담배를 끊는다면, 극히 위급한 조산의 3분의 1이 줄어들고 저체중 신생아들이 현저하게 감소하고, 수천만 유로의 국민 건강 비용이 절감될 것이다. 여기에다 충동적이고 공격적인 행동 및 법규 위반을 초래할 수 있는 ADHD의 감소를 감안하면, 왜 아직도 임산부들이 담배를 피우는지 의아한 생각이 들 것이다. 그러나 이론과 실제는 다른 것이다. 특히 중독 물질이 연관되는 경우에, 행동의 변화를 야기하기는 극히 어렵다. 그리고 태아에게는 니코틴 반창고도 마찬가지로 위험하다.

많은 불필요한 약품들이 임신 중에 복용된다. 때로는 임산부의 요청으로 의사가 그런 약품들을 처방하기도 하고, 때로는 친구나 이웃에게서 받기도 한다. 심지어 아스피린이나 파라세타몰[5]처럼 처방전 없이 구입 가능한 약품들도 태아에게 영향을 미칠 수 있다. 탈리도마이드의 비극이 화학 물질들이 태아에게 미칠 수 있는 위험에 대한 인식을 높였지만 의사들도 종종 그 위험이 임신 첫 3개월 동안에만 국한된다고 생각한다. 그러나 이것은 사실이 아니다. 어떤 화학 물질들은 임신 후반기와 출산 때까지 태아의 뇌 발달에 지속적인 영향을 미친다. 예를 들어 조산의 위험에 처하거나 이미 조산한 경우에 아이

---

4 항뇌전증제.
5 해열 진통제의 일종.

의 폐 성숙을 돕기 위해서 부신 피질 호르몬이 몇 배 높게 처방된다. 30년 전 취임 강의에서 나는 동물 실험을 통한 연구 결과를 토대로 이 물질이 폐 성숙을 돕긴 하지만 동시에 뇌 발달을 방해한다고 경고했다. 실제로 이 물질에 다량으로 노출된 아이들에게서 학습 및 행동 장애, 작은 뇌, 낮은 IQ, 운동 장애 및 ADHD에 걸릴 위험이 증가한 것이 확인되었다. 오늘날 이 물질은 훨씬 더 신중하게 처방되고 있다.

그러나 때로는 뇌전증이나 우울증을 앓는 임산부들에게 약물 처방이 필요할 수도 있다. 이런 환자들이 임신을 계획하고 있는 경우에 안전한 의약품이 처방되기 위해서는 의사가 처음부터 이런 종류의 문제에 대해 당사자인 환자와 논의해야 한다. 또한 우울증을 앓는 임산부에게 가능하다면 광선 치료나 경두개 자기 자극이나 심지어는 위약과 같은 대체 치료 방법을 고려하는 것도 도움이 될 것이다. 특히 항우울증제의 효과에 대해 적지 않은 우려가 있고 위약의 놀라운 효과가 판명되고 있는 지금 같은 상황에서는 말이다.

뇌의 성적 분화

우리의 성 정체성과 성적 성향이 이미 자궁 안에서 결정되어 우리의 남은 인생 동안 지속된다는 것에는 의심의 여지가 없다. 우리의 생식기는 이미 임신 1개월에 분화되는 반면 뇌의 성적 분화는 임신 후반기에 형성된다. 이들 과정이 분리되어 있기 때문에 아이의 성별이 결정되지 않은 상태에서 태어나는 희귀한 경우에는 아이의 뇌가 남성적인 방향이나 여성적인 방향 중 어느 쪽으로 발달했는지 알 수 없다. 이런 경우에 과거에는 부모와 아이를 위해서 상황을 명확하게 할 목적으로 즉시 수술을 실시하여 아이의 성별을 임의로 정했었다. 현재 우리는 환자 협회를 통해 이런 식으로 성 정체성을 부과하게 되면 나중에 얼마나 많은 문제가 발생하는지 알게 되었다. 혹시라도 뇌의 성적 분화가 확실하지 않을 경우 아이의 행동을 통해 성별이 명확해질 때까지 나중에 원상 복귀를 할 수 있는 수술을 통해 임시로 성별을 결정하는 편이 나을 것이다.

성 정체성은 초기 발달 과정에서 확정되기 때문에 자신이 어떤 성별을 원하는지 확실하다면 성인이 될 때까지 성전환 수술을 미룰 필요는 없다. 오히려 조기에 실시되는 성전환 수술은 많은 이점을 제공한다. 우선 학업을 마치고 직업을 선택하고 이성 교제를 시작하기 전에 새로운 성별을 받아들이는 편이 여러모로 유리하다. 더 나아가 남자를 확실한 여자로 만들기에는 190센티미터의 키에 어깨가 딱 벌어지고 저음의 목소리를 가진 사내로 자라기 전이 훨씬 더 간단할 것이다.

우리가 오래전부터 가지고 있었던, 성적 취향을 자유롭게 결정할 수 있다는 생각은 잘못되었을 뿐 아니라 많은 불행을 야기했다. 그 때문에 동성애는 모든 종교의 관점에서 잘못된 것이었으며 잘못된 선택을 한 대가로 형사 처벌을 받아야 했다. 하지만 우리에게는 우리의 성적 취향에 대한 선택권이 없다. 이것은 이미 자궁 안에서 결정된 것이다. 따라서 미국이나 영국 같은 나라들에서 여전히 시도하고 있는 것처럼, 동성애자를 이성애자로 전환시키려고 하는 것은 부질없는 짓이다. 소아 성애증도 뇌의 초기 발달 단계에서 형성된다. 당사자들이 이런 충동을 보다 능숙하게 다스리는 법을 배우게 된다면 어린이들이 위험에 처할 가능성을 줄일 수 있을 것이다. 인지 요법과 더불어

항남성 호르몬도 경우에 따라서 도움이 될 수 있다. 출소한 성범죄자들을 받아 줄 수 있는 사회적 네트워크는 재발 위험을 현저하게 낮춘다. 그와는 반대로 소아 성애증자들을 박해하고 고립시키면 비참한 결과를 낳을 수 있다.

태아의 뇌와 출생

태아는 자신의 몸에 산모가 더 이상 충분한 영양분을 공급할 수 없다는 것을 인지하는 즉시 출산이 시작된다는 신호를 보낸다.

성인이 되어 나타나는 다수의 정신 장애는 출산 과정에서의 문제로부터 발생하게 된다. 정신 분열증은 난산으로 인한 뇌 손상에 그 원인이 있다고 생각되어 왔다. 오늘날 우리는 주로 유전적으로 야기된 초기의 발달 장애가 정신 분열증의 원인이라는 것을 알고 있다. 출산의 원활한 흐름을 위해서는 어머니의 뇌와 아이의 뇌 사이의 강력한 상호 작용이 반드시 필요하다. 그러므로 정신 분열증의 발달로 이어지는 난산은 뇌 발달 장애의 첫 신호라고 볼 수 있다. 정신 분열증의 전형적인 증상들이 청소년기에 비로소 나타나기 시작한다는 점을 고려하면 이것은 우리의 직관적 생각에 반하는 결과다. 〈이 아이가 다른 아이들하고 다르다는 것을 언제부터 감지하셨습니까?〉라는 물음에 대해 부모들은 종종 이렇게 대답한다. 〈이 아이는 항상 남달랐어요.〉 이런 특징은 난산과 그에 따른 뇌의 또 다른 초기 발달 장애인 자폐증에도 적용된다. 최근에 거식증이나 폭식증 같은 식장애와 난산과의 관계가 확립되었다. 그러므로 여기에서 난산은 나중에 식장애로 표출되는 시상 하부 장애의 첫 번째 징후로 간주될 수 있을 것이다. 이런 모든 점을 고려한다면 우리는 난산으로 태어난 아이들이 나중에 성년기의 초입에서 정신 장애를 드러내지 않을지 예의 주시해야 할 것이다. 정신 분열증의 경우에 조기 치료가 뇌 손상을 방지하는 데 도움이 된다는 것이 입증되었고 다른 뇌 발달 장애의 경우에도 마찬가지일 것이다.

건강한 생후 발달의 중요성

초기 발달 단계에 아이가 안전하고 친밀하게 받아들일 수 있는 주변 환경은 최적의 뇌 발달을 위해 매우 중요하다. 어린아이를 방치하거나 학대하게 되면 뇌 발달의 영구적인 손상과 스트레스 축의 활동을 증가시킬 수 있다. 그러면 훗날 주변에서 비교적 작은 문제만 발생해도 아이의 스트레스 축이 과다 활성화되고 우울증이 유발될 수 있다. 이런 상황에서 성장하는 아이들을 위해 사회 복지사의 재빠른 개입과 사회 복지 시설의 훨씬 더 효율적인 조직이 필요하다. 또한 아이가 유대감을 가지기 위해서는 〈유대 호르몬〉이라고 불리는 옥시토신이 중요한 역할을 하는 매우 중요한 발달 단계를 거쳐야 한다. 만약 아이들이 지나치게 오래 부모나 양부모 없이 지내게 되면, 옥시토신 농도가 장기적으로, 심지어 영구적으로 낮아질 수도 있다. 그러므로 고아원의 아이들에게 가능한 한 빨리 양부모를 찾아 주어 아이가 양부모와 바람직한 유대 관계를 확실히 구축할 수 있도록 도와주어야 한다. 출생 후 뇌의 적절한 발달을 위해서는 아이의 뇌에 많은 자극을 주는 환경이 필요하다. 언어 환경은 아이의 뇌 발달을 자극하는 데 핵심적인 역할을 한다. 언어는 문화적 성향에 따라서 다양한 다른 뇌 영역을 자극한다. 결과적으로 중국인이나 일본인의 뇌는 서양인의 뇌와는 다른 방식으로 구성되며 여기에 유전적인 요인은 관여하지 않는 것으로 보인다. 정신적인 결함을 지닌 아이들의 경우에, 아니 누구보다도 바로 그런 아이들의 경우에는 발달 중에 있는 뇌에 제공되는 자극이 특히 더 중요하다. 왜냐하면 그 자극에 의한 효과가 아이들의 인생을 변화시킬 수 있기 때문이다.

어린아이들은 종교를 가지고 있지 않다. 신앙심은 초기 발달 단계에서 그들의 부모에 의해 아이들에게 주입된 것이다. 그러면 아이들은 부모들이 이야기하는 모든 것을 의심의 여지 없이 그대로 받아들인다. 이런 식으로 종교적인 믿음들은 대를 이어 전달되고 우리의 뇌에 고착된다. 아이들은 무엇을 생각할지가 아니라 어떻게 비판적으로 생각할지 배워서 성인이 되었을 때 스스로 이념적 선택을 할 수 있어야 한다. 종교별로 분리해서 실시하는 수업은 이런 비판적인 사고의 학습을 저해할 뿐만 아니라 다른 종교적 믿음에 대한 비관용적 태도를 조장한다.

사회적 약자들: 그들의 탓인가?

우리 진화의 원동력이었던 돌연변이가 일부 사람들에게는 여전히 치명적인 것으로 드러나고 있다.

정치인들은 〈사회 공학을 통해 우리의 뇌를 다시 프로그래밍할 수 있다〉는 잘못된 생각에 대한 신념을 결코 버리지 못한다. 반면 1980년대에 정치인들은 불안정한 복지 상태 및 그 당시 경기 불황에 놀라서, 국민들 개개인이 번영과 복지에 책임감을 가져야 한다고 강조하기 시작했다. 스스로 자신의 운명을 주도해야 한다는 것이다. 이런 주장은 인간의 능력 대부분이 유전적인 요소와 환경적 영향에 의해 결정됨을 보여 주는 많은 연구 결과들에 어긋난다.

여기에서 교육 불평등 문제를 제외시키기는 어렵고, 선천적인 능력 부족을 완전히 보완할 수도 없다. 게다가 점점 더 많은 사람들이 오늘날과 같은 경쟁 위주의 사회에서 개개인에게 주어지는 과도한 요구를 충족하지 못하고 있다. 선천적으로 충분한 능력을 부여받지 못했거나 정신 건강에 문제를 가지고 있는 사람들은 현재 그들 스스로가 실패의 원인인 것처럼 비난을 받는다. 특히 IQ가 50에서 85 정도 되는 약간의 학습 장애를 가지고 있는 젊은이들이 취약한 그룹에 속한다. 네덜란드 인구의 16퍼센트를 차지하는 이들은 범죄에 가담했던 전체 인구의 50퍼센트에 해당된다. 고용 시장에서 이들이 다른 사람들과 경쟁한다는 것은 불가능함에도 불구하고, 이들은 자신의 선택에 대한 모든 책임을 지고 있다. 이전 같으면 강한 경고를 초래할 경범죄가 현재의 강압적인 환경에서 범죄로 간주된다. 이 그룹에 속한 사람들은 주변으로부터 쉽게 영향을 받는 성향이 있는데 이 성향이 종종 그들을 문제에 빠뜨린다. 동시에 이런 성향 덕분에 이들을 곤경에서 벗어나도록 도와주는 것도 수월하다. 하지만 유감스럽게도 이를 가능하게 할 구조와 시설들이 예산 삭감의 희생양이 되고 있다. 부모의 교육 수준이 낮고 수입이 적은 경우, 아이들이 학교를 중퇴하고 저수입 직종에 종사할 가능성이 더 높다. 이 아이들은 건강 악화, 범죄, 중독, 도박, 실업의 위험 또한 높다. 교육 수준이 가장 낮은 사람들은 교육 수준이 가장 높은 사람들보다 평균 6년 일찍 사망한다. 그리고 이것은 대체적으로 생활 습관에서 비롯된다. 생활 습관의 변화를 유도하기 위한 일환으로 담배세와 주류세의 인상은 아무런 영향을 미치지 않는 것으로 증명되었다. 부정적인 습관은 무엇보다도 결핍한 환경에서 가장 두드러진다.

결핍은 유전되거나, 심지어는 전염되는 것으로 보인다. 이들 문제들이 특정 이웃 환경에 축적되어 있기 때문이다. 네덜란드 사회연구소에 따르면, 네덜란드 전체 아동의 4퍼센트에 이르는 십만여 명의 아동이 사회적으로 소외되어 있다. 그 아이들은 어떤 운동 단체에도 가입되어 있지 않고, 거의 한 번도 소풍을 따라가 본 적도 없고, 휴가를 떠나 본 적도 없으며, 친구 집을 방문해 본 적도 없다. 이보다 좀 덜 심각한 경우를 포함하면 전체 아동의 11퍼센트가 사회적으로 고립되어 있다. 이것은 대체적으로 부모의 경제적인 형편 때문이다. 그러나 이들의 부모들 또한 소외되어 있으며 이런 가족들은 번듯한 놀이터 하나 없는, 폭력적이고 반사회적인 행동에 시달리는 문제 구역에서 살고 있다. 이런 곳은 아동의 뇌가 적절하게 발달할 수 있는 환경이 아니다. 네덜란드 사회민주당의 전직 정치가이자 칼럼니스트인 마르셀 반 담은 이 문제에 대해 다섯 차례에 걸쳐 여러 분야의 교수들과 매우 흥미로운 인터뷰를 진행했다. 이 인터뷰를 토대로 공영 텔레비전 방송 VARA는 〈사회적 약자〉라는 제목의 영화를 만들었으며 네덜란드의 아주 인기 높은 유명 토크쇼 진행자인 파울 위터만은 〈자신의 책임〉이라는 텔레비전 방송을 제작했다.

이러한 문제들을 해결하기는 간단하지 않다. 최적의 발달을 촉진하고 해로운 영향을 차단하도록 최선을 다할 수는 있다. 하지만 뇌 발달과 같은 복잡한 과정에서는 이따금 잘못되는 사태가 벌어질 수 있다는 사실도 받아들여야 한다. 이 결과 삶을 위한 적절한 준비가 되지 않았거나, 지적 장애, 신경 정신 질환을 겪는 사람들이 항상 존재할 것이다. 이것은 어떤 가족의 어떤 아이에게서도 일어날 수 있다. 사회는 직업 재활과 사회 연금, 훌륭하고 현실적인 보살핌을 제공하여 책임져야 한다. 그러나 아직까지 많은 점들에서 부족하다. 이런 문제들에 대한 책임이 아무런 죄 없이 뇌 발달 장애를 겪는 사람들에게 더 이상 떠넘겨지지 않도록 더 나은 교육과 홍보가 필요하다.

성인이 되어서 발병한 뇌 질환을 앓는 사람들도 비슷한 비난을 받는 경향이 있다. 예를 들어 다발성 경화증 환자들에게 긍정적인 태도가 치료를 촉진한다고 말하곤 한다. 듣기엔 좋은 소리다. 그러나 이런 식의 관점이 옳다는 것을 증명하는 증거는 전혀 없을 뿐만 아니라, 병세가 악화되는 경우에는 가엾은 환자가 자신의 병을 이겨내기 위해 충분히 〈노력〉하지 않았다는 비난을 받는 결과를 낳기도 한다. 우리는 이제 〈자신의 탓〉이라는 환상을 버릴 적절한 때에 와 있다.

뇌와 사법권

공격적인 행동의 정도는 성별(남아가 여아보다 더 공격적이다), 유전적 성향(DNA의 작은 변이들), 태아가 태반을 통해 받아들인 영양분의 양, 임산부가 섭취한 니코틴이나 알코올, 약물의 양에 의해 좌우된다. 소년들이 무절제성, 반사회성, 공격성 또는 범법 행동을 할 위험은 테스토스테론의 농도가 증가하는 사춘기에 늘어난다. 성인에게서 보이는 폭력성의 정도도 테스토스테론과 관련이 있다. 그러므로 누군가가 법규를 위반하거나 법정에 서게 될지의 여부를 결정하는 것은 스스로의 통제력 이외에도 다양한 요인의 영향을 받는다. 이 말은 범법 행위를 처벌해서는 안 된다는 뜻이 아니다. 하지만 형법은 이런 신경과적인 요인들도 고려해야 한다. 전전두 피질은 천천히 발달하는데, 적어도 25세까지 지속된다. 즉, 이 나이가 되어야 우리는 비로소 충동적인 행동을 제어하고 도덕적인 판단을 할 수 있다. 그러므로 신경 생물학적인 근거를 토대로 성인 형법이 적용되는 나이가 몇몇 정치가들이 유권자들의 표를 얻기 위해서 추진하는 것처럼 (네덜란드를 예로 들어) 16세로 낮추어져서는 안 된다. 이와 반대로 연령 제한은 뇌 구조가 성숙하는 나이, 즉 23~25세로 상향 조정되어야 한다. 사춘기에 저지른 가벼운 범행이 훗날 그들의 발목을 잡아서는 안 된다. 예를 들어 정원에서 어느 16세 소년이 가짜 플라스틱 권총을 가지고 노는 모습을 그의 친구가 휴대폰으로 사진을 찍었다. 그 사진은 돌고 돌아 결국 사법부의 눈에 띄게 되었다. 가짜 권총을 소지하는 것은 불법이었기 때문에 사법부는 소년에게 사회봉사 명령을 내렸다. 그 소년은 스무 살이 되었고 택시 운전기사가 되려고 했다. 그 젊은이의 신원 증명서에는 과거의 행적이 기록되어 있었고, 다시 그런 범죄를 범하게 되면 손님들을 위험에 빠뜨릴 수 있다는 이유로 취업을 거절당했다. 문제가 되었던 것이 〈가짜 권총 사진〉이라는 점은 전혀 고려되지 않았다.

다른 아이들에 비해 유독 더 공격적인 아이들이 있다. 폭력적인 범행을 저지르고 수감된 청소년들에게서 정신 질환이 눈에 띄게 자주 발견되는데, 이는 무려 전체 구금된 청소년들의 90퍼센트에 이른다. 쌍둥이들을 대상으로 행해진 연구에서 볼 수 있듯이 여기에는 유전적 요인도 중요한 역할을 한다. 형법은 건강한 뇌를 가진 사람들에게만 적용되어야 한다. 하지만 우리의 형법 체계는 수시로 〈맥너튼 법칙〉[6]을 위반한다. 소아 성애자에게 유전적 성향과 비정상적인 뇌 발달에 기인하는 성적 취향에 대한 도덕적인 책임이 있다고 할 수 있을까? 유전적 배경과 임신한 어머니의 흡연 탓에 ADHD에 걸리고 법규를 준수하지 못하는 것에 대한 책임을 아이가 져야 하는 것일까? 우리는 임신 중의 영양 결핍이 반사회적인 행동을 할 위험성을 높인다는 것도 알고 있다. 성호르몬의 영향으로 완전히 재구성된 뇌에 혼란스러워하는 사춘기 청소년들이 자신들이 저지른 범죄에 대해 전적으로 책임을 져야 할까?

이러한 상황에서 도덕적 책임은 까다로운 개념이고, 자유 의지는 환상이다. 물론 이 말이 범죄를 처벌하지 말자는 것은 아니다. 단지 그 처벌을 효과적으로 하자는 것이다. 의학 분야에서 진정한 과학적인 결론에 이르거나 약품 또는 치료법의 효과에 대해 입증하기 위해서는 적절히 통제된 연구를 통한 확신이 요구된다고 배운다. 그러나 형법은 명확하게 정의된 집단에 기초하는 것이 아니라 개개인에 기초해서 처벌이 결정되어야 한다는 개념을 고수하고 있다. 사실상 형사 사법 기관은 특정한 형태의 정신과적 치료법의 효과를 테스트하는 것이 아직 체계적으로 정립되지 않았던 시대의 정신 분석가들과 동일한 논거를 사용하고 있다. 그런 기준 아래에서 처벌의 효과를 결정한

---

6 개인의 행동이 정신병이나 정신적 결함에서 비롯되는 경우에는 그 행동에 책임을 지지 않는다는 규정.

다는 것은 불가능하다. 게다가 형사 사법 제도는 어떤 식으로 전통적인 처벌 방식에 맞설 것인지를 수립하지도 않고 사회봉사부터 소년원에 이르기까지 더 많은 처벌 방식을 고안해 내라는 정치권의 압박을 받고 있다. 대조 그룹을 포함한 적절한 연구 없이 마련한 대책의 효과는 항상 논란의 여지가 있다. 그러나 정치인들은 과학적인 연구 방식에는 관심이 거의 없는 듯하다. 정치인들의 사고는 단기적이며 차기 선거라는 범위를 벗어나지 않는다.

삶의 종말

우리처럼 당신도 죽음보다는 삶을 믿는 편입니까?

— 네덜란드 인문주의자협회

의학이 삶의 종말을 가능한 한 지연시키기 위해 온갖 애를 쓰는데도 죽음은 번번이 승리를 거둔다. 우리는 어떻게든 가능하다면 죽음에 임박할 때에 뇌가 건강한 상태이기를 바란다. 그래야만 최후의 순간까지 우리 삶의 마지막 단계를 우리 스스로 결정할 수 있기 때문이다. 암을 비롯한 중병에 걸린 네덜란드 사람들의 경우에는 운 좋게도 네덜란드 법이 무의미한 고통을 막기 위한 수단으로 허용하고 있는 안락사를 선택할 수 있다. 그러나 뇌 질환에 시달리는 사람들의 경우에는 삶의 종말을 스스로 선택하는 것이 쉽지 않다. 혼수상태 혹은 혼수와 비슷한 상태에서는 자신이 원하는 것을 더 이상 말할 수 없기 때문이다. 그리고 의사는 치매나 정신 질환에 걸린 환자의 정신 능력을 가늠하는 데 어려움을 겪는다. 만성적인 정신 질환과 관련해서 의사들이 안락사 결정을 내리기는 매우 어렵고 극히 드문 일이지만 — 이런 결정이 끔찍한 자살을 방지할 수 있는데도 말이다 — 최근 치매 환자의 경우에는 안락사에 대한 입장이 변화하고 있다. 알츠하이머병은 일반적으로 병세의 경과가 느려서 환자가 자신의 삶을 끝낼 적절한 순간을 의사와 상의해서 함께 찾아낼 시간적 여유가 있다. 그러나 치매에는 혈관성 치매처럼 급작스럽게 발병하는 바람에 그런 일들을 계획할 시간적 여유가 더 이상 없는 형태도 있다. 그러므로 당신이 그런 일들에 대해 어떻게 생각하는지 당신과 가까운 사람들이 알고 있을 필요가 있다. 그리고 적절한 시기에 주치의를 찾아가서 당신이 삶의 최후 단계에서 바라는 도움을 줄 수 있는지 확인하고 때가 되면 주치의와 함께 그 순간을 준비할 필요가 있다.

그러나 현재 합법적인 안락사의 범위 밖에서 이를 원하는 환자의 수가 급속도로 늘어나고 있다. 자신들의 삶이 이미 다했다고 느끼는 노인들이 그들이다. 우리는 한 시민운동 단체와 함께 이 문제를 해결하려고 시도하고 있다. 이 시민운동 단체의 목적은 다음과 같다. 〈명확하게 표현된 그들의 요청과 충분한 주의 그리고 검증 가능성을 열어 두는 조건하에서 자신의 삶이 다했다고 보는 노인들을 위한 안락사의 합법화.〉 이본 반 바알러에 의해 발기된 그 시민운동은 〈자유 의지에 의해서〉라고 불린다. 이 주제를 네덜란드 의회의 하원에 상정하는 데 필요한 4만 명의 서명이 모아졌을 때, 나는 비로소 자유 의지는 환상이라는 내 의견을 그들에게 표명했다. 그런 견해를 그전에 잘못 표현했다가는 불필요한 문제를 일으킬 소지가 있었기 때문이었다. 그러고 나서 4일 후에 이미 그 안건은 하원의 의사일정으로 결정되었다. 이 문제는 현재 네덜란드 사람들의 화두다. 네덜란드 정치권이 이 문제를 어떤 식으로 받아들이고 그 법안이 수정되기까지 얼마나 걸릴지 귀추가 주목된다.

새로운 발전들

내가 학생 보조 연구원으로 일하기 시작한 1966년, 뇌 연구는 사회 전반으로부터 상당한 의구심을 받는 몇몇 별난 사람들만의 분야였다. 오늘날에는 이 분야가 사회적으로 매우 중요하고 엄청난 잠재력을 지니고 있다는 사실을 모르는 사람이 없을 것이다. 현재 수십만 명의 과학자들이 광범위한 기술을 이용해 연구에 몰두하고 있는 신경 과학이라는 분야는 어느새 전 세계의 대학교와 연구소에서 최고 우선순위가 되고 있다. 새로운 발견을 이루기 위해서는 극도로 복잡한 연구 기술을 가진 전문 연구 인력들 간의 긴밀한 공동 연구가 필요하다. 저명한 잡지에 실린 논문 저자들의 명단과 소속이 점점 더 길어지는 것으로 미루어 알 수 있듯이, 공동 연구를 하는 연구팀들은 그 규모가 점점 커지고 더욱 국제적인 형태를 띠고 있다. 뇌 질환의 분자 생물학적인 이해는 향후 치료 전략을 위한 새로운 목적들을 제공할 것이다. 뇌의 정확한 위치에 심어진 자극 전극은 파킨슨병 환자뿐만 아니라 강박 장애 환자들의 치료에도 사용되고 있다. 이 전기 자극의 효과는 최소 의식 상태, 비만, 중독과 우울증 분야에서도 연구되고 있다. 모든 효과적인 치료법이 흔히 그렇듯이 여기에서도 부작용이 나타난다. 예를 들어 시상 하부핵이 자극을 받는 파킨슨병 환자의 경우에 부작용은 비만부터 성격 변화, 충동적 행동 심지어는 자살에까지 이른다. 이뿐만 아니라 정신병, 성적 무절제, 게임 중독의 사례들도 보고되고 있다. 경두개 자기 자극의 효과는 내이의 청각 기능을 상실한 환자들을 끊임없이 지치게 만드는 이명과 우울증에서 연구되고 있다. 이 치료 방법은 정신 분열증 환자들에게서 나타나는 환각을 막기 위해서 사용되기도 한다. 그러나 이런 새로운 기술에 어떤 부작용들이 있는지는 아직까지 조사되지 않았다.

우리의 감각 기관을 대체할 수 있는 신경 보철은 점점 더 정교해지고 있다. 자신의 생각으로 컴퓨터 마우스나 인공 팔을 조절할 수 있는 작은 전극판이 하반신 마비 환자의 대뇌 피질에 심어진다. 시각 장애인들을 위한 시각 보철도 개발 중이다. 태아의 뇌 조직이나 줄기세포의 이식, 유전자 치료법으로 뇌와 척수의 손상을 치료하기 위한 시도들도 행해지고 있다.

신경 과학 분야의 거대한 성장과 기술적 진보에 힘입어 이 분야에서 새로운 발견들이 속속 등장하고 있다. 유럽 인구의 27퍼센트가 적어도 한 가지 이상의 뇌 질환으로 고생하고 있다는 사실을 감안하면 이는 매우 중요한 일이다. 네덜란드에서는 국민 건강 비용의 30퍼센트 이상이 뇌 질환 환자들에게 사용된다. 여기에 상응하는 규모의 연구 예산이 뇌 연구에 투자될 것이라고 예상하겠지만, 현재 유럽에서는 연구 비용의 8퍼센트만이 신경 과학 분야에 투자되고 있다. 언제쯤에나 정부는 다가올 세대를 위해 더 건강한 뇌를 보장하는 장기적이고 꼭 필요한 비전을 제시할 것인가?

감사의 말

이 책은 2008년 네덜란드의 「NRC 한델스블라트」의 제안으로 연재한, 독자들의 질문에 답을 주는 형식의 칼럼에서 나왔다. 이 과정에서 나에게 도움을 준 아네쳐와 린스커 쿨러웨인에게 감사의 말을 전한다.

이 책의 일부는 이미 「NRC 한델스블라트」를 통해 발표되었다. 국제적인 뇌 연구가들의 네트워크와 우리 연구팀의 재능 있고 비판적이며 뛰어난 많은 학생들과, 분석가들, 박사 과정생들, 박사후 연구원들 그리고 스탭이 만들어 낸 상당한 양의 연구 결과와 의견이 없었더라면 나는 결코 이 책을 쓸 수 없었을 것이다. 내가 다른 사람들에게 이 글을 보여 줄 엄두를 내기 전에, 패티 스왑은 자신의 일을 제쳐 두고 이 책 전체의 내용을 정성껏 교정해 주었다. 또한 많은 제안을 하고 수정을 도와준 아이 민 바오, 엘스 불런스, 마르테인 불런스, 케이스 부어, 루트 바위스, 와우터 바위크하위선, 한스 반 담, 마르셀 반 담, 헤르트 반 데이크, 시스카 드레셀하위스, 프랑크 반 에이르덴부르흐, 티니 에이켈봄, 미셸 페라리, 에릭 플리어스, 롤프 프론스체크, 안톤

호로터후트, 미셸 호프만, 얀 반 호프, 비터 호헨데이크, 잉어 하위팅하, 르네 칸, 베르트 케이제르, 펠릭스 크라이어, 예네커 크라위스브링크, 파울 루카선, 마르테인 메이터, 요리스 반 데어 포스트, 리스베트 레네만, 카를라 루스, 에릭 스케르더, 레이니어 슐링어만, 프란스 수큐러, 외스 반 소머런, 로더리크 스왑, 마르테인 타너마트, 웅가 운머호파, 요스트 페르하헌, 윌마 페르웨이, 로날트 페어워, 헤이르트 드 프리스, 린다 드 프리스, 프란스 드 발, 카챠 윌펀 펜뷔텔을, 지앙닝 주를 비롯한 많은 분들에게 감사의 말을 전한다.

이 책의 출판사인 아 위트 헤버레이에 콘탁트의 직원들, 특히 미지 반 데어 플라윔과 베르트람 마우리츠, 신디 에이스파르트, 키어스턴 반 이어란트, 비커 반 아헬런, 예니퍼 봄캄프와 함께 일할 수 있었던 것은 내게 큰 기쁨이었다. 멋진 삽화를 그려 준 마르쳐 쿠넌에게도 감사의 말을 전한다.

찾아보기

옮긴이 신순림 2006년에 벨기에의 안트베르펜 대학교에서 신경 과학 전공으로 박사 학위를 취득한 후, 2007년부터 5년간 미국 스탠퍼드 대학교에서 운동 학습의 신경 생물학적 기전을 이해하기 위한 연구를 수행했다. 2012년부터 2015년 현재까지 네덜란드 뇌연구소에서 강박 장애와 그 치료 방법 중 하나인 심부 전기 자극이 주는 효과의 신경 생물학적 기전을 연구하고 있다.

우리는 우리 뇌다

발행일   2015년 4월 30일 초판 1쇄
          2019년 4월 30일 초판 4쇄

지은이   디크 스왑
옮긴이   신순림
발행인   홍지웅·홍예빈
발행처   주식회사 열린책들

경기도 파주시 문발로 253 파주출판도시
전화 031-955-4000 팩스 031-955-4004
www.openbooks.co.kr

Copyright (C) 주식회사 열린책들, 2015, *Printed in Korea.*
ISBN 978-89-329-1710-8 03400

이 도서의 국립중앙도서관 출판시도서목록(CIP)은 e-CIP 홈페이지(http://www.nl.go.kr/ecip)와 국가자료
공동목록시스템(http://www.nl.go.kr/kolisnet)에서 이용하실 수 있습니다.(CIP제어번호: CIP2015010301)